国家科学技术学术著作出版基金资助出版

# 非连续变形分析

## ——研究与应用

## (上册)

# Discontinuous Deformation Analysis

## Research & Application

## (I)

张国新　著

科学出版社

北　京

## 内 容 简 介

非连续变形分析（Discontinuous Deformation Analysis，DDA）全书分上下册。上册为基础知识部分，以及作者对 DNA 方法的改进。其中第 1～3 章，主要介绍 DDA 方法的基本理论、基本程序和基本功能；其余第 4～6 章，主要介绍作者对 DDA 的方法改进。下册为功能扩展部分和应用部分。其中第 7～11 章，主要阐述了作者对 DDA 实用功能的扩展和计算参数取值的讨论；其余第 12～16 章，主要介绍了 DDA 方法在工程中的应用。本书为上册。

本书既可供高等院校和科研院所的力学、土木工程等相关专业的研究生和教师用作教材和参考书，也可供水利水电、煤炭、采矿、机械、地质、岩土等行业的工程技术人员阅读和使用。

**图书在版编目(CIP)数据**

非连续变形分析：研究与应用. 上册/张国新著. —北京：科学出版社，2021.9

ISBN 978-7-03-069788-2

Ⅰ.①非… Ⅱ.①张… Ⅲ.①数值方法 Ⅳ.①O241

中国版本图书馆 CIP 数据核字(2021) 第 183808 号

责任编辑：刘信力 孔晓慧／责任校对：彭珍珍
责任印制：吴兆东／封面设计：无极书装

科 学 出 版 社 出版
北京东黄城根北街 16 号
邮政编码：100717
http://www.sciencep.com
北京虎彩文化传播有限公司 印刷
科学出版社发行 各地新华书店经销
*
2021 年 9 月第 一 版 开本：720×1000 1/16
2021 年 9 月第一次印刷 印张：26
字数：520 000

**定价：228.00 元**

(如有印装质量问题，我社负责调换)

# 前　　言

岩体在形成与演变的过程中，不仅经受各种复杂的、不均衡地质地震作用和大地构造作用，而且遭受风化、侵蚀等作用，近代以来又受着人类活动带来的大规模岩体扰动。这些作用和扰动打破了岩体原有的平衡状态，一旦失稳往往给人类带来巨大影响，有时也会造成巨大灾难。因此不连续岩体的受力状态和稳定分析一直是岩石力学领域的一个难题，无论是变形模式、破坏机制和稳定性评价等方面的基础理论还是方法研究，不仅具有十分重要的学科进步意义，而且对保护岩体失稳影响区的生命财产安全、减少潜在失稳区的社会经济损失具有重要意义。在此方面，美籍华裔科学家石根华先生做出了杰出贡献。

石根华先生于 1963 年从北京大学数学系毕业后开始研究代数拓扑学和不动点理论，在《数学学报》上发表了《最少不动点和尼尔生数》与《恒同映射类的最少不动点数》论文，被国际同行称为 “石氏类型空间” 和 “石根华条件”。1968 年硕士毕业后分配到水利部西北设计院在碧口水电站从事生产实践，期间提出块体理论，并于 1977 年 5 月在《中国科学》中英文版上分别发表了《岩体稳定性分析的赤平投影方法》。1978 年调入中国水利水电科学研究院，先后在国际会议和《中国科学》发表了 *A Geometric Method of Stability Analysis of Rock Mass*、《岩体稳定性分析的几何方法》。1980 年赴美国从事数学和岩石力学研究。

石根华先生先后提出了两个理论、五个方法，构建了以岩石的不连续受力和稳定为主要分析对象的完整的理论和方法体系。两个理论是块体理论 (Block Theory) 和接触理论 (Contact Theory)，五个方法是赤平投影法 (Stereographic Projection Method)、关键块体法 (Key Block Method)、非连续变形分析 (Discontinuous Deformation Analysis，DDA)、数值流形法 (Numerical Manifold Method)、单纯形积分 (Simplex Integration)。上述理论和方法的提出，突破性地解决被断层、节理、裂隙等切割的不连续岩体的受力和稳定分析难题，得到了国际同行的广泛认可，有的理论已经写入了教科书，有的方法已经写入规范。此外，为使得这套理论和方法得以广泛传播和应用，石根华理论和方法的研究者们专门以 DDA 命名了一个国际会议 (International Conference on Discontinuous Deformation Analysis)，该会议每两年召开一次，目前已连续举办了 14 届，在知识分享和实践运用方面产生了广泛和深远的影响，其影响范围已经远远超越了岩石力学领域。可以说，石根华先生是近一个世纪以来，在国际岩石力学领域成就最卓越、贡献最突出的一位华人科学家。

DDA 是石根华先生的代表性方法之一。该方法以块体理论、接触理论、单纯形积分为基础，具有如下基本特点：

1) 将被不连续面切割而成的天然块体作为基本单元，单元可以是任意多边形 (对二维问题) 或任意多面体 (对三维问题)，任意形状块体的积分采用单纯形积分法；

2) 以块体的形心作为代表点，以形心的刚体位移和单元的应变作为基本未知量；

3) 基于形心的局部坐标构建单元的位移函数，根据求解问题的精度要求，位移函数可以是常数、一阶函数或高阶函数；

4) 根据最小势能原理，构建单元的刚度方程，该方程包含了单元的应变能、块体之间的接触能、各种荷载所做的功 (如体积力、集中荷载等)、运动过程中的动能等；

5) 有一套高效的接触搜索方法，可以快速的得到块体之间的各种接触关系；

6) 块体与块体之间的接触采用 Penalty (可以称作接触弹簧) 方法处理，通过 Penalty 将离散的块体连接成具有相互联系的块体系统，基于 Penalty 的变形能形成整体方程；

7) 计入块体的动能项后，整体方程为动力方程，采用时程法求解；

8) 每一时步块体的位移和变形满足小变形假定，小变形和位移的积累即可模拟大变形问题，如块体的运动、翻滚等。

作者从事水工结构和大坝工程数值模拟工作 30 余年，在数值模拟工作中遇到的最大的困难，就是含有断层、节理、裂隙等工程基础的模拟。1996 年在日本工作时，作者初次接触到数值流形和 DDA，认识到这是解决所遇到困难的重要方法，从那年开始，便参加了由大西有三教授领导的“日本非连续变形法实用化研究会”的活动，开始学习这两种方法，并尝试用以解决工程问题。20 多年来，在深入学习石根华先生的基本理论和方法，以及其他研究人员的研究成果的基础上，结合自己的研究工作，根据实际问题的需要，对石根华先生的原始 DDA 程序进行了功能扩充和改造，先后增加了圆盘型单元、开裂与破碎、裂隙渗流与变形的耦合作用、开挖与支护、边坡稳定分析的超载与降强、结构面与块体的蠕变等模拟功能，并利用 DDA 解决了一些实际工程问题。期间，还指导 3 位博士研究生和 1 位硕士研究生以 DDA 作为研究方向完成了学位论文。

在 DDA 的学习、研究、再开发、应用及指导学生的过程中，遇到诸多挑战，这其中主要的困难有以下三方面。一是缺少系统介绍 DDA 的教材，目前国内 DDA 相关的著作只有一本，即清华大学裴觉民老师翻译的石根华先生的博士论文,《数值流形方法与非连续变形分析》中的 DDA 部分，属于 DDA 的基本理论；二是石根华先生的原始 DDA 程序编写得十分简练，难以读懂。对于编程中涉及的算法，石根华先生都是基于他深厚的数学功底加以推导，得到最简练表达式之后再行编程，而这些推导过程和简练表达式在他的著作及论文中又难以找到，因此读懂石根华先生的原始程序并进行扩展开发很具挑战性。另外，DDA 程序使用时，除了具有明确物理意义的力学参数之外，还有一些参数物理意义不十分明确，需要读者判断确定，而这些参数的合理取值需要程序的使用者有一定的经验积累。还有几个以常数形式在程序中给定的参数，对于大多数计算问题是合适的，但对于有些特殊的计算问题，有时会使计算失真，因而需要根据实际问题对参数进行相应调整。

本书结合作者的研究开发经验，从基本理论、程序和应用三个层面进行论述，试图为读者提供一个较为系统的介绍 DDA 原理和不同应用的参考书籍。同时对原始程序进行解读，并介绍作者在使用参数取值的一些体会，为初学者、DDA 扩展开发者及使用 DDA 解决工程问题的学者和工程师提供一些参考。

本书的内容安排上分为三个部分，首先介绍 DDA 的基本理论和方法，然后是分析功能的扩展开发，最后介绍几个专题应用。各章节安排如下：

第 1 章，DDA 的基本知识。介绍了 DDA 的基本原理、基本公式、基本方程、方程的求解、接触搜索与开闭迭代等，主要内容来自于石根华先生的著作。

第 2 章，程序使用说明与源码解读。石根华先生公开了四个程序，即 DL、DC、DF、DG，分别用于生成计算模型的线条、计算块体数据、进行 DDA 分析和显示计算结果。本章首先对前三个程序的使用方法进行了详细地说明，包括输入数据的名称、格式、取值要求等，介绍各个程序的结果文件内容和格式，每一个程序都给出了若干个算例。在程序解读部分，对程序使用的变量、数组、构成模块、各函数的功能、主要代码等进行了解读。

第 3 章，检验与验证。采用有解析解的标准算例、实验结果等对程序的基本功能和计算精度进行了验证。

第 4 章，圆形与椭圆形块体 (单元)。推导了圆盘形单元基本方程，圆圆、圆多边形单元的接触搜索、接触处理等的基本公式，给出了圆盘形单元的几个应用实例。

第 5 章，高阶 DDA。介绍了二阶、三阶及任意高阶 DDA 的基本公式及推导过程。

第 6 章，线性方程组的迭代法求解。介绍了几种常用的迭代法，雅可比迭代法 (Jacobi)、高斯–塞得尔迭代法 (Gauss-Seidel)、逐次超松弛迭代法 (SOR)、对称超松弛迭代法 (SSOR)，共轭梯度法 (CG)、带预处理的共轭梯度法等 (PCG)，其中逐次超松弛迭代法是原程序自带的解法。介绍了适用于迭代法的一维数据存储方法，比较了五种解法求解效率，给出了雅克比共轭梯度法的源代码。

第 7 章，开裂与破碎。介绍了基于虚拟节理法的块体开裂与破碎的模拟方法。

第 8 章，接触的改进。接触的搜索与模拟是 DDA 计算成败的关键，本章针对原程序的不足，进行了几项改进，包括接触搜索的改进、接触刚度与接触长度相关性、非线性接触刚度、拉格朗日法、增广拉格朗日法等。

第 9 章，功能扩充与改进。包括填筑、开挖与支护，单向约束，抗滑稳定安全系数，超载与降强等功能。

第 10 章，裂隙渗流与变形的耦合分析。介绍裂隙网络内渗流及与块体变形耦合作用的模拟方法。

第 11 章，蠕变的模拟。岩体、边坡变形的主要形式是蠕变，本章介绍了块体和沿节理的蠕动变形的数学模型、模拟方法及程序实现方法，用几个算例验证了 DDA 蠕变模拟的有效性。

第 12 章，参数研究，介绍了接触刚度、最大位移比、计算时间步长、法向切向刚度比、开闭容差等参数的取值对计算结果的影响，提出了取值建议。

第 13~16 章，介绍几个应用专题。包括倾倒变形及破坏的模拟，散粒材料力学行为的 DDA 模拟，边坡稳定分析及失稳模拟，水对库岸边坡变形触发作用的模拟，每个应用专题都尽量给出理论解、实验结果或其他方法的分析结果，以便于 DDA 结果比较。

本书的基本原理、基本方法来自于石根华先生的著作，原始程序由石根华先生提供，作者根据自己的理解，结合工作实践对 DDA 的理论和方法进行了较为系统的介绍。本书的撰写得到了石根华先生真挚的鼓励、支持和帮助，在此表示最衷心感谢！基于原有 DDA 的功能扩充和专题应用内容，部分为作者团队的研究成果，部分来自于其他学者的研究成果，在此一并表示谢意。

雷峥琦博士完成了全书大部分算例的计算、分析和绘图工作，书稿的文字录入、编辑及部分绘图由张春雨女士完成，山东大学的刘洪亮教授、中国水利水电科学研究院的彭校初研究员、姜付仁博士等进行了细心审阅并提出许多宝贵意见，特此致谢！

作　者

2021 年 9 月

# 主要符号表

$E$：弹性模量
$\nu$：泊松比
$r_0$：旋转角度
$\Pi$：总势能
$U$：应变能
$V$：外力势
$S$：面积；符号函数；饱和度
$F$：作用力
$q_n$：法向分布力
$q_s$：切向分布力
$l$：长度
$f_0$：预应力；开闭判断容差系数
$p$：弹簧刚度
$p_n$、$K_n$：法向接触刚度
$p_t$、$K_t$：切向接触刚度
$\Pi_m$：弹簧应变能
$f_{ri}$：单元荷载向量
$T$：切向接触力
$N$：法向接触力
$d$、$d_n$：法向嵌入距离
$d_t$：法向接触距离
$\Delta t$：时间步长
$[K_i^e]$：弹性刚度矩阵
$[K_n^d]$：惯性刚度矩阵
$n$、$n_1$：块体数
$\alpha$、$\beta$：角度
$\forall$：全部集合
$J$：水力梯度
$C$、$c$：凝聚力
$g$：重力加速度
$g_1$：最大时间步长
$g_0$：输入接触弹簧刚度
$H$：水头
$Re$：雷诺数
$u$：水流速度
$\gamma_0$：刚体角位移
$F_s$：剪力
$M$：弯矩
$\rho$：密度
$v_0$：初速度
$\gamma$：比重
$\varphi$：摩擦角
$W$：块体重量
$\mu$：摩擦系数
$f_l$：抗拉强度
$g_2$：最大位移比
$K_n$：法向弹簧刚度
$K_s$：剪切弹簧刚度
gg：动力系数
$h$：水位
$\omega$：超松弛因子
$T_0$：抗拉强度
$d_0$：接触判断的容差
$\lambda$：拉格朗日算子
$\lambda^*$：增广拉格朗日乘子
$p_s$：剪切弹簧刚度
$K$：抗滑稳定安全系数
$\lambda_i$：超载系数

$Q$：流量

$R_f$、$K_f$：渗透系数

$q$：单宽流量

$\mu$：水的运动粘滞系数

$n$：粗率

$b$：初始隙宽

$h_c$：孔隙压力水头

$H$：蠕变速率系数

$C_u$：均匀性系数

$G_s$：砂粒的比重

$e_{\min}$：最小孔隙比

$e_{\max}$：最大孔隙比

$n$：孔隙率

# 目　　录

# 第 1 章　非连续变形分析的基本知识

## 1.1　基本方程的构建

### 1.1.1　块体单元构成

像有限元等数值方法一样，非连续变形分析 (DDA) 也要把计算区域划分成单元，通过在单元内部设定位移函数进行求解。有限元采用规则的三角形或四边形单元 (空间问题采用四面体、六面体等空间单元)，根据求解区域的形状及分析精度人为地划分单元。而 DDA 采用的单元则是由求解区域的边界和内部的节理、裂隙、断层等构造自然切割而成的块体。由于这种自然切割具有随机性和不规则性，因此 DDA 的单元可以是不规则的任意多边形。

图 1-1(a) 为带有基础的拱形结构，两岸基础中存在多组构造面。用 DDA 块体切割程序可以将整个结构切割成若干块体单元，如图 1-1(b) 所示。可以看出，单元的

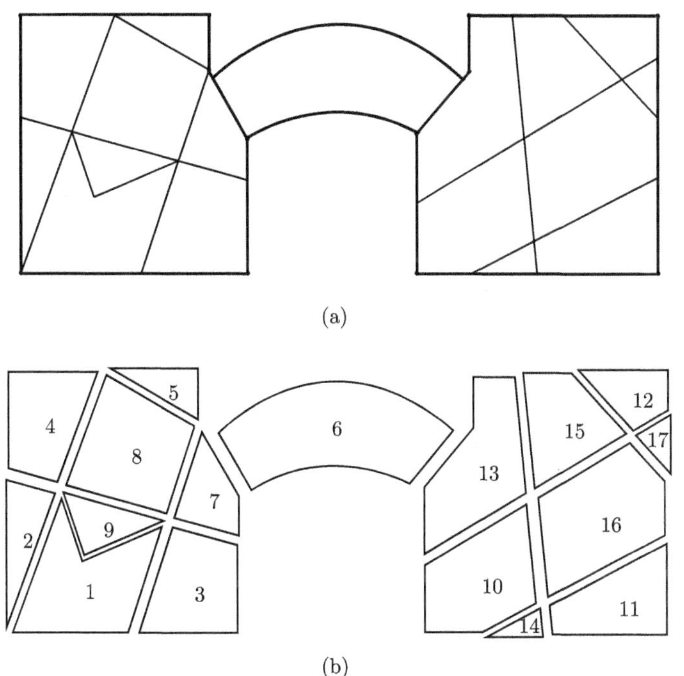


图 1-1　DDA 中的单元定义

形状是不规则的，有凸体，也有凹体。构成单元的顶点和边的数量也各不相同，没有限制。

块体 (单元) 由若干顶点连接而成。图 1-1 中单元的顶点构成如图 1-2 所示，1 号块体由 1~5 号顶点构成，2 号块体由 8~10 号顶点构成，顶点排序遵循右手定则。

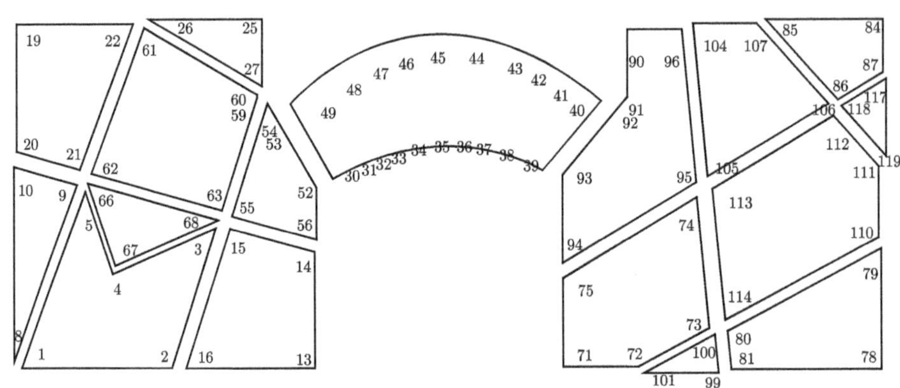

图 1-2　构成单元的顶点编号

如图 1-2 所示，计算区域内的块体数 $n_1$=17，围成块体的顶点总数 $n_2$=121，单元构成数据存放于 $*$.blk 文件中，如表 1-1 所示。

**表 1-1　构成块体的顶点编号**

| 块体号 | 构成块体的顶点编号 (K0[i][1]~K0[i][2]) |
|---|---|
| 1 | 1~5 |
| 2 | 8~10 |
| 3 | 13~16 |
| 4 | 19~22 |
| 5 | 25~27 |
| 6 | 30~49 |
| 7 | 52~56 |
| 8 | 59~63 |
| 9 | 66~68 |
| 10 | 71~75 |
| 11 | 78~81 |
| 12 | 84~87 |
| 13 | 90~96 |
| 14 | 99~101 |
| 15 | 104~107 |
| 16 | 110~114 |
| 17 | 117~119 |

### 1.1.2 未知量及位移函数

结构在外荷载作用下会产生位移，对于可变形体而言，其位移包括两部分，即刚体位移和自身变形。在 DDA 中，用单元的平移和旋转来描述刚体位移，用单元的应变来描述自身变形。

将单元的几何形心作为代表点，设单元形心点 $(x_0,\ y_0)$ 在 $x$、$y$ 方向的平移量为 $(u_0,\ v_0)$，单元绕形心 $(x_0,\ y_0)$ 的旋转角度为 $r_0$，单元在 $x$，$y$ 方向的正应变和剪应变为 $(\varepsilon_x,\ \varepsilon_y,\ \gamma_{xy})$，则一个单元的位移和变形可用单元形心处的 6 个分量来表示，见式 (1-1) 和图 1-3。

$$(u_0, v_0, r_0, \varepsilon_x, \varepsilon_y, \gamma_{xy}) \tag{1-1}$$

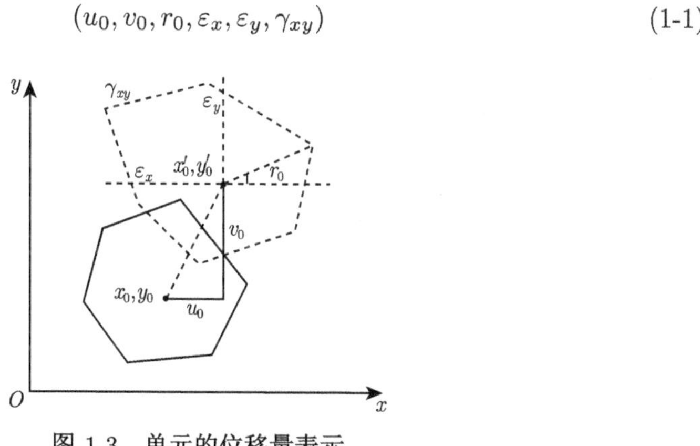


图 1-3 单元的位移量表示

单元内任意一点 $(x,\ y)$ 的位移可用单元形心处的 6 个分量以及该点与单元形心的位置关系来表示。点 $(x,\ y)$ 的位移可以分解成平移分量、旋转分量和变形分量三部分。

1. 平移分量

单元内任意一点的平移分量 $(u_1,\ v_1)$ 与形心处的平移量相等 (见图 1-4)，即

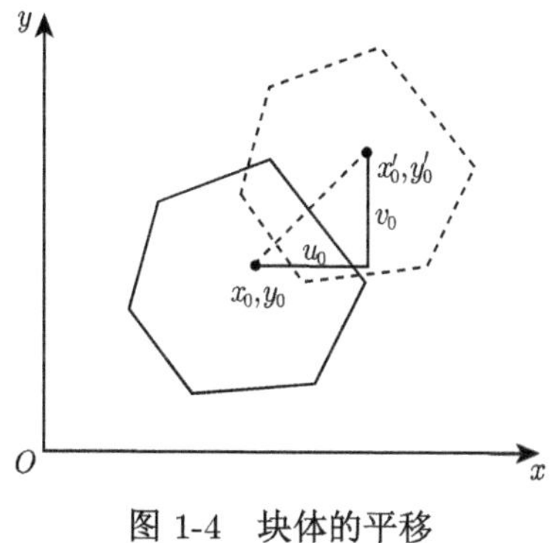


图 1-4 块体的平移

$$\begin{pmatrix} u_1 \\ v_1 \end{pmatrix} = \begin{pmatrix} u_0 \\ v_0 \end{pmatrix} = \begin{pmatrix} 1 & 0 \\ 0 & 1 \end{pmatrix} \begin{pmatrix} u_0 \\ v_0 \end{pmatrix} \tag{1-2}$$

2. **旋转分量**

块体的旋转如图 1-5 所示。

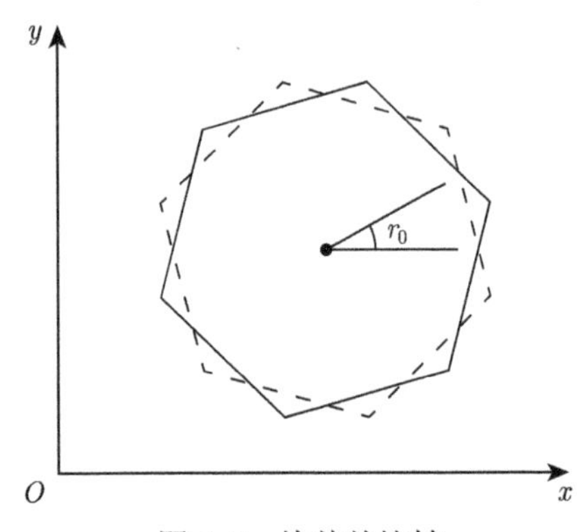


图 1-5　块体的旋转

如图 1-6 所示，当块体旋转角度足够小时，二次项可以忽略不计，由旋转角度 $r_0$(弧度) 引起的块体内任意一点 $(x，y)$ 的位移 $(u_2，v_2)$ 可表示为

$$\begin{pmatrix} u_2 \\ v_2 \end{pmatrix} = \begin{pmatrix} -(y-y_0) \\ x-x_0 \end{pmatrix} (r_0) \tag{1-3}$$

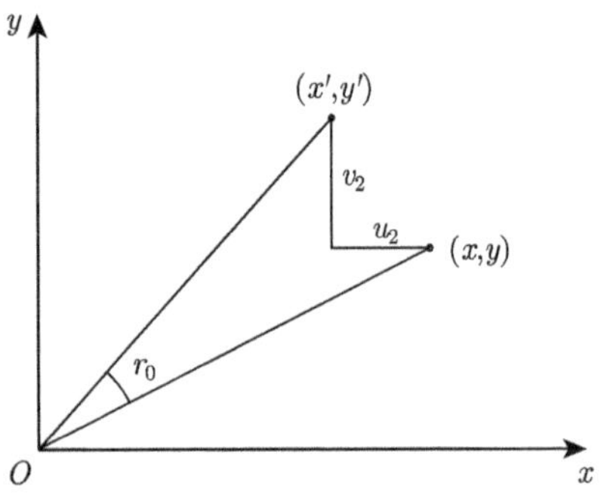


图 1-6　小转动时的转角位移

当转角 $r_0$ 较大时，用式 (1-3) 求解会带来较大误差，在计入二次项的条件下，转角 $r_0$ 引起的 $(x，y)$ 点的位移可用下式计算：

$$\begin{cases} u_2' = (x-x_0)(\cos r_0 - 1) - (y-y_0)\sin r_0 \\ v_2' = -(y-y_0)(\cos r_0 - 1) + (x-x_0)\sin r_0 \end{cases} \tag{1-4}$$

比较式 (1-4) 和式 (1-3)，可以看出，当 $r_0$ 足够小时，$\cos r_0 \approx 1.0$，$\sin r_0 \approx r_0$，式 (1-4) 即转化为式 (1-3)。

3. 正应变分量

如图 1-7 所示，块体的正应变 ($\varepsilon_x$，$\varepsilon_y$) 引起的块体内任意一点 ($x$，$y$) 的变形分量 ($u_3$，$v_3$) 表示为

$$\begin{pmatrix} u_3 \\ v_3 \end{pmatrix} = \begin{pmatrix} x - x_0 & 0 \\ 0 & y - y_0 \end{pmatrix} \begin{pmatrix} \varepsilon_x \\ \varepsilon_y \end{pmatrix} \tag{1-5}$$

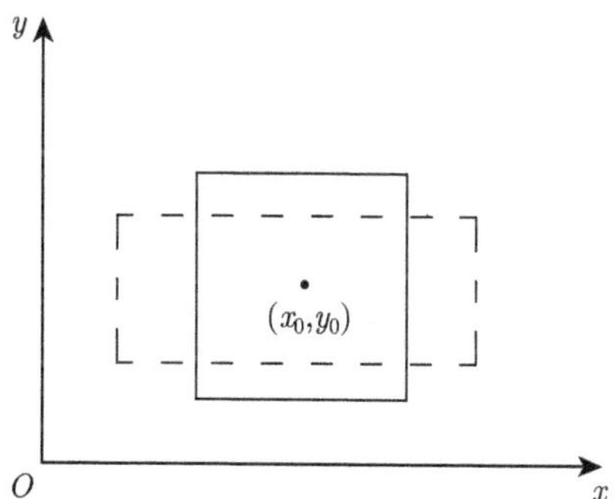


图 1-7 正应变引起的变形分量

4. 剪应变分量

图 1-8 为块体的剪应变示意图。当块体只有剪应变 $\gamma_{xy}$ 时，点 ($x$，$y$) 的剪应变位移分量 ($u_4$，$v_4$) 可表示为

$$\begin{pmatrix} u_4 \\ v_4 \end{pmatrix} = \begin{pmatrix} (y - y_0)/2 \\ (x - x_0)/2 \end{pmatrix} (\gamma_{xy}) \tag{1-6}$$

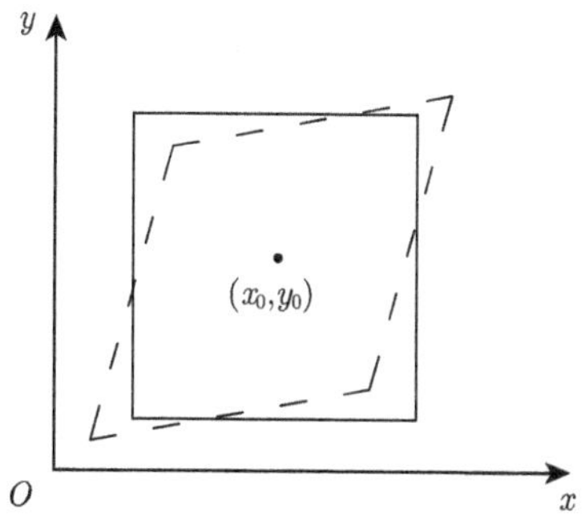


图 1-8 剪应变分量

5. 总位移

综合考虑块体的刚体平移、旋转、正应变和剪应变 ($u_0$, $v_0$, $r_0$, $\varepsilon_x$, $\varepsilon_y$, $\gamma_{xy}$)，将各分量进行叠加，可得块体内任意一点 ($x$, $y$) 的总位移为

$$\begin{aligned}\begin{pmatrix} u \\ v \end{pmatrix} &= \begin{pmatrix} u_1+u_2+u_3+u_4 \\ v_1+v_2+v_3+v_4 \end{pmatrix} \\ &= \begin{pmatrix} 1 & 0 & -(y-y_0) & x-x_0 & 0 & (y-y_0)/2 \\ 0 & 1 & x-x_0 & 0 & y-y_0 & (x-x_0)/2 \end{pmatrix} \begin{pmatrix} u_0 \\ v_0 \\ r_0 \\ \varepsilon_x \\ \varepsilon_y \\ \gamma_{xy} \end{pmatrix}\end{aligned} \tag{1-7}$$

因此，对于每个单元而言，将形心作为单元的代表点，将形心处的刚体位移和应变 ($u_0$, $v_0$, $r_0$, $\varepsilon_x$, $\varepsilon_y$, $\gamma_{xy}$) 作为基本未知量进行求解。求得各变形分量后，即可通过式 (1-7) 求出块体内任意一点的位移。

对于任意单元 $i$，式 (1-7) 可用单元形函数和未知量表示为

$$\begin{pmatrix} u \\ v \end{pmatrix} = (T_i)(D_i) = \begin{pmatrix} t_{11}^i & t_{12}^i & t_{13}^i & t_{14}^i & t_{15}^i & t_{16}^i \\ t_{21}^i & t_{22}^i & t_{23}^i & t_{24}^i & t_{25}^i & t_{26}^i \end{pmatrix} \begin{pmatrix} d_{1i} \\ d_{2i} \\ d_{3i} \\ d_{4i} \\ d_{5i} \\ d_{6i} \end{pmatrix} \tag{1-8}$$

式中

$$\begin{aligned}(T_i) &= \begin{pmatrix} t_{11}^i & t_{12}^i & t_{13}^i & t_{14}^i & t_{15}^i & t_{16}^i \\ t_{21}^i & t_{22}^i & t_{23}^i & t_{24}^i & t_{25}^i & t_{26}^i \end{pmatrix} \\ &= \begin{pmatrix} 1 & 0 & -(y-y_0) & x-x_0 & 0 & (y-y_0)/2 \\ 0 & 1 & x-x_0 & 0 & y-y_0 & (x-x_0)/2 \end{pmatrix}\end{aligned} \tag{1-9}$$

$$(D_i) = (d_{1i}\ d_{2i}\ d_{3i}\ d_{4i}\ d_{5i}\ d_{6i})^{\mathrm{T}} = (u_0\ v_0\ r_0\ \varepsilon_x\ \varepsilon_y\ \gamma_{xy})^{\mathrm{T}}$$

石根华在其著作 [1] 中已经证明式 (1-7)~ 式 (1-9) 表示的块体位移函数为一阶近似函数，当希望块体内有更高的位移精度时，可采用高阶位移函数，详见后述。

### 1.1.3 单元的应力

根据胡克定律，已知应变 ($\varepsilon_x$，$\varepsilon_y$，$\gamma_{xy}$) 时单元内任意点的应力可表示为

$$\begin{pmatrix} \sigma_x \\ \sigma_y \\ \tau_{xy} \end{pmatrix} = \frac{E}{1-\nu^2}\begin{bmatrix} 1 & \nu & 0 \\ \nu & 1 & 0 \\ 0 & 0 & \dfrac{1-\nu}{2} \end{bmatrix}\begin{pmatrix} \varepsilon_x \\ \varepsilon_y \\ \gamma_{xy} \end{pmatrix} \tag{1-10}$$

式中，$E$ 为弹性模量，$\nu$ 为泊松比，$\sigma_x$、$\sigma_y$、$\tau_{xy}$ 分别为 $x$、$y$ 向的正应力和剪应力。

在具有一阶近似精度 DDA 单元内，任意一点的应变 ($\varepsilon_x$，$\varepsilon_y$，$\gamma_{xy}$) 均为常数，即为常应变单元。由式 (1-10) 可以看出，单元内任意一点的应力同样为常数，即为常应力单元。

### 1.1.4 单元刚度矩阵及荷载向量

1. 最小势能原理

将物体的总势能 $\Pi$ 定义为物体的应变能 $U$ 与外力势能 $V$ 之差，即

$$\begin{cases} \Pi = U - V \\ U = \dfrac{1}{2}\displaystyle\iint (\varepsilon_x \varepsilon_y \gamma_{xy})\begin{pmatrix} \sigma_x \\ \sigma_y \\ \tau_{xy} \end{pmatrix} \mathrm{d}x\mathrm{d}y \\ V = \sum F\delta + \displaystyle\iint \{r\}^{\mathrm{T}}\{q\}\,\mathrm{d}x\mathrm{d}y + \int_{S_\sigma} \{r_b\}^{\mathrm{T}}\{\overline{P}\}\mathrm{d}s \end{cases} \tag{1-11}$$

其中，$V$ 的第一项为集中力势能，$\delta$ 为 $F$ 作用下的位移；第二项为体积力$\{q\}$的势能，$\{r\}$为体积力作用下的位移分布；第三项为面力$\{\overline{P}\}$的势能，$S_\sigma$ 为面力作用的表面，$\{r_b\}$为表面 $S_\sigma$ 上的位移，$\{\overline{P}\}$为给定面力。

式 (1-11) 只给出了点荷载、体积力以及面力三种常见荷载的势能表达式，锚杆力、接触力、温度应力等其他荷载引起的势能，将在后面逐步介绍。

最小势能原理可以表述为：在所有满足边界条件的协调位移中，那些满足平衡条件的位移使势能取得极小值，即

$$\frac{\partial \Pi}{\partial \delta} = 0 \tag{1-12}$$

对于块体单元 $i$ 的位移变量

$$(D_i) = (d_{1i} \quad d_{2i} \quad d_{3i} \quad d_{4i} \quad d_{5i} \quad d_{6i})^{\mathrm{T}} = d_{ri}, \quad r = 1,2,\cdots,6$$

最小势能原理可表示为

$$\frac{\partial \Pi}{\partial d_{ri}} = 0, \quad r = 1,2,\cdots,6 \tag{1-13}$$

式 (1-13) 为六个线性方程。对于上述方程

$$\frac{\partial \Pi}{\partial u_0}=0,\quad \frac{\partial \Pi}{\partial v_0}=0,\quad \frac{\partial \Pi}{\partial r_0}=0 \tag{1-14}$$

分别为块体 $i$ 在 $x$、$y$ 方向上所受外力的平衡方程和力矩的平衡方程。

方程

$$\frac{\partial \Pi}{\partial \varepsilon_x}=0,\quad \frac{\partial \Pi}{\partial \varepsilon_y}=0,\quad \frac{\partial \Pi}{\partial \gamma_{xy}}=0 \tag{1-15}$$

分别为块体 $i$ 在 $x$、$y$ 方向以及剪切方向的应力平衡方程。

如上六个方程构成了单元的平衡方程：

$$[K_i]\,[D_i]=[F_i] \tag{1-16}$$

式中，$[K_i]$ 为一 6×6 矩阵，$[F_i]$ 为 6×1 向量。

由式 (1-11)、式 (1-14) 和式 (1-15) 可以求出

$$k_{rs}^i=\frac{\partial^2 \Pi}{\partial d_{ri}\partial d_{si}}=\frac{\partial^2 U}{\partial d_{ri}\partial d_{si}},\quad r,s=1,2,\cdots,6 \tag{1-17}$$

方程 (1-16) 的右端项 $[F_i]=f_{ri}$，$r=1,2,\cdots,6$，可以根据式 (1-11) 和式 (1-13) 求出

$$f_{ri}=-\frac{\partial \Pi(0)}{\partial d_{ri}},\quad r=1,2,\cdots,6 \tag{1-18}$$

根据式 (1-17) 和式 (1-18) 即可求出各单元的单元刚度矩阵和荷载向量，进而求出单元平衡方程的各分量。

### 2. 单元刚度矩阵

由单元的未知量式 (1-1) 和单元平衡方程 (1-16) 可知，单元刚度矩阵为一 6×6 矩阵。

由式 (1-11)，单元的应变能可写成

$$U=\frac{1}{2}\iint(\varepsilon_x\ \varepsilon_y\ \gamma_{xy})\,[E]\left\{\begin{matrix}\varepsilon_x\\ \varepsilon_y\\ \gamma_{xy}\end{matrix}\right\}\mathrm{d}x\mathrm{d}y \tag{1-19}$$

其中

$$[E]=\frac{E}{1-\nu^2}\begin{bmatrix}1 & \nu & 0\\ \nu & 1 & 0\\ 0 & 0 & \frac{1-\nu}{2}\end{bmatrix}$$

将 $[E]$ 写成 6×6 的形式:

$$[E] = \frac{E}{1-\nu^2}\begin{bmatrix} 0 & 0 & 0 & 0 & 0 & 0 \\ 0 & 0 & 0 & 0 & 0 & 0 \\ 0 & 0 & 0 & 0 & 0 & 0 \\ 0 & 0 & 0 & 1 & \nu & 0 \\ 0 & 0 & 0 & \nu & 1 & 0 \\ 0 & 0 & 0 & 0 & 0 & \dfrac{1-\nu}{2} \end{bmatrix} \tag{1-20}$$

则式 (1-19) 可写成

$$U = \frac{1}{2}\iint [D_i]^{\mathrm{T}}[E][D_i]\,\mathrm{d}x\mathrm{d}y$$

对于单元 $i$, 有

$$U_i = \frac{1}{2}\iint [D_i]^{\mathrm{T}}[E][D_i]\,\mathrm{d}x\mathrm{d}y = \frac{S_i}{2}[D_i]^{\mathrm{T}}[E][D_i] \tag{1-21}$$

式中

$$[D_i]^{\mathrm{T}} = [d_{1i}\ d_{2i}\ d_{3i}\ d_{4i}\ d_{5i}\ d_{6i}] = [u_{0i}\ v_{0i}\ r_{0i}\ \varepsilon_{xi}\ \varepsilon_{yi}\ \gamma_{xyi}] \tag{1-22}$$

$S_i$ 为第 $i$ 单元的面积。

由式 (1-17) 得

$$k_{rs}^{i} = \frac{\partial^2 U}{\partial d_{ri}\partial d_{si}} = \frac{S_i}{2}\frac{\partial^2}{\partial d_{ri}\partial d_{si}}[D_i]^{\mathrm{T}}[E_i][D_i] \tag{1-23}$$

$k_{rs}^{i}$ 构成一 $6\times 6$ 矩阵，即

$$[K_i] = S_i[E_i] \tag{1-24}$$

3. 单元荷载向量

对于单元平衡方程 (1-16)，通过 (1-24) 求出了单元刚度矩阵。平衡方程右端为荷载项，需通过单元内力和外荷载求得。

1) 初应力

对于单元 $i$，初始应力 ($\sigma_x^0$，$\sigma_y^0$，$\tau_{xy}^0$) 的势能为

$$\begin{aligned} \Pi_\sigma &= \iint \left(\varepsilon_x\sigma_x^0 + \varepsilon_y\sigma_y^0 + \gamma_{xy}\tau_{xy}^0\right)\mathrm{d}x\mathrm{d}y \\ &= S_i\left(\varepsilon_x\sigma_x^0 + \varepsilon_y\sigma_y^0 + \gamma_{xy}\tau_{xy}^0\right) \end{aligned}$$

$$=S_i\left[D_i\right]^{\mathrm{T}}\begin{bmatrix}0\\0\\0\\\sigma_x^0\\\sigma_y^0\\\tau_{xy}^0\end{bmatrix}=S_i\left[D_i\right]^{\mathrm{T}}\left[\sigma_0^i\right] \tag{1-25}$$

由式 (1-18) 可得

$$f_{ri}=-\frac{\partial \Pi(0)}{\partial d_{ri}}=-S_i\frac{\partial\left[D_i\right]^{\mathrm{T}}\left[\sigma_0^i\right]}{\partial d_{ri}}=-S_i\left[\sigma_0^i\right],\quad r=1,2,\cdots,6 \tag{1-26}$$

$f_{ri}$ 为一 6×1 子矩阵，加入式 (1-16) 的右端，即

$$-S_i\left[\sigma_0^i\right]\rightarrow\left[F_i\right] \tag{1-27}$$

在 DDA 分步求解的过程中，上一步的应力是作为下一步的初应力进入计算的，即用式 (1-27) 将上一步的应力转换成节点荷载计入下一步计算。

2) 集中力荷载 (点荷载)

设在单元 $i$ 的一点 $(x，y)$ 上作用有集中荷载 $(F_x，F_y)$，假设在荷载作用点 $(x，y)$ 处产生了位移 $(u，v)$，如图 1-9 所示。由式 (1-11) 和式 (1-18)，该集中力 $(F_x，F_y)$ 在位移 $(u，v)$ 上做的功为

$$V=(F_xu+F_yv)=\left[D_i\right]^{\mathrm{T}}\left[T_i(x,y)\right]^{\mathrm{T}}\begin{pmatrix}F_x\\F_y\end{pmatrix} \tag{1-28}$$

$$\Pi_0=-V=-\left[D_i\right]^{\mathrm{T}}\left[T_i(x,y)\right]^{\mathrm{T}}\begin{pmatrix}F_x\\F_y\end{pmatrix} \tag{1-29}$$

$$\begin{aligned}f_{ri}=&-\frac{\partial \Pi(0)}{\partial d_{ri}}=\frac{\partial}{\partial d_{ri}}\left[D_i\right]^{\mathrm{T}}\left[T_i(x,y)\right]^{\mathrm{T}}\begin{pmatrix}F_x\\F_y\end{pmatrix}\\=&F_xt_{1r}+F_yt_{2r},\quad r=1,2,\cdots,6\end{aligned} \tag{1-30}$$

$f_{ri}$ 为一 6×1 矩阵：

$$\begin{bmatrix}1&0\\0&1\\-(y-y_0)&x-x_0\\x-x_0&0\\0&y-y_0\\(y-y_0)/2&(x-x_0)/2\end{bmatrix}\begin{pmatrix}F_x\\F_y\end{pmatrix}\rightarrow\left[F_i\right] \tag{1-31}$$

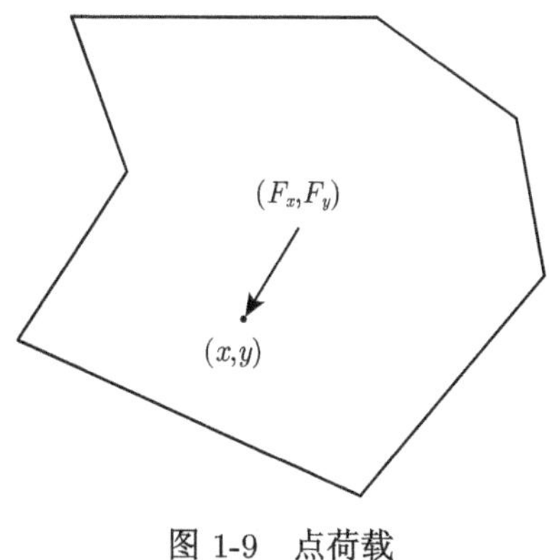


图 1-9 点荷载

4. **体积力荷载**

设单元 $i$ 作用有常体积力 $(f_x，f_y)$，该单元的形心为 $(x_0，y_0)$，则体积力的作用可等效为作用于形心 $(x_0，y_0)$ 的体积力合力，即

$$F_x = S_i f_x, \quad F_y = S_i f_y \tag{1-32}$$

由式 (1-32) 可以求出体积力的等效荷载矩阵为

$$\begin{bmatrix} f_x S_i \\ f_y S_i \\ 0 \\ 0 \\ 0 \\ 0 \end{bmatrix} \to [F_i] \tag{1-33}$$

5. **面力荷载**

如图 1-10 所示，面力作用于单元 $i$ 的边 $\overline{k, k+1}$ 上，其中 $k$ 点处的面力为

$$\{q_{ik}\} = \begin{Bmatrix} q_{nk} \\ q_{sk} \end{Bmatrix} \tag{1-34}$$

$k$+1 点处的面力为

$$\{q_{i\,k+1}\} = \begin{Bmatrix} q_{n\,k+1} \\ q_{s\,k+1} \end{Bmatrix} \tag{1-35}$$

式中，$q_n$ 为法向分布力，$q_s$ 为切向分布力。

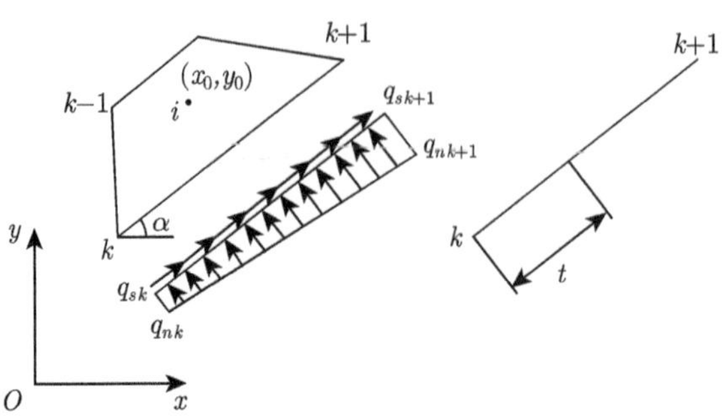


图 1-10 面力荷载

则分布力在 $\overline{k,k+1}$ 上所做的功为

$$\varPi_i = -\int_0^{l_k} \left(f_{x_t} u_t + f_{y_t} v_t\right) \mathrm{d}t \tag{1-36}$$

其中

$$\left\{ \begin{aligned} f_{x_t} &= -\left[\left(1-\frac{t}{l_k}\right) q_{nk} + \frac{t}{l_k} q_{n\ \ k+1}\right] \sin\alpha + \left[\left(1-\frac{t}{l_k}\right) q_{sk} + \frac{t}{l_k} q_{s\ \ k+1}\right] \cos\alpha \\ f_{y_t} &= \left[\left(1-\frac{t}{l_k}\right) q_{nk} + \frac{t}{l_k} q_{n\ \ k+1}\right] \cos\alpha + \left[\left(1-\frac{t}{l_k}\right) q_{sk} + \frac{t}{l_k} q_{s\ \ k+1}\right] \sin\alpha \end{aligned} \right. \tag{1-37}$$

$$\left\{ \begin{matrix} u_t \\ v_t \end{matrix} \right\} = \left[T_i\left(x_t, y_t\right)\right]\left[D_i\right] \tag{1-38}$$

式中，$l_k$ 为第 $i$ 单元边 $\overline{k,k+1}$ 的长度，$q_{nk}$、$q_{n\ \ k+1}$、$q_{sk}$、$q_{s\ \ k+1}$ 分别为 $k$ 点、$k$+1 点的法向力和切向力的作用强度。法向力指向块体内部为正，沿着切向力的正向行走时单元实体位于左侧，($x_t$，$y_t$) 为边 $\overline{k,k+1}$ 上一点坐标值，将式 (1-37)、式 (1-38) 代入式 (1-36) 积分后可得

$$\varPi_i = -\left[D_i\right]^{\mathrm{T}}\left[T_i\left(x_k, y_k\right)\right]^{\mathrm{T}}[G] + \left[D_i\right]^{\mathrm{T}}\left[T_i\left(x_{k+1}, y_{k+1}\right)\right]^{\mathrm{T}}[H] \tag{1-39}$$

其中

$$\begin{aligned} [G] = &\left[\begin{matrix} -\dfrac{l_k}{3}\sin\alpha & -\dfrac{l_k}{6}\sin\alpha \\ \dfrac{l_k}{3}\cos\alpha & \dfrac{l_k}{6}\cos\alpha \end{matrix}\right]\left\{\begin{matrix} q_{nk} \\ q_{n\ \ k+1} \end{matrix}\right\} \\ &+ \left[\begin{matrix} \dfrac{l_k}{3}\cos\alpha & \dfrac{l_k}{6}\cos\alpha \\ -\dfrac{l_k}{3}\sin\alpha & -\dfrac{l_k}{6}\sin\alpha \end{matrix}\right]\left\{\begin{matrix} q_{sk} \\ q_{s\ \ k+1} \end{matrix}\right\} \end{aligned}$$

$$[H]=\begin{bmatrix}-\dfrac{l_k}{6}\sin\alpha & -\dfrac{l_k}{3}\sin\alpha\\ \dfrac{l_k}{6}\cos\alpha & \dfrac{l_k}{3}\cos\alpha\end{bmatrix}\begin{Bmatrix}q_{nk}\\ q_{n\ k+1}\end{Bmatrix}+\begin{bmatrix}\dfrac{l_k}{6}\cos\alpha & \dfrac{l_k}{3}\cos\alpha\\ -\dfrac{l_k}{6}\sin\alpha & -\dfrac{l_k}{3}\sin\alpha\end{bmatrix}\begin{Bmatrix}q_{sk}\\ q_{s\ k+1}\end{Bmatrix} \tag{1-40}$$

由分布面力引起的单元 $i$ 的荷载为

$$\frac{-\partial\Pi(0)}{\partial d_{ri}}=[T_i(x_k,y_k)]^{\mathrm{T}}[G]+[T_i(x_{k+1},y_{k+1})]^{\mathrm{T}}[H]\rightarrow[F_i] \tag{1-41}$$

单元受面力作用分为两种情况，第一种情况是单元 $i$ 的 $\overline{k,k+1}$ 边为整个求解域的外边界，在外边界上作用有面力$\{q_{ik}\}$；第二种情况是单元 $i$ 的 $\overline{k,k+1}$ 边与单元 $j$ 的一条边共同构成了流动通道，该通道内作用有水压时，用式 (1-40)、式 (1-41) 可以同时求出作用在单元 $i$、$j$ 上的面力所引起的等效荷载。

6. 锚杆连接

如图 1-11 所示，假设一锚杆 (或锚索) 连接单元 $i$ 和单元 $j$，其中端点 $(x_1,y_1)$、$(x_2,y_2)$ 分别为单元 $i$、$j$ 内的任意点。单元 $i$、$j$ 可以相邻，可以相隔若干单元，也可以位于同一单元。当在锚杆 (或锚索) 上施加预应力时，设锚杆 (或锚索) 的预应力为 $f_0$，端点位移为

$$\begin{cases}\mathrm{d}x_1=u_1=u(x_1,y_1)\\ \mathrm{d}y_1=v_1=v(x_1,y_1)\\ \mathrm{d}x_2=u_2=u(x_2,y_2)\\ \mathrm{d}y_2=v_2=v(x_2,y_2)\end{cases} \tag{1-42}$$

锚杆长为

$$l=\sqrt{(x_1-x_2)^2+(y_1-y_2)^2}$$

$$\begin{aligned}\mathrm{d}l&=\frac{1}{l}[(x_1-x_2)(\mathrm{d}x_1-\mathrm{d}x_2)+(y_1-y_2)(\mathrm{d}y_1-\mathrm{d}y_2)]\\&=\frac{1}{l}[(x_1-x_2)(u_1-u_2)+(y_1-y_2)(v_1-v_2)]\\&=\left[(u_1\ v_1)\begin{pmatrix}l_x\\ l_y\end{pmatrix}-(u_2\ v_2)\begin{pmatrix}l_x\\ l_y\end{pmatrix}\right]\\&=\left[[D_i]^{\mathrm{T}}[T_i]^{\mathrm{T}}\begin{pmatrix}l_x\\ l_y\end{pmatrix}-[D_j]^{\mathrm{T}}[T_j]^{\mathrm{T}}\begin{pmatrix}l_x\\ l_y\end{pmatrix}\right]\end{aligned} \tag{1-43}$$

式中

$$\begin{cases} l_x = \dfrac{1}{l}(x_1 - x_2) \\ l_y = \dfrac{1}{l}(y_1 - y_2) \end{cases}$$

为杆的方向余弦。

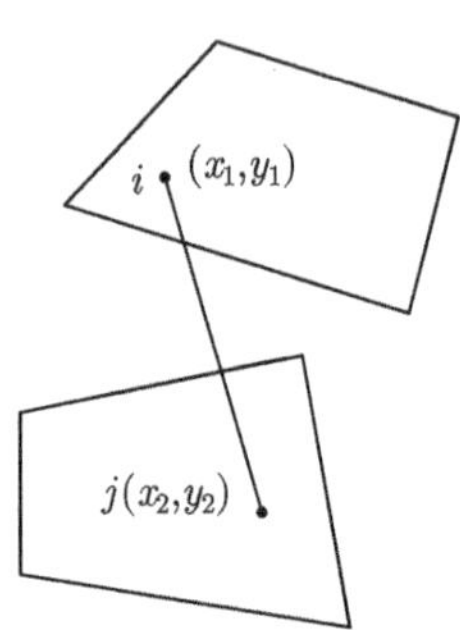


图 1-11　锚杆连接的两个块体

假定杆的刚度是 $S$，计入预应力 $f_0$ 后，杆的轴向力为

$$f = f_0 - S\frac{\mathrm{d}l}{l} \tag{1-44}$$

杆的应变能为

$$\begin{aligned} \Pi_b = &-\left(f_0\mathrm{d}l - \frac{1}{2}S\frac{\mathrm{d}l^2}{l}\right) = \frac{S}{2l}\mathrm{d}l^2 - f_0\mathrm{d}l \\ =&\frac{S}{2l}\left[[D_i]^{\mathrm{T}}[T_i]^{\mathrm{T}}\begin{pmatrix} l_x \\ l_y \end{pmatrix} - [D_j]^{\mathrm{T}}[T_j]^{\mathrm{T}}\begin{pmatrix} l_x \\ l_y \end{pmatrix}\right]^2 \\ &- f_0\left[[D_i]^{\mathrm{T}}[T_i]^{\mathrm{T}}\begin{pmatrix} l_x \\ l_y \end{pmatrix} - [D_j]^{\mathrm{T}}[T_j]^{\mathrm{T}}\begin{pmatrix} l_x \\ l_y \end{pmatrix}\right] \\ =&\frac{S}{2l}[D_i]^{\mathrm{T}}[E_i][E_i]^{\mathrm{T}}[D_i] - \frac{S}{l}[D_i]^{\mathrm{T}}[E_i][G_j]^{\mathrm{T}}[D_j] \\ &+ \frac{S}{2l}[D_j]^{\mathrm{T}}[G_j][G_j]^{\mathrm{T}}[D_j] \\ &- f_0[D_i]^{\mathrm{T}}[E_i] + f_0[D_j]^{\mathrm{T}}[G_j] \end{aligned} \tag{1-45}$$

式中

$$[E_i] = [T_i]^{\mathrm{T}}\begin{pmatrix} l_x \\ l_y \end{pmatrix} = \begin{pmatrix} e_1 \\ e_2 \\ e_3 \\ e_4 \\ e_5 \\ e_6 \end{pmatrix}, \qquad [G_j] = [T_j]^{\mathrm{T}}\begin{pmatrix} l_x \\ l_y \end{pmatrix} = \begin{pmatrix} g_1 \\ g_2 \\ g_3 \\ g_4 \\ g_5 \\ g_6 \end{pmatrix} \tag{1-46}$$

$\Pi_b$ 的导数

$$k_{rs}=\frac{\partial^2\Pi_b}{\partial d_{ri}\partial d_{si}}=\frac{S}{2l}\frac{\partial^2}{\partial d_{ri}\partial d_{si}}\left([D_i]^{\mathrm{T}}[E_i]^{\mathrm{T}}[E_i][D_i]\right)=\frac{S}{l}e_re_s,\quad r,s=1,2,\cdots,6$$

形成 6×6 子矩阵：

$$\frac{S}{l}\begin{pmatrix}e_1\\e_2\\e_3\\e_4\\e_5\\e_6\end{pmatrix}\begin{pmatrix}e_1 & e_2 & e_3 & e_4 & e_5 & e_6\end{pmatrix}\to[K_{ii}] \tag{1-47}$$

它被加到总体方程 (1-76) 的子矩阵 $[K_{ii}]$ 中去。

$$k_{rs}=\frac{\partial^2\Pi_b}{\partial d_{ri}\partial d_{sj}}=-\frac{S}{l}\frac{\partial^2}{\partial d_{ri}\partial d_{sj}}([D_i]^{\mathrm{T}}[E_i]^{\mathrm{T}}[G_j][D_j])=-\frac{S}{l}e_rg_s,\quad r,s=1,2,\cdots,6$$

形成 6×6 子矩阵：

$$-\frac{S}{l}\begin{pmatrix}e_1\\e_2\\e_3\\e_4\\e_5\\e_6\end{pmatrix}\begin{pmatrix}g_1 & g_2 & g_3 & g_4 & g_5 & g_6\end{pmatrix}\to[K_{ij}] \tag{1-48}$$

它被加到总体方程 (1-76) 的子矩阵 $[K_{ij}]$ 中去。

$$k_{rs}=\frac{\partial^2\Pi_b}{\partial d_{rj}\partial d_{si}}=\frac{S}{l}\frac{\partial^2}{\partial d_{rj}\partial d_{si}}([D_j]^{\mathrm{T}}[G_j]^{\mathrm{T}}[E_i][D_i])=-\frac{S}{l}g_re_s,\quad r,s=1,2,\cdots,6$$

形成一 6×6 子矩阵：

$$-\frac{S}{l}\begin{pmatrix}g_1\\g_2\\g_3\\g_4\\g_5\\g_6\end{pmatrix}\begin{pmatrix}e_1 & e_2 & e_3 & e_4 & e_5 & e_6\end{pmatrix}\to[K_{ji}] \tag{1-49}$$

它被加到总体方程 (1-76) 的子矩阵 $[K_{ji}]$ 中去。

$$k_{rs}=\frac{\partial^2\Pi_b}{\partial d_{rj}\partial d_{sj}}=\frac{S}{2l}\frac{\partial^2}{\partial d_{rj}\partial d_{sj}}\left([D_j]^{\mathrm{T}}[G_j]^{\mathrm{T}}[G_j][D_j]\right)=\frac{S}{l}g_r g_s,\quad r,s=1,2,\cdots,6$$

形成一 6×6 子矩阵：

$$\frac{S}{l}\begin{pmatrix}g_1\\g_2\\g_3\\g_4\\g_5\\g_6\end{pmatrix}\begin{pmatrix}g_1 & g_2 & g_3 & g_4 & g_5 & g_6\end{pmatrix}\rightarrow[K_{jj}] \tag{1-50}$$

式 (1-50) 被加到总体方程 (1-76) 的子矩阵 $[K_{jj}]$ 中去。

$$f_{ri}=-\frac{\partial\Pi_b(0)}{\partial d_{ri}}=\frac{\partial}{\partial d_{ri}}\left[f_0[D_i]^{\mathrm{T}}[E_i]\right]=f_0[E_i]=f_0\begin{pmatrix}e_1\\e_2\\e_3\\e_4\\e_5\\e_6\end{pmatrix}\rightarrow[F_i] \tag{1-51}$$

$$f_{rj}=-\frac{\partial\Pi_b(0)}{\partial d_{rj}}=-\frac{\partial}{\partial d_{rj}}\left[f_0[D_j]^{\mathrm{T}}[G_j]\right]=-f_0[G_j]=-f_0\begin{pmatrix}g_1\\g_2\\g_3\\g_4\\g_5\\g_6\end{pmatrix}\rightarrow[F_j] \tag{1-52}$$

### 7. 约束条件的引入

约束条件也称作位移边界条件，即已知某些位置的位移值。一般情况是已知位移随时间的变化，若约束点的位移不随时间变化，则为固定点。有限元等数值方法一般将约束点设在节点上，通过修改刚度矩阵来实现位移约束。与有限元不同，DDA 可以在块体内任意点施加约束，每点可施加 $x$、$y$ 方向两个约束。当一个二维块体存在三个以上的约束时，该块体不能自由运动。

如图 1-12 所示，对某块体的点 $(x_m, y_m)$ 给定已知位移 $(u_m, v_m)$，则在计算时需强制使该点的位移等于已知位移 $(u_m, v_m)$。DDA 通过在点 $(x_m, y_m)$ 的 $x$、$y$

方向各设置一个刚度很大的弹簧，并强制给定弹簧位移 $(u_m, v_m)$ 来实现约束。设弹簧的刚度为 $P$，点 $(x_m, y_m)$ 的计算位移为 $(u, v)$，则弹簧力为

$$\begin{pmatrix} f_x \\ f_y \end{pmatrix} = \begin{pmatrix} -P(u-u_m) \\ -P(v-v_m) \end{pmatrix} \tag{1-53}$$

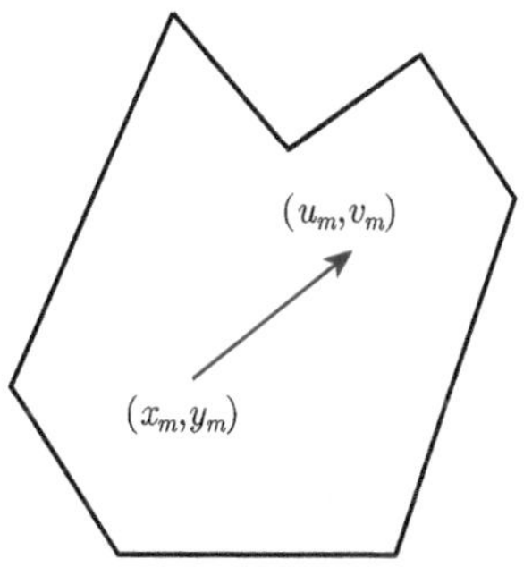


图 1-12 给定位移示意图

弹簧应变能为 $\Pi_m$，则

$$\begin{aligned}\Pi_m =& \frac{P}{2}\left[(u-u_m)^2+(v-v_m)^2\right] = \frac{P}{2}\left[\begin{pmatrix} u-u_m & v-v_m \end{pmatrix}\begin{pmatrix} u-u_m \\ v-v_m \end{pmatrix}\right] \\ =& \frac{P}{2}\begin{pmatrix} u & v \end{pmatrix}\begin{pmatrix} u \\ v \end{pmatrix} - P\begin{pmatrix} u & v \end{pmatrix}\begin{pmatrix} u_m \\ v_m \end{pmatrix} + \frac{P}{2}\begin{pmatrix} u_m & v_m \end{pmatrix}\begin{pmatrix} u_m \\ v_m \end{pmatrix}\end{aligned} \tag{1-54}$$

由于

$$\begin{pmatrix} u \\ v \end{pmatrix} = [T_i][D_i], \quad \begin{pmatrix} u & v \end{pmatrix} = [D_i]^{\mathrm{T}}[T_i]^{\mathrm{T}}$$

$$\Pi_m = \frac{P}{2}[D_i]^{\mathrm{T}}[T_i]^{\mathrm{T}}[T_i][D_i] - P[D_i]^{\mathrm{T}}[T_i]^{\mathrm{T}}\begin{pmatrix} u_m \\ v_m \end{pmatrix} + \frac{P}{2}\begin{pmatrix} u_m & v_m \end{pmatrix}\begin{pmatrix} u_m \\ v_m \end{pmatrix} \tag{1-55}$$

取导数以计算 $\Pi_m$ 的最小值：

$$\begin{aligned}k_{rs} =& \frac{\partial^2 \Pi_m}{\partial d_{ri}\partial d_{si}} = \frac{\partial^2}{\partial d_{ri}\partial d_{si}}\frac{P}{2}[D_i]^{\mathrm{T}}[T_i]^{\mathrm{T}}[T_i][D_i] \\ =& P(t_{1r}t_{1s}+t_{2r}t_{2s}), \quad r,s=1,2,\cdots,6\end{aligned} \tag{1-56}$$

$k_{rs}$ 形成一 6×6 子矩阵：

$$P[T_i]^{\mathrm{T}}[T_i] \to [K_{ii}] \tag{1-57}$$

式 (1-57) 被加到总体方程 (1-76) 的子矩阵 $[K_{ii}]$ 中去。

对在 $[D]=[0]$ 时的 $\Pi_m$ 取导，使 $\Pi_m$ 最小化：

$$f_r = -\frac{\partial \Pi_m(0)}{\partial d_{ri}} = \frac{\partial}{\partial d_{ri}} P[D_i]^{\mathrm{T}}[T_i]^{\mathrm{T}}\begin{pmatrix} u_m \\ v_m \end{pmatrix} = P(t_{1r}u_m + t_{2r}v_m), \quad r = 1, 2, \cdots, 6 \tag{1-58}$$

$f_r$ 形成 6×1 子矩阵：

$$P[T_i]^{\mathrm{T}}\begin{pmatrix} u_m \\ v_m \end{pmatrix} \to [F_i] \tag{1-59}$$

它被加到总体方程 (1-76) 中的 $[F_i]$ 中去。

### 1.1.5　块体动力学

DDA 的优势之一是模拟块体系统的大变形和块体的运动。这里说的大变形主要是块体的刚体运动导致位置变化的累计结果，而不是块体自身的大变形。从根本上讲，DDA 的基本方程并不是式 (1-16) 所表示的弹性平衡方程，而是动力学方程。

#### 1. 运动方程

处于运动状态的单元 $i$ 的平衡方程由静力平衡方程 (1-16) 变为动力平衡方程 (1-60)。

$$[K_i][D_i] + [F_d] + [F_c] = [F_i] \tag{1-60}$$

其中，$[F_d]$ 为惯性力，$[F_c]$ 为阻尼力，$[F_i]$ 为作用于单元 $i$ 的外荷载。

考虑动力效应后，式 (1-60) 中的各项都与时间 $t$ 有关，即 $[D_i(t)]$、$[F_d(t)]$、$[F_c(t)]$、$[F_i(t)]$。

#### 2. 惯性力

由于 DDA 的位移模式考虑了单元的刚体平移、旋转及自身变形，惯性力不能直接用达朗贝尔原理给出。石根华将点的惯性力引起的势能在全单元积分，然后通过式 (1-18) 用变分的方式求出惯性项。

设单元 $i$ 内的一点 $(x, y)$ 在 $t$ 时刻的位移为 $(u_i(x, y, t), v_i(x, y, t))$，$M$ 为单位面积的质量，则根据达朗贝尔原理，单位面积的惯性力为

$$\begin{Bmatrix} f_x(x,y,t) \\ f_y(x,y,t) \end{Bmatrix} = -M\frac{\partial^2}{\partial t^2}\begin{Bmatrix} u_i(x,y,t) \\ v_i(x,y,t) \end{Bmatrix} = -M[T_i(x,y)]\frac{\partial^2[D_i(t)]}{\partial t^2} \tag{1-61}$$

式中，$[D_i(t)]$ 为 $t$ 时刻单元 $i$ 的位移变量。

块体 $i$ 的惯性力势能为

$$\begin{aligned}\Pi_i &= -\iint \begin{pmatrix} u_i(x,y,t) & v_i(x,y,t) \end{pmatrix} \begin{Bmatrix} f_x(x,y,t) \\ f_y(x,y,t) \end{Bmatrix} \mathrm{d}x\mathrm{d}y \\ &= \iint \begin{pmatrix} u_i(x,y,t) & v_i(x,y,t) \end{pmatrix} M\left[T_i(x,y)\right] \frac{\partial^2 \left[D_i(t)\right]}{\partial t^2} \mathrm{d}x\mathrm{d}y \\ &= \iint \left[D_i\left(t\right)\right]^{\mathrm{T}} \left[T_i\left(x,y\right)\right]^{\mathrm{T}} M \left[T_i\left(x,y\right)\right] \frac{\partial^2 \left[D_i\left(t\right)\right]}{\partial t^2} \mathrm{d}x\mathrm{d}y \end{aligned} \tag{1-62}$$

假设 $[D_i(0)]=[0]$，即时间步开始时块体 $i$ 的位移为 $[0]$，$\Delta$ 为该时间步步长，$[D_i(\Delta)] = [D_i]$ 为块体在时间步结束时的位移，用两项泰勒级数表示 $[D_i(\Delta)]$，有

$$\begin{aligned}\left[D_i\right] = \left[D_i(\Delta)\right] &= \left[D_i(0)\right] + \Delta \frac{\partial \left[D_i(0)\right]}{\partial t} + \frac{\Delta^2}{2} \frac{\partial^2 \left[D_i(0)\right]}{\partial t^2} \\ &= \Delta \frac{\partial \left[D_i(0)\right]}{\partial t} + \frac{\Delta^2}{2} \frac{\partial^2 \left[D_i(0)\right]}{\partial t^2} \end{aligned} \tag{1-63}$$

假设每一时段内的加速度为常数，则有

$$\frac{\partial^2 \left[D_i(\Delta)\right]}{\partial t^2} = \frac{\partial^2 \left[D_i(0)\right]}{\partial t^2} = \frac{2}{\Delta^2}\left[D_i\right] - \frac{2}{\Delta} \frac{\partial \left[D_i(0)\right]}{\partial t} = \frac{2}{\Delta^2}\left[D_i\right] - \frac{2}{\Delta}\left[V_i(0)\right] \tag{1-64}$$

$$\left[V_i(0)\right] = \frac{\partial \left[D_i(0)\right]}{\partial t} \tag{1-65}$$

将式 (1-64)、式 (1-65) 代入式 (1-62) 有

$$\Pi_i = \left[D_i\right]^{\mathrm{T}} \iint \left[T_i(x,y)\right]^{\mathrm{T}} \left[T_i(x,y)\right] \mathrm{d}x\mathrm{d}y \left(\frac{2M}{\Delta^2}\left[D_i\right] - \frac{2M}{\Delta}\left[V_i(0)\right]\right) \tag{1-66}$$

由式 (1-18) 可求单元 $i$ 的惯性力为

$$f_{dr} = -\frac{\partial \Pi_i}{\partial d_{ri}} = -\frac{\partial}{\partial d_{ri}} \left(\left[D_i\right]^{\mathrm{T}} \iint \left[T_i\left(x,y\right)\right]^{\mathrm{T}} \left[T_i(x,y)\right] \mathrm{d}x\mathrm{d}y \left(\frac{2M}{\Delta^2}\left[D_i\right] - \frac{2M}{\Delta}\left[V_i(0)\right]\right)\right) \tag{1-67}$$

形成一个 6×1 子矩阵，即

$$-\iint \left[T_i(x,y)\right]^{\mathrm{T}} \left[T_i(x,y)\right] \mathrm{d}x\mathrm{d}y \left(\frac{2M}{\Delta^2}\left[D_i\right] - \frac{2M}{\Delta}\left[V_i(0)\right]\right) \to \left[F_i\right] \tag{1-68}$$

它被加到 $[F_i]$ 中去，因在式 (1-68) 中含有未知 $[D_i]$，该方程转换为两个公式：

$$\frac{2M}{\Delta^2} \iint \left[T_i(x,y)\right]^{\mathrm{T}} \left[T_i(x,y)\right] \mathrm{d}x\mathrm{d}y \to \left[K_i\right] \tag{1-69}$$

$$\frac{2M}{\Delta} \iint \left[T_i(x,y)\right]^{\mathrm{T}} \left[T_i(x,y)\right] \mathrm{d}x\mathrm{d}y \left[V_i(0)\right] \to \left[F_i\right] \tag{1-70}$$

本计算时步的起始速度为 $[V_i(0)]$，终了速度为 $[V_i\ (\varDelta)]$，应用下式求出：

$$[V_i(\varDelta)] = [V_i(0)] + \varDelta\frac{\partial\,[V_i(\varDelta)]}{\partial t} = [V_i(0)] + \varDelta\frac{\partial^2\,[D_i(\varDelta)]}{\partial t^2} = \frac{2}{\varDelta}\,[D_i] - [V_i(0)] \quad (1\text{-}71)$$

式 (1-67)~ 式 (1-70) 中出现了积分式 $\iint [T_i\,(x,y)]^{\mathrm{T}}\,[T_i\,(x,y)]\,\mathrm{d}x\mathrm{d}y$，此处需应用单纯形积分，将在附录 1 中介绍。

3. 关于动力学方程的讨论

设方程 (1-16) 中的 $[K_i]$ 为 $[K_i^e]$，式 (1-69) 表示的部分为 $[K_i^d]$，式 (1-70) 表示的部分荷载向量为 $[F_i^d]$，即

$$\left[K_i^d\right] = \frac{2M}{\varDelta^2}\iint [T_i(x,y)]^{\mathrm{T}}\,[T_i(x,y)]\,\mathrm{d}x\mathrm{d}y$$

$$\left[F_i^d\right] = \frac{2M}{\varDelta}\iint [T_i(x,y)]^{\mathrm{T}}\,[T_i(x,y)]\,\mathrm{d}x\mathrm{d}y\,[V_i(0)]$$

式中，$[K_i^d]$ 为惯性矩阵，$[F_i^d]$ 为单元 $i$ 的惯性力。

则方程 (1-60) 可以写成

$$\left([K_i^e] + \left[K_i^d\right]\right)[D_i] + \left[F_i^d\right] = [F_i] \quad (1\text{-}72)$$

式 (1-72) 为完全的动力学方程，可用于求解动力学问题。对于静力学问题，由于 DDA 的分析对象是离散的块体系统，在某一求解时刻，难免会有块体处于无约束的自由状态，此时用传统的静力学方程求解该问题是无解的。石根华采用了一个非常巧妙的办法，在求解静力学问题时，保留方程 (1-72) 中的惯性项 $[K_i^d]$，将惯性力项 $[F_i^d]$ 取为 $[0]$，进而保证求解自由块体的静力学问题时仍然有解。DDA 的单元平衡方程变为

$$\left([K_i^e] + \left[K_i^d\right]\right)[D_i] + [0] = [F_i] \quad (1\text{-}73)$$

DDA 的动力学方程 (1-72) 是在每一时步的加速度为常数的假定下推导的。对于大部分实际问题，这个假定有足够的精度，但对于地震等典型的变加速度问题，式 (1-72) 的精度不足，需要采用更高阶的时域积分公式，另行推导。

目前的 DDA 方法中对式 (1-72) 中的阻尼项进行了简化处理：

$$\left[F_i^d\right]' = -\alpha\left[F_i^d\right] \quad (1\text{-}74)$$

一般取 $\alpha$ 为 0.00~0.05。

### 1.1.6 整体方程 —— 单元之间的相互作用

1.1.1 节 ~1.1.5 节的内容主要针对单个单元，可以看出每个单元所涉及的未知量及各个矩阵仅与单元自身有关。然而，在求解块体系统的受力、变形和运动问题时，需要在块体间建立联系，在 DDA 方法中，可通过两种方式建立块体间的联系，即接触和跨单元锚杆，锚杆已在 1.1.4 节进行了阐述，下面介绍块体的接触。

1. 块体之间的相互关系

平面上两个块体之间的相互关系可以归纳为如下四种。

1) 不相关

如图 1-13 所示，两个块体所有的顶点到顶点，顶点到边的距离均大于一个设定的允许值，此时两块体不相关。

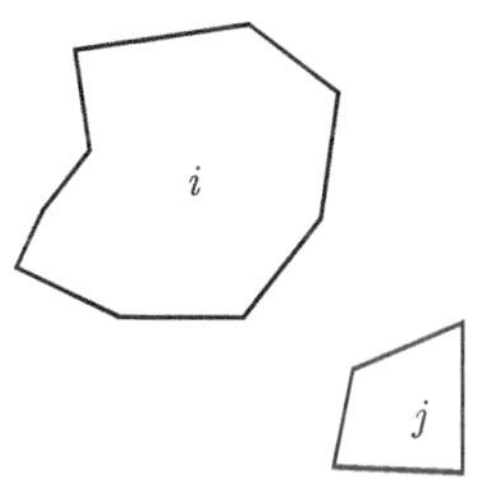


图 1-13 两个块体不相关

2) 角–边接触

如图 1-14 所示，块体 $i$ 的顶点 $k$ 到块体 $j$ 的边 $\overline{P,P+1}$ 的距离小于设定的允许值 $d_0$，且 $k$ 点位于 $\overline{P,P+1}$ 的投影域内，此时两块体发生角–边接触。

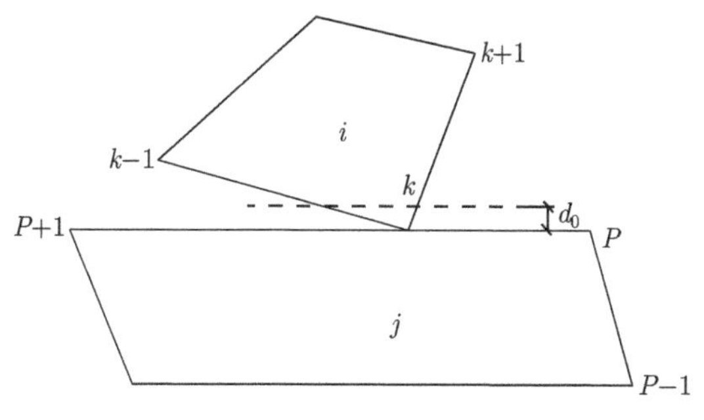


图 1-14 角–边接触

3) 边–边接触

两个块体 $i$、$j$ 发生边–边接触存在如下三种情况：

(1) 如图 1-15(a) 所示，块体 $i$ 的边 $\overline{k,k+1}$ 的两个顶点均位于块体 $j$ 的边

$\overline{P,P+1}$ 之内，且到边 $\overline{P,P+1}$ 的距离均小于设定允许值 $d_0$。

(2) 如图 1-15(b) 所示，块体 $i$ 的边 $\overline{k,k+1}$ 与块体 $j$ 的边 $\overline{P,P+1}$ 的两对顶点之间的距离均小于设定的允许值 $d_0$。

(3) 如图 1-15(c) 所示，块体 $i$ 的边 $\overline{k,k+1}$ 的一个顶点位于块体 $j$ 的边 $\overline{P,P+1}$ 之内且到 $\overline{P,P+1}$ 的距离小于设定允许值 $d_0$，块体 $j$ 的边 $\overline{P,P+1}$ 的一个顶点位于块体 $i$ 的边 $\overline{k,k+1}$ 之内且到 $\overline{k,k+1}$ 的距离小于设定允许值 $d_0$。

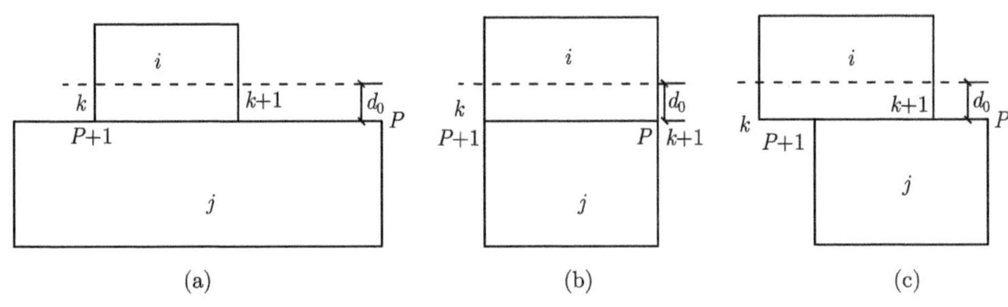


图 1-15　边–边接触

4) 角–角接触

如图 1-16 所示，块体 $i$ 的一个顶点到块体 $j$ 的一个顶点的距离小于设定的允许值 $d_0$，且与两个接触点相连的各边不存在接近平行的情况，此时两块体发生角–角接触。角–角接触分为两种情况，即凸角与凸角接触 (图 1-16(a))，凸角与凹角接触 (图 1-16(b))。

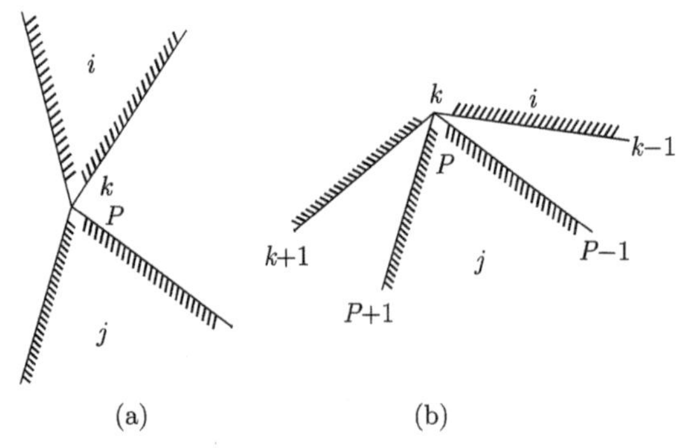


图 1-16　角–角接触

2. 接触关系的概化

上述的边–边接触、角–角接触都可化简为角–边接触。图 1-15 所示的边–边接触可做如图 1-17 所示处理。

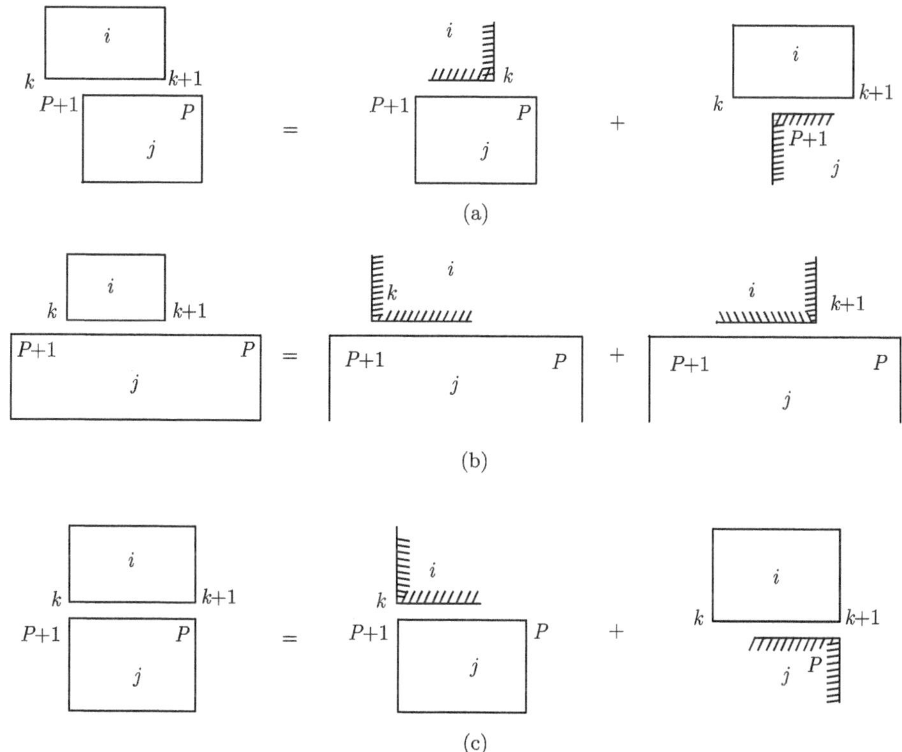


图 1-17　边–边接触简化为角–边接触

角–角接触分为凸角–凸角接触和凸角–凹角接触两种情况，凸角–凸角接触可以通过四种可能的角–角关系简化为角–边接触，如图 1-18 所示。

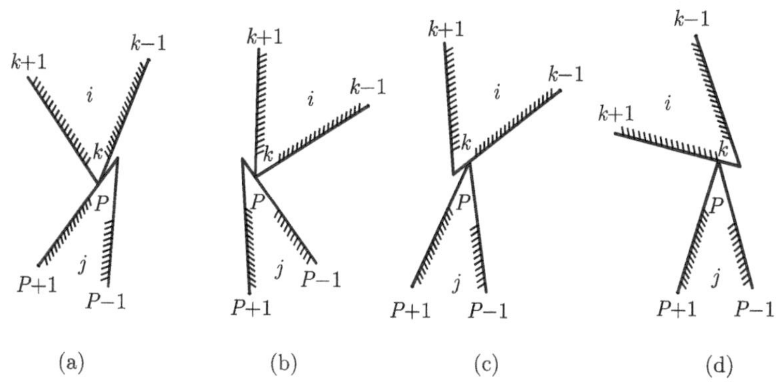


图 1-18　凸角–凸角接触的四种形式

通过分析构成两个接触角的边和顶点 $k$，$P$ 的关系及位移趋势，可以判断出接

触点和接触线 (石根华称之为 entrance line，直译为进入线)，进而将凸角与凸角的接触简化为点–边接触。

因此，图 1-18(a) 为 $k$ 与 $\overline{P,P+1}$ 接触，图 1-18(b) 为 $k$ 与 $\overline{P-1,P}$ 接触，图 1-18(c) 为 $P$ 与 $\overline{k-1,k}$ 接触，图 1-18(d) 为 $P$ 与 $\overline{k,k+1}$ 接触。

图 1-16(b) 所示的凸角和凹角的接触可简化为凸角顶点与凹角两个边的接触，即点 $P$ 分别与 $\overline{k-1,k}$ 和 $\overline{k,k+1}$ 接触。

通过如上处理，平面上块体间的所有可能接触都可简化为一个顶点和一条边的接触，从而进行统一的处理。如图 1-19 所示，统一处理后的接触为点 $P_1$ 与线 $\overline{P_2P_3}$ 的接触。需要注意的是，不同接触方式的接触长度不同，图 1-14 所示的角–边接触和图 1-16、图 1-18 所示的角–角接触的接触长度均为 0，此时无法施加凝聚力和抗拉强度。如图 1-15 和图 1-17 所示，由边–边接触转化得到的角–边接触存在接触长度，且为两边重叠长度的一半，接触长度可用于凝聚力和抗拉强度计算。

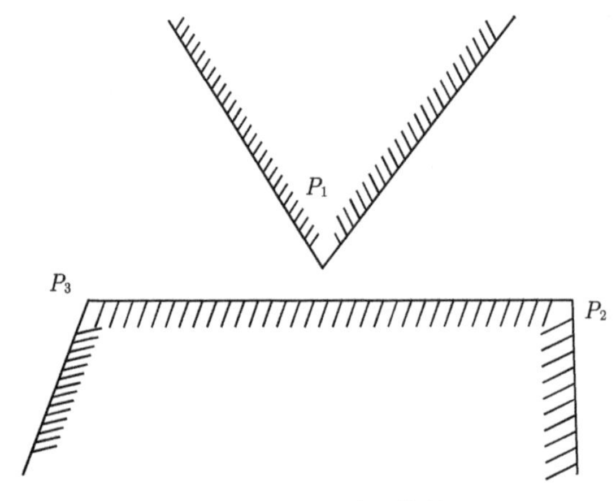


图 1-19　点与边的接触

3. 整体方程的建立

1) 点–线接触状态

点 $P_1$ 和线 $\overline{P_2P_3}$ 的接触存在如下三种状态：锁定、滑移和脱离。

锁定是指点 $P_1$ 与线 $\overline{P_2P_3}$ 相接触，点 $P_1$ 相对于线 $\overline{P_2P_3}$ 之间的法向作用力为压力或虽为拉力但小于粘接强度，剪切力小于滑动阻力，此时点 $P_1$ 相对于线 $\overline{P_2P_3}$ 既不能张开也不能滑动，法向位移和切向位移均来自于弹性变形 (图 1-20(a))。

滑移是指点 $P_1$ 与线 $\overline{P_2P_3}$ 接触，点 $P_1$ 相对于线 $\overline{P_2P_3}$ 的滑动力大于摩擦力，使点 $P_1$ 沿着线 $\overline{P_2P_3}$ 滑动，此时点 $P_1$ 和线 $\overline{P_2P_3}$ 之间作用有法向接触力和滑动摩擦力 (图 1-20(b))，图中 $F$ 为摩擦力。

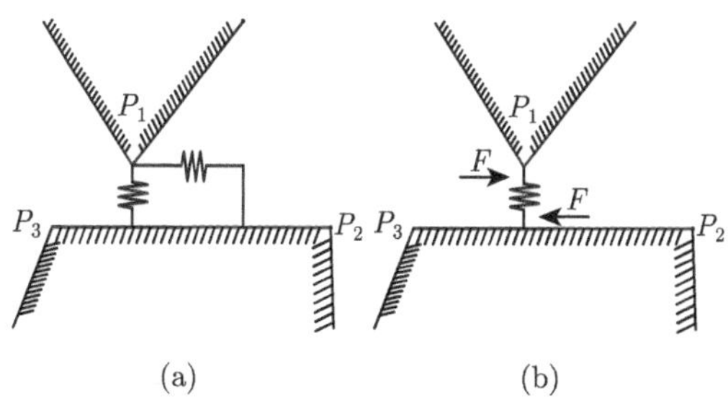


图 1-20 点 $P_1$ 与线 $\overline{P_2P_3}$ 的两种接触状态

脱离是指点 $P_1$ 和线 $\overline{P_2P_3}$ 之间的距离足够大，不存在接触关系。

2) 整体方程

当一个顶点和一条边接触时，通过设置接触弹簧，可以在点和边之间建立联系，定义法向弹簧的刚度为 $P_n$，切向弹簧的刚度为 $P_t$。块体间的法向、切向接触弹簧将块体体系中的各单独块体连接成一个整体。

将式 (1-72) 所示的单元刚度矩阵 $[K_i^e]$、惯性矩阵 $[K_i^d]$，单元力矩阵 $[F_i^d]$、$[F_i^c]$、$[F_i]$集成为整体，并通过接触刚度将块体连接，从而形成块体系统的 DDA 方程：

$$\left\{[K^e]+[K^c]+\left[K^d\right]\right\}\{D\}+\{F_d\}+\{F_c\}=\{F\} \tag{1-75}$$

其中

$$[K^e]=\begin{bmatrix} K_{11}^e & K_{12}^e & K_{13}^e & \cdots & K_{1n}^e \\ K_{21}^e & K_{22}^e & K_{23}^e & \cdots & K_{2n}^e \\ K_{31}^e & K_{32}^e & K_{33}^e & \cdots & K_{3n}^e \\ \vdots & \vdots & \vdots & & \vdots \\ K_{n1}^e & K_{n2}^e & K_{n3}^e & \cdots & K_{nn}^e \end{bmatrix}，\quad 为弹性矩阵$$

$$[K^c]=\begin{bmatrix} K_{11}^c & K_{12}^c & K_{13}^c & \cdots & K_{1n}^c \\ K_{21}^c & K_{22}^c & K_{23}^c & \cdots & K_{2n}^c \\ K_{31}^c & K_{32}^c & K_{33}^c & \cdots & K_{3n}^c \\ \vdots & \vdots & \vdots & & \vdots \\ K_{n1}^c & K_{n2}^c & K_{n3}^c & \cdots & K_{nn}^c \end{bmatrix}，\quad 为接触矩阵$$

$$\left[K^d\right]=\begin{bmatrix} K_1^d & 0 & 0 & \cdots & 0 \\ 0 & K_2^d & 0 & \cdots & 0 \\ 0 & 0 & K_3^d & \cdots & 0 \\ \vdots & \vdots & \vdots & & \vdots \\ 0 & 0 & 0 & \cdots & K_n^d \end{bmatrix}，\quad 为惯性矩阵$$

$\{F_c\}$ 为接触力向量。$K_{ij}^c$、$K_i^d$ 为 6×6 子矩阵。

式 (1-75) 可以进一步写成

$$\begin{bmatrix} K_{11} & K_{12} & K_{13} & \cdots & K_{1n} \\ K_{21} & K_{22} & K_{23} & \cdots & K_{2n} \\ K_{31} & K_{32} & K_{33} & \cdots & K_{3n} \\ \vdots & \vdots & \vdots & & \vdots \\ K_{n1} & K_{n2} & K_{n3} & \cdots & K_{nn} \end{bmatrix} \begin{Bmatrix} D_1 \\ D_2 \\ \vdots \\ D_n \end{Bmatrix} = \begin{Bmatrix} F_1 \\ F_2 \\ \vdots \\ F_n \end{Bmatrix} \tag{1-76}$$

式中，$K_{ii}$ 为单元 $i$ 自身刚度矩阵 (1-24) 和接触弹簧引起的单元 $i$ 刚度矩阵及惯性矩阵之和，$K_{ij}(i \neq j)$ 为由接触弹簧等引起的单元 $i$ 和单元 $j$ 间的联系矩阵。

4. 法向接触子矩阵

如图 1-20 所示，当点 $P_1$ 和线 $\overline{P_2P_3}$ 的接触状态处于锁定或滑动摩擦时，需要在点 $P_1$ 和线 $\overline{P_2P_3}$ 之间设置法向弹簧。

设 $P_1$ 为接触点，$\overline{P_2P_3}$ 为接触线，$(x_k, y_k)(k=1,2,3)$ 为点 $P_k$ 的坐标，$(u_k, v_k)$ $(k = 1,2,3)$ 为点 $P_k$ 的位移。$P_1$、$P_2$、$P_3$ 三点位置满足右手规则，则变形前后 $P_1$、$P_2$、$P_3$ 三点围成的三角形面积为

变形前：

$$\varDelta_0 = \begin{vmatrix} 1 & x_1 & y_1 \\ 1 & x_2 & y_2 \\ 1 & x_3 & y_3 \end{vmatrix} \tag{1-77}$$

变形后：

$$\varDelta_1 = \begin{vmatrix} 1 & x_1+u_1 & y_1+v_1 \\ 1 & x_2+u_2 & y_2+v_2 \\ 1 & x_3+u_3 & y_3+v_3 \end{vmatrix} \tag{1-78}$$

点 $P_1$ 到线 $\overline{P_2P_3}$ 的距离为

变形前：

$$d_0 = \frac{\varDelta_0}{l_0} \tag{1-79}$$

变形后：

$$d = \frac{\varDelta_1}{l_1} \tag{1-80}$$

其中

$$l_0 = \sqrt{(x_2 - x_3)^2 + (y_2 - y_3)^2}$$

$$l_1 = \sqrt{(x_2 + u_2 - x_3 - u_3)^2 + (y_2 + u_2 - y_3 - v_3)^2}$$

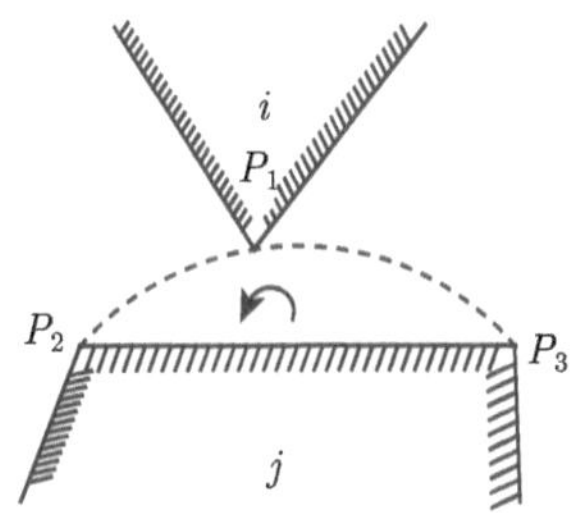


图 1-21 $P_1 \sim P_3$ 点的位置关系 (满足右手定则)

将式 (1-78) 展开后，有

$$\begin{vmatrix} 1 & x_1+u_1 & y_1+v_1 \\ 1 & x_2+u_2 & y_2+v_2 \\ 1 & x_3+u_3 & y_3+v_3 \end{vmatrix} = \begin{vmatrix} 1 & x_1 & y_1 \\ 1 & x_2 & y_2 \\ 1 & x_3 & y_3 \end{vmatrix} + \begin{vmatrix} 1 & u_1 & y_1 \\ 1 & u_2 & y_2 \\ 1 & u_3 & y_3 \end{vmatrix} + \begin{vmatrix} 1 & x_1 & v_1 \\ 1 & x_2 & v_2 \\ 1 & x_3 & v_3 \end{vmatrix} + \begin{vmatrix} 1 & u_1 & v_1 \\ 1 & u_2 & v_2 \\ 1 & u_3 & v_3 \end{vmatrix} \tag{1-81}$$

考虑每个计算时步的变形较小，即每一计算点的 $(u_k, u_k)(k=1,2,3)$ 足够小，使得式 (1-81) 中的 $\begin{vmatrix} 1 & u_1 & y_1 \\ 1 & u_2 & y_2 \\ 1 & u_3 & y_3 \end{vmatrix}$ 和 $\begin{vmatrix} 1 & x_1 & v_1 \\ 1 & x_2 & v_2 \\ 1 & x_3 & v_3 \end{vmatrix}$ 为一阶无穷小量，$\begin{vmatrix} 1 & u_1 & v_1 \\ 1 & u_2 & v_2 \\ 1 & u_3 & v_3 \end{vmatrix}$ 为二阶无穷小量，且 $l_1 \approx l_0 = l$。

将式 (1-81) 中的二阶无穷小量舍去，则式 (1-80) 即变形后的点 $P_1$ 到线 $\overline{P_2P_3}$ 的距离可近似为

$$\begin{aligned} d = & \frac{\Delta_1}{l} \approx \frac{1}{l}\left( \begin{vmatrix} 1 & x_1 & y_1 \\ 1 & x_2 & y_2 \\ 1 & x_3 & y_3 \end{vmatrix} + \begin{vmatrix} 1 & u_1 & y_1 \\ 1 & u_2 & y_2 \\ 1 & u_3 & y_3 \end{vmatrix} + \begin{vmatrix} 1 & x_1 & v_1 \\ 1 & x_2 & v_2 \\ 1 & x_3 & v_3 \end{vmatrix} \right) \\ = & \frac{1}{l}\left( \Delta_0 + \begin{pmatrix} (y_2-y_3) & (x_3-x_2) \end{pmatrix} \begin{Bmatrix} u_1 \\ v_1 \end{Bmatrix} + \begin{pmatrix} (y_3-y_1) & (x_1-x_3) \end{pmatrix} \begin{Bmatrix} u_2 \\ v_2 \end{Bmatrix} \right. \\ & \left. + \begin{pmatrix} (y_1-y_2) & (x_2-x_1) \end{pmatrix} \begin{Bmatrix} u_3 \\ v_3 \end{Bmatrix} \right) \end{aligned} \tag{1-82}$$

设点 $P_1$ 位于单元 $i$，点 $P_2$、$P_3$ 位于单元 $j$，由式 (1-8) 有

$$\begin{Bmatrix} u_1 \\ v_1 \end{Bmatrix} = [T_i(x_1, y_1)][D_i]$$

$$\left\{\begin{array}{c} u_2 \\ v_2 \end{array}\right\} = \left[T_j\left(x_2, y_2\right)\right]\left[D_j\right]$$

$$\left\{\begin{array}{c} u_3 \\ v_3 \end{array}\right\} = \left[T_j\left(x_3, y_3\right)\right]\left[D_j\right]$$

则式 (1-82) 可表示为

$$\begin{aligned} d =& d_0 + \left(\begin{array}{cccccc} e_1 & e_2 & e_3 & e_4 & e_5 & e_6 \end{array}\right)\left(\begin{array}{c} d_{1i} \\ d_{2i} \\ d_{3i} \\ d_{4i} \\ d_{5i} \\ d_{6i} \end{array}\right) \\ & + \left(\begin{array}{cccccc} g_1 & g_2 & g_3 & g_4 & g_5 & g_6 \end{array}\right)\left(\begin{array}{c} d_{1j} \\ d_{2j} \\ d_{3j} \\ d_{4j} \\ d_{5j} \\ d_{6j} \end{array}\right) \\ =& d_0 + [E]^{\mathrm{T}}[D_i] + [G]^{\mathrm{T}}[D_j] = d_0 + \sum_{r=1}^{6} e_r d_{ri} + \sum_{r=1}^{6} g_r d_{rj} \end{aligned} \tag{1-83}$$

式中

$$\begin{aligned} e_r =& \left[(y_2 - y_3)t_{1r}(x_1, y_1) + (x_3 - x_2)t_{2r}(x_1, y_1)\right]/l \\ g_r =& \left[(y_3 - y_1)t_{1r}(x_2, y_2) + (x_1 - x_3)t_{2r}(x_2, y_2)\right]/l \\ & + \left[(y_1 - y_2)t_{1r}(x_3, y_3) + (x_2 - x_1)t_{2r}(x_3, y_3)\right]/l \end{aligned} \tag{1-84}$$

其中，$r = 1, 2, \cdots, 6$; $t_{1r}, t_{2r}$ 见式 (1-9)

当法向接触弹簧的刚度为 $P_n$，弹簧变形为 $d$ 时，法向弹簧的应变能为

$$\begin{aligned} \Pi_{cn} =& \frac{P_n}{2}d^2 = \frac{P_n}{2}\left(\sum_{r=1}^{6} e_r d_{ri} + \sum_{r=1}^{6} g_r d_{rj} + d_0\right)^2 \\ =& \frac{P_n}{2}\left[\left(\sum_{r=1}^{6} e_r d_{ri}\right)^2 + \left(\sum_{r=1}^{6} g_r d_{rj}\right)^2 + 2\left(\sum_{r=1}^{6} e_r d_{ri}\right)\left(\sum_{r=1}^{6} g_r d_{rj}\right)\right. \end{aligned}$$

$$+2d_0\left(\sum_{r=1}^{6}e_rd_{ri}\right)+2d_0\left(\sum_{r=1}^{6}g_rd_{rj}\right)+d_0^2\Bigg] \tag{1-85}$$

由式 (1-17) 可以求出 $[K_{ii}]$、$[K_{ij}]$、$[K_{ji}]$ 和 $[K_{jj}]$。将式 (1-85) 代入式 (1-17)，对 $d_{ri}$、$d_{si}$ 微分得

$$k_{rs}^{ii}=\frac{\partial^2\Pi_{cn}}{\partial d_{ri}\partial d_{si}}=\frac{P_n}{2}\frac{\partial^2}{\partial d_{ri}\partial d_{si}}\left(\sum_{r=1}^{6}e_rd_{ri}\right)^2=P_ne_re_s,\quad r,s=1,2,\cdots,6 \tag{1-86}$$

上式可形成一个 6×6 子矩阵 $[K_{ii}]$，加入式 (1-76) 中的子矩阵 $[K_{ii}]$ 中：

$$P_n\begin{pmatrix}e_1\\e_2\\e_3\\e_4\\e_5\\e_6\end{pmatrix}\begin{pmatrix}e_1 & e_2 & e_3 & e_4 & e_5 & e_6\end{pmatrix}\to[K_{ii}] \tag{1-87}$$

将式 (1-85) 代入式 (1-17)，对 $d_{ri}$、$d_{sj}$ 微分得

$$k_{rs}^{ij}=\frac{\partial^2\Pi_{cn}}{\partial d_{ri}\partial d_{sj}}=P_n\frac{\partial^2}{\partial d_{ri}\partial d_{sj}}\left(\sum_{r=1}^{6}e_rd_{ri}\right)\left(\sum_{s=1}^{6}g_sd_{sj}\right)=P_ne_rg_s,\quad r,s=1,2,\cdots,6 \tag{1-88}$$

上式形成一个 6×6 子矩阵 $[K_{ij}]$，加入式 (1-76) 中的子矩阵 $[K_{ij}]$ 中：

$$P_n\begin{pmatrix}e_1\\e_2\\e_3\\e_4\\e_5\\e_6\end{pmatrix}\begin{pmatrix}g_1 & g_2 & g_3 & g_4 & g_5 & g_6\end{pmatrix}\to[K_{ij}] \tag{1-89}$$

将式 (1-85) 代入式 (1-17)，对 $d_{rj}$、$d_{si}$ 微分得

$$\begin{aligned}k_{rs}^{ji}=&\frac{\partial^2\Pi_{cn}}{\partial d_{rj}\partial d_{si}}=P_n\frac{\partial^2}{\partial d_{rj}\partial d_{si}}\left(\sum_{r=1}^{6}g_rd_{rj}\right)\left(\sum_{s=1}^{6}e_sd_{si}\right)\\=&P_ng_re_s,\quad r,s=1,2,\cdots,6\end{aligned} \tag{1-90}$$

上式形成一个 6×6 子矩阵 $[K_{ji}]$，加入式 (1-76) 中的子矩阵 $[K_{ji}]$ 中：

$$P_n\begin{pmatrix} g_1 \\ g_2 \\ g_3 \\ g_4 \\ g_5 \\ g_6 \end{pmatrix}\begin{pmatrix} e_1 & e_2 & e_3 & e_4 & e_5 & e_6 \end{pmatrix} \to [K_{ji}] \tag{1-91}$$

将式 (1-85) 代入式 (1-17)，对 $d_{rj}$、$d_{sj}$ 微分得

$$k_{rs}^{jj} = \frac{\partial^2 \Pi_{cn}}{\partial d_{rj}\partial d_{sj}} = \frac{P_n}{2}\frac{\partial^2}{\partial d_{rj}\partial d_{sj}}\left(\sum_{r=1}^{6} g_r d_{rj}\right)^2 = P_n g_r g_s, \quad r,s = 1,2,\cdots,6 \tag{1-92}$$

上式形成一个 6×6 子矩阵 $[K_{jj}]$，加入式 (1-76) 中的子矩阵 $[K_{jj}]$ 中：

$$P_n\begin{pmatrix} g_1 \\ g_2 \\ g_3 \\ g_4 \\ g_5 \\ g_6 \end{pmatrix}\begin{pmatrix} g_1 & g_2 & g_3 & g_4 & g_5 & g_6 \end{pmatrix} \to [K_{jj}] \tag{1-93}$$

将式 (1-85) 代入式 (1-18)，对 $d_{ri}$ 微分得

$$f_r = -\frac{\partial \Pi_{cn}(0)}{\partial d_{ri}} = -P_n d_0 \frac{\partial}{\partial d_{ri}}\left(\sum_{r=1}^{6} e_r d_{ri}\right) = -P_n d_0 e_r\ , \quad r = 1,2,\cdots,6 \tag{1-94}$$

形成一个 6×1 子矩阵，加入式 (1-76) 右端项的子矩阵 $[F_i]$ 中：

$$-P_n d_0\begin{pmatrix} e_1 \\ e_2 \\ e_3 \\ e_4 \\ e_5 \\ e_6 \end{pmatrix} \to [F_i] \tag{1-95}$$

将式 (1-85) 代入式 (1-18)，对 $d_{rj}$ 微分得

$$f_r = -\frac{\partial \Pi_{cn}(0)}{\partial d_{rj}} = -P_n d_0 \frac{\partial}{\partial d_{rj}}\left(\sum_{r=1}^{6} g_r d_{rj}\right) = -P_n d_0 g_r, \quad r = 1,2,\cdots,6 \tag{1-96}$$

形成一个 6×1 子矩阵 $[F_j]$，加入式 (1-76) 右端项的子矩阵 $[F_j]$ 中：

$$-P_n d_0 \begin{pmatrix} g_1 \\ g_2 \\ g_3 \\ g_4 \\ g_5 \\ g_6 \end{pmatrix} \rightarrow [F_j] \tag{1-97}$$

5. **切向接触子矩阵**

如图 1-20(a) 所示，当点 $P_1$ 和线 $\overline{P_2P_3}$ 之间的接触处于锁定状态时，还需要在 $P_1$ 和 $\overline{P_2P_3}$ 之间设置切向弹簧。

如图 1-22 所示，单元 $i$ 的顶点 $P_1$ 与单元 $j$ 的边 $\overline{P_2P_3}$ 发生接触，锁定点为 $P_0$。当点 $P_1$ 位于 $P_0$ 位置时切向弹簧的受力为 "0"，即剪切力为 "0"，当 $P_1$ 和 $\overline{P_2P_3}$ 之间的剪切力不为 "0" 时，切向弹簧将伸长，点 $P_1$ 从 $P_0$ 位置移动至 $P_0'$ 处。设 $P_0$ 坐标为 $(x_0，y_0)$，$P_1$ 点坐标为 $(x_1，y_1)$，$P_2$、$P_3$ 点的坐标分别为 $(x_2，y_2)$、$(x_3，y_3)$。同时假定各点的步位移为 $(u_k，v_k)$，$k=1,2,3$。

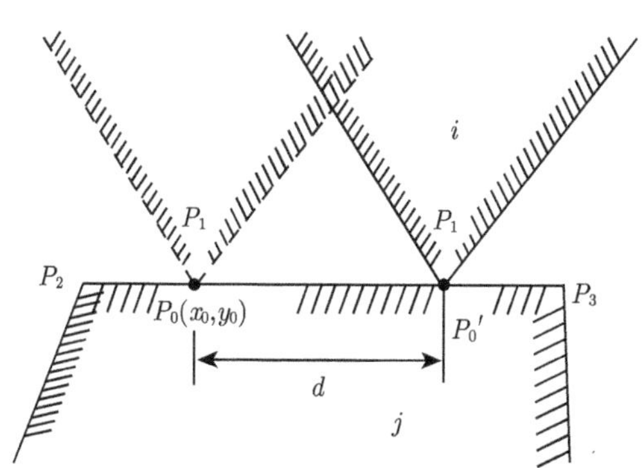


图 1-22 锁定位置与当前位置

则切向弹簧伸长变形为

$$\begin{aligned} d =& \frac{1}{l} \overrightarrow{P_0P_1} \cdot \overrightarrow{P_2P_3} \\ =& \frac{1}{l} \begin{pmatrix} (x_3+u_3)-(x_2+u_2) & (y_3+v_3)-(y_2+v_2) \end{pmatrix} \\ & \times \begin{Bmatrix} (x_1+u_1)-(x_0+u_0) \\ (y_1+v_1)-(y_0+v_0) \end{Bmatrix} \end{aligned} \tag{1-98}$$

式中，$l$ 为接触边 $\overline{P_2P_3}$ 的长度，为

$$l \approx \sqrt{(x_2+u_2-x_3-u_3)^2+(y_2+v_2-y_3-v_3)^2} \tag{1-99}$$

由于 DDA 法满足小位移假定，即每一步的计算位移相对于计算域来讲为一小值，即 $(u_i, v_i)(i=1,2,3)$ 为小值。则式 (1-98) 中：

$$l \approx \sqrt{(x_2-x_3)^2+(y_2-y_3)^2} \tag{1-100}$$

令

$$s=\frac{x_0-x_2}{x_3-x_2} \tag{1-101}$$

则

$$x_0=x_2+s(x_3-x_2)$$

$$y_0=y_2+s(y_3-y_2)$$

$$u_0=u_2+s(u_3-u_2)$$

$$v_0=v_2+s(v_3-v_2)$$

代入式 (1-98) 并舍掉二阶小量得

$$\begin{aligned}
d \approx & \frac{S_0}{l}+\frac{1}{l}\left[\begin{pmatrix} x_3-x_2 & y_3-y_2\end{pmatrix}\begin{pmatrix} u_1-u_0 \\ v_1-v_0\end{pmatrix}+\begin{pmatrix} u_3-u_2 & v_3-v_2\end{pmatrix}\begin{pmatrix} x_1-x_0 \\ y_1-y_0\end{pmatrix}\right] \\
= & \frac{S_0}{l}+\frac{1}{l}\left[\begin{pmatrix} x_3-x_2 & y_3-y_2\end{pmatrix}\begin{pmatrix} u_1 \\ v_1\end{pmatrix}-\begin{pmatrix} x_3-x_2 & y_3-y_2\end{pmatrix}\begin{pmatrix} u_0 \\ v_0\end{pmatrix}\right] \\
& +\frac{1}{l}\left[\begin{pmatrix} x_1-x_0 & y_1-y_0\end{pmatrix}\begin{pmatrix} u_3 \\ v_3\end{pmatrix}-\begin{pmatrix} x_1-x_0 & y_1-y_0\end{pmatrix}\begin{pmatrix} u_2 \\ v_2\end{pmatrix}\right] \\
= & \frac{S_0}{l}+\frac{1}{l}\left[\begin{pmatrix} x_3-x_2 & y_3-y_2\end{pmatrix}\begin{pmatrix} u_1 \\ v_1\end{pmatrix}-\begin{pmatrix} x_3-x_2 & y_3-y_2\end{pmatrix}\begin{pmatrix} (1-s)\,u_2+su_3 \\ (1-s)\,v_2+sv_3\end{pmatrix}\right] \\
& +\frac{1}{l}\left[\begin{array}{l} \begin{pmatrix} x_1-(1-s)\,x_2-sx_3 & y_1-(1-s)\,y_2-sy_3\end{pmatrix}\begin{pmatrix} u_3 \\ v_3\end{pmatrix} \\ -\begin{pmatrix} x_1-(1-s)\,x_2-sx_3 & y_1-(1-s)\,y_2-sy_3\end{pmatrix}\begin{pmatrix} u_2 \\ v_2\end{pmatrix}\end{array}\right]
\end{aligned} \tag{1-102}$$

由图 1-22 看出，$P_1$ 属于 $i$ 块，$P_2$、$P_3$ 位于 $j$ 块，由式 (1-8) 可知

$$\begin{Bmatrix} u_1 \\ v_1 \end{Bmatrix}=[T_i(x_1,y_1)]\,[D_i]$$

$$\left\{\begin{array}{c} u_2 \\ v_2 \end{array}\right\} = [T_j(x_2, y_2)]\,[D_j]$$

$$\left\{\begin{array}{c} u_3 \\ v_3 \end{array}\right\} = [T_j(x_3, y_3)]\,[D_j]$$

由式 (1-102)，切向弹簧的伸长变形 $d$ 可表示为

$$d = \frac{S_0}{l} + \left(\begin{array}{cccccc} e_1 & e_2 & e_3 & e_4 & e_5 & e_6 \end{array}\right)\left[\begin{array}{c} d_{1i} \\ d_{2i} \\ d_{3i} \\ d_{4i} \\ d_{5i} \\ d_{6i} \end{array}\right]$$

$$+ \left(\begin{array}{cccccc} g_1 & g_2 & g_3 & g_4 & g_5 & g_6 \end{array}\right)\left[\begin{array}{c} d_{1j} \\ d_{2j} \\ d_{3j} \\ d_{4j} \\ d_{5j} \\ d_{6j} \end{array}\right] \tag{1-103}$$

式中

$$e_r = \left[(x_3 - x_2)t_{1r}^i(x_1, y_1) + (y_3 - y_2)t_{2r}^i(x_1, y_1)\right]/l$$

$$\begin{aligned} g_r = & \Big\{ [-x_1 + 2(1-s)x_2 - (1-2s)x_3]\, t_{1r}^j(x_2, y_2) \\ & + [-y_1 + 2(1-s)y_2 - (1-2s)y_3]\, t_{2r}^j(x_2, y_2) \Big\} \Big/ l \\ & + \Big\{ [x_1 - (1-2s)x_2 - 2sx_3]\, t_{1r}^j(x_3, y_3) \\ & + [y_1 - (1-2s)y_2 - 2sy_3]\, t_{2r}^j(x_3, y_3) \Big\} \Big/ l \end{aligned} \tag{1-104}$$

$$S_0 = (x_3 - x_2 \;\; y_3 - y_2)\left\{\begin{array}{c} x_1 - (1-s)\,x_2 - sx_3 \\ y_1 - (1-s)\,y_2 - sy_3 \end{array}\right\} \tag{1-105}$$

设切向弹簧的刚度为 $P_t$，则切向弹簧的应变能为

$$
\begin{aligned}
\Pi_{ct} &= \frac{P_t}{2}d^2 = \frac{P_t}{2}\left(\sum_{r=1}^{6} e_r d_{ri} + \sum_{r=1}^{6} g_r d_{rj} + \frac{S_0}{l}\right)^2 \\
&= \frac{P_t}{2}\Bigg[\left(\sum_{r=1}^{6} e_r d_{ri}\right)^2 + \left(\sum_{r=1}^{6} g_r d_{rj}\right)^2 + \frac{S_0^2}{l^2} + 2\left(\sum_{r=1}^{6} e_r d_{ri}\right)\left(\sum_{r=1}^{6} g_r d_{rj}\right) \\
&\quad + \frac{2S_0}{l}\left(\sum_{r=1}^{6} e_r d_{ri}\right) + \frac{2S_0}{l}\left(\sum_{r=1}^{6} g_r d_{rj}\right)\Bigg]
\end{aligned}
\tag{1-106}
$$

将式 (1-106) 代入式 (1-17)，对 $\Pi_{ct}$ 求导，可得四个 6×6 子矩阵和两个 6×1 子矩阵，并分别加到 $[K_{ii}]$、$[K_{ij}]$、$[K_{ji}]$、$[K_{jj}]$、$[F_i]$ 和 $[F_j]$ 中去，即

$$
k_{rs} = \frac{\partial^2 \Pi_{ct}}{\partial d_{ri}\partial d_{si}} = \frac{P_t}{2}\frac{\partial^2}{\partial d_{ri}\partial d_{si}}\left(\sum_{r=1}^{6} e_r d_{ri}\right)^2 = P_t e_r e_s, \quad r,s = 1,2,\cdots,6 \tag{1-107}
$$

形成一 6×6 子矩阵

$$
P_t \begin{bmatrix} e_1 \\ e_2 \\ e_3 \\ e_4 \\ e_5 \\ e_6 \end{bmatrix} \begin{pmatrix} e_1 & e_2 & e_3 & e_4 & e_5 & e_6 \end{pmatrix} \to [K_{ii}] \tag{1-108}
$$

它被加到总体方程 (1-76) 中的子矩阵 $[K_{ii}]$ 中去。

$\Pi_{ct}$ 的微商

$$
\begin{aligned}
k_{rs} &= \frac{\partial^2 \Pi_{ct}}{\partial d_{ri}\partial d_{sj}} = P_t \frac{\partial^2}{\partial d_{ri}\partial d_{sj}}\left(\sum_{r=1}^{6} e_r d_{ri}\right)\left(\sum_{r=1}^{6} g_r d_{rj}\right) \\
&= P_t e_r g_s, \quad r,s = 1,2,\cdots,6
\end{aligned}
\tag{1-109}
$$

形成一 6×6 子矩阵

$$
P_t \begin{bmatrix} e_1 \\ e_2 \\ e_3 \\ e_4 \\ e_5 \\ e_6 \end{bmatrix} \begin{pmatrix} g_1 & g_2 & g_3 & g_4 & g_5 & g_6 \end{pmatrix} \to [K_{ij}] \tag{1-110}
$$

它被加到总体方程 (1-76) 的子矩阵 $[K_{ij}]$ 中去。

$\Pi_{ct}$ 的微商

$$
\begin{aligned}
k_{rs} &= \frac{\partial^2 \Pi_{ct}}{\partial d_{rj} \partial d_{si}} = P_t \frac{\partial^2}{\partial d_{rj} \partial d_{si}} \left( \sum_{r=1}^{6} e_r d_{ri} \right) \left( \sum_{r=1}^{6} g_r d_{rj} \right) \\
&= P_t g_r e_s, \quad r, s = 1, 2, \cdots, 6
\end{aligned} \tag{1-111}
$$

形成一 6×6 子矩阵

$$
P_t \begin{bmatrix} g_1 \\ g_2 \\ g_3 \\ g_4 \\ g_5 \\ g_6 \end{bmatrix} \begin{pmatrix} e_1 & e_2 & e_3 & e_4 & e_5 & e_6 \end{pmatrix} \to [K_{ji}] \tag{1-112}
$$

它被加到总体方程 (1-76) 的子矩阵 $[K_{ji}]$ 中去。

$\Pi_{ct}$ 的微商

$$
k_{rs} = \frac{\partial^2 \Pi_{ct}}{\partial d_{rj} \partial d_{sj}} = \frac{P_t}{2} \frac{\partial^2}{\partial d_{rj} \partial d_{sj}} \left( \sum_{r=1}^{6} g_r d_{rj} \right)^2 = P_t g_r g_s, \quad r, s = 1, 2, \cdots, 6 \tag{1-113}
$$

形成一 6×6 子矩阵

$$
P_t \begin{bmatrix} g_1 \\ g_2 \\ g_3 \\ g_4 \\ g_5 \\ g_6 \end{bmatrix} \begin{pmatrix} g_1 & g_2 & g_3 & g_4 & g_5 & g_6 \end{pmatrix} \to [K_{jj}] \tag{1-114}
$$

它被加到总体方程 (1-76) 的子矩阵 $[K_{jj}]$ 中去。

位移为 0 时的$\Pi_{ct}(0)$ 的微商

$$
f_r = -\frac{\partial \Pi_{ct}(0)}{\partial d_{ri}} = -\frac{P_t S_0}{l} \frac{\partial}{\partial d_{ri}} \left( \sum_{r=1}^{6} e_r d_{ri} \right) = -\frac{P_t S_0 e_r}{l}, \quad r = 1, 2, \cdots, 6 \tag{1-115}
$$

形成一 6×6 子矩阵

$$
-\frac{P_t S_0}{l} \begin{bmatrix} e_1 \\ e_2 \\ e_3 \\ e_4 \\ e_5 \\ e_6 \end{bmatrix} \to [F_i] \tag{1-116}
$$

它被加到总体方程 (1-76) 的子矩阵 $[F_i]$ 中去。

$\Pi_{ct}$ 的微商

$$f_r = -\frac{\partial \Pi_{ct}(0)}{\partial d_{rj}} = -\frac{P_t S_0}{l}\frac{\partial}{\partial d_{rj}}\left(\sum_{r=1}^{6} g_r d_{rj}\right) = -\frac{P_t S_0 g_r}{l}, \quad r = 1, 2, \cdots, 6 \tag{1-117}$$

形成一 6×6 子矩阵

$$-\frac{P_t S_0}{l}\begin{bmatrix} g_1 \\ g_2 \\ g_3 \\ g_4 \\ g_5 \\ g_6 \end{bmatrix} \to [F_j] \tag{1-118}$$

它被加到总体方程 (1-76) 的子矩阵 $[F_j]$ 中去。

6. 摩擦力子矩阵

当两个块体接触且剪切力大于抗剪强度时，满足莫尔–库仑定律的滑动条件，接触形式为滑移接触。如图 1-23 所示，如果接触面间的摩擦角 $\varphi$ 不为零，则相对滑动的两侧存在摩擦力。此时需要在接触点 $P_1$ 和接触线 $\overline{P_2P_3}$ 之间设置法向弹簧，在切向加一对摩擦力 $F$，点 $P_1$ 和 $P_0$ 为接触点时，点 $P_1$ 位于块 $i$，点 $P_0$ 位于块 $j$。

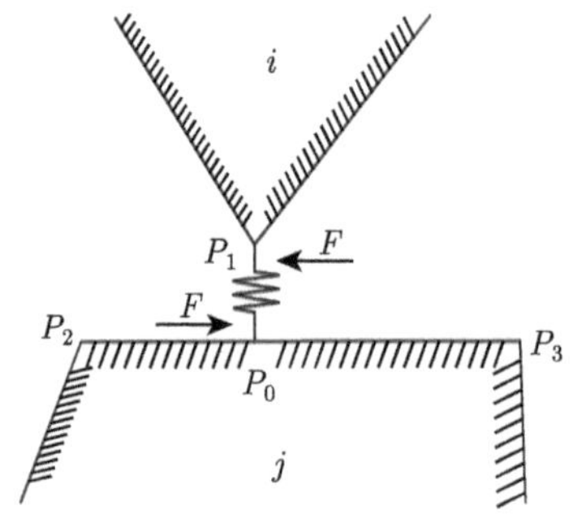


图 1-23　滑移接触

摩擦力 $F$ 为一对大小相等、方向相反的力，分别作用于块 $i$ 的点 $P_1$ 和块 $j$ 的点 $P_0$ 上。令 $P_n$ 为法向接触刚度，则法向接触力 $N$ 为

$$N = P_n d \tag{1-119}$$

摩擦力：

$$F = NS \cdot \tan\varphi = P_n dS \tan\varphi \tag{1-120}$$

式中，$d$ 为法向嵌入距离，$S$ 为符号函数。

$$S=\operatorname{sgn}(x)=\begin{cases}1, & x>0\\ 0, & x=0\\ -1, & x<0\end{cases}$$

对于图 1-23 所示的滑移接触，摩擦力的方向与点 $P_1$ 相对于 $P_0$ 沿 $\overline{P_2P_3}$ 方向的相对位移有关，当 $\overline{P_0P_1}$ 与 $\overline{P_2P_3}$ 方向一致时，$S$=1；当 $\overline{P_0P_1}$ 与 $\overline{P_2P_3}$ 方向相反时，$S=-1$。摩擦力 $F$ 沿着进入边 $\overline{P_2P_3}$ 的方向，在 $x$、$y$ 方向的两个分量分别为

$$\begin{pmatrix}F_x\\ F_y\end{pmatrix}=F\frac{1}{l}\begin{pmatrix}x_3-x_2\\ y_3-y_2\end{pmatrix} \tag{1-121}$$

式中，$l=\sqrt{(x_2-x_3)^2+(y_2-y_3)^2}$，为边 $\overline{P_2P_3}$ 的长度。

当点 $P_1$ 产生位移 $(u_1,\ v_1)$ 时，在 $P_1$ 一侧摩擦力所做的功是

$$\begin{aligned}\Pi_f=&\frac{F}{l}\begin{pmatrix}u_1 & v_1\end{pmatrix}\begin{Bmatrix}x_3-x_2\\ y_3-y_2\end{Bmatrix}\\ =&F\left\{D_i\right\}^{\mathrm{T}}\left[T_i(x_1,y_1)\right]^{\mathrm{T}}\begin{Bmatrix}(x_3-x_2)/l\\ (y_3-y_2)/l\end{Bmatrix}\\ =&F\left\{D_i\right\}^{\mathrm{T}}\left\{H\right\}\end{aligned} \tag{1-122}$$

式中

$$\{H\}=\frac{1}{l}\left[T_i(x_1,y_1)\right]^{\mathrm{T}}\begin{Bmatrix}x_3-x_2\\ y_3-y_2\end{Bmatrix}=\begin{bmatrix}e_1\\ e_2\\ e_3\\ e_4\\ e_5\\ e_6\end{bmatrix} \tag{1-123}$$

$$e_r=\left[(x_3-x_2)\,t_{1r}^i\,(x_1,y_1)+(y_3-y_2)\,t_{2r}^i\,(x_1,y_1)\right]l$$

由式 (1-18) 可得

$$f_r=-\frac{\partial \Pi_f(0)}{\partial d_{ri}}=-F\frac{\partial}{\partial d_{ri}}\left(\sum_{k=1}^{6}e_k d_{ki}\right) \tag{1-124}$$

可得一 6×1 荷载子矩阵，加到总体方程 (1-76) 中的子矩阵 $[F_i]$ 中

$$-F\begin{bmatrix} e_1 \\ e_2 \\ e_3 \\ e_4 \\ e_5 \\ e_6 \end{bmatrix} \to [F_i] \tag{1-125}$$

同样，在 $P_0$ 一边的摩擦力 $F$ 所做的功为

$$\begin{aligned}
\Pi_f &= -\frac{F}{l}\begin{pmatrix} u_0 & v_0 \end{pmatrix}\begin{Bmatrix} x_3 - x_2 \\ y_3 - y_2 \end{Bmatrix} \\
&= -\frac{F}{l}\left((1-s)\,u_2 \quad su_3\,(1-s)\,v_2 + sv_3\right)\begin{Bmatrix} x_3 - x_2 \\ y_3 - y_2 \end{Bmatrix} \\
&= -\frac{F}{l}\{D_j\}^{\mathrm{T}}\left\{(1-s)\left[T_j\left(x_2, y_2\right)\right]^{\mathrm{T}} + s\left[T_j\left(x_3, y_3\right)\right]^{\mathrm{T}}\right\}\begin{Bmatrix} x_3 - x_2 \\ y_3 - y_2 \end{Bmatrix} \\
&= -F\{D_j\}^{\mathrm{T}}\{G\}
\end{aligned} \tag{1-126}$$

其中

$$\{G\} = \frac{1}{l}\left\{(1-s)\left[T_j(x_2, y_2)\right]^{\mathrm{T}} + s\left[T_j(x_3, y_3)\right]^{\mathrm{T}}\right\}\begin{Bmatrix} x_3 - x_2 \\ y_3 - y_2 \end{Bmatrix} = \begin{bmatrix} g_1 \\ g_2 \\ g_3 \\ g_4 \\ g_5 \\ g_6 \end{bmatrix} \tag{1-127}$$

$$\begin{aligned}
g_r = &(1-s)\left\{(x_3 - x_2)t_{1r}^j(x_2, y_2) + (y_3 - y_2)t_{2r}^j(x_2, y_2)\right\}\Big/ l \\
&+ s\left\{(x_3 - x_2)t_{1r}^j(x_3, y_3) + (y_3 - y_2)t_{2r}^j(x_3, y_3)\right\}\Big/ l
\end{aligned} \tag{1-128}$$

由式 (1-18) 可得

$$\begin{aligned}
f_r &= -\frac{\partial \Pi_f(0)}{\partial d_{ri}} \\
&= F\frac{\partial}{\partial d_{ri}}\left(\sum_{k=1}^{6} g_k d_{ki}\right)
\end{aligned} \tag{1-129}$$

形成一 6×1 子矩阵

$$F\begin{bmatrix} g_1 \\ g_2 \\ g_3 \\ g_4 \\ g_5 \\ g_6 \end{bmatrix} \rightarrow [F_j] \tag{1-130}$$

它被加到总体方程 (1-76) 的子矩阵 $[F_j]$ 中去。

前述各式中的 $s$ 为锁定点的接触比，见式 (1-101)。

可以看出，摩擦力只是作为等效荷载加到摩擦两侧的块体上，不改变刚度矩阵，因此总体方程的系数 (刚度) 矩阵仍然是对称的。

### 1.1.7 块体系统变形与运动的全过程模拟

块体系统的变形与运动在宏观上及全过程属于大位移、大变形问题，而对每一块体和每一时步属于小变形问题。经过受力变形后，系统整体的形状可能发生很大的变化，可看作发生了大变形，但具体到单个块体，其自身变形一般很小，主要是发生了刚体平移和转动。

块体系统的大位移是一个过程，对过程的正确模拟需要在时间方向划分成若干小的时步，每个时步内满足小变形、小位移假定，所有的时步内的小位移积累形成大变形，并描述出块体系统的变形与位移过程，求解步骤见图 1-24。

(1) 将全部计算时间划分成若干时段，每时段的时间步长为 $\Delta t$；

(2) 进行接触搜索，确定构成整体方程的所有非零元素和刚度矩阵的维度，定义方程的矩阵空间；

(3) 对块体单元进行分析，求出单元刚度子矩阵、惯性矩阵、惯性力、约束外荷载、初应力等引起的刚度子矩阵及荷载子矩阵，并集成到整体方程；

(4) 接触分析，根据接触搜索得到的接触关系，求出接触刚度和接触荷载子矩阵，并集成到整体方程；

(5) 方程求解，得到时步位移；

(6) 接触开闭判断；

(7) 重复 (4) ～ (6)，直到接触开闭收敛；

(8) 计算块体应力、接触应力，修改顶点坐标；

(9) 重复 (1) ～ (8)，直至完成全部时段的计算。

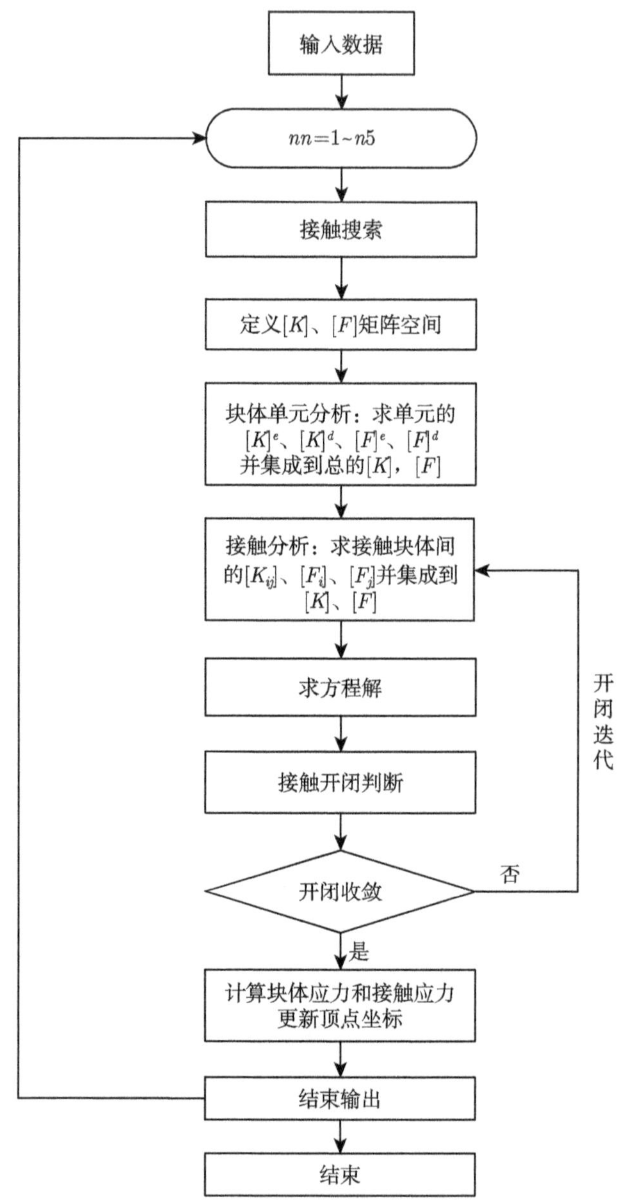


图 1-24　DDA 求解过程框图

### 1.1.8　小结

本节介绍了 DDA 的基本原理及基本方程的构建。DDA 的研究对象是被节理、裂隙等构造切割而成的块体系统。与有限元法、离散元法 (Discrete Element

Method，DEM) 等类似，DDA 也把计算对象划分成单元，基本单元是被天然构造切割成的块体，每个块体作为一个单元，且属于可变形体。当块体间相互接触时，在接触的块体间设置弹簧 (Penatly)，通过弹簧将离散块体连接成具有相互联系和相互作用的块体系统。每个块体具有变形能，块体间的连接弹簧具有弹簧能，块体的运动具有动能，所有内能、动能与外力功一起构成块体系统的总势能。根据最小势能原理则可以推导出以每一时步的块体位移 (形心处的平移、转动、块体应变) 为基本未知量的 DDA 方程。

DDA 将求解问题的过程分解为若干个时步，每个时步求解一个动态平衡方程 (式 (1-76))，该方程中包含单元的弹性刚度矩阵 $[K_i^e]$ (式 (1-24))、惯性刚度矩阵 $[K_i^d]$(式 (1-69))、法向接触刚度矩阵 (式 (1-87)、式 (1-89)、式 (1-91)、式 (1-93))、切向接触刚度矩阵 (式 (1-108)、式 (1-110)、式 (1-112)、式 (1-114))。荷载矩阵中包括单元的惯性力 (式 (1-70))、单元阻尼力 (式 (1-74))、单元的初应力等效荷载 (式 (1-27))、集中力荷载 (式 (1-31))、体积力荷载 (式 (1-33))、面力荷载 (式 (1-41))、法向接触力 (式 (1-95)、式 (1-97))、切向接触作用力 (式 (1-116)、式 (1-118))、摩擦力 (式 (1-125)、式 (1-130))。集成如上各式即可得到 DDA 时步平衡方程。求解时步方程得到时步位移，用时步位移修正块体的顶点坐标，即可得到每个块体的当前位置，同时可求得块体应力、接触应力等，进而得到块体系统变形、运动和受力变化的全过程。

DDA 块体一般为非规则多边形，难以用传统的数值积分方法进行积分。针对上述问题，石根华提出了单纯形积分法，对于任意多边形块体，该方法可用解析公式方便地求出高阶多项式函数的精确积分 (见附录 1)。

## 1.2 整体方程的集成与求解 —— 稀疏存储的图法与三角分解法

### 1.2.1 导言

与有限元等数值方法相同，DDA 的瞬时平衡方程 (1-75) 可以化为线性方程组的一般形式：

$$[A]\,[X] = [F] \tag{1-131}$$

式中，$[A]$ 为一 $n \times n$ 系数矩阵，$[X]$ 为一 $n\times 1$ 未知数矩阵，$[F]$ 为一 $n\times 1$ 常数矩阵。

DDA 方程中的系数矩阵 $[A]$ 是一个正定对称矩阵，今后的讨论仅限于正定对称情况。通常系数矩阵 $[A]$ 是一个稀疏矩阵，即矩阵元素 $A_{ij}$ 中有大量的 “0” 元素，且 “0” 元素的个数要远大于非零元素，如果将所有元素全部存储会浪费大量存储空间，降低解题效率，限制求解规模。针对这种情况，在有限元等方法中，提出了多种矩阵存储方法及相应的方程求解方法，如变带法、半带法、一维存储法等，根据需要还提出了带宽优化方法。石根华在其著作中提出了直解法稀疏存储的图法 (Graph Method of Sparse Storage)，该方法的实质是通过图形关系的拓扑分析，对稀疏矩阵 $[A]$ 的非零元素存储进行优化，目标是以最小的空间存储 $[A]$ 矩阵中必要的非零元素。

### 1.2.2　稀疏矩阵的基本概念

#### 1. 满阵稀疏矩阵

稀疏矩阵指方程的系数矩阵中含有大量的零元素，零元素的个数远超过非零元素。图 1-25 为一个具有 17 个块体的系统，求解该问题的完整的系数矩阵 $[A]$ 如表 1-2 所示。表中数字为矩阵元素 $A_{ij}$ 的 $j$ 编码，行号为 $i$ 编码，$i, j = 1, 2, 3, \cdots, 17$。由表可知，矩阵的总元素数为 289 个，其中非零元素只有 85 个。

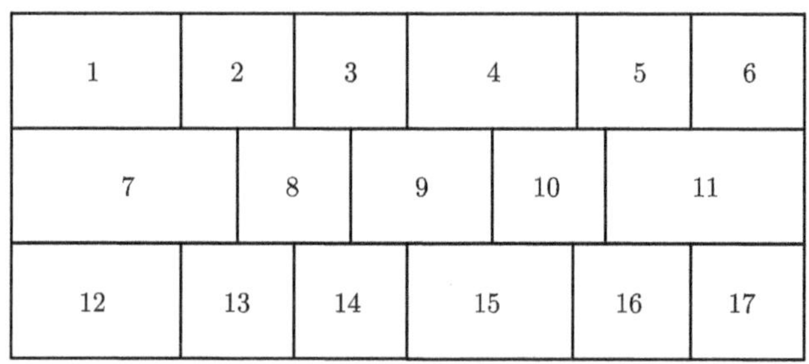


图 1-25　一个有 17 个块体的系统

**表 1-2　具有 17 个块体系统的系数矩阵**

| 列 \ 行 | 1 | 2 | 3 | 4 | 5 | 6 | 7 | 8 | 9 | 10 | 11 | 12 | 13 | 14 | 15 | 16 | 17 |
|---|---|---|---|---|---|---|---|---|---|---|---|---|---|---|---|---|---|
| 1 | 1 | 2 | 0 | 0 | 0 | 0 | 7 | 0 | 0 | 0 | 0 | 0 | 0 | 0 | 0 | 0 | 0 |
| 2 | 1 | 2 | 3 | 0 | 0 | 0 | 7 | 8 | 0 | 0 | 0 | 0 | 0 | 0 | 0 | 0 | 0 |
| 3 | 0 | 2 | 3 | 4 | 0 | 0 | 0 | 8 | 9 | 0 | 0 | 0 | 0 | 0 | 0 | 0 | 0 |
| 4 | 0 | 0 | 3 | 4 | 5 | 0 | 0 | 0 | 9 | 10 | 0 | 0 | 0 | 0 | 0 | 0 | 0 |
| 5 | 0 | 0 | 0 | 4 | 5 | 6 | 0 | 0 | 0 | 10 | 11 | 0 | 0 | 0 | 0 | 0 | 0 |
| 6 | 0 | 0 | 0 | 0 | 5 | 6 | 0 | 0 | 0 | 0 | 11 | 0 | 0 | 0 | 0 | 0 | 0 |
| 7 | 1 | 2 | 0 | 0 | 0 | 0 | 7 | 8 | 0 | 0 | 0 | 12 | 13 | 0 | 0 | 0 | 0 |
| 8 | 0 | 2 | 3 | 0 | 0 | 0 | 7 | 8 | 9 | 0 | 0 | 0 | 13 | 14 | 0 | 0 | 0 |
| 9 | 0 | 0 | 3 | 4 | 0 | 0 | 0 | 8 | 9 | 10 | 0 | 0 | 0 | 14 | 15 | 0 | 0 |
| 10 | 0 | 0 | 0 | 4 | 5 | 0 | 0 | 0 | 9 | 10 | 11 | 0 | 0 | 0 | 15 | 16 | 0 |
| 11 | 0 | 0 | 0 | 0 | 5 | 6 | 0 | 0 | 0 | 10 | 11 | 0 | 0 | 0 | 0 | 16 | 17 |
| 12 | 0 | 0 | 0 | 0 | 0 | 0 | 7 | 0 | 0 | 0 | 0 | 12 | 13 | 0 | 0 | 0 | 0 |

续表

| 列 \ 行 | 1 | 2 | 3 | 4 | 5 | 6 | 7 | 8 | 9 | 10 | 11 | 12 | 13 | 14 | 15 | 16 | 17 |
|---|---|---|---|---|---|---|---|---|---|---|---|---|---|---|---|---|---|
| 13 | 0 | 0 | 0 | 0 | 0 | 0 | 7 | 8 | 0 | 0 | 0 | 12 | 13 | 14 | 0 | 0 | 0 |
| 14 | 0 | 0 | 0 | 0 | 0 | 0 | 0 | 8 | 9 | 0 | 0 | 0 | 13 | 14 | 15 | 0 | 0 |
| 15 | 0 | 0 | 0 | 0 | 0 | 0 | 0 | 0 | 9 | 10 | 0 | 0 | 0 | 14 | 15 | 16 | 0 |
| 16 | 0 | 0 | 0 | 0 | 0 | 0 | 0 | 0 | 0 | 10 | 11 | 0 | 0 | 0 | 15 | 16 | 17 |
| 17 | 0 | 0 | 0 | 0 | 0 | 0 | 0 | 0 | 0 | 0 | 11 | 0 | 0 | 0 | 0 | 16 | 17 |

### 2. 半带稀疏矩阵

考虑矩阵 $[A]$ 的对称性，可将矩阵 $[A]$ 按半带存储，且删掉最后的零元素，见表 1-3。此时图 1-25 中各块体号的编码保持不变，总的存储元素为 119 个，其中第一列为对角元素，表 1-2 中的元素 $A_{ij}$ 和表 1-3 中的元素 $A_{kl}$ 的对应关系为：$i=k$，$j=k+l-1$。

**表 1-3 编码不变时按半带存储的 $[A]$ 矩阵**

| 列 \ 行 | 1 | 2 | 3 | 4 | 5 | 6 | 7 |
|---|---|---|---|---|---|---|---|
| 1 | 1 | 2 | 0 | 0 | 0 | 0 | 7 |
| 2 | 2 | 3 | 0 | 0 | 0 | 7 | 8 |
| 3 | 3 | 4 | 0 | 0 | 0 | 8 | 9 |
| 4 | 4 | 5 | 0 | 0 | 0 | 9 | 10 |
| 5 | 5 | 6 | 0 | 0 | 0 | 10 | 11 |
| 6 | 6 | 0 | 0 | 0 | 0 | 11 | 0 |
| 7 | 7 | 8 | 0 | 0 | 0 | 12 | 13 |
| 8 | 8 | 9 | 0 | 0 | 0 | 13 | 14 |
| 9 | 9 | 10 | 0 | 0 | 0 | 14 | 15 |
| 10 | 10 | 11 | 0 | 0 | 0 | 15 | 16 |
| 11 | 11 | 0 | 0 | 0 | 0 | 16 | 17 |
| 12 | 12 | 13 | 0 | 0 | 0 | 0 | |
| 13 | 13 | 14 | 0 | 0 | 0 | | |
| 14 | 14 | 15 | 0 | 0 | | | |
| 15 | 15 | 16 | 0 | | | | |
| 16 | 16 | 17 | | | | | |
| 17 | 17 | | | | | | |

由表 1-3 可以看出，存在 3 列 “0” 元素，进一步对图 1-25 的单元编码优化重排，可以将表 1-3 所示的半带矩阵的带宽降低为 4，总元素个数降至 68 个。考虑了带宽优化的半带存储矩阵中仍然有一部分零元素。矩阵的带宽主要取决于单个块体所连接的最多块体数，对于块体大小悬殊、形状复杂的情况，矩阵中仍然可能包含大量的零元素。这不仅会消耗大量的存储空间，又大幅地增大计算工作量。

### 3. 一维非零存储

只保存系数矩阵中的非零元素，并存储于一维数组中，再用一个指示数组指示出元素在方程系数矩阵中的位置，这种存储方式称为一维非零存储。表 1-4 为一维全非零元素存储，对于对称矩阵，可采用一维半带存储 (见表 1-5)。

**表 1-4　一维全非零元素存储**

| | | | | | | | |
|---|---|---|---|---|---|---|---|
| 1 | 1 | 2 | 7 | | | | |
| 2 | 1 | 2 | 3 | 7 | 8 | | |
| 3 | 2 | 3 | 4 | 8 | 9 | | |
| 4 | 3 | 4 | 5 | 9 | 10 | | |
| 5 | 4 | 5 | 6 | 10 | 11 | | |
| 6 | 5 | 6 | 11 | | | | |
| 7 | 1 | 2 | 7 | 8 | 12 | 13 | |
| 8 | 2 | 3 | 7 | 8 | 9 | 13 | 14 |
| 9 | 3 | 4 | 8 | 9 | 10 | 14 | 15 |
| 10 | 4 | 5 | 9 | 10 | 15 | 16 | |
| 11 | 5 | 6 | 10 | 11 | 16 | 17 | |
| 12 | 7 | 12 | 13 | | | | |
| 13 | 7 | 8 | 12 | 13 | 14 | | |
| 14 | 8 | 9 | 13 | 14 | 15 | | |
| 15 | 9 | 10 | 14 | 15 | 16 | | |
| 16 | 10 | 11 | 15 | 16 | 17 | | |
| 17 | 11 | 16 | 17 | | | | |

**表 1-5　一维半带非零元素存储**

| | | | | |
|---|---|---|---|---|
| 1 | 1 | 2 | 7 | |
| 2 | 2 | 3 | 7 | 8 |
| 3 | 3 | 4 | 8 | 9 |
| 4 | 4 | 5 | 9 | 10 |
| 5 | 5 | 6 | 10 | 11 |
| 6 | 6 | 11 | | |
| 7 | 7 | 8 | 12 | 13 |
| 8 | 8 | 9 | 13 | 14 |
| 9 | 9 | 10 | 14 | 15 |
| 10 | 10 | 11 | 15 | 16 |
| 11 | 11 | 16 | 17 | |
| 12 | 12 | 13 | | |
| 13 | 13 | 14 | | |
| 14 | 14 | 15 | | |
| 15 | 15 | 16 | | |
| 16 | 16 | 17 | | |
| 17 | 17 | | | |

采用一维半带非零元素存储方式，仅需存储 54 个非零元素，但需要另外定义一个指示数组，指示每个元素在 $[A]$ 中的位置。

4. 不同系数矩阵存储方式的方程解法适应性

线性方程组 (1-131) 的求解方法可分为直接解法和迭代法两种，直接解法包括高斯消去法、三角分解法等，迭代法包括 SOR 法、SSOR 法、PCG 法等。直接解法求解过程中不会增大矩阵的带宽，但会改变元素的值，并会在原有零元素的位置产生新的非零元素。迭代法不改变元素的值，也不会产生新的非零元素。因此，带状存储适合直接解法，也适合迭代法，但传统一维非零元素存储法只适合迭代法，不适合直接解法。

### 1.2.3 基于三角分解的线性方程组解法

石根华的 DDA 程序有两个方程求解器，其中之一是三角分解法，此处对该解法进行介绍。设方程式 (1-131) 的展开形式是

$$\begin{pmatrix} A_{11} & A_{12} & A_{13} & A_{14} & \cdots & A_{1n} \\ A_{21} & A_{22} & A_{23} & A_{24} & \cdots & A_{2n} \\ A_{31} & A_{32} & A_{33} & A_{34} & \cdots & A_{3n} \\ A_{41} & A_{42} & A_{43} & A_{44} & \cdots & A_{4n} \\ \vdots & \vdots & \vdots & \vdots & & \vdots \\ A_{n1} & A_{n2} & A_{n3} & A_{n4} & \cdots & A_{nn} \end{pmatrix} \begin{pmatrix} X_1 \\ X_2 \\ X_3 \\ X_4 \\ \vdots \\ X_n \end{pmatrix} = \begin{pmatrix} F_1 \\ F_2 \\ F_3 \\ F_4 \\ \vdots \\ F_n \end{pmatrix} \tag{1-132}$$

式中，$[A]$ 是一 $n \times n$ 系数矩阵，$[X]$ 是一 $n\times1$ 未知数矩阵，$[F]$ 是一 $n\times1$ 自由项矩阵。

这些矩阵的元素仍是子矩阵：

矩阵 $[A]$ 的元素 $A_{ij}$ 是 $q \times q$ 子矩阵；

矩阵 $[X]$ 的元素 $X_i$ 是 $q\times1$ 子矩阵；

矩阵 $[F]$ 的元素 $F_i$ 是 $q\times1$ 子矩阵。

这里 $n$ 是块体数，每个块体有六个未知数，因此 $q = 6$，所以子矩阵 $[A_{ij}]$，$[X_i]$ 及 $[F_i]$ 分别是 6×6，6×1 及 6×1 的子矩阵。

三角分解是高斯消元法的矩阵形式。假定系数矩阵的对称性为

$$\begin{cases} [A]=[A]^{\mathrm{T}} \\ [A_{ij}]=[A_{ji}]^{\mathrm{T}} \end{cases} \tag{1-133}$$

为推导求解以上联立方程式的方法，先给定一个下三角矩阵 $[L]$，其中每个元素 $[L_{ij}]$ 是一 $q \times q$ 的子矩阵，在 $i < j$ 处的元素为零矩阵。

三角分解法假定 $[A]$ 由三个矩阵相乘得到

$$[A]=[L][D]^{-1}[L]^{\mathrm{T}} \tag{1-134}$$

式中

$$\left\{\begin{aligned}
[A]&=\begin{pmatrix} A_{11} & A_{12} & A_{13} & A_{14} & \cdots & A_{1n} \\ A_{21} & A_{22} & A_{23} & A_{24} & \cdots & A_{2n} \\ A_{31} & A_{32} & A_{33} & A_{34} & \cdots & A_{3n} \\ A_{41} & A_{42} & A_{43} & A_{44} & \cdots & A_{4n} \\ \vdots & \vdots & \vdots & \vdots & & \vdots \\ A_{n1} & A_{n2} & A_{n3} & A_{n4} & \cdots & A_{nn} \end{pmatrix} \\
[L]&=\begin{pmatrix} L_{11} & 0 & 0 & 0 & \cdots & 0 \\ L_{21} & L_{22} & 0 & 0 & \cdots & 0 \\ L_{31} & L_{32} & L_{33} & 0 & \cdots & 0 \\ L_{41} & L_{42} & L_{43} & L_{44} & \cdots & 0 \\ \vdots & \vdots & \vdots & \vdots & & \vdots \\ L_{n1} & L_{n2} & L_{n3} & L_{n4} & \cdots & L_{nn} \end{pmatrix} \\
[D]^{-1}&=\begin{pmatrix} L_{11}^{-1} & 0 & 0 & 0 & \cdots & 0 \\ 0 & L_{22}^{-1} & 0 & 0 & \cdots & 0 \\ 0 & 0 & L_{33}^{-1} & 0 & \cdots & 0 \\ 0 & 0 & 0 & L_{44}^{-1} & \cdots & 0 \\ \vdots & \vdots & \vdots & \vdots & & \vdots \\ 0 & 0 & 0 & 0 & \cdots & L_{nn}^{-1} \end{pmatrix} \\
[L]^{\mathrm{T}}&=\begin{pmatrix} L_{11}^{\mathrm{T}} & L_{21}^{\mathrm{T}} & L_{31}^{\mathrm{T}} & L_{41}^{\mathrm{T}} & \cdots & L_{n1}^{\mathrm{T}} \\ 0 & L_{22}^{\mathrm{T}} & L_{32}^{\mathrm{T}} & L_{42}^{\mathrm{T}} & \cdots & L_{n2}^{\mathrm{T}} \\ 0 & 0 & L_{33}^{\mathrm{T}} & L_{43}^{\mathrm{T}} & \cdots & L_{n3}^{\mathrm{T}} \\ 0 & 0 & 0 & L_{44}^{\mathrm{T}} & \cdots & L_{n4}^{\mathrm{T}} \\ \vdots & \vdots & \vdots & \vdots & & \vdots \\ 0 & 0 & 0 & 0 & \cdots & L_{nn}^{\mathrm{T}} \end{pmatrix}
\end{aligned}\right. \tag{1-135}$$

令 $I$ 是一个 6×6 矩阵

$$
I=\begin{pmatrix}
1 & 0 & 0 & 0 & 0 & 0\\
0 & 1 & 0 & 0 & 0 & 0\\
0 & 0 & 1 & 0 & 0 & 0\\
0 & 0 & 0 & 1 & 0 & 0\\
0 & 0 & 0 & 0 & 1 & 0\\
0 & 0 & 0 & 0 & 0 & 1
\end{pmatrix}
$$

则

$$
[D]^{-1}[L]^{\mathrm{T}}=\begin{pmatrix}
I & L_{11}^{-1}L_{21}^{\mathrm{T}} & L_{11}^{-1}L_{31}^{\mathrm{T}} & L_{11}^{-1}L_{41}^{\mathrm{T}} & \cdots & L_{11}^{-1}L_{n1}^{\mathrm{T}}\\
0 & I & L_{22}^{-1}L_{32}^{\mathrm{T}} & L_{22}^{-1}L_{42}^{\mathrm{T}} & \cdots & L_{22}^{-1}L_{n2}^{\mathrm{T}}\\
0 & 0 & I & L_{33}^{-1}L_{43}^{\mathrm{T}} & \cdots & L_{33}^{-1}L_{n3}^{\mathrm{T}}\\
0 & 0 & 0 & I & \cdots & L_{44}^{-1}L_{n4}^{\mathrm{T}}\\
\vdots & \vdots & \vdots & \vdots & & \vdots\\
0 & 0 & 0 & 0 & \cdots & I
\end{pmatrix} \tag{1-136}
$$

方程 (1-133) 可以写成

$$
\begin{aligned}
&\begin{pmatrix}
A_{11} & A_{12} & A_{13} & A_{14} & \cdots & A_{1n}\\
A_{21} & A_{22} & A_{23} & A_{24} & \cdots & A_{2n}\\
A_{31} & A_{32} & A_{33} & A_{34} & \cdots & A_{3n}\\
A_{41} & A_{42} & A_{43} & A_{44} & \cdots & A_{4n}\\
\vdots & \vdots & \vdots & \vdots & & \vdots\\
A_{n1} & A_{n2} & A_{n3} & A_{n4} & \cdots & A_{nn}
\end{pmatrix}\\
&=\begin{pmatrix}
L_{11} & 0 & 0 & 0 & \cdots & 0\\
L_{21} & L_{22} & 0 & 0 & \cdots & 0\\
L_{31} & L_{32} & L_{33} & 0 & \cdots & 0\\
L_{41} & L_{42} & L_{43} & L_{44} & \cdots & 0\\
\vdots & \vdots & \vdots & \vdots & & \vdots\\
L_{n1} & L_{n2} & L_{n3} & L_{n4} & \cdots & L_{nn}
\end{pmatrix}\\
&\times\begin{pmatrix}
I & L_{11}^{-1}L_{21}^{\mathrm{T}} & L_{11}^{-1}L_{31}^{\mathrm{T}} & L_{11}^{-1}L_{41}^{\mathrm{T}} & \cdots & L_{11}^{-1}L_{n1}^{\mathrm{T}}\\
0 & I & L_{22}^{-1}L_{32}^{\mathrm{T}} & L_{22}^{-1}L_{42}^{\mathrm{T}} & \cdots & L_{22}^{-1}L_{n2}^{\mathrm{T}}\\
0 & 0 & I & L_{33}^{-1}L_{43}^{\mathrm{T}} & \cdots & L_{33}^{-1}L_{n3}^{\mathrm{T}}\\
0 & 0 & 0 & I & \cdots & L_{44}^{-1}L_{n4}^{\mathrm{T}}\\
\vdots & \vdots & \vdots & \vdots & & \vdots\\
0 & 0 & 0 & 0 & \cdots & I
\end{pmatrix}
\end{aligned} \tag{1-137}
$$

方程 (1-137) 中的每一个元素都为一个子矩阵，元素的子矩阵为

$$[L_{ij}],\quad j \leqslant i \leqslant n$$

形成一个下三角矩阵 $[L]$，下三角部分的子矩阵通过下式计算得到：

$$\begin{aligned}[A_{ij}] &= [L_{ij}] + \sum_{k=1}^{j-1}[L_{ik}][L_{kk}]^{-1}[L_{jk}]^{\mathrm{T}} \\ [L_{ij}] &= [A_{ij}] - \sum_{k=1}^{j-1}[L_{ik}][L_{kk}]^{-1}[L_{jk}]^{\mathrm{T}}\end{aligned} \tag{1-138}$$

利用上式，可以从 $[L_{11}]$ 开始依次计算出所有的 $[L_{ij}]$。则方程组 (1-131) 可以转换为两个方程组：

$$[L][Y] = [F] \tag{1-139}$$

$$[D]^{-1}[L]^{\mathrm{T}}[X] = [Y] \tag{1-140}$$

由式 (1-139) 可用前代法求出 $[Y_i]$，$i = 1, 2, 3, \cdots, n$：

$$[Y_i] = [L_{ii}]^{-1}\left([F_i] - \sum_{k=1}^{i-1}[L_{ik}][Y_k]\right) \tag{1-141}$$

再由回代法可以求出 $[X_i]$，$i = 1, 2, 3, \cdots, n$：

$$[X_i] = [Y_i] - \sum_{k=i+1}^{n}[L_{ii}]^{-1}[L_{ki}]^{\mathrm{T}}[X_k] \tag{1-142}$$

### 1.2.4 压缩非零存储的图解法

由 1.2.2 节的介绍可以看出，未经压缩的方程系数矩阵存在大量的零元素，这些零元素不仅占用大量储存空间，而且消耗大量计算资源，甚至导致某些大规模的计算无法进行。实际计算时，我们只使用非零元素，因此系数矩阵只需记录并保存非零元素。对于迭代求解方法，由于在求解过程中系数矩阵不发生改变，因此只需保存初始状态的半带非零元素，如表 1-5 所示。但是，对于高斯消去法、三角分解法等直接解法，由于在解题过程中，要对系数矩阵 $[A]$ 进行重构，矩阵中可能会产生新的非零元素，因此表 1-4、表 1-5 这种压缩非零元素储存法，不能用于直接解法。对于直接解法，在系数矩阵中不仅要保存已有非零元素，还要保存消元过程中可能产生的新非零元素，这种方法在以往未曾有过。

石根华提出了一种全部非零元素的搜索与存储的 "图解法"，该方法具有两个功能：①搜索消元中可能出现的新非零元素，与已知非零元素一起构成压缩的非零元素存储矩阵；②优化节点 (单元) 编码顺序，使需要存储的非零元素数目最少。

1. 新产生非零元素搜索的图解法

对于方程 (1-132) 中的元素，$A_{ii}(i=1,2,3,\cdots,n)$ 由节点 (块体)$i$ 自身贡献，$A_{ij}(i=1,2,3,\cdots,n;j=1,2,3,\cdots,n)$ 由节点 (块体)$i$、$j$ 贡献，反映的是 $i$、$j$ 两点的接触关系，当两点连接 (相邻块体接触) 时，$A_{ij}\neq 0$，否则 $A_{ij}=0$。方程初始状态 $[A]$ 中的非零元素很容易通过块体的相互关系搜索出来。图 1-25 所示的块体系统的初始刚度矩阵的非零元素见表 1-4，只保存上三角元素时见表 1-5。表中行号为 $i$，数字为系数矩阵 $[A]$(式 (1-132)) 中的列号。例如，表 1-5 中第 7 行第 3 个数为 "12"，即表示 $[A_{7,12}]$ 的元素。用直接法求解时，由于在消元 (或三角分解) 过程中会有新的元素产生，因此需要为新产生的元素预留空间。

图解法的搜索步骤可以用图 1-25 所示的例子说明：

(1) 对于每一块体系统，确定一个连接图。每个块体在连接图中相当于一个节点，因此图中的节点相当于块体的编码。

只有当块体 $i$ 与块体 $j$ 之间有接触时，节点 $i$ 与节点 $j$ 存在一连接路径。块体系统的连接图如图 1-26 所示。

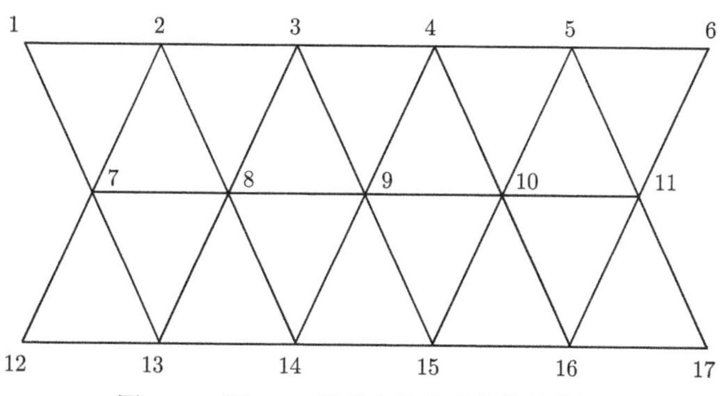

图 1-26　图 1-25 的所有块体系统的连接图

(2) 定义一个连接矩阵 $[Q_0]$，该矩阵共有 $n$ 行，$n$ 为块体总数，每一行的列数取决于各点连接的块体个数。如果节点 $i$ 与节点 $j$ 被一路径连接，则 "$i$" 需登记在第 $j$ 行，而 "$j$" 需登记在第 $i$ 行。在矩阵 $[Q_0]$ 中第 $k$ 行为 $q_{k1}$，$q_{k2}$，$q_{k3}$，$\cdots$，$q_{km}$，表示节点 $q_{k1}$，$q_{k2}$，$q_{k3}$，$\cdots$，$q_{km}$ 与节点 $k$ 相连接，表明了系数矩阵 $[A]$ 的第 $k$ 行在列 $q_{k1}$，$q_{k2}$，$q_{k3}$，$\cdots$，$q_{km}$ 为非零子矩阵。根据矩阵 $[A]$ 的对称性，可知道系数矩阵 $[A]$ 的第 $k$ 列在行 $q_{1k}$，$q_{2k}$，$q_{3k}$，$\cdots$，$q_{mk}$ 为非零子矩阵。因而利用图 1-26 所示的连接可以形成表 1-6 所示的初始连接矩阵 $[Q_0]$。表中第 1 行的 1、2、7 表示第 1 点和第 2、7 点相连接，第 7 行表示第 7 点和第 1、2、8、12、13 点相接，初始连接在图中用实线表示。

表 1-6　图 1-26 所示块体系统的连接矩阵 $[Q_0]$

| | | | | | | |
|---|---|---|---|---|---|---|
| 1 | 2 | 7 | | | | |
| 2 | 1 | 3 | 7 | 8 | | |
| 3 | 2 | 4 | 8 | 9 | | |
| 4 | 3 | 5 | 9 | 10 | | |
| 5 | 4 | 6 | 10 | 11 | | |
| 6 | 5 | 11 | | | | |
| 7 | 1 | 2 | 8 | 12 | 13 | |
| 8 | 2 | 3 | 7 | 9 | 13 | 14 |
| 9 | 3 | 4 | 8 | 10 | 14 | 15 |
| 10 | 4 | 5 | 9 | 15 | 16 | 11 |
| 11 | 5 | 6 | 10 | 16 | 17 | |
| 12 | 7 | 13 | | | | |
| 13 | 7 | 8 | 12 | 14 | | |
| 14 | 8 | 9 | 13 | 15 | | |
| 15 | 9 | 10 | 14 | 16 | | |
| 16 | 10 | 11 | 15 | 17 | | |
| 17 | 11 | 16 | | | | |

(3) 逐步进行消元运算，求出新产生的连接元素，对于方程 (1-132)，当已消元至 $X_k$ 时，将第 $k$ 个方程改写为

$$X_k = \frac{1}{A_{kk}}\left(F_k - \sum_{r=1}^{m} A_{k,q_{kr}} X_{q_{kr}}\right), \quad r \neq k \tag{1-143}$$

由上式可见，$X_k$ 只与 $A_{kk}, A_{k,q_{kr}}$ 有关，可用如下形式表示第 $k$ 点与 $q_{kr}$ 点之间的关系：

$$(K) = \{q_{kr}\}, \quad r = 1, 2, 3, \cdots, m; \quad r \neq k \tag{1-144}$$

将上式代入表 1-6 中的所有等于 “$k$” 的位置，即可消掉 “$k$” 并得到消元后新产生的连接。消掉重复元素，即可得到消掉 “$k$” 后的全部连接。

上述过程可以通过图解法进行。以图 1-26 为例，假定在图 1-26 中消去第 “3” 点，则将点 “3” 相连的 4 个点 2、4、8、9 两两相连得到新的连接图，如图 1-27 所示。由图所示点 “3” 消元后产生新的连接 2-4、2-9、4-8。点 “3” 消元的图解法反映在表 1-6 中，就是在第 2 行增加了两个连接点 4 和 9，在第 4 行增加了两个连接点 2 和 8，在第 8 行增加了一个连接点 4，在第 9 行增加了一个连接点 2。表 1-6 在经过点 “3” 消元后形成的矩阵 $[Q_0]$ 见表 1-7。

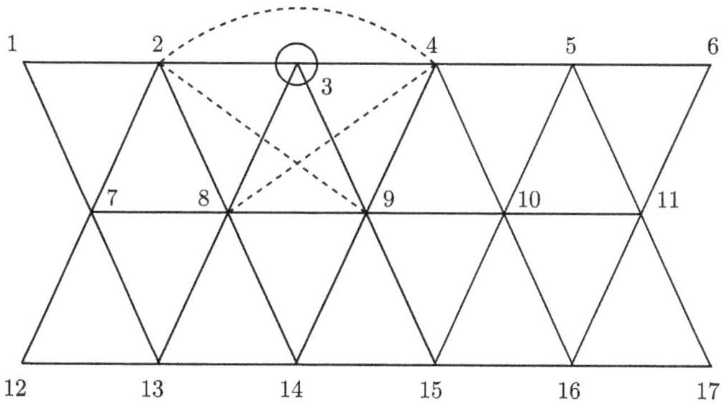


图 1-27　点“3”消元过程中产生的连接

**表 1-7　点“3”消元之后的 $[Q_0]$ 矩阵**

| | | | | | | | |
|---|---|---|---|---|---|---|---|
| 1 | 2 | 7 | | | | | |
| 2 | 1 | ~~3~~ | 7 | 8 | $\underline{4}$ | $\underline{9}$ | |
| ~~3~~ | ~~2~~ | ~~4~~ | ~~8~~ | ~~9~~ | | | |
| 4 | ~~3~~ | 5 | 9 | 10 | $\underline{2}$ | $\underline{8}$ | |
| 5 | 4 | 6 | 10 | 11 | | | |
| 6 | 5 | 11 | | | | | |
| 7 | 1 | 2 | 8 | 12 | 13 | | |
| 8 | 2 | ~~3~~ | 7 | 9 | 13 | 14 | $\underline{4}$ |
| 9 | ~~3~~ | 4 | 8 | 10 | 14 | 15 | $\underline{2}$ |
| 10 | 4 | 5 | 9 | 15 | 16 | 11 | |
| 11 | 5 | 6 | 10 | 16 | 17 | | |
| 12 | 7 | 13 | | | | | |
| 13 | 7 | 8 | 12 | 14 | | | |
| 14 | 8 | 9 | 13 | 15 | | | |
| 15 | 9 | 10 | 14 | 16 | | | |
| 16 | 10 | 11 | 15 | 17 | | | |
| 17 | 11 | 16 | | | | | |

下面以图 1-25 所示的块体系统和图 1-26 所示的连接图为例，来说明石根华提出的非零元素搜索的图解法，通过以表 1-6 所示的 $[Q_0]$ 为起点进行逐步消元搜索，直到找出所有的原始非零元素。

(1) 消去点“1”：首先将表中第一行消去。由于点 1 连接点 2 和点 7，所以在第 2、7 两行中消掉“1”，且这两行中都有“2、7”，因此并没有新的连接产生，无须增加新的元素。点“1”消元之后的矩阵 $[Q_0]$ 见表 1-8。表中带删除线的数字表示本次消掉的连接，带下划线的数字代表新增连接。新的连接图见图 1-28。

**表 1-8　点“1”消元过程及 $[Q_1]$ 矩阵**

| ~~1~~ | ~~2~~ | ~~7~~ | | | | |
|---|---|---|---|---|---|---|
| 2 | ~~1~~ | 3 | 7 | 8 | | |
| 3 | 2 | 4 | 8 | 9 | | |
| 4 | 3 | 5 | 9 | 10 | | |
| 5 | 4 | 6 | 10 | 11 | | |
| 6 | 5 | 11 | | | | |
| 7 | ~~1~~ | 2 | 8 | 12 | 13 | |
| 8 | 2 | 3 | 7 | 9 | 13 | 14 |
| 9 | 3 | 4 | 8 | 10 | 14 | 15 |
| 10 | 4 | 5 | 9 | 15 | 16 | 11 |
| 11 | 5 | 6 | 10 | 16 | 17 | |
| 12 | 7 | 13 | | | | |
| 13 | 7 | 8 | 12 | 14 | | |
| 14 | 8 | 9 | 13 | 15 | | |
| 15 | 9 | 10 | 14 | 16 | | |
| 16 | 10 | 11 | 15 | 17 | | |
| 17 | 11 | 16 | | | | |

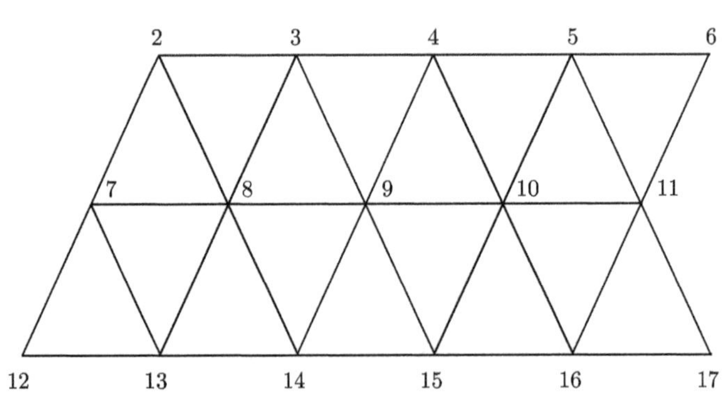


图 1-28　消掉点“1”后的连接图

(2) 消去点“2”：在 $[Q_1]$ 的基础上消去点 2 所在的行，并将点 2 所连接的节点用 “3、7、8” 代替，消掉重点。由于第 3 行中原来没有 “7” 需增加新的连接号 “7”，而第 8 行中 “3、7、8” 都已存在，因此没有新的连接产生。消去点“2”后的连接矩阵 $[Q_2]$ 见表 1-9，连接图如图 1-29 所示，在图中消去点 2 后，出现了一个新的连接 3-7，用虚线表示。

表 1-9 消去点“2”后的连接矩阵 $[Q_2]$

| ~~2~~ | ~~3~~ | ~~7~~ | ~~8~~ | | | |
|---|---|---|---|---|---|---|
| 3 | ~~2~~ | 4 | 8 | 9 | $\underline{7}$ | |
| 4 | 3 | 5 | 9 | 10 | | |
| 5 | 4 | 6 | 10 | 11 | | |
| 6 | 5 | 11 | | | | |
| 7 | ~~2~~ | 8 | 12 | 13 | $\underline{3}$ | |
| 8 | ~~2~~ | 3 | 7 | 9 | 13 | 14 |
| 9 | 3 | 4 | 8 | 10 | 14 | 15 |
| 10 | 4 | 5 | 9 | 15 | 16 | 11 |
| 11 | 5 | 6 | 10 | 16 | 17 | |
| 12 | 7 | 13 | | | | |
| 13 | 7 | 8 | 12 | 14 | | |
| 14 | 8 | 9 | 13 | 15 | | |
| 15 | 9 | 10 | 14 | 16 | | |
| 16 | 10 | 11 | 15 | 17 | | |
| 17 | 11 | 16 | | | | |

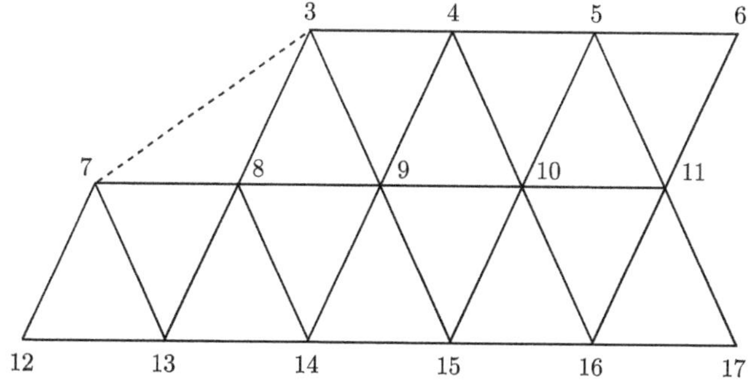


图 1-29 消去点“2”后的连接图

(3) 用同样的方法消掉点“3”，得到连接矩阵 $[Q_3]$ 和连接图分别如表 1-10 和图 1-30 所示。

表 1-10 消去点“3”后的连接矩阵 $[Q_3]$

| ~~3~~ | ~~4~~ | ~~8~~ | ~~9~~ | ~~7~~ | | | |
|---|---|---|---|---|---|---|---|
| 4 | ~~3~~ | 5 | 9 | 10 | $\underline{8}$ | $\underline{7}$ | |
| 5 | 4 | 6 | 10 | 11 | | | |
| 6 | 5 | 11 | | | | | |
| 7 | 8 | 12 | 13 | ~~3~~ | $\underline{4}$ | $\underline{9}$ | |
| 8 | ~~3~~ | 7 | 9 | 13 | 14 | $\underline{4}$ | |
| 9 | ~~3~~ | 4 | 8 | 10 | 14 | 15 | $\underline{7}$ |

续表

| | | | | | | |
|---|---|---|---|---|---|---|
| 10 | 4 | 5 | 9 | 15 | 16 | 11 |
| 11 | 5 | 6 | 10 | 16 | 17 | |
| 12 | 7 | 13 | | | | |
| 13 | 7 | 8 | 12 | 14 | | |
| 14 | 8 | 9 | 13 | 15 | | |
| 15 | 9 | 10 | 14 | 16 | | |
| 16 | 10 | 11 | 15 | 17 | | |
| 17 | 11 | 16 | | | | |

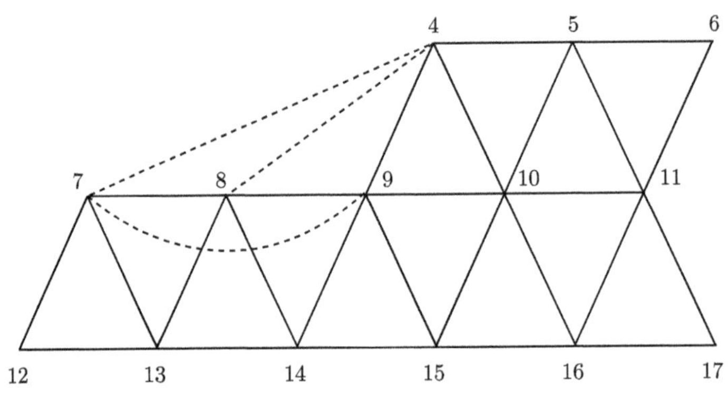


图 1-30　消去点“3”后的连接图

(4) 重复如上操作，直到消去所有的点，消元到 9 和 11 时的 $[Q_9]$、$[Q_{11}]$ 分别如表 1-11、表 1-12 所示，相应的连接图分别如图 1-31、图 1-32 所示。

**表 1-11　消去点“9”后的连接矩阵 $[Q_9]$**

| | | | | | | | | |
|---|---|---|---|---|---|---|---|---|
| ~~9~~ | ~~10~~ | ~~14~~ | ~~15~~ | ~~11~~ | ~~12~~ | ~~13~~ | | |
| 10 | ~~9~~ | 15 | 16 | 11 | <u>12</u> | <u>13</u> | <u>14</u> | |
| 11 | 10 | 16 | 17 | ~~9~~ | <u>12</u> | <u>13</u> | <u>14</u> | <u>15</u> |
| 12 | 13 | 9 | <u>10</u> | <u>11</u> | <u>14</u> | <u>15</u> | | |
| 13 | 12 | 14 | ~~9~~ | <u>10</u> | <u>11</u> | <u>15</u> | | |
| 14 | ~~9~~ | 13 | 15 | <u>10</u> | <u>11</u> | <u>12</u> | | |
| 15 | ~~9~~ | 10 | 14 | 16 | <u>11</u> | <u>12</u> | <u>13</u> | |
| 16 | 10 | 11 | 15 | 17 | | | | |
| 17 | 11 | 16 | | | | | | |

**表 1-12 消去点“11”后的连接矩阵 $[Q_{11}]$**

| ~~11~~ | ~~16~~ | ~~17~~ | ~~12~~ | ~~13~~ | ~~14~~ | ~~15~~ |
|---|---|---|---|---|---|---|
| 12 | 13 | ~~11~~ | $\underline{14}$ | $\underline{15}$ | $\underline{16}$ | $\underline{17}$ |
| 13 | 12 | 14 | ~~11~~ | $\underline{15}$ | $\underline{16}$ | $\underline{17}$ |
| 14 | 13 | 15 | ~~11~~ | $\underline{12}$ | $\underline{16}$ | $\underline{17}$ |
| 15 | 14 | 16 | ~~11~~ | $\underline{12}$ | $\underline{13}$ | $\underline{17}$ |
| 16 | ~~11~~ | 15 | 17 | $\underline{12}$ | $\underline{13}$ | $\underline{14}$ |
| 17 | ~~11~~ | 16 | $\underline{12}$ | $\underline{13}$ | $\underline{14}$ | $\underline{15}$ |

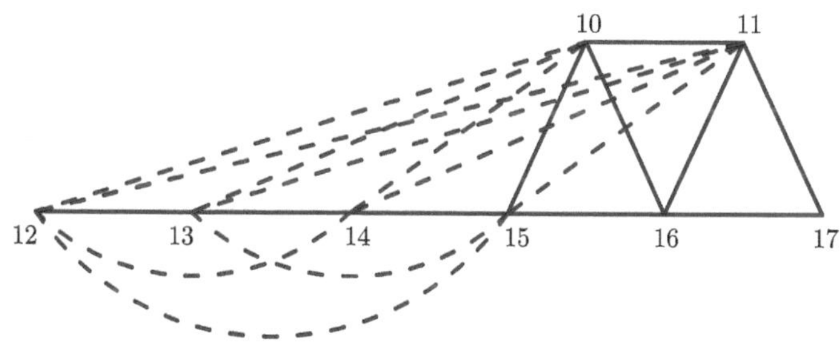


图 1-31 消去点“9”后的连接图

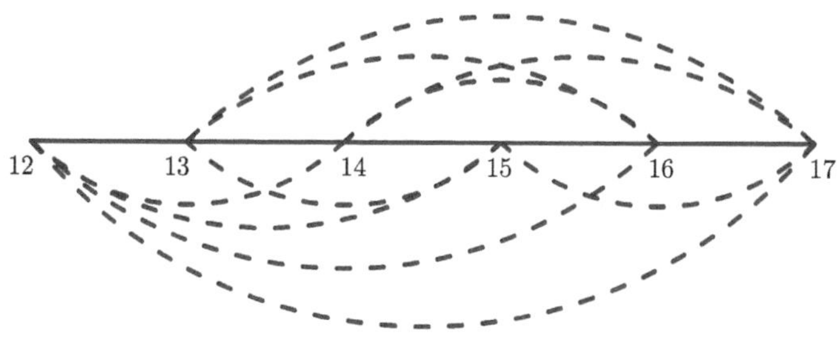


图 1-32 消去点“11”后的连接图

(5) 在如上消元过程中，记录了每次消元时每行消除的所有元素，并只保留了下三角部分 ($q_{ij}$, $j \neq i$) 的元素，即可形成下三角非零矩阵，还原了原始连接和消元过程中所产生的连接，见表 1-13。

2. 编码优化

由表 1-13 可以看出，由原有的节点编码 (图 1-26) 求出的下三角矩阵非零元素数量为 87，占满阵元素数量 153 的 57%。除点 1 和点 6 之外，每个点连接的节点数量较多，甚至相隔遥远的两点也发生了连接。对原有的节点编码进行优化排序，可以使下三角矩阵中元素最少，从而节省存储空间，节省计算量。有限元等方法已提出了多种节点编码优化的方法。石根华在其著作中提出了通过图解法进行节点编码优化的方法，仍然用图 1-26 所示的例子进行说明。

**表 1-13　图 1-1 所示块体系统的下三角连接矩阵 [$Q$]**

| | | | | | | |
|---|---|---|---|---|---|---|
| 1 | | | | | | |
| 2 | 1 | | | | | |
| 3 | 2 | | | | | |
| 4 | 3 | | | | | |
| 5 | 4 | | | | | |
| 6 | 5 | | | | | |
| 7 | 1 | 2 | 3 | 4 | 5 | 6 |
| 8 | 2 | 3 | 7 | 4 | 5 | 6 |
| 9 | 3 | 4 | 8 | 7 | 5 | 6 |
| 10 | 4 | 5 | 9 | 8 | 7 | 6 |
| 11 | 5 | 6 | 10 | 9 | 8 | 7 |
| 12 | 7 | 8 | 9 | 10 | 11 | |
| 13 | 7 | 8 | 12 | 9 | 10 | 11 |
| 14 | 8 | 9 | 13 | 10 | 11 | 12 |
| 15 | 9 | 10 | 14 | 11 | 12 | 13 |
| 16 | 10 | 11 | 15 | 12 | 13 | 14 |
| 17 | 11 | 16 | 12 | 13 | 14 | 15 |

假设编码系统的旧编码顺序为 $i$，新的编码顺序为 $c(i)$，$i=1,2,\cdots,n$，则编码优化与连接搜索的步骤如下：

(1) 根据块体间的相互联系，作出初始连接图 (图 1-26)。依据原始编码顺序的连接进行搜索，从而形成矩阵 $[Q_0]$，见表 1-6。

(2) 计算每个块所连接的块体个数，将连接个数最少的第 $k$ 点作为新编的第一点，如果第 $k$ 点的连接最少，则 $C(k)$=1。由表 1-6 可以看出，1、6、12、17 几个块体的连接数最少，都为 3，取第 6 点的新编码为 1，即 $C(6)$=1，并对第 6 点进行消元计算。点 6 连接点 5 和点 11，点 5 和点 11 以前连接过，故无新的连接产生，将第 6 点一行及其他点连接中的 “6” 都消除，即完成了旧编码第 6 点、新编码第 1 点的消元计算，从图 1-26 中消除第 6 点及其他连接。同理对点 1、12、17 进行消元计算，并分别给以新的编码 2、3、4。

经过如上四个点的消元计算后，形成 $[Q_4]$ 见表 1-14，消掉四个点后的连接图见图 1-33，图中的两条虚线为在其后消元“7”“11”两点时将产生的新连接。

表 1-14 经四个点消元后的编码矩阵 $[Q_4]$

| 2 | 3 | 7 | 8 | | | |
|---|---|---|---|---|---|---|
| 3 | 2 | 4 | 8 | 9 | | |
| 4 | 3 | 5 | 9 | 10 | | |
| 5 | 4 | 10 | 11 | | | |
| 7 | 2 | 8 | 13 | | | |
| 8 | 2 | 3 | 7 | 9 | 13 | 14 |
| 9 | 3 | 4 | 8 | 10 | 14 | 15 |
| 10 | 4 | 5 | 9 | 11 | 15 | 16 |
| 11 | 5 | 10 | 16 | | | |
| 13 | 7 | 8 | 14 | | | |
| 14 | 8 | 9 | 13 | 15 | | |
| 15 | 9 | 10 | 14 | 16 | | |
| 16 | 10 | 11 | 15 | | | |

注：表中 “=” 下划线表示下一步要消元的节点

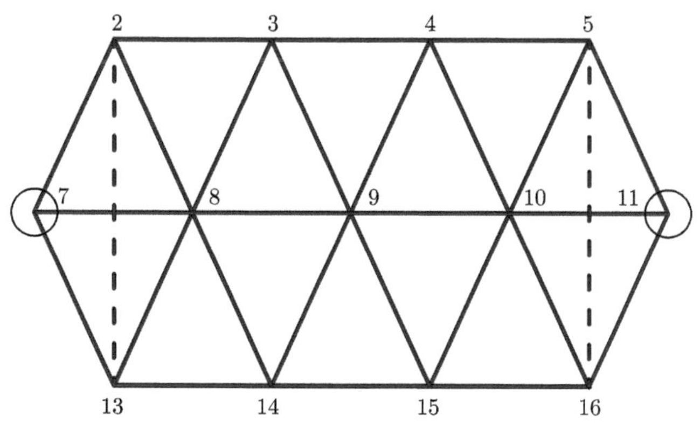


图 1-33 相应于矩阵 $[Q_4]$ 的图

(3) 在 $[Q_4]$ 中搜索出连接个数最少的点作为下一个消元计算点。从表中可知 7、11 两个点的连接最少，均为三个，给点 7 以新的编码 5，表 1-14 中含有 “7” 的点代之以 7 的连接点 “2、8、13” 并消除重连接，同时消除点 7 所在行，可以看出点 2 增加一个新的连接 “2-13”，点 13 增加了一个连接 “13-2”。在图 1-33 中将新增连接用虚线标出，同理可以消掉点 11，并给以新的编码 6。完成点 7、11 消元计算的直接矩阵见表 1-15，相应的连接图见图 1-34(不含虚线)。

**表 1-15　矩阵 $[Q_6]$**

| 2 | 3 | 8 | 13 | | | |
|---|---|---|---|---|---|---|
| 3 | 2 | 4 | 8 | 9 | | |
| 4 | 3 | 5 | 9 | 10 | | |
| 5 | 4 | 10 | 16 | | | |
| 8 | 2 | 3 | 9 | 13 | 14 | |
| 9 | 3 | 4 | 8 | 10 | 14 | 15 |
| 10 | 4 | 5 | 9 | 15 | 16 | |
| 13 | 2 | 8 | 14 | | | |
| 14 | 8 | 9 | 13 | 15 | | |
| 15 | 9 | 10 | 14 | 16 | | |
| 16 | 5 | 10 | 15 | | | |

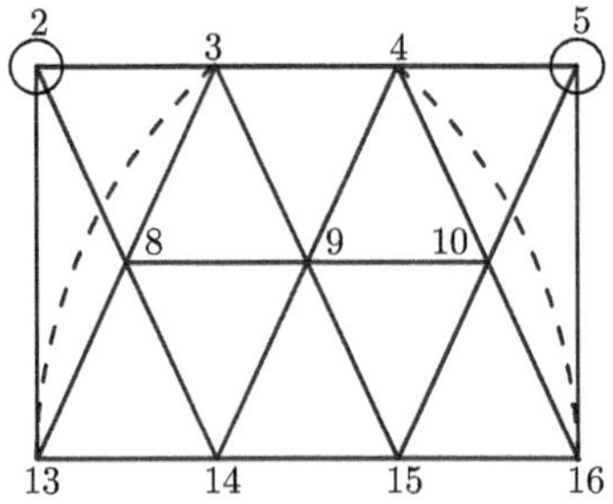

图 1-34　相应于矩阵 $[Q_6]$ 的连接图

重复以上操作，可依次得到 $[Q_7]$, $[Q_8]$, $\cdots$, $[Q_{17}]$ 及相应的连接图，以及各节点赋予的新编码。部分矩阵及连接图见表 1-16~ 表 1-19 及图 1-35~ 图 1-39。

**表 1-16　矩阵 $[Q_8]$**

| 3 | 4 | 8 | 9 | 13 | | |
|---|---|---|---|---|---|---|
| 4 | 3 | 9 | 10 | 16 | | |
| 8 | 3 | 9 | 13 | 14 | | |
| 9 | 3 | 4 | 8 | 10 | 14 | 15 |
| 10 | 4 | 9 | 15 | 16 | | |
| 13 | 3 | 8 | 14 | | | |
| 14 | 8 | 9 | 13 | 15 | | |
| 15 | 9 | 10 | 14 | 16 | | |
| 16 | 4 | 10 | 15 | | | |

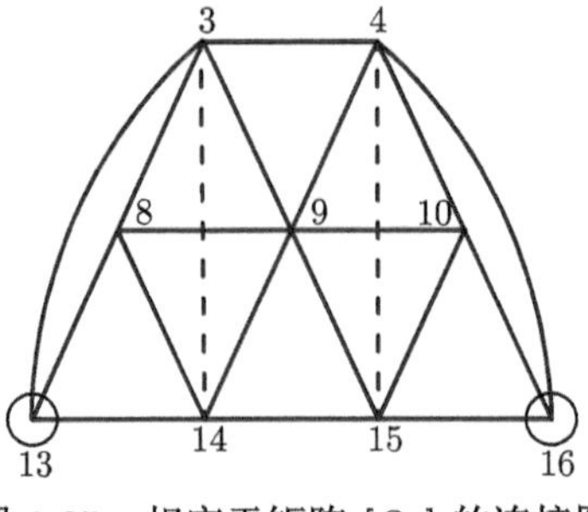

图 1-35　相应于矩阵 $[Q_8]$ 的连接图

**表 1-17　矩阵 $[Q_{10}]$**

| | | | | | | |
|---|---|---|---|---|---|---|
| 3 | 4 | 8 | 9 | 14 | | |
| 4 | 3 | 9 | 10 | 15 | | |
| 8 | 3 | 9 | 14 | | | |
| 9 | 3 | 4 | 8 | 10 | 14 | 15 |
| 10 | 4 | 9 | 15 | | | |
| 14 | 3 | 8 | 9 | 15 | | |
| 15 | 4 | 9 | 10 | 14 | | |

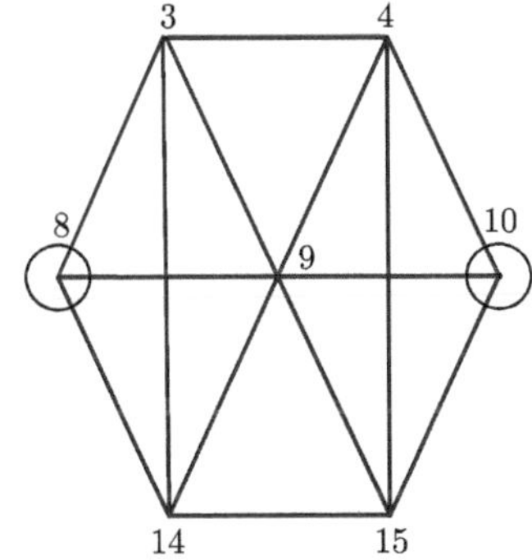


图 1-36　相应于矩阵 $[Q_{10}]$ 的连接图

**表 1-18　矩阵 $[Q_{12}]$**

| | | | | |
|---|---|---|---|---|
| 3 | 4 | 9 | 14 | |
| 4 | 3 | 9 | 15 | |
| 9 | 3 | 4 | 14 | 15 |
| 14 | 3 | 9 | 15 | |
| 15 | 4 | 9 | 14 | |

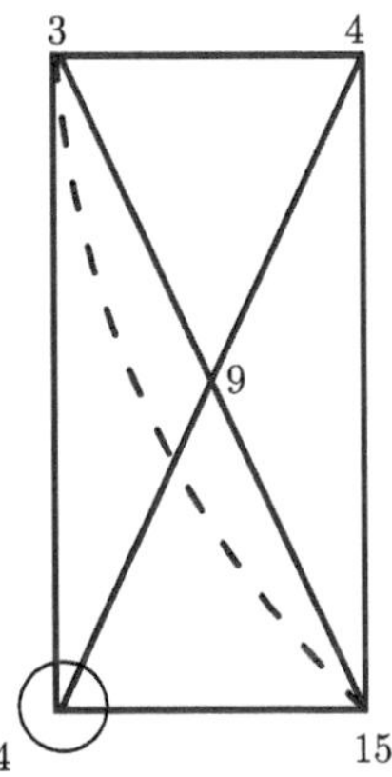


图 1-37　相对于矩阵 $[Q_{12}]$ 的连接图

**表 1-19　矩阵 $[Q_{13}]$**

| | | | |
|---|---|---|---|
| 3 | 4 | 9 | $\underline{15}$ |
| 4 | 3 | 9 | 15 |
| 9 | 3 | 4 | 15 |
| 15 | $\underline{3}$ | 4 | 9 |

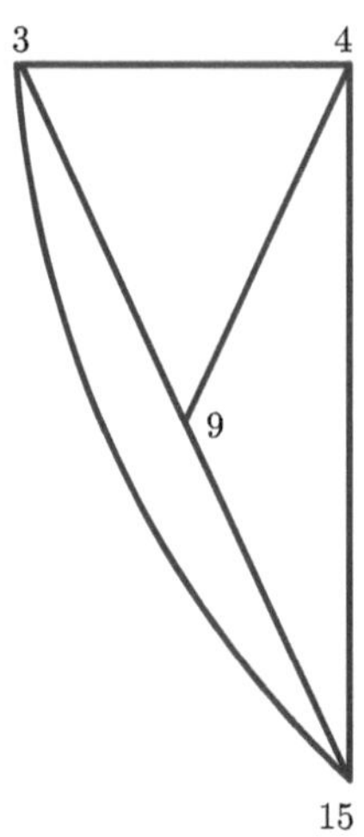


图 1-38　相对于矩阵 $[Q_{13}]$ 的连接图

至此图解法消元计算完毕，得到了全部连接，见图 1-39。

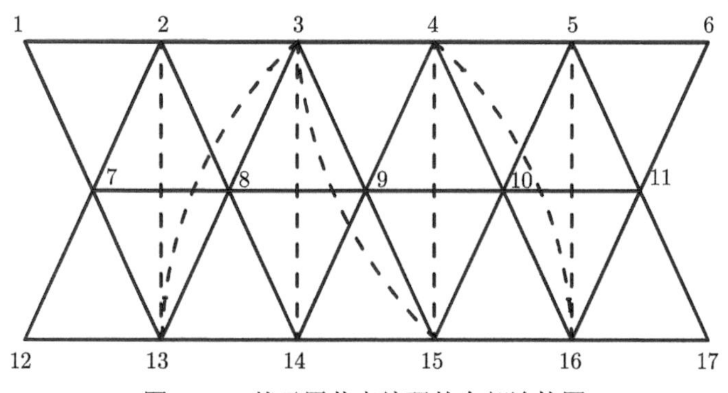


图 1-39　基于原节点编码的全部连接图

得到新的编码 $c(i)$ 为

$$6, 1, 12, 17, 7, 11, 2, 5, 13, 16, 8, 10, 14, 3, 4, 9, 15$$

对应着 $i = 1, 2, \cdots, n$。在新的块体编码之下的连接图见图 1-40。

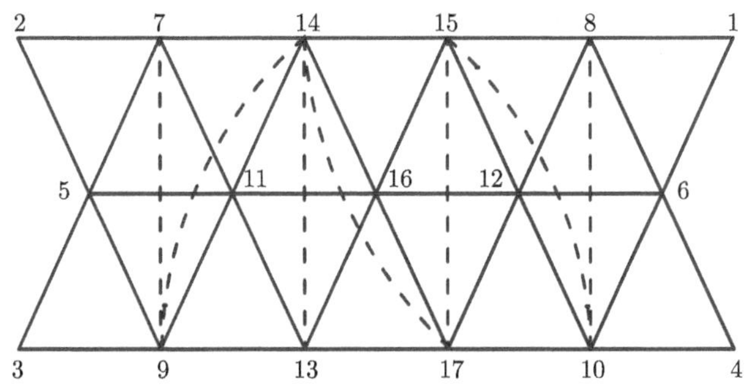


图 1-40 新编码及连接图

根据新的编码和图 1-40 可以求出新编码顺序下的连接矩阵 $[Q]$，见表 1-20，表中只需给出下三角编码即可，即只需将 $q_{ij}$，$j \leqslant i$ 列于表中，其中 $q_{ij}$ 是矩阵 $[L]$ 的第 $i$ 行的非零子矩阵的列号。

**表 1-20 新编码顺序下的连接矩阵 $[Q]$**

| | | | | | | |
|---|---|---|---|---|---|---|
| 1 | | | | | | |
| 2 | | | | | | |
| 3 | | | | | | |
| 4 | | | | | | |
| 5 | 2 | 3 | | | | |
| 6 | 1 | 4 | | | | |
| 7 | 2 | 5 | | | | |
| 8 | 1 | 6 | | | | |
| 9 | 3 | 5 | $\underline{7}$ | | | |
| 10 | 4 | 6 | $\underline{8}$ | | | |
| 11 | 5 | 7 | 9 | | | |
| 12 | 6 | 8 | 10 | | | |
| 13 | 9 | 11 | | | | |
| 14 | 7 | $\underline{9}$ | 11 | $\underline{13}$ | | |
| 15 | 8 | $\underline{10}$ | 12 | 14 | | |
| 16 | 11 | 12 | 13 | 14 | 15 | |
| 17 | 10 | 12 | 13 | $\underline{14}$ | $\underline{15}$ | 16 |

表 1-20 中带下划线的数字为消元过程中产生的新连接，每一个数字代表方程 (1-132) 中的一个子矩阵。由表可知，在三角分解之前，矩阵 $[L]$ 的非零子矩阵为 51 个，三角分解后产生 7 个新的子矩阵，则共有 58 个非零子矩阵。与未进行节点编码优化时的非零子矩阵相比，其个数减少了 29 个。矩阵 $[L]$ 的最后形式用如下符号矩阵表示，其中每个元素代表一个子矩阵：1 表示原始的非零子矩阵，2 表示生

成的非零子矩阵，0 表示零矩阵。可以看出 1 或 2 稀疏地分布在矩阵中。

$$
[L]=\begin{array}{c}
\\ 1\\ 2\\ 3\\ 4\\ 5\\ 6\\ 7\\ 8\\ 9\\ 10\\ 11\\ 12\\ 13\\ 14\\ 15\\ 16\\ 17
\end{array}
\begin{array}{c}
\begin{array}{ccccccccccccccccc}
1 & 2 & 3 & 4 & 5 & 6 & 7 & 8 & 9 & 10 & 11 & 12 & 13 & 14 & 15 & 16 & 17
\end{array}\\
\left(\begin{array}{ccccccccccccccccc}
1 & & & & & & & & & & & & & & & & \\
0 & 1 & & & & & & & & & & & & & & & \\
0 & 0 & 1 & & & & & & & & & & & & & & \\
0 & 0 & 0 & 1 & & & & & & & & & & & & & \\
0 & 1 & 1 & 0 & 1 & & & & & & & & & & & & \\
1 & 0 & 0 & 1 & 0 & 1 & & & & & & & & & & & \\
0 & 1 & 0 & 0 & 1 & 0 & 1 & & & & & & & & & & \\
1 & 0 & 0 & 0 & 0 & 1 & 0 & 1 & & & & & & & & & \\
0 & 0 & 1 & 0 & 1 & 0 & 2 & 0 & 1 & & & & & & & & \\
0 & 0 & 0 & 1 & 0 & 1 & 0 & 2 & 0 & 1 & & & & & & & \\
0 & 0 & 0 & 0 & 1 & 0 & 1 & 0 & 1 & 0 & 1 & & & & & & \\
0 & 0 & 0 & 0 & 0 & 1 & 0 & 1 & 0 & 1 & 0 & 1 & & & & & \\
0 & 0 & 0 & 0 & 0 & 0 & 0 & 0 & 1 & 0 & 1 & 0 & 1 & & & & \\
0 & 0 & 0 & 0 & 0 & 0 & 1 & 0 & 2 & 0 & 1 & 0 & 2 & 1 & & & \\
0 & 0 & 0 & 0 & 0 & 0 & 0 & 1 & 0 & 2 & 0 & 1 & 0 & 1 & 1 & & \\
0 & 0 & 0 & 0 & 0 & 0 & 0 & 0 & 0 & 0 & 1 & 1 & 1 & 1 & 1 & 1 & \\
0 & 0 & 0 & 0 & 0 & 0 & 0 & 0 & 0 & 1 & 0 & 1 & 1 & 2 & 2 & 1 & 1
\end{array}\right)
\end{array}
\tag{1-145}
$$

这个例子说明求解非零元素的图解法可以以极高的效率压缩非零元素，对于大型稀疏矩阵可以充分节省存储空间，减少计算工作量。同时本方法便于编程实现，可以推广至有限元法等其他方法。

### 1.2.5　基于稀疏矩阵非零存储的线性方程组三角分解法

仍以图 1-25 所示的块体系统为例，介绍基于稀疏矩阵非零存储的线性方程组三角分解法。1.2.4 节已经通过图解法得到了新的块体编码及新编码的下三角连接矩阵 $[Q]$。

新旧编码对应的顺序为：

新编码：1，2，3，4，5，6，7，8，9，10，11，12，13，14，15，16，17；

旧编码：6，1，12，17，7，11，2，5，13，16，8，10，14，3，4，9，15。

新编码矩阵 $[Q]$ 可以写成表 1-21，表中同时给出了新旧编码的对照及每行下三角非零元素的个数。取矩阵 $[Q]$ 中的行号为 $i$，列号为 $j$，则矩阵 $[Q]$ 中的一个元素 $q_{ij}$ 对应下三角矩阵 $[L]$ 中的一个子矩阵：$L_i,q_{ij}$。注意到每行非零元素为 $m_i$，则用 1.2.2 节和 1.2.3 节中介绍的线性方程组求解时的三角分解法求解公式中的矩阵 $[A]$、$[L]$ 可以全部写成非零元素存储方式，如表 1-22 所示。

**表 1-21 新编码顺序下的矩阵 $[Q]$**

| 新编码 | 旧编码 | 非零数 | | | | | | | |
|---|---|---|---|---|---|---|---|---|---|
| 1 | 6 | 1 | 1 | | | | | | |
| 2 | 1 | 1 | 2 | | | | | | |
| 3 | 12 | 1 | 3 | | | | | | |
| 4 | 17 | 1 | 4 | | | | | | |
| 5 | 7 | 3 | 5 | 2 | 3 | | | | |
| 6 | 11 | 3 | 6 | 1 | 4 | | | | |
| 7 | 2 | 3 | 7 | 2 | 5 | | | | |
| 8 | 5 | 3 | 8 | 1 | 6 | | | | |
| 9 | 13 | 4 | 9 | 3 | 5 | 7 | | | |
| 10 | 16 | 4 | 10 | 4 | 6 | 8 | | | |
| 11 | 8 | 4 | 11 | 5 | 7 | 9 | | | |
| 12 | 10 | 4 | 12 | 6 | 8 | 10 | | | |
| 13 | 14 | 3 | 13 | 9 | 10 | | | | |
| 14 | 3 | 5 | 14 | 7 | 9 | 11 | 13 | | |
| 15 | 4 | 5 | 15 | 8 | 10 | 12 | 14 | | |
| 16 | 9 | 6 | 16 | 11 | 12 | 13 | 14 | 15 | |
| 17 | 15 | 7 | 17 | 10 | 12 | 13 | 14 | 15 | 16 |

**表 1-22 新编码顺序下的非零刚度系数矩阵 $[A]$**

| | | | | | | |
|---|---|---|---|---|---|---|
| $A_{11}$ | | | | | | |
| $A_{22}$ | | | | | | |
| $A_{33}$ | | | | | | |
| $A_{44}$ | | | | | | |
| $A_{55}$ | $A_{52}$ | $A_{53}$ | | | | |
| $A_{66}$ | $A_{61}$ | $A_{64}$ | | | | |
| $A_{77}$ | $A_{72}$ | $A_{75}$ | | | | |
| $A_{88}$ | $A_{81}$ | $A_{86}$ | | | | |
| $A_{99}$ | $A_{93}$ | $A_{95}$ | $A_{97}$ | | | |
| $A_{10\ 10}$ | $A_{10\ 4}$ | $A_{10\ 6}$ | $A_{10\ 8}$ | | | |
| $A_{11\ 11}$ | $A_{11\ 5}$ | $A_{11\ 7}$ | $A_{11\ 9}$ | | | |
| $A_{12\ 12}$ | $A_{12\ 6}$ | $A_{12\ 8}$ | $A_{12\ 10}$ | | | |
| $A_{13\ 13}$ | $A_{13\ 9}$ | $A_{13\ 10}$ | | | | |
| $A_{14\ 14}$ | $A_{14\ 7}$ | $A_{14\ 9}$ | $A_{14\ 11}$ | $A_{14\ 13}$ | | |
| $A_{15\ 15}$ | $A_{15\ 8}$ | $A_{15\ 10}$ | $A_{15\ 12}$ | $A_{15\ 14}$ | | |
| $A_{16\ 16}$ | $A_{16\ 11}$ | $A_{16\ 12}$ | $A_{16\ 13}$ | $A_{16\ 14}$ | $A_{16\ 15}$ | |
| $A_{17\ 17}$ | $A_{17\ 10}$ | $A_{17\ 12}$ | $A_{17\ 13}$ | $A_{17\ 14}$ | $A_{17\ 15}$ | $A_{17\ 16}$ |

在具体编程计算时，只需开设一个一维数组，总元素数为表 1-22 中的非零元素个数，每个非零元素代表一个 6×6 的子矩阵，通过三角分解的过程逐步由 $[L_{ij}]$ 取代 $[A_{ij}]$，即可将矩阵 $[A]$ 分解为矩阵 $[L]$，如表 1-23 所示。具体计算时要用到 $[A]$ 和 $[Q]$ 两个矩阵，利用式 (1-138)~ 式 (1-142)，即可求出新编码顺序下的 $[X_i]$，$i = 1, 2, 3, \cdots, n$，再用新旧编码对应表即可求出原始编码下的未知数 $[X]$，具体过程涉及编程方法，此处不详述。

**表 1-23　新编码顺序下的非零下三角矩阵 $[L]$**

| | | | | | | |
|---|---|---|---|---|---|---|
| $L_{11}$ | | | | | | |
| $L_{22}$ | | | | | | |
| $L_{33}$ | | | | | | |
| $L_{44}$ | | | | | | |
| $L_{55}$ | $L_{52}$ | $L_{53}$ | | | | |
| $L_{66}$ | $L_{61}$ | $L_{64}$ | | | | |
| $L_{77}$ | $L_{72}$ | $L_{75}$ | | | | |
| $L_{88}$ | $L_{81}$ | $L_{86}$ | | | | |
| $L_{99}$ | $L_{93}$ | $L_{95}$ | $L_{97}$ | | | |
| $L_{10\ 10}$ | $L_{10\ 4}$ | $L_{10\ 6}$ | $L_{10\ 8}$ | | | |
| $L_{11\ 11}$ | $L_{11\ 5}$ | $L_{11\ 7}$ | $L_{11\ 9}$ | | | |
| $L_{12\ 12}$ | $L_{12\ 6}$ | $L_{12\ 8}$ | $L_{12\ 10}$ | | | |
| $L_{13\ 13}$ | $L_{13\ 9}$ | $L_{13\ 10}$ | | | | |
| $L_{14\ 14}$ | $L_{14\ 7}$ | $L_{14\ 9}$ | $L_{14\ 11}$ | $L_{14\ 13}$ | | |
| $L_{15\ 15}$ | $L_{15\ 8}$ | $L_{15\ 10}$ | $L_{15\ 12}$ | $L_{15\ 14}$ | | |
| $L_{16\ 16}$ | $L_{16\ 11}$ | $L_{16\ 12}$ | $L_{16\ 13}$ | $L_{16\ 14}$ | $L_{16\ 15}$ | |
| $L_{17\ 17}$ | $L_{17\ 10}$ | $L_{17\ 12}$ | $L_{17\ 13}$ | $L_{17\ 14}$ | $L_{17\ 15}$ | $L_{17\ 16}$ |

# 1.3　接触搜索与开闭迭代

## 1.3.1　导言

DDA 的分析对象是离散的块体系统，每个块体是一个独立的单元，块体与块体之间用罚函数 (Penalty，即弹簧) 连接，连接方式取决于块体之间的接触形式。当两个块体不接触时，无须施加任何弹簧；当两个块体相互接触且不能自由滑动时，需要在接触点施加法向和切向弹簧；当两个块体相互接触且沿接触面滑动时，需要施加法向接触弹簧和切向摩擦力。

在计算过程中，如果块体之间的接触关系不发生变化，则 DDA 法与刚体弹簧元法和采用 Goodman 单元的界面元法等考虑了接触的小变形计算方法相同。

宏观上自然界中的块体系统通常呈现出大变形特征。如岩石边坡的垮塌，虽然单个块体变形较小，可作小变形处理，但块体会产生平移、旋转、滚动等大的刚体位移。在变形和运动过程中，块体间的相互关系会不断发生变化，这是块体系统大变形分析的难点。DDA 作为一种离散型分析方法，主要用于模拟块体的小变形和块体系统的大位移，这就要求 DDA 能够正确模拟块体的变形和运动过程中不断变化的块体间相互关系。

石根华在 DDA 中提出了一套高效的接触搜索方法和接触开合模拟方法 (DDA 中称作开闭迭代法)。接触搜索与开闭迭代是 DDA 中最关键，也是最难理解、在编程中最难以实现的部分，是理解和掌握 DDA 的关键。本节将对这部分内容进行详细讲解。

### 1.3.2 预备知识

#### 1. 块体边界的环路方向

二维 DDA 块体的边界是若干线段首尾相连形成的闭合环路，环路的方向满足右手定则，即拇指向上，四指指向环路的方向，也可以理解为沿边界环路的正向行走时块体实体位于左侧，如图 1-41 所示。如果用 $k_1$、$k_2$ 分别表示第 $i$ 块的起始顶点和终了顶点的编号，则各个顶点的编号为

$$k_1,\ k_1+1,\ k_1+2,\ \cdots,\ k_2$$

对于每条边，$\overline{k_1+i,\ k_1+i+1}$ 为正方向。

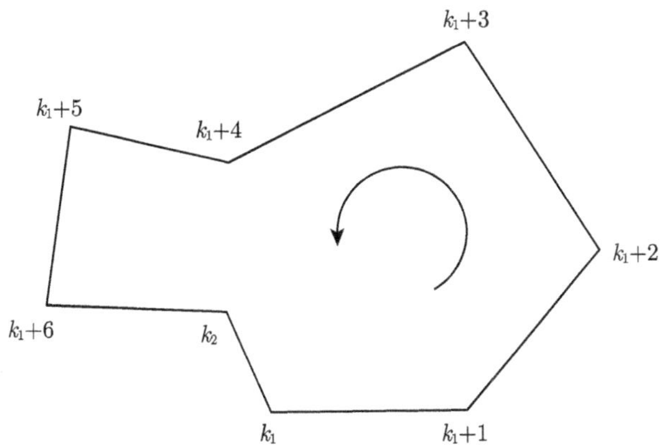


图 1-41 包围块体的边界环路方向

### 2. 两点间的距离

假定两点的坐标分别为 $P_1(x_1, y_1)$、$P_2(x_2, y_2)$，这两点在某一计算时步的位移分别是 $(u_1, v_1)$、$(u_2, v_2)$，则变形后两点间的距离为

$$l = \sqrt{(x_1 + u_1 - x_2 - u_2)^2 + (y_1 + v_1 - y_2 - v_2)^2} \tag{1-146}$$

### 3. 矢量线段的方向角

如图 1-42 所示，平面上有一向量 $\overrightarrow{P_1P_2}$，$P_1(x_1, y_1)$，$P_2(x_2, y_2)$，则向量 $\overrightarrow{P_1P_2}$ 的方向角可以按下式求取，令

$$\alpha_0 = \arctan\left(\frac{y_2 - y_1}{x_2 - x_1}\right) \tag{1-147}$$

则

$$\alpha = \begin{cases} \alpha_0, & \alpha_0 > 0 \\ 180^\circ - \alpha_0, & x_2 - x_1 < 0 \\ \alpha_0 + 360^\circ, & \alpha_0 < 0, \quad x_2 - x_1 > 0 \end{cases} \tag{1-148}$$

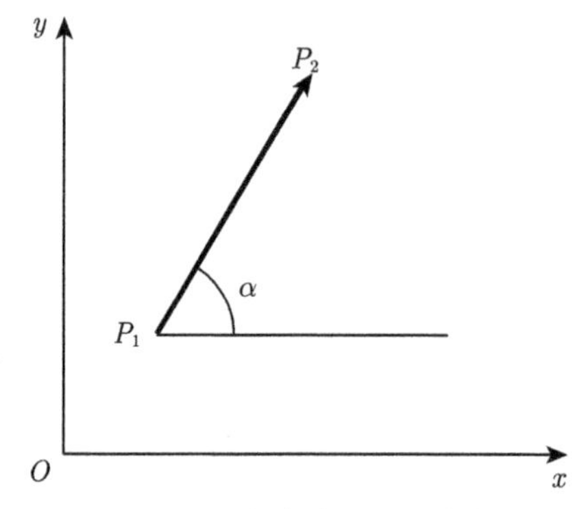


图 1-42　有向线段的方向角

### 4. 连接顶点的两条边的夹角

如图 1-43 所示，连接顶点的两条边形成一个夹角，DDA 中通常称为角，设点 $P_2$ 连接两条边 $\overrightarrow{P_1P_2}$，$\overrightarrow{P_2P_3}$，则顶点 $P_2$ 的角$\alpha$按式 (1-149) 方法求。

设 $\overrightarrow{P_1P_2}$ 的方向角为$\alpha_1$，$\overrightarrow{P_2P_3}$ 的方向角为$\alpha_2$，则

$$\alpha = \begin{cases} \alpha_1 - 180^\circ - \alpha_2, & \alpha_1 - 180^\circ > 0 \\ \alpha_1 + 180^\circ - \alpha_2, & \alpha_1 - 180^\circ < 0 \end{cases} \tag{1-149}$$

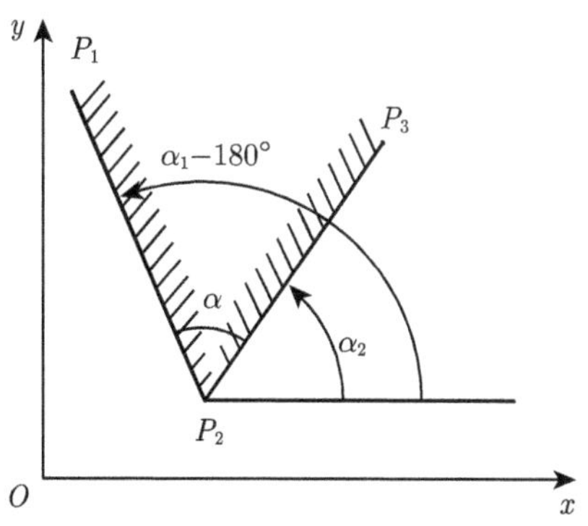


图 1-43　连接顶点的两条边的夹角

5. 点到直线的距离

如图 1-44 所示，假定平面上有三点 $P_1$、$P_2$、$P_3$；其中 $\overline{P_2P_3}$ 为一条线段，求点 $P_1$ 到线段 $\overline{P_2P_3}$ 的最小距离。

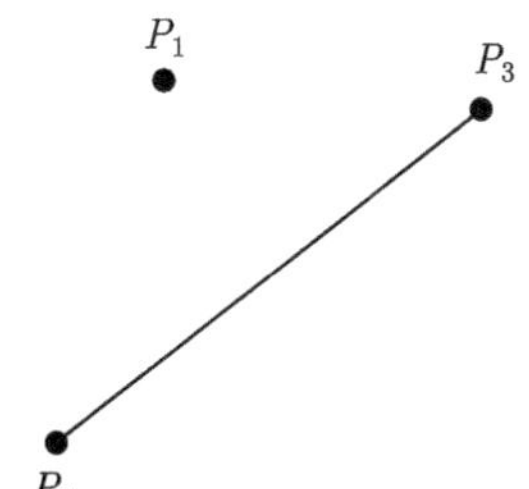


图 1-44　点到线段的距离

线段 $\overline{P_2P_3}$ 的方程可以写为

$$\begin{cases} x = x_2 + (x_3 - x_2)t, & 0 \leqslant t \leqslant 1 \\ y = y_2 + (y_3 - y_2)t, & 0 \leqslant t \leqslant 1 \end{cases} \tag{1-150}$$

从点 $P_1(x_1, y_1)$ 到线段上的点 $(x, y)$ 的距离为

$$\begin{aligned} \eta &= \sqrt{(x - x_1)^2 + (y - y_1)^2} \\ &= \sqrt{[(x_2 - x_1) + (x_3 - x_2)\, t]^2 + [(y_2 - y_1) + (y_3 - y_2)\, t]^2}, \quad 0 \leqslant t \leqslant 1 \end{aligned}$$

式中 $\eta$ 最小时应满足 $\dfrac{\partial \eta}{\partial t} = 0$，即

$$\frac{\partial \eta}{\partial t} = [(x_2 - x_1) + (x_3 - x_2)\, t]\,(x_3 - x_2) + [(y_2 - y_1) + (y_3 - y_2)\, t]\,(y_3 - y_2) = 0$$

即

$$\left[(x_3-x_2)^2+(y_3-y_2)^2\right]t+(x_3-x_2)(x_2-x_1)+(y_3-y_2)(y_2-y_1)=0$$

则

$$t=\frac{1}{l^2}\left[(x_3-x_2)(x_1-x_2)+(y_3-y_2)(y_1-y_2)\right] \tag{1-151}$$

式中

$$l^2=(x_3-x_2)^2+(y_3-y_2)^2$$

当 $0\leqslant t\leqslant 1$ 时，过点 $P_1$ 作 $\overline{P_2P_3}$ 的垂线与 $\overline{P_2P_3}$ 的交点 $(\overline{x},\ \overline{y})$ 位于 $P_2$、$P_3$ 之间：

$$\overline{x}=x_2+(x_3-x_2)t$$

$$\overline{y}=y_2+(y_3-y_2)t$$

则点 $P_1$ 与 $\overline{P_2P_3}$ 之间的最小距离为

$$\overline{\eta}=\sqrt{(\overline{x}-x_1)^2+(\overline{y}-y_1)^2}$$

$t$ 即为 $P_2\ (x_2,\ y_2)$ 到交点 $(\overline{x},\overline{y})$ 的长度占线段 $\overline{P_2P_3}$ 的总长度的比例。

6. 一条线段在另一条线段上面的投影 (两条线段平行)

对于两条平行线段 $\overline{P_1P_4}$, $\overline{P_2P_3}$(图 1-45)，可以按照式 (1-151) 求出点 $P_1,\cdots,P_4$ 在 $\overline{P_2P_3}$ 上投影比例为 $t_1\sim t_4$，其中 $t_2$=0, $t_3$=1。图中的 $0<t_1<1$，$t_4>1$，将 $t_1\sim t_4$ 由小到大排序为 $s_1\sim s_4$，$s_1\leqslant s_2\leqslant s_3\leqslant s_4$，则投影长度为

$$l_p=l(s_3-s_1) \tag{1-152}$$

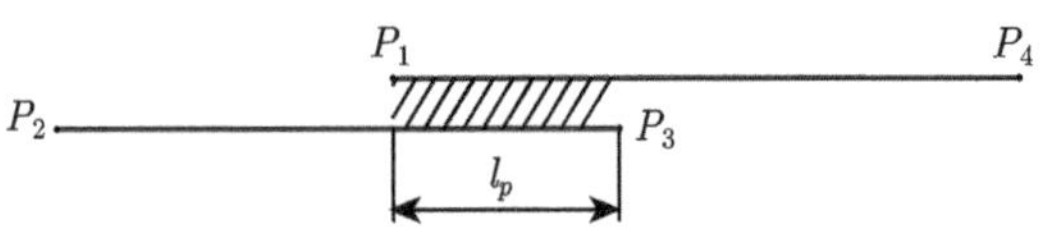


图 1-45 两条平行线段的投影

7. 两条自由线段之间的接触关系

DDA 中围成块体的所有线段都是有方向的，在分析两条边的相互关系时，需要考虑各边的方向性，设有两条位于不同块体的边，$\overline{P_1P_2}$ 位于块体 $i$，$\overline{P_3P_4}$ 位于块体 $j$，四点的坐标分别为 $(x_1,\ y_1)$，$(x_2,\ y_2)$，$(x_3,\ y_3)$，$(x_4,\ y_4)$。自 $\overline{P_1P_2}$ 的中点 $P_5$ 作 $\overline{P_1P_2}$ 的内法线 $N_1$，自 $\overline{P_3P_4}$ 的中点 $P_6$ 作 $\overline{P_3P_4}$ 的内法线 $N_2$，则 $P_1$ 到 $\overline{P_3P_4}$ 的距离为 $\overline{P_6P_1}$ 在 $N_2$ 上的投影，$P_3$ 到 $\overline{P_1P_2}$ 的距离为 $\overline{P_5P_3}$ 在 $N_1$ 上的投影。即

$$
\begin{aligned}
&d_1=\frac{1}{l_2}\begin{pmatrix}y_3-y_4 & x_4-x_3\end{pmatrix}\begin{pmatrix}x_1-x_6\\ y_1-y_6\end{pmatrix}, && \overline{P_6P_1}\text{在}N_2\text{上的投影}\\
&d_2=\frac{1}{l_2}\begin{pmatrix}x_4-x_3 & y_4-y_3\end{pmatrix}\begin{pmatrix}x_1-x_6\\ y_1-y_6\end{pmatrix}, && \overline{P_6P_1}\text{在}\overline{P_3P_4}\text{上的投影}\\
&d_3=\frac{1}{l_1}\begin{pmatrix}y_1-y_2 & x_2-x_1\end{pmatrix}\begin{pmatrix}x_3-x_5\\ y_3-y_5\end{pmatrix}, && \overline{P_5P_3}\text{在}N_1\text{上的投影}\\
&d_4=\frac{1}{l_1}\begin{pmatrix}x_2-x_1 & y_2-y_1\end{pmatrix}\begin{pmatrix}x_3-x_5\\ y_3-y_5\end{pmatrix}, && \overline{P_5P_3}\text{在}\overline{P_1P_2}\text{上的投影}
\end{aligned}
\tag{1-153}
$$

其中，$d_1$ 为 $\overline{P_6P_1}$ 在 $\overline{P_3P_4}$ 上的法向投影，$d_2$ 为 $\overline{P_6P_1}$ 在 $\overline{P_3P_4}$ 上的切向投影，$d_3$ 为 $\overline{P_5P_3}$ 在 $\overline{P_1P_2}$ 上的法向投影，$d_4$ 为 $\overline{P_5P_3}$ 在 $\overline{P_1P_2}$ 上的切向投影。

由图 1-46 可见：当 $d_1\geqslant 0$ 且 $|d_2|\leqslant l_2/2$ 时，点 $P_1$ 与 $\overline{P_3P_4}$ 接触；当 $d_3\geqslant 0$ 且 $|d_4|\leqslant l_1/2$ 时，点 $P_3$ 与 $\overline{P_1P_2}$ 接触。$l_1$、$l_2$ 分别为 $\overline{P_1P_2}$、$\overline{P_3P_4}$ 的长度。

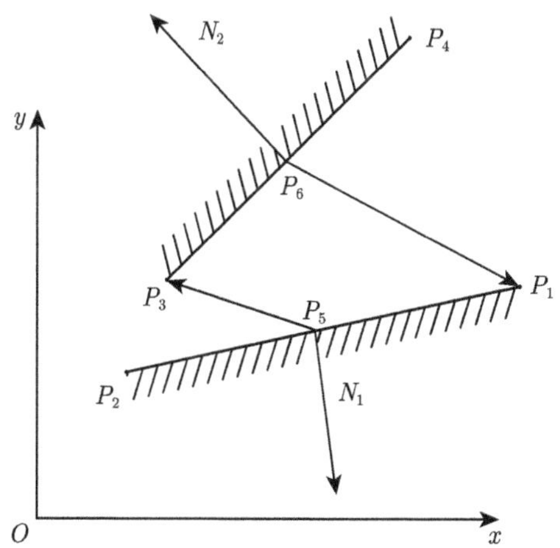


图 1-46　两条有向线段的接触关系 (阴影一侧为材料)

8. 两线段平行的条件

如图 1-47 所示，平面上两条线段 $\overline{P_1P_2}$、$\overline{P_3P_4}$，设线段 $\overline{P_1P_2}$ 的斜率为 $k_1$，$\overline{P_3P_4}$ 的斜率为 $k_2$，则两条线段平行的条件为

$$k_1=k_2$$

即

$$k_1-k_2=0$$

由于

$$k_1=\frac{y_2-y_1}{x_2-x_1},\quad k_2=\frac{y_4-y_3}{x_4-x_3}$$

得

$$\frac{y_2 - y_1}{x_2 - x_1} - \frac{y_4 - y_3}{x_4 - x_3} = 0$$

从而两线段平行的条件为

$$(x_2 - x_1)(y_4 - y_3) - (x_4 - x_3)(y_2 - y_1) = 0 \tag{1-154}$$

上式可以写成行列式的形式：

$$\begin{vmatrix} x_2 - x_1 & x_3 - x_4 \\ y_2 - y_1 & y_3 - y_4 \end{vmatrix} = 0$$

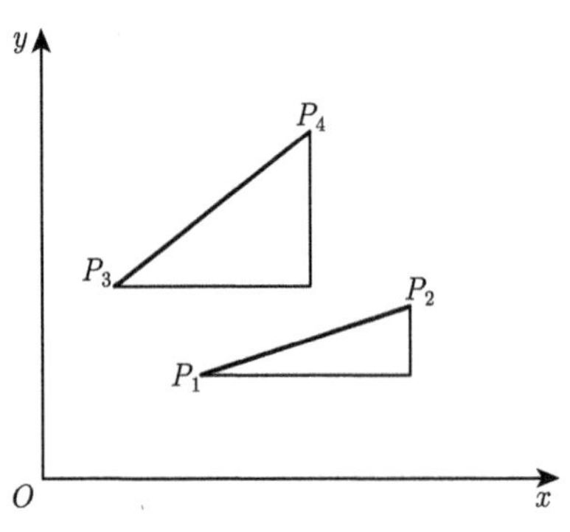


图 1-47　两条线段的平行

9. 两线段的交点

如图 1-48 所示，平面上有两条线段 $\overline{P_1P_2}$、$\overline{P_3P_4}$。$\overline{P_1P_2}$ 的方程是

$$\begin{cases} x = x_1 + (x_2 - x_1)\,t_1 \\ y = y_1 + (y_2 - y_1)\,t_1 \end{cases}, \quad 0 \leqslant t_1 \leqslant 1 \tag{1-155}$$

$\overline{P_3P_4}$ 的方程是

$$\begin{cases} x = x_3 + (x_4 - x_3)\,t_2 \\ y = y_3 + (y_4 - y_3)\,t_2 \end{cases}, \quad 0 \leqslant t_2 \leqslant 1 \tag{1-156}$$

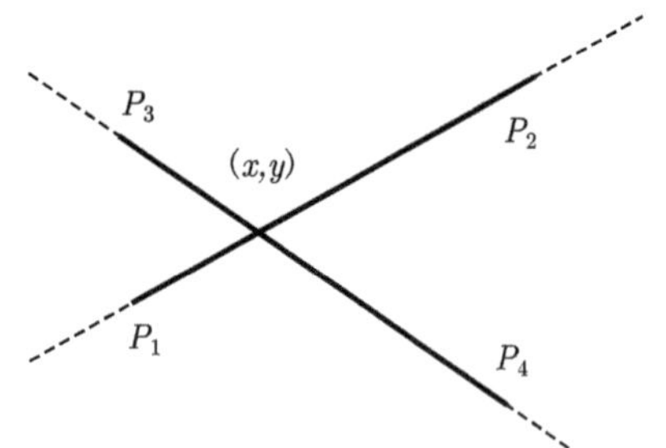


图 1-48　两条线段的相交

设交点坐标为 $(x, y)$，上两式中的系数 $t_1$，$t_2$ 正比于线段交点处的长度。式 (1-155) 中 $t_1=0$ 和 $t_1=1$ 分别代表点 $P_1(x_1, y_1)$ 和 $P_2(x_2, y_2)$ 的线段 $\overline{P_1P_2}$ 的两个端点。当 $0\leqslant t_1 \leqslant 1$ 时，位于两端点 $P_1$、$P_2$ 之间。当交点位于 $\overline{P_1P_2}$、$\overline{P_3P_4}$ 之内时，需同时满足式 (1-155) 和式 (1-156)，有

$$\begin{cases} x_1+(x_2-x_1)t_1=x_3+(x_4-x_3)t_2 \\ y_1+(y_2-y_1)t_1=y_3+(y_4-y_3)t_2 \end{cases} \tag{1-157}$$

式 (1-157) 为以 $t_1$，$t_2$ 为未知量的线性方程组：

$$\begin{bmatrix} x_2-x_1 & x_3-x_4 \\ y_2-y_1 & y_3-y_4 \end{bmatrix} \begin{pmatrix} t_1 \\ t_2 \end{pmatrix} = \begin{pmatrix} x_3-x_1 \\ y_3-y_1 \end{pmatrix} \tag{1-158}$$

式 (1-158) 如果有解且满足

$$0\leqslant t_1 \leqslant 1, \quad 0\leqslant t_2 \leqslant 1$$

则两条线段相交于点 $(x, y)$，用式 (1-157)、式 (1-158) 计算。

令

$$\begin{cases} d_3=(x_2-x_1)(y_3-y_4)-(x_3-x_4)(y_2-y_1) \\ d_1=(x_3-x_1)(y_3-y_4)-(x_3-x_4)(y_3-y_1) \\ d_2=(x_2-x_1)(y_3-y_1)-(x_3-x_1)(y_2-y_1) \end{cases} \tag{1-159}$$

则当 $|d_3|\neq 0$ 时：

$$t_1=\frac{d_1}{d_3}, \quad t_2=\frac{d_2}{d_3} \tag{1-160}$$

当 $|d_3|=0$ 时为两条平行线，当 $|d_3|=0, |d_1|=0$ 时为两条线段共线。

### 1.3.3　可能的接触形式及判断方法

在进行块体系统的整体分析时，必须搜索出块体之间所有可能的接触关系，并进行相应的接触处理，以便正确反映块体之间的相互作用和相互关系。石根华在 DDA 中提出了一套高效完备的接触搜索方法。包括三个步骤：①按块体之间的距离进行接触搜索；②按点与线之间的距离进行接触搜索；③按角角之间的关系进行接触搜索。通过以上三个步骤，即可搜索出全部可能的接触。在接触搜索过程中，不仅要考虑当前状态，还要考虑所有块体在下一时步中可能的位置和接触关系。

### 1. 三种基本接触形式

接触的定义：DDA 中的各种接触最终均可简化为点–线接触，点、线分别称为接触点 (角) 和接触线 (也可称为进入线)，如图 1-49 所示。1.1.6 节中与接触相关的计算均围绕点–线接触展开。

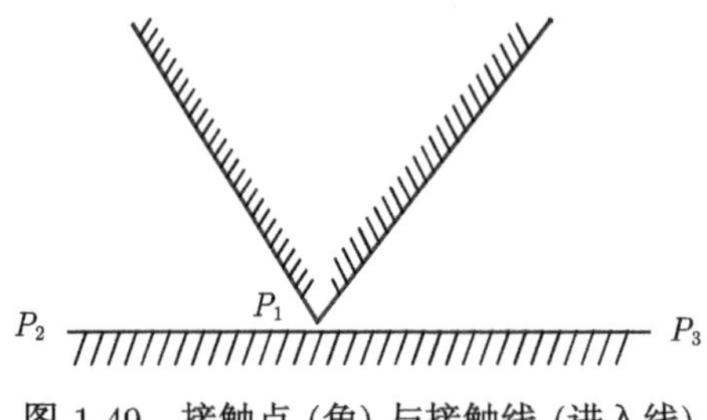


图 1-49　接触点 (角) 与接触线 (进入线)

如图 1-50 所示，平面块体的边均为直线，接触的类型可归纳为三种：边–边，角–边，角–角。

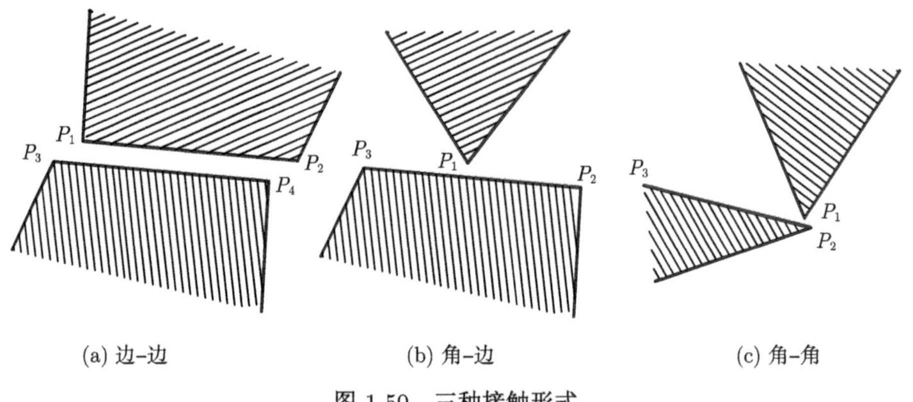


(a) 边–边　(b) 角–边　(c) 角–角

图 1-50　三种接触形式

图 1-50(a) 的边–边接触可分解为点 $P_1$ 与线 $\overline{P_3P_4}$ 接触和点 $P_4$ 与线 $\overline{P_1P_2}$ 接触，在这两个接触中，$\overline{P_3P_4}$、$\overline{P_1P_2}$ 分别为接触线。图 1-50(b) 为点 $P_1$ 和线 $\overline{P_2P_3}$ 接触，$\overline{P_2P_3}$ 为接触线。图 1-50(c) 为角–角接触，可简化为点 $P_1$ 与线 $\overline{P_2P_3}$ 接触，线 $\overline{P_2P_3}$ 为接触线。

### 2. 角–边接触的一般情况

1) 一条边和一个凸角间的接触 (图 1-51)

如果点 $P_1$ 越过线 $\overline{P_2P_3}$，则发生相互嵌入，线 $\overline{P_2P_3}$ 为进入线，这是最基本的接触形式。

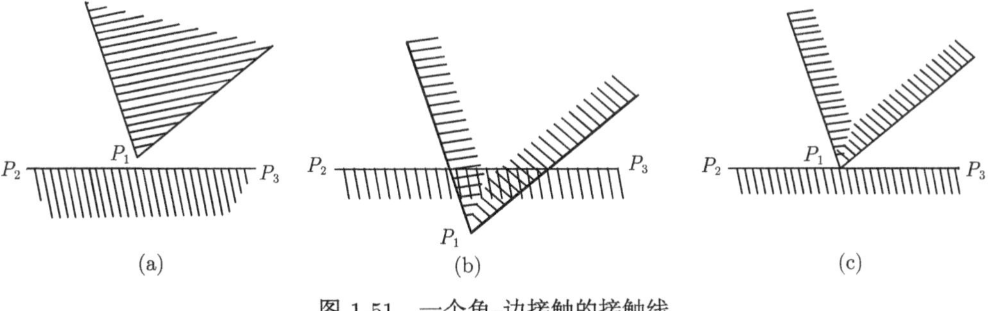


图 1-51 一个角–边接触的接触线

2) 角边之间不发生接触的情况

当无转动平移的一个角和一条边发生重叠时，该角与边不会发生接触。如图 1-52(a)、(b) 所示，角和边发生相对平移时出现重叠 (图中的格子阴影)，表明这两种情况不会发生角–边接触，应该在接触搜索中予以排除。

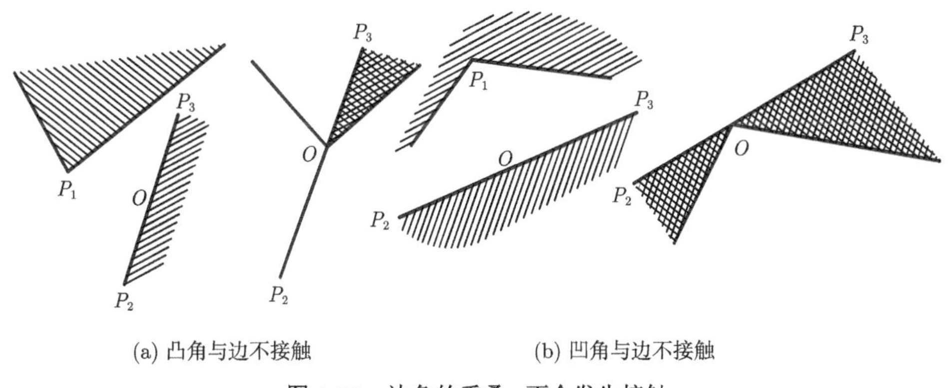


图 1-52 边角的重叠，不会发生接触

### 3. 角–角接触

角–角接触是接触判断中最复杂的情况，分为凸角与凸角接触和凸角与凹角接触，不同的接触形式可以搜索出不同的接触线。角–角接触有两条可能的接触线。

1) 两个凸角的接触

假定构成角 1 的两条边为 $E_1$、$E_2$，构成角 2 的两条边为 $E_3$、$E_4$，$E_1$ 和 $E_3$ 之间的夹角为$\alpha$，$E_2$ 和 $E_4$ 之间的夹角为$\beta$，则凸角与凸角的接触可概化为 4 种情况，如表 1-24 所示，每种情况的两条接触边均在表中给出。所有接触情况都要求两个角之间的距离小于给定误差值。

**表 1-24　凸角与凸角接触的接触线确定准则**

| 角 | | 两条接触线 | |
|---|---|---|---|
| $\alpha \leqslant 180°$ | $\beta \leqslant 180°$ | $OE_3$ | $OE_2$ |
| $\alpha \leqslant 180°$ | $\beta > 180°$ | $OE_3$ | $OE_4$ |
| $\alpha > 180°$ | $\beta \leqslant 180°$ | $OE_1$ | $OE_2$ |
| $\alpha > 180°$ | $\beta > 180°$ | $OE_1$ | $OE_4$ |

图 1-53～ 图 1-56 表示了表 1-24 给出的四种接触情况及相应的接触点和接触边，接触边用粗线表示。

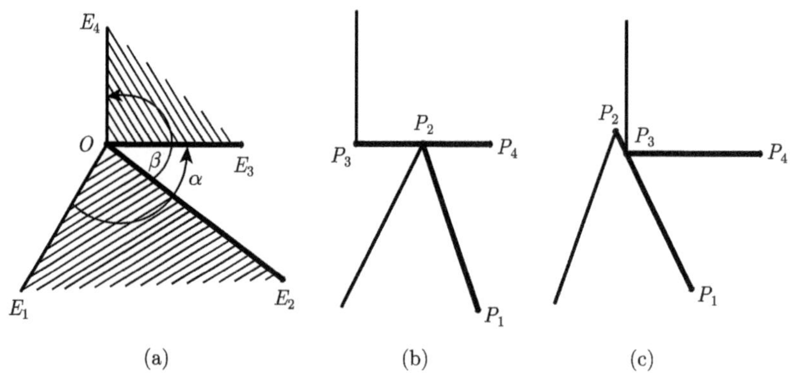


图 1-53　凸角–凸角接触的两条接触线 (情况 1：$\alpha \leqslant 180°$，$\beta \leqslant 180°$)

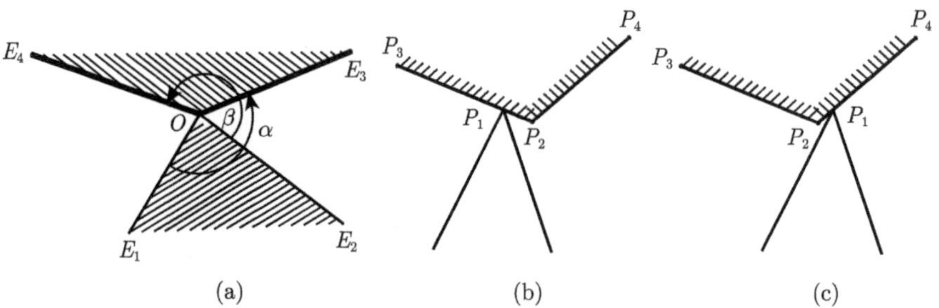


图 1-54　凸角–凸角接触的两条接触线 (情况 2：$\alpha \leqslant 180°$，$\beta > 180°$)

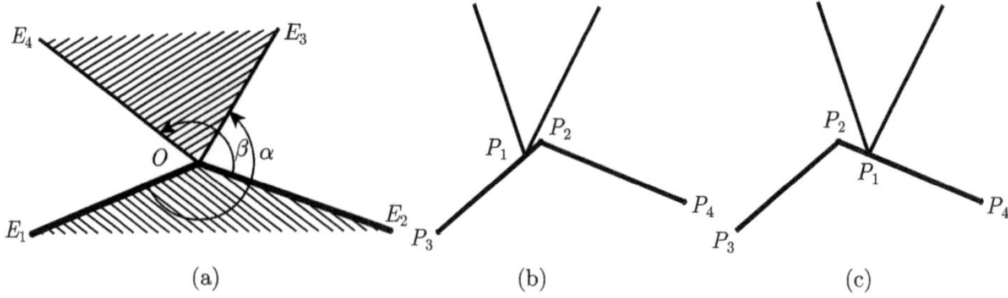


图 1-55　凸角–凸角接触的两条接触线 (情况 3：$\alpha > 180°$，$\beta \leqslant 180°$)

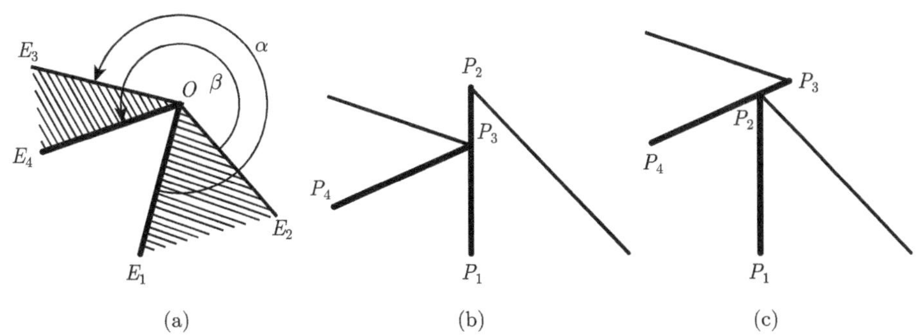


图 1-56 凸角–凸角接触的两条接触线 (情况 4：$\alpha > 180°$，$\beta > 180°$)

2) 凸角与凹角的接触

两个接触角中，如果一个角大于 180°(凹角)，则两条接触线是凹角的两条边，如图 1-57 所示。

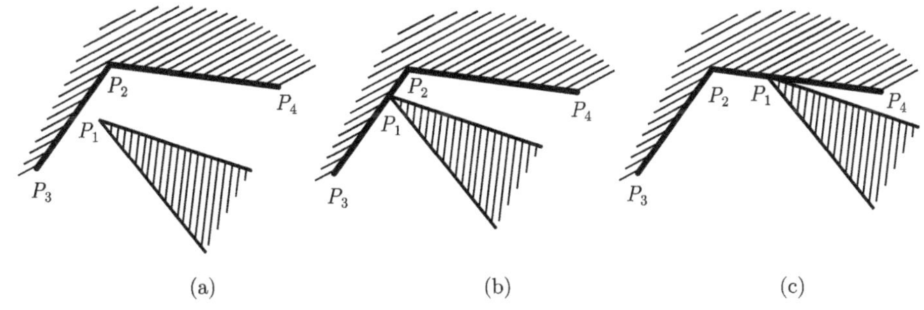


图 1-57 凸角与凹角的接触；凹角的两条接触线

3) 角与角之间不发生接触的情况

若两个角的顶点之间的距离小于一个给定的容差值，此两角有可能接触。如果无转动平移的两个角靠近时，发生重叠现象，则此两角不会发生接触。由此准则可知：当两个角的和大于 360° 时，该两角不会接触，如图 1-58 所示。

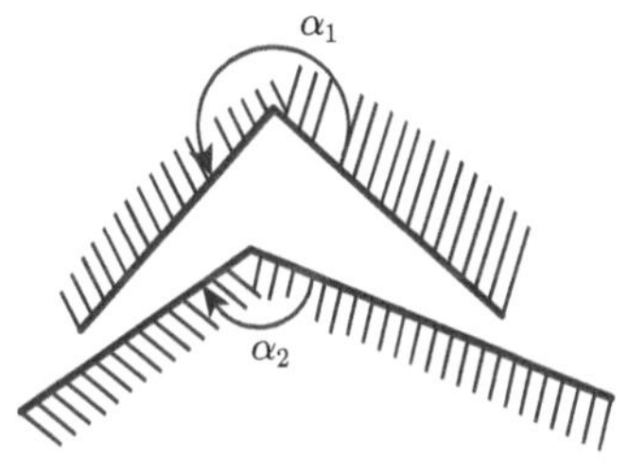


图 1-58 两角的和大于 360°

如图 1-59 所示，若两个凸角平移后出现重叠，则这两角不接触。若一个凸角和一个凹角平移后出现重叠，也不可能发生接触，如图 1-60 中的点 $P_1$、$P_2$ 不可能发生接触。

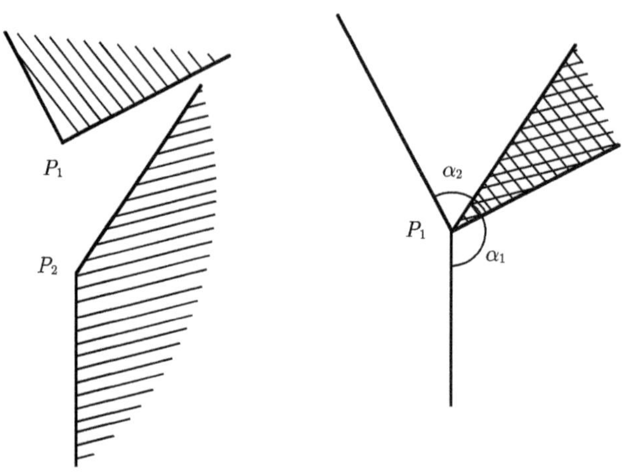


图 1-59　两凸角平移后出现重叠，不接触

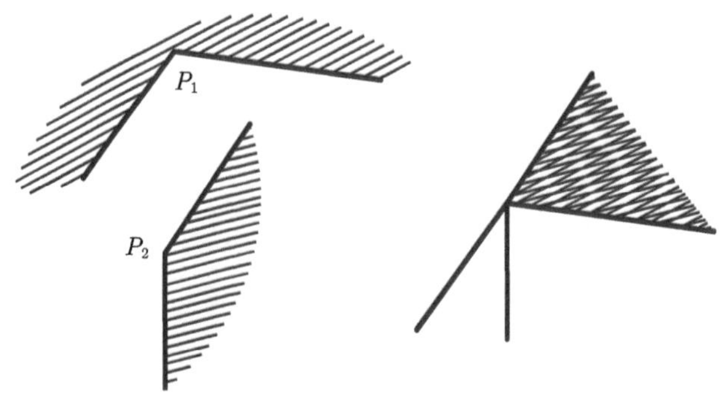


图 1-60　一个凸角和一个凹角平移后出现重叠，不接触

4. 边–边接触

对于角–边接触或角–角接触，当满足一定条件时可能转化为边–边接触。以图 1-61 为例，块体 $i$ 和块体 $j$ 接触，接触点为 $i_2$，在块体 $i$ 中相邻三个点为 $i_1$、$i_2$、$i_3$，在块体 $j$ 中接触线为 $j_1j_2$，相邻点为 $j_3$。已搜索到的接触为 $i_2$ 与边 $j_1j_2$ 接触。设边 $i_2i_3$ 与边 $j_1j_2$ 的夹角为 $e_5$，$i_2i_1$ 与 $j_2j_3$ 的夹角为 $e_6$，则给定一个容差角 $h$，当满足以下条件时为边–边接触：

当 $e_5 < h$ 时，$i_2i_3$ 与 $j_1j_2$ 接触，$j_1j_2$ 为接触线;
当 $e_6 < h$ 时，$i_2i_1$ 与 $j_1j_2$ 接触，$j_1j_2$ 为接触线。

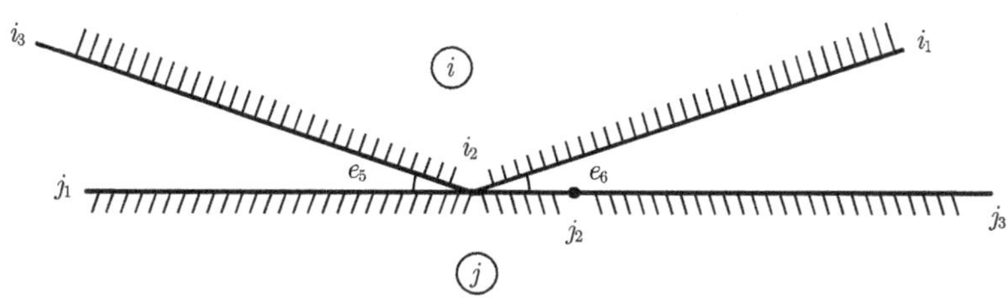


图 1-61 由角–边接触到边–边接触的转化

对于角–角接触，当接触角的边与被接触块体的邻近边形成的夹角小于容差值时，角–角接触转化为边–边接触。以图 1-62 为例，块体 $i$ 的点 $i_2$ 与块体 $j$ 的点 $j_2$ 为一对接触点，边 $i_1i_2$ 与边 $j_2j_3$ 之间的夹角为 $e_5$，边 $i_2i_3$ 与边 $j_1j_2$ 之间的夹角为 $e_6$，则当满足如下条件时转化为边–边接触:

当 $e_5 < h$ 时，$i_1i_2$ 与 $j_2j_3$ 接触;
当 $e_6 < h$ 时，$i_2i_3$ 与 $j_1j_2$ 接触。

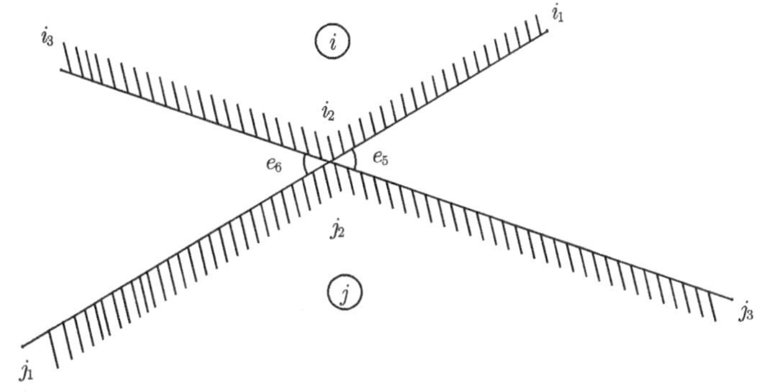


图 1-62 角–角接触到边–边接触的转化

此时四条边都可作为接触线，当接触点 $i_2$ 的接触线为 $j_1j_2$ 时，点 $j_2$ 的接触线为 $i_1i_2$，当接触点 $i_2$ 的接触线为 $j_2j_3$ 时，$j_2$ 的接触线为 $i_2i_3$。

当为角–角接触状态时，$i_2i_3$ 平行于 $j_2j_3$，$i_1i_2$ 平行于 $j_1j_2$，每个块都有一条接触线，并且可以是任意组合，如图 1-63 所示。

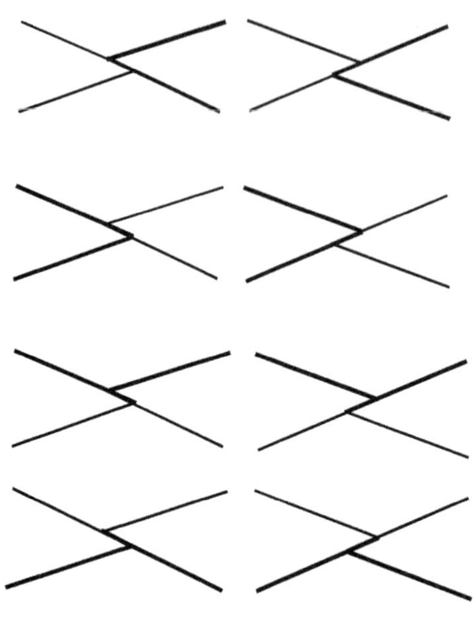

图 1-63　具有平行的边的角–角接触

### 1.3.4　接触搜索计算

如图 1-64 所示，接触搜索分为三个步骤。首先根据两个块体的形心距离，初步判定其接触的可能性；然后针对两个可能接触的块体，计算块体间点到点、点到线的距离，采用距离法搜索出可能的接触；最后利用角判断法，确定各个接触的接触点、接触线及接触类型。

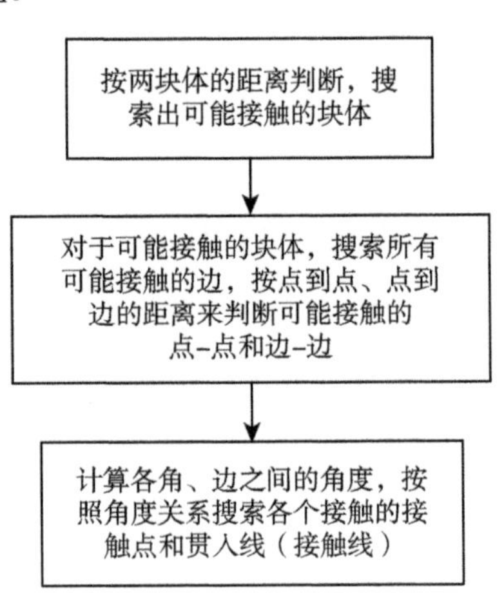


图 1-64　接触搜索步骤

1. 根据块体间的距离进行判断，搜索可能接触的块体

DDA 主要用于模拟块体系统的大变形、大位移问题，块体的位置和形状随着时步不断变化，在进行接触搜索时，不仅要考虑块体当前的位置，还要考虑当前位置下发生块体位移后块体可能的接触关系，因此需要根据每一计算时步的允许容差搜索出在即将进行的计算步中所有可能接触的块体。

块体 $i$ 与块体 $j$ 之间的距离定义为两个块体上所有点与点之间的最小距离(此处的所有点不仅指角点)。如图 1-65 所示，设 $P_1(x_1,\ y_1)$ 是块体 $i$ 上的一点，$P_2(x_2,\ y_2)$ 是块体 $j$ 上的一点，则块体 $i$ 与块体 $j$ 之间的距离 $\eta_{ij}$ 定义为

$$\eta_{ij}=\min\left\{\sqrt{(x_2-x_1)^2+(y_2-y_1)^2},\quad \forall(x_1,y_1)\in B_i,\quad \forall(x_2,y_2)\in B_j\right\} \tag{1-161}$$

式中，符号 $\forall$ 意为“全部集合”，$B_i$、$B_j$ 分别代表块体 $i$ 和块体 $j$ 的全部点。根据式 (1-161) 的定义，当$\eta_{ij}=0$ 时两个块体接触，当$\eta_{ij}<0$ 时两个块体有重叠，当$\eta_{ij}>0$ 时两个块体不接触。虽然式 (1-161) 指块体 $i$，$j$ 的所有点，但实际计算时只要计算边界点即可。

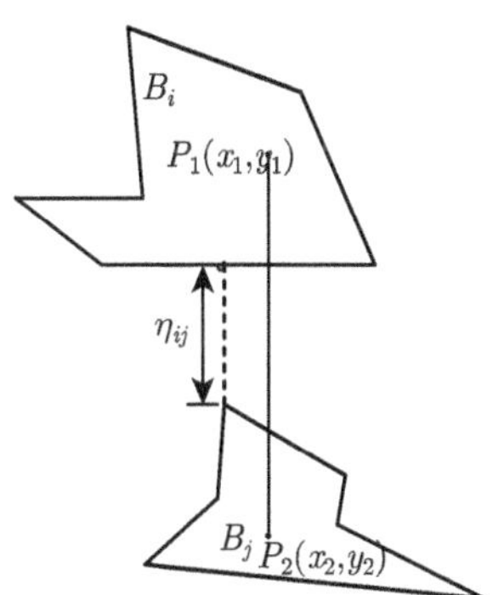


图 1-65 两个块体的距离

如图 1-66 所示，假定在一个计算时步内所有块体内点的最大位移为$\rho$，即

$$\rho=\max\left\{\sqrt{u(x,y)^2+v(x,y)^2},\quad \forall(x,y)\in B_r,\quad r=1,2,3,\cdots,n\right\} \tag{1-162}$$

$n$ 为块体总数。则当两个块体之间的距离大于最大位移的两倍时，两个块体不可能发生接触，即$\eta_{ij}>2\rho$。

利用式 (1-161)、式 (1-162) 计算块体内的所有点是不可能的，实际上只需分别计算其中一个块体的顶点到另一个块体的边的距离即可，如

$$\eta_{ij}=\min\left\{\sqrt{(x_2-x_1)^2+(y_2-y_1)^2},\quad \begin{matrix}\forall(x_1,y_1)\in V_i, & \forall(x_2,y_2)\in \partial B_j\\ \forall(x_1,y_1)\in V_j, & \forall(x_2,y_2)\in \partial B_i\end{matrix}\right\} \tag{1-163}$$

式中，$\partial B_i$ 及 $\partial B_j$ 分别是块体 $i$、$j$ 的边界部分；$V_i$、$V_j$ 分别是块体 $i$、$j$ 的顶点。

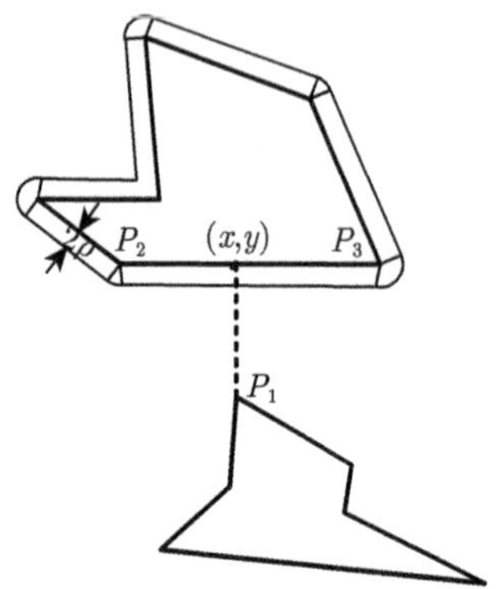


图 1-66 保持两块体在下一步不发生碰撞的距离

由于大部分块体间的距离远大于$2\rho$，如果按式 (1-163) 对所有块体进行计算，工作量就会很大，因此在判断顶点到边的距离前，需先用更简单的方法进行判断。

如图 1-67 所示，假设在每个块体的周围都围着一个矩形域，只要两个块体的外接方形不发生重叠，则不会发生接触。

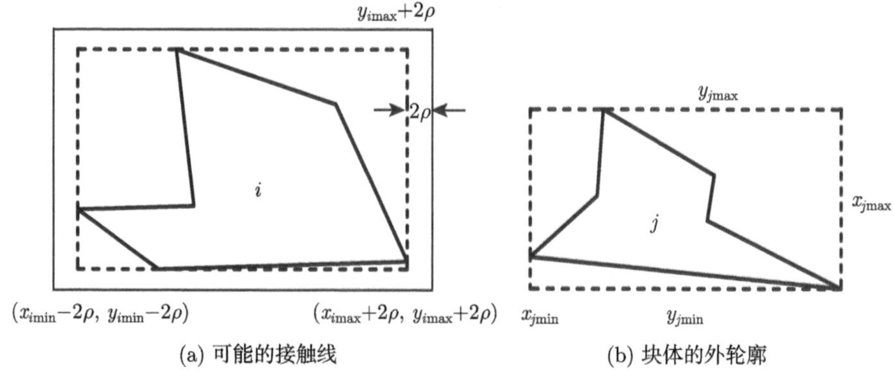


图 1-67 块体可能接触判断的矩形域法

即将 $i$、$j$ 两个块体的外包矩形画出，当满足如下条件之一时，$i$、$j$ 不会接触：

$$
\begin{aligned}
x_{j\min} &> x_{i\max} + 2\rho \\
x_{i\min} &> x_{j\max} + 2\rho \\
y_{j\min} &> y_{i\max} + 2\rho \\
y_{i\min} &> y_{j\max} + 2\rho
\end{aligned}
\tag{1-164}
$$

通过式 (1-164) 即可初步判断出可能发生接触的块体。

### 2. 按距离搜索角–角、角–边的接触

按距离进行角–角、角–边接触关系的判断步骤如图 1-68 所示。基本思路如下：

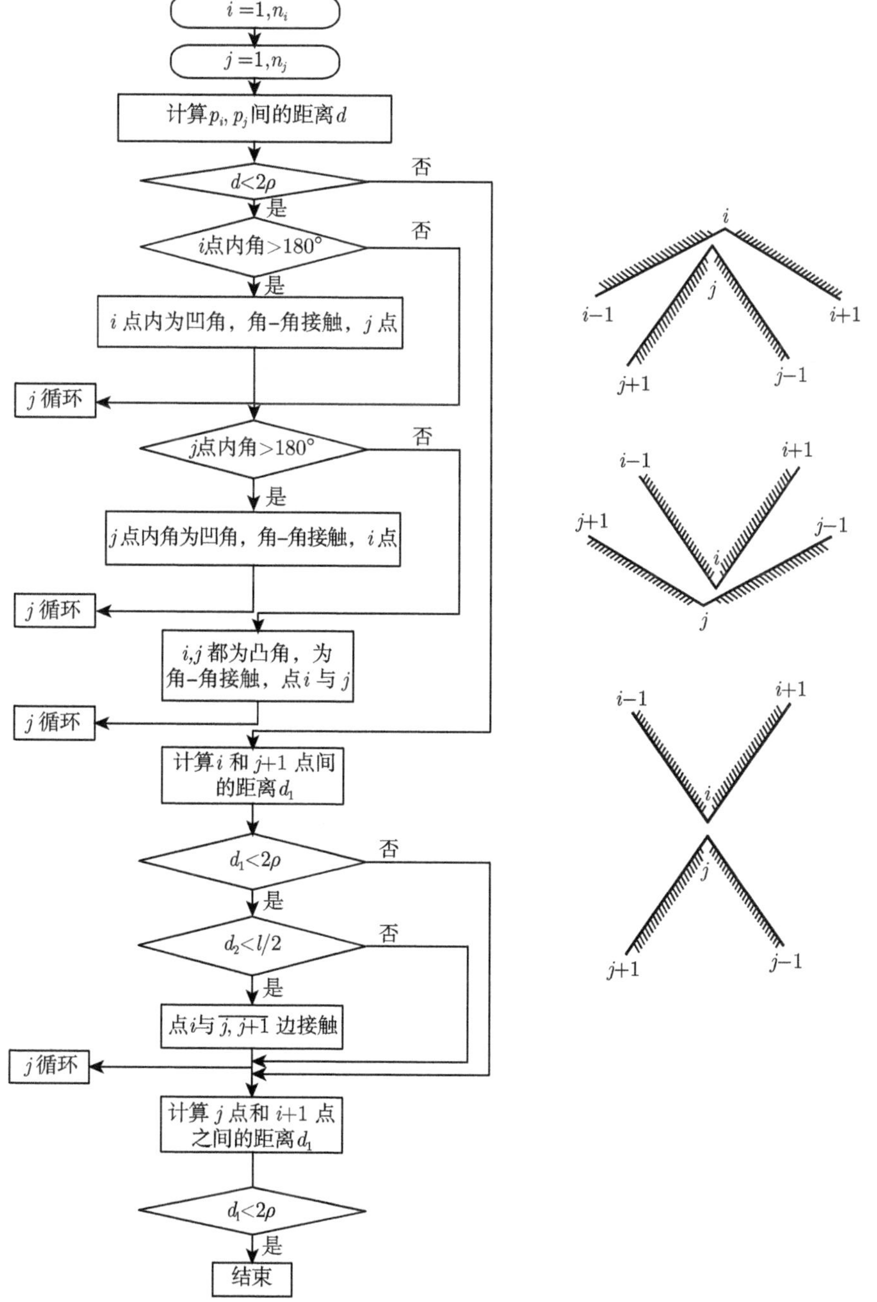


图 1-68 根据距离进行角–角、角–边接触关系判断框图

(1) 对可能接触的两个块体 $ii$，$jj$ (块体编码) 的所有边进行循环搜索，每次取出块体 $ii$ 的边 $\overline{i,i+1}$ 和 $jj$ 块体的边 $\overline{j,j+1}$ 用于计算比较，如图 1-69 所示。

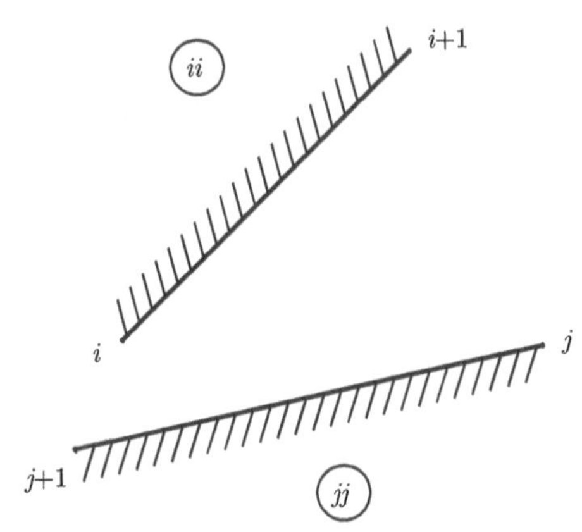


图 1-69　位于块体 $ii$ 和 $jj$ 的两条边 $\overline{i,i+1}$、$\overline{j,j+1}$ 的搜索判断

(2) 角–角接触判断。计算 $i$、$j$ 两点之间的距离 $d$，$d=\sqrt{(x_i-x_j)^2+(y_i-y_j)^2}$。当 $d<2\rho$ 时，$i$、$j$ 两点接触。此时需要判断 $i$、$j$ 两点所在内角是否为凹角，如果有一个为凹角，则将是凸角与凹角的角–角接触，会有一个接触点和两个可能的进入线 (图 1-62)。不同情况下的接触如表 1-25 所示。

**表 1-25　不同角形式对应的接触形式**

| 角的形式 | 接触形式 | 接触点 | 接触线 |
|---|---|---|---|
| $i$ 为凹角，$j$ 为凸角 | 凸角–凹角 | $j$ | $\overline{i-1,i}$ , $\overline{i,i+1}$ |
| $i$ 为凸角，$j$ 为凹角 | 凸角–凹角 | $i$ | $\overline{j-1,j}$ , $\overline{j,j+1}$ |
| $i$、$j$ 都为凸角 | 角–角 | $i,j$ | |

(3) 角 $i$ 与边 $\overline{j,j+1}$ 的判断：

当 $d>2\rho$时不满足角–角接触条件，此时需要判断点 $i$ 与边 $\overline{j,j+1}$ 之间的接触关系。

用式 (1-153) 计算 $d_1$、$d_2$，当 $d_1$ <$2\rho$ 且 $|d_2|$ 小于边 $\overline{j,j+1}$ 长度的一半时，为角 $i$ 与边 $\overline{j,j+1}$ 接触 (图 1-70)。

(4) 角 $j$ 与边 $\overline{i,i+1}$ 的接触判断：

当 (2)、(3) 两种判断都为不接触时，需进一步判断点 $j$ (角) 是否与边 $\overline{i,i+1}$ 接触。按照式 (1-153) 计算 $d_3$、$d_4$，当 $d_3<2\rho$ 且 $|d_4|$ 小于边 $\overline{i,i+1}$ 长度的一半时，点 $j$(角) 与边 $\overline{i,i+1}$ 接触。

至此，根据角–角、角–边关系判断搜索接触的计算工作结束。

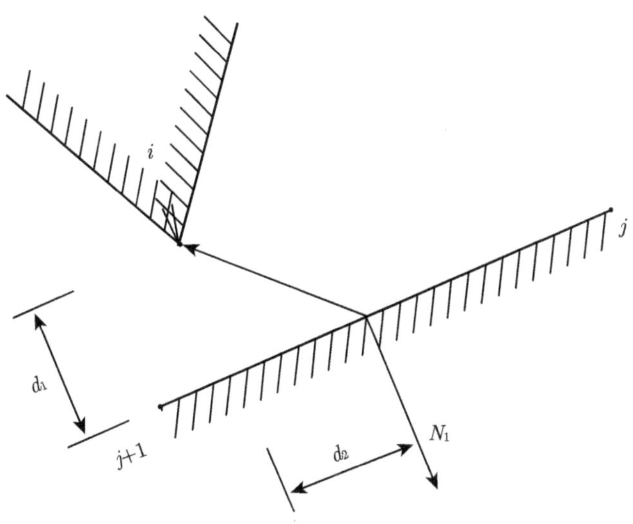


图 1-70　角 $i$ 与有向线段 $\overline{j, j+1}$ 的关系

3. 根据夹角判断接触类型，确定接触关系

如图 1-71 所示，设块体 $ii$ 的角 $i_2$ 和块体 $jj$ 的角 $j_2$ 为角–角接触，将构成两个角的四条边定义为 $\overline{i_2i_1}$、$\overline{i_2i_3}$、$\overline{j_2j_1}$、$\overline{j_2j_3}$，它们都是以顶点 (接触角) 为起点的向量，其方向角分别为 $e_{11}$、$e_{12}$、$e_{13}$、$e_{14}$。如图 1-72 所示，定义 $e_1 \sim e_6$ 共六个夹角，其

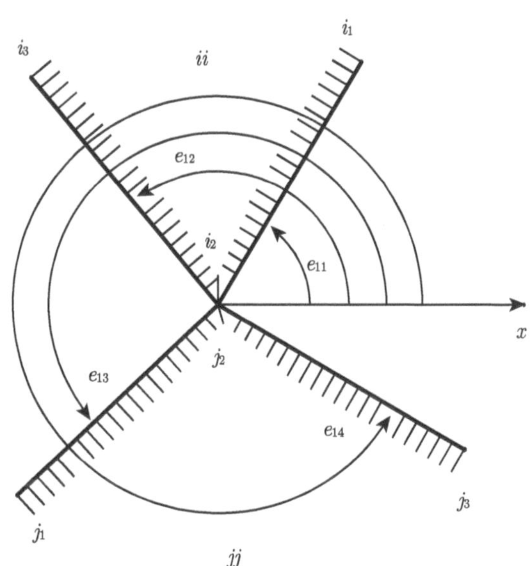


图 1-71　角–角接触的边和角度定义

中 $e_1$、$e_2$ 分别为两个接触角的内角，$e_5$、$e_6$ 分别为相邻边的夹角，$e_3$、$e_4$ 分别为表 1-24 中的$\alpha$、$\beta$。

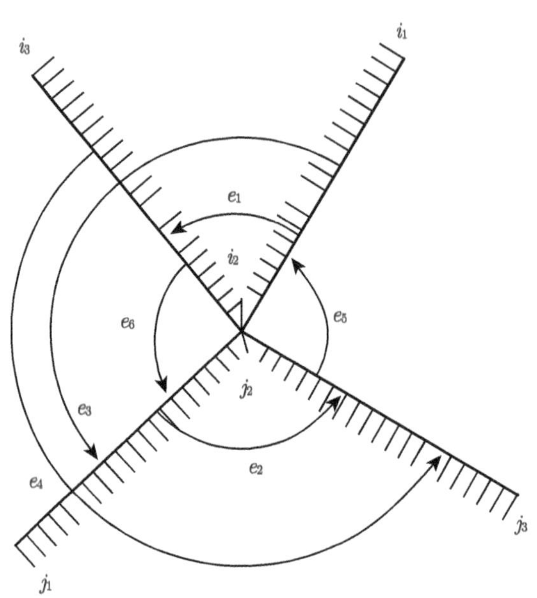


图 1-72　角–角接触的几个角的定义

采用夹角搜索的程序框图见图 1-73。通过夹角判断接触，目的是区分角–角接触和边–边接触，并确定接触角和接触线 (进入线)，具体步骤如下：

(1) 计算图 1-71 和图 1-72 中所示的各个角。

(2) 判断相邻边是否重叠，如果重叠则不接触。

(3) 对于利用距离搜索得到的角–边接触，利用 $e_5$、$e_6$ 判断是否边–边接触：

当 $e_5 < h_1$ 时，$\overrightarrow{i_2i_1}$ 与 $\overrightarrow{j_2j_3}$ 接触，边–边接触；

当 $e_6 < h_1$ 时，$\overrightarrow{i_2i_3}$ 与 $\overrightarrow{j_2j_1}$ 接触，边–边接触。

(4) 对于角–角接触，判断是否边–边接触：

当 $e_5 < h_1$ 时，$\overrightarrow{i_2i_1}$ 与 $\overrightarrow{j_2j_3}$ 接触，边–边接触；

当 $e_6 < h_1$ 时，$\overrightarrow{i_2i_3}$ 与 $\overrightarrow{j_1j_2}$ 接触，边–边接触。

(5) 搜索角与角接触的接触角和接触线，利用 $e_3$、$e_4$(表 1-24 中的 $\alpha$、$\beta$) 和表 1-24 的规则，确定角与角接触的接触线。

通过如上五个步骤，即完成通过夹角的接触搜索。

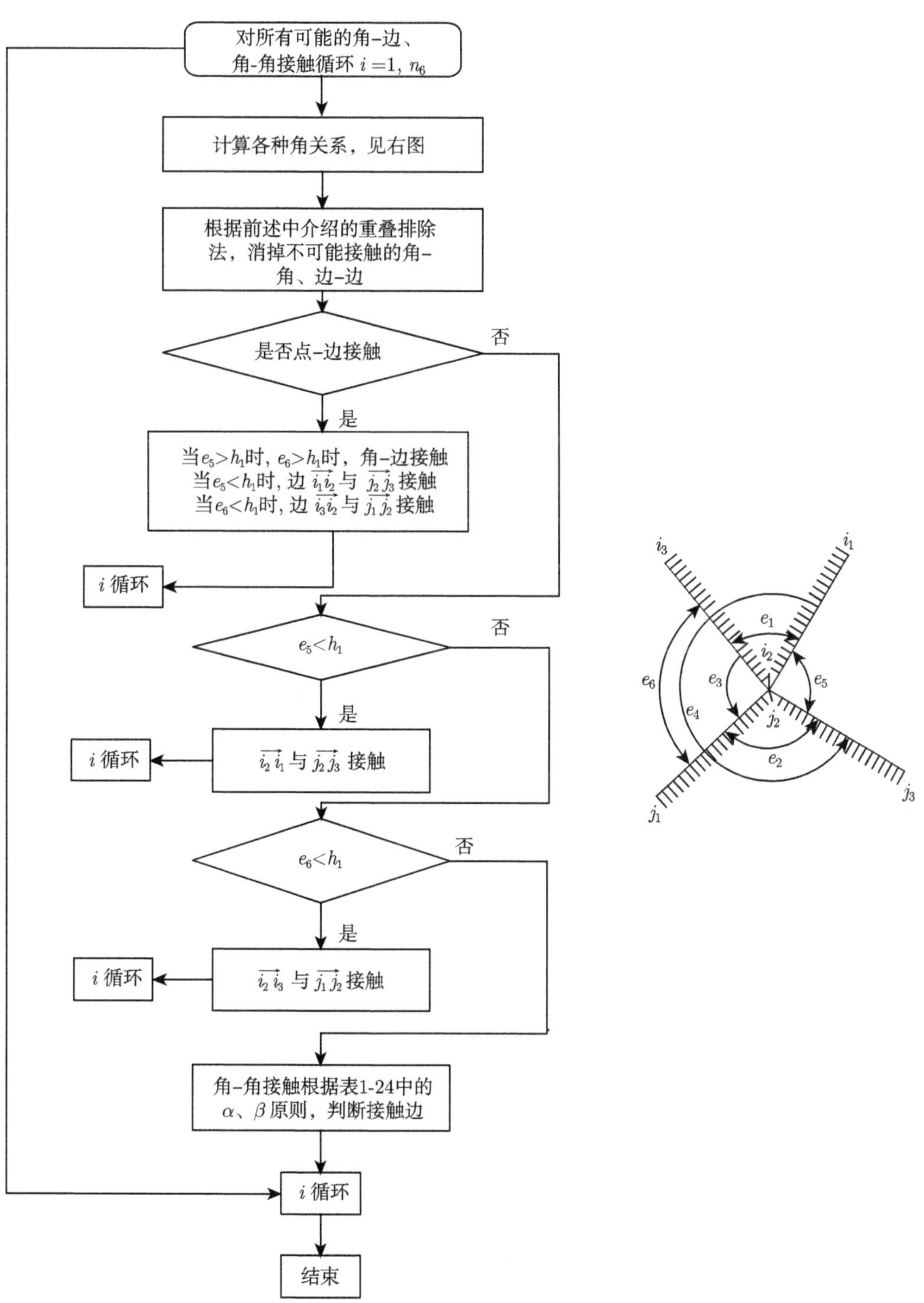


图 1-73 根据角度搜索接触

### 1.3.5 接触的描述

如前所述，平面上的接触可概化为角–边、边–边、角–角三类，角–角接触又可分为凸角–凸角、凸角–凹角的接触。在编写程序时，这些不同的接触形式需采用统一的记录格式进行描述，以便于计算。石根华在其公开的程序中使用了一套巧妙的表达方式，用七个编码组成一个记录，用以描述所有可能的接触形式和接触关系。

如图 1-61 所示，$i_1$、$i_2$、$i_3$ 为块体 $i$ 上的点，$j_1$、$j_2$、$j_3$ 为块体 $j$ 上的点。需要注意的是，$i_2$ 为块体 $i$ 上的角，角 $i_2$ 由 $\overrightarrow{i_2i_1}$、$\overrightarrow{i_2i_3}$ 两条边构成，$j_2$ 为块体 $j$ 上的角，角 $j_2$ 由 $\overrightarrow{j_2j_1}$、$\overrightarrow{j_2j_3}$ 两条边构成，构成角的三个点按照绕块体形心的顺时针方向排序。图中的 $i_2$、$j_2$ 为可能的接触点，四条边均为可能的接触线。用一个含有七个整型数的数组来描述两者的接触关系：

$$(k, P_1, P_2, P_3, P_4, P_5, P_6)$$

式中，$k$ 表示接触类型，$k$=0 时为角–边或边–边接触，$k$=1 时为角–角接触；$P_1 \sim P_6$ 为构成该接触的顶点，其中 $P_1 \sim P_3$ 不能为 “0”，$P_4 \sim P_6$ 可以为 “0”，具体取值取决于 $k$ 和实际接触情况。

当 $k$=0 时，发生边–边接触或角–边接触。若为角–边接触，则 $P_4 \sim P_6$ 均等于 “0”；若为边–边接触，则 $P_4 \sim P_5$ 任意一点不等于 “0”。

当 $k$=1 时，发生角–角接触，此时 $P_4 \sim P_5$ 均不能为 “0”。

该数组全部组合对应的接触形式如下：

(1) 角–边接触 (图 1-74)，相对应的接触数组为 $(0,i_2,j_2,j_3,0,0,0)$。

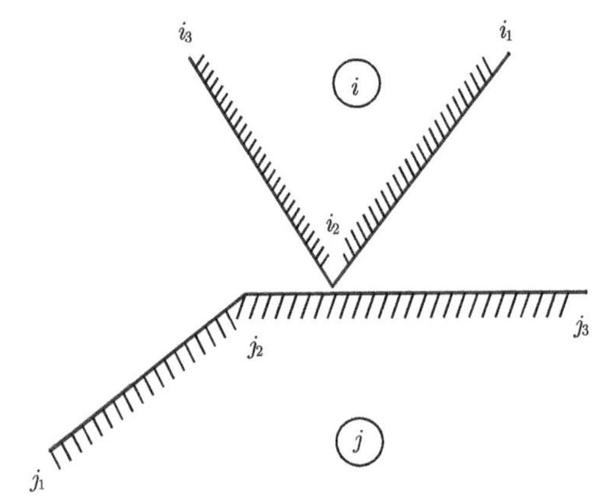


图 1-74 角–边接触，$k=0$

(2) $k=0, P_4 \neq 0$，$P_5=P_6=0$，边–边接触 (图 1-75)，$\overrightarrow{i_2i_1}$、$\overrightarrow{j_2j_1}$ 为接触线，接触长度为该两边的共线长度的一半。相对应的接触数组为 (0，$i_2$，$j_1$，$j_2$，$i_1$，0，0)。

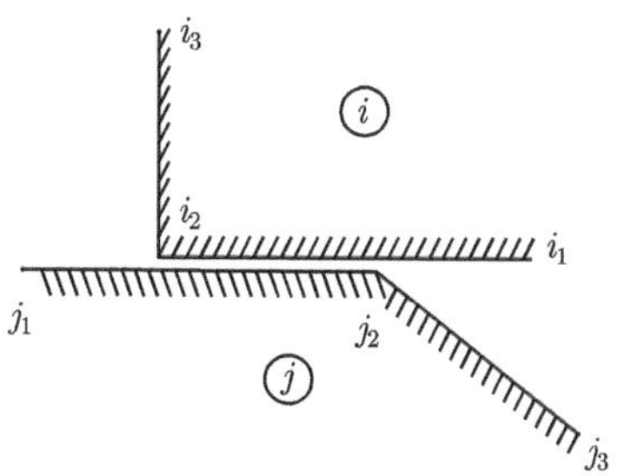


图 1-75　边–边接触，$P_4 \neq 0$，$P_5 = P_6 = 0$

(3) $k = 0$，$P_5 \neq 0$，$P_4 = P_6 = 0$，边–边接触 (图 1-76)，$i_2i_3$ 和 $j_1j_2$ 为接触线，接触长度为该两边的共线长度的一半。相对应的接触数组为 $(0, i_2, j_1, j_2, 0, i_3, 0)$。

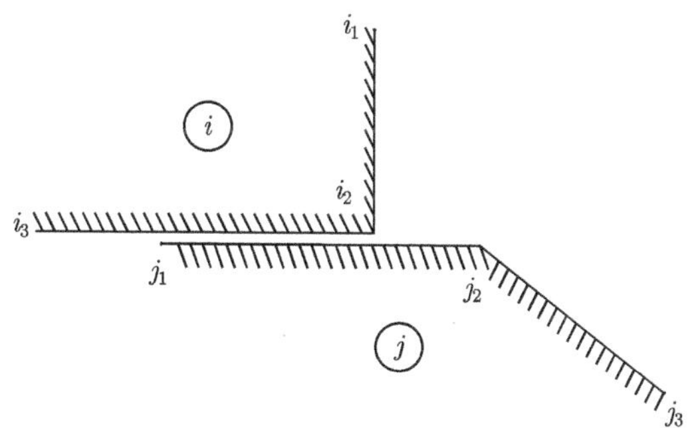


图 1-76　边–边接触，$P_5 \neq 0$，$P_4 = P_6 = 0$

(4) $k = 0, P_4 \neq 0, P_5 \neq 0, P_6 = 0$，此时为边–边接触 (图 1-77)，此时角 $i_2$ 为一个 180° 角，$i_1$、$i_2$、$i_3$ 三点在一条直线上，边 $\overrightarrow{j_1j_2}$ 与 $\overrightarrow{i_3i_2}$、$\overrightarrow{i_2i_1}$ 两条边接触，接触长度为 $\overrightarrow{i_2i_3}$ 和 $\overrightarrow{j_1j_2}$ 之间的共线部分长度的一半。相对应的接触数组为 $(0, i_2, j_1, j_2, i_2, i_3, 0)$。

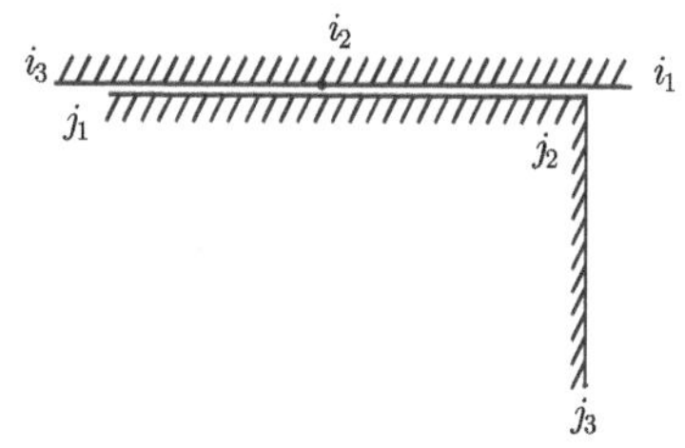


图 1-77　边–边接触，$P_4 \neq 0$，$P_5 \neq 0$，$P_6 = 0$

(5) $k = 0$，$P_4 \sim P_6$ 均不为 “0”(图 1-78)，此时有两个接触点和两条接触线，分别为角 $P_1$ 与边 $\overline{P_2P_3}$ 接触，角 $P_4$ 与边 $\overline{P_5P_6}$ 接触，此时两个接触角–边各自的接触长度为 $\overrightarrow{i_2i_3}$、$\overrightarrow{j_2j_3}$ 的共线部分长度的一半。相对应的接触数组为 $(0, i_2, j_2, j_3, j_2, i_1, i_3)$。

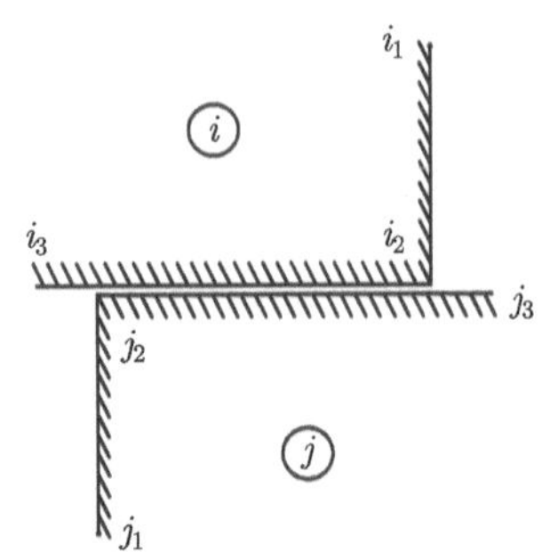


图 1-78　边–边接触，$P_4 \neq 0$，$P_5 \neq 0$，$P_6 \neq 0$

(6) 角–角接触，如图 1-53～ 图 1-57 所示，不管是凸角对凸角，还是凸角对凹角的接触，每一个角–角接触都有两个接触线，而接触点则可能是一个，也可能是两个，据具体情况而定。

对于图 1-79(a) 所示的接触形式，相对应的接触数组为 $(1, i_2, j_1, j_2, i_2, j_2, j_3)$，即 $i_2$ 为接触点时 $\overrightarrow{j_1j_2}$、$\overrightarrow{j_2j_3}$ 为两条接触线。

对于图 1-79(b) 所示的接触形式，接触的描述为 $(1,\ j_2,\ i_2,\ i_1,\ i_2,\ j_2,\ j_3)$，即 $i_2$ 为接触点时 $\overrightarrow{j_2j_3}$ 为接触线，$j_2$ 为接触点时 $\overrightarrow{i_1i_2}$ 为接触线。

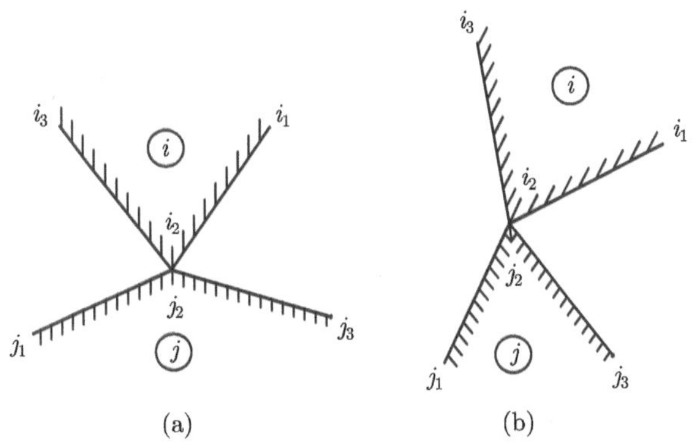


图 1-79　角–角接触的两种典型接触方式

接触描述的第一个数为 “1”，表示是角–角接触。

### 1.3.6　接触传递

在块体系统中，块体因受力而产生变形和运动，块体之间的相对位置不断变化，从而使块体之间的相互关系 (即接触关系) 不断改变。DDA 采用分时步法来模拟块体的变形和运动过程，即将整个计算区间划分成若干小的时步，计算每一时步时都将上一时步的结果作为初始条件代入，如块体的位置、变形量、速度、应力及接触信息等。与块体相关的数据都记录在相应的数组中，块体之间的接触关系不断变化，上一时刻相互接触的块体在下一时刻可能脱离，上一时刻距离较远未发生接触的块体在下一时刻可能发生碰撞接触，因此描述接触的数组随着计算时步不断变化，在每一步计算前需要重新搜索接触关系，重新定义用于描述接触的数组和变量，对于上一步接触而本步仍保持接触的块体，必须将其接触信息作为初始条件传递到新的数组中。

1. 需要传递的信息

需要从上一个时步传递到下一个时步的信息有如下几个方面：

(1) 接触的位置信息，即定义一个接触的点线角边信息，以及接触类型信息；

(2) 角–边接触的锁定点信息，即接触角位于接触线上的锁定位置，当实际点位于此处时，切向力为零；

(3) 接触力信息，即接触点上的法向和切向接触力；

(4) 接触的开闭状态信息，即接触时处于接触滑移状态还是锁定状态；

(5) 边–边接触是否处于粘结状态，处于粘结状态时要使该接触张开需要克服抗拉强度，要使接触滑动则需要克服包括粘聚力的抗剪强度；

(6) 角–边接触中的滑动方向。

对处于闭合及粘结状态的接触需传递如上信息，对于张开状态的接触则不需要传递。

2. 传递方法和步骤

(1) 开设数组，保存上一时步的如上六种信息。

(2) 采用 1.3.3 节中介绍的接触搜索方法，将当前的所有可能接触搜索到，形成描述角–边接触的数组。

(3) 将上一步的接触位置与新搜索到的接触位置进行比较，如果新旧接触点的信息完全吻合，则视为同一接触，即

$$P_i^0 = P_i', \quad i = 1, 2, 3, \cdots, 6 \tag{1-165}$$

式中，$P_i^0$ 为上一步的接触点号，$P_i'$ 为本步的接触点号。

(4) 将上一步的接触信息复制到新的接触信息数组中。

通过如上操作，将上一步必要的接触信息全部传递到新定义的信息数组中，即将上一步块体之间的相互关系信息全部传递至新的计算时步，作为新一步计算的初始条件，即可得到当前全部可能的接触信息。

在传递接触信息的过程中，角对角的接触可以转换成角对边的接触，角对边的接触也可以转换成角对角的接触。当接触转化为不同类型时，只需要传递必要的信息。

### 1.3.7 开闭迭代

1. 块体与块体之间的接触的四种状态

(1) 粘结状态，即边–边接触中接触线上存在粘结强度 (抗拉强度及粘聚力)；

(2) 闭合滑移状态，不管是角–角接触还是角–边接触、边–边接触，接触点和接触线之间紧密接触，且发生相对滑动；

(3) 锁定状态，点–边或边–边接触的粘结强度已经消失，处于闭合状态，但由于剪切力小于摩擦力，接触点不会沿接触线滑动，而是在角–边之间用剪切刚度连接，用以描述切向接触力；

(4) 张开状态，接触点与接触线脱开，无连接。

以上四种状态的弹簧连接状态见表 1-26。

**表 1-26　不同接触状态的弹簧连接状态**

| 接触状态 | 弹簧状态 | 强度及粘聚力 |
|---|---|---|
| 粘结 | 法向 + 切向 | 有 |
| 闭合滑动 | 法向 | 无 |
| 锁定 | 法向 + 切向 | 无 |
| 张开 | 无 | 无 |

2. 开闭迭代准则及操作

对处于非粘结状态的接触，在某一加载时步计算结束后，需满足如下条件：

(1) 处于张开状态的一对接触中无嵌入；

(2) 处于闭合状态的一对接触中无拉应力。

上述两个条件可用如下不等方程表示：

$$\begin{aligned}&\text{开状态：} d_n > 0\\&\text{闭状态：} P_n d_n \leqslant 0,\ \text{或}\ d_n \leqslant 0\end{aligned} \tag{1-166}$$

式中，$d_n$ 为接触点到接触线的法向距离，$d_n > 0$ 为脱开，$d_n < 0$ 为嵌入；$P_n$ 为法向接触弹簧的刚度。

式 (1-166) 为一个接触位置的方程，对于具有众多接触的块体系统构成一个多元不等方程组：

$$\begin{aligned}&\text{开状态：} d_i > 0\\&\text{闭状态：} d_i \leqslant 0,\ i = 1, 2, 3, \cdots, n_2\end{aligned} \tag{1-167}$$

式中，$n_2$ 为接触点的总数。式 (1-167) 表示的多元高阶不等方程组具有高度非线性，用直接求解法很难得到方程组的解，只能通过迭代法求解。石根华提出的 “开闭迭代” 可以有效地求解该不等方程组。

“开闭迭代”指在一个计算时步内，根据方程 (1-167) 来判断各个接触位置的开闭状态，反复施加和移除接触弹簧，直至开闭状态稳定。

设接触处的法向力为 $N$，切向力为 $T$，且

$$\begin{aligned} &N = P_n d_n, \quad \text{拉为正, 压为负} \\ &T = P_t d_t, \quad \text{正方向为}\overrightarrow{P_2P_3}, \text{方向一致} \end{aligned} \tag{1-168}$$

则张开、滑动、锁定之间的相互转换判别准则见表 1-27。

**表 1-27 接触三种模式的转换判别准则**

| 模型变化 | 上一步迭代 | 本迭代步条件 |
| --- | --- | --- |
| 张开–张开 | $N>0$ | $N>0$ |
| 张开–滑动 | $N>0$ | $N<0$，$\lvert T\rvert>\tan\varphi\lvert N\rvert$ |
| 张开–锁定 | $N>0$ | $N<0$，$\lvert T\rvert<\tan\varphi\lvert N\rvert$ |
| 滑动–张开 | $N<0$, $\lvert T\rvert>\tan\varphi\lvert N\rvert$ | $N>0$ |
| 滑动–滑动 | $N<0$, $\lvert T\rvert>\tan\varphi\lvert N\rvert$ | $N<0$，以及 $\vec{t}\parallel\vec{f}$ |
| 滑动–锁定 | $N<0$, $\lvert T\rvert>\tan\varphi\lvert N\rvert$ | $N<0$，以及 $\vec{t}\nparallel\vec{f}$ |
| 锁定–张开 | $N<0$, $\lvert T\rvert<\tan\varphi\lvert N\rvert$ | $N>0$ |
| 锁定–滑动 | $N<0$, $\lvert T\rvert<\tan\varphi\lvert N\rvert$ | $N<0$，$\lvert T\rvert>\tan\varphi\lvert N\rvert$ |
| 锁定–锁定 | $N<0$, $\lvert T\rvert<\tan\varphi\lvert N\rvert$ | $N<0$，$\lvert T\rvert<\tan\varphi\lvert N\rvert$ |

此处：$N>0$ 为张开；

$\vec{t}$ 是指向 $P_2P_3$ 的剪切位移矢量，如 $\vec{t}$ 与 $\overrightarrow{P_2P_3}$ 方向相同，则 $T>0$；

$\parallel$ 表示两个矢量指向方向一致；

$\nparallel$ 表示两个矢量指向方向不同；

$\vec{f}$ 是指向 $\overrightarrow{P_2P_3}$ 的摩擦力矢量；

$\varphi$ 是摩擦角。

对于不同的模式变化要进行如表 1-28 所示的操作。

**表 1-28 接触模式变化时需要的操作**

| 模型变化 | 条件 |
| --- | --- |
| 张开–张开 | 不变化 |
| 张开–滑动 | 加一对摩擦力，加法向弹簧 |
| 张开–锁定 | 加法向和切向弹簧 |
| 滑动–张开 | 减法向弹簧 |
| 滑动–滑动 | 保持摩擦力 |
| 滑动–锁定 | 加切向弹簧 |
| 锁定–张开 | 减法向和切向弹簧 |
| 锁定–滑动 | 减剪切弹簧并加摩擦力 |
| 锁定–锁定 | 无变化 |

按照表 1-28 进行操作，在加、减弹簧的同时，需要加、减由弹簧带来的附加力，详见式 (1-95)、式 (1-97)、式 (1-116)、式 (1-118)、式 (1-125)、式 (1-130)。

3. 开闭迭代实施方法与步骤 (图 1-80)

(1) 定义一个数组 $m_0(n_2, 3)$，记录每个接触的状态信息，其中：

$m_0(i,0)$—— 记录接触的粘结状态，=2 时有粘结强度，=0 或 1 时没有粘结强度。

$m_0(i,1)$—— 记录上一迭代步的接触状态，=0 时张开，=1 时滑动，=2 时锁定或粘结。

$m_0(i,2)$—— 记录本次迭代计算的接触状态，同上。

(2) 按照图 1-80 所示的流程进行开闭迭代的计算，直至所有接触点在前后两次迭代中的开闭状态保持不变，即迭代完成的条件是所有的接触均满足

$$m_0(i,2) = m_0(i,1), \quad i = 1,2,3,\cdots,n_2$$

式中，$n_2$ 是接触总数目。

(3) 某些情况下开闭迭代难以收敛，因此在程序中设定了一个最大迭代次数，当迭代次数大于此值时，需减小时间步长，重新开始迭代。原程序中的最大迭代次数设为 6。

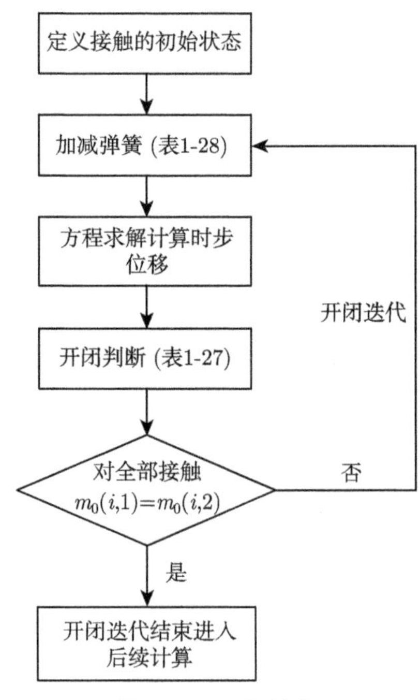


图 1-80　开闭迭代

## 1.4 本章小结

本章介绍了不连续变形分析 (DDA) 的基本原理、方法和公式，主要内容来源于裴觉民老师翻译的石根华的博士学位论文 [1]，其中部分内容根据作者的理解做了调整和补充。

与其他数值方法类似，DDA 也把求解对象划分成单元，不同的是 DDA 的基本单元是被结构面和人工边界面切割而成的块体，以块体的几何形心作为单元分析的代表点，这种块体可以是任意平面多边形。以块体形心处的平移 $(u_0,v_0)$、旋转 $r_0$ 和三个方向的常应变 $\varepsilon_x$、$\varepsilon_y$、$\gamma_{xy}$ 作为基本未知量，每个块体有六个未知量，即 $u_0$、$v_0$、$r_0$、$\varepsilon_x$、$\varepsilon_y$、$\gamma_{xy}$。在考虑块体变形时，根据块体的最小势能原理，利用块体上的外荷载、位移约束等，构造出块体的平衡方程。

整体方程的建立需要考虑块体间的相互关系，包括分离与接触两种。当两个块体分离时，块体间没有相互作用，没有联系；当两个块体接触时，则需在接触部分设置法向弹簧、切向弹簧或摩擦力，并根据最小势能原理求出接触弹簧对平衡方程中刚度和荷载项的贡献。通过弹簧的相互连接，即可形成一个离散块体间存在相互作用的系统，从而面向整个块体系统建立整体平衡方程。当将动力效应 (惯性力作用) 引入整体方程时，可形成计入弹性变形能和动能的 DDA 动力方程。针对静力问题，DDA 保留惯性对系数矩阵的贡献，但未计入惯性力，这使得 DDA 能够用静力模式模拟自由块体。

接触搜索是 DDA 的难点之一，也是 DDA 计算成败的关键。石根华将平面接触问题归纳为角–边、角–角、边–边三种类型，将接触搜索划分为 “按距离” 搜索和 “按角度” 搜索两个步骤，总结出按距离搜索角–角、角–边接触，按角的相互关系确定接触类型的方法，进而得到所有可能的接触。在接触搜索中不仅考虑了块体系统的当前状态，还考虑了变形后下一步的可能状态。

开闭迭代是 DDA 的另一个难点和重点，在一个计算步内通过迭代求解一个多元高阶不等方程组，从而得到所有块体的接触状态。开闭迭代过程实际上是一个不断加减弹簧的过程：当接触由开到闭时加弹簧，由闭到开时减弹簧，反复迭代直至前后两次迭代中所有接触的开闭状态相同。

DDA 方程的系数矩阵是一个大型稀疏矩阵，包含大量 “0” 元素。石根华提出了大型稀疏矩阵非零存储的 “图法”，即通过 “图法” 搜索块体间的连接关系，不仅可以搜索出系数矩阵中的非零元素，还能搜索出方程消元过程中新生成的非零元素，从而大幅压缩系数矩阵的存储空间。对单元编码顺序进行优化重排，可得到最少的非零元素，采用一维存储方式，即可用最小的空间存储系数矩阵，同时大幅度减小方程求解的计算量。原 DDA 程序中提供了两个方程求解器：SOR 法和三角分解法，优化存储图法主要适用于三角分解法。目前，虽然已有多种更先进的方程求解方法，但在高性能并行计算中，计入了消元过程中新产生元素的稀疏存储的优化图法，仍有较大的发挥空间。

## 参 考 文 献

[1] 石根华. 数值流形方法与非连续变形分析. 裴觉民, 译. 北京：清华大学出版社, 1997.

# 第 2 章　程序使用说明与源码解读

## 2.1　程序输入变量说明

### 2.1.1　导言

二维 DDA 程序由四个独立的分程序组成，全部由 C 语言编写，每个分程序都可单独运行，各分程序的输入数据需要通过数据文件输入，数据文件的名称放在一个文件 ff.c 中。各程序的功能和输入输出文件简介如下。

1. dl.c

功能：根据输入信息生成块体切割所需的线段定义文件。

输入：通过文件输入计算信息，文件名可自定义。文件内容包括各组节理裂隙信息、边界信息、隧洞定义信息等。输入文件名称需在 ff.c 中声明。

输出：三个输出文件。① data，计算过程信息；② dlps，绘图文件；③ dcdt，用于块体切割的几何信息 (线段) 定义文件，可直接用做 dc.c 程序的输入文件，也可手工对某些信息进行添加或修改。

2. dc.c

功能：块体切割，形成 DDA 计算所需的几何数据文件。

输入：几何信息 (线段) 定义文件，包括外边界、内部孔洞等构成分析对象的几何轮廓线段，以及节理裂隙线段、材料定义线段、固定边界线段、测点坐标、荷载点坐标、孔洞代表点坐标等。输入数据文件的名称需要在 ff.c 文件中定义。

输出：两个输出文件。① DDA 计算所需的几何数据定义文件 block，包括块体、约束点、集中荷载点、测点等几何信息；② 绘图文件 dcps。

3. df.c

功能：DDA 主计算程序，用于二维 DDA 计算分析。

输入：两个输入数据文件。① 几何信息文件，由 dc.c 程序生成，也可根据实际需要自行生成；② 物理参数信息文件，定义计算次数、时间步长、接触刚度、材料的力学参数、块体材料和接触的强度参数等。以上两个文件的名称在 ff.c 文件中定义。

输出：两个输出数据文件。① data，计算过程中的一些必要信息；② dgdt，计算结果文件、计算过程中各时刻所有块体的几何信息，用于动态显示计算得到的块体系统的运动过程。

4. dg.c

功能：用于显示程序 df.c 的计算结果。

输入：df.c 的计算结果文件 (dgdt)。文件名称需在 ff.c 中定义。

输出：计算结果动画。

以上给出的各程序是石根华发布的原始程序，后期开发及使用时可以根据需要进行修改。一般情况下，dc.c、dg.c、dl.c 三个程序无须修改，即使修改也仅局限于输入输出内容。因此，本节只对 DDA 分析的主程序 df.c 进行详细解读。

下面几个程序的使用说明及数据说明中用的变量名称与程序中的一致, 便于理解和使用。

### 2.1.2　DL 程序说明

1. 程序使用的文件说明

DL 是 DDA LINE 的简称，是线段生成程序。用 DL 程序可以生成 DDA 分析域中围成块体的线段，由这些线段可以进一步生成 DDA 块体，为 DC 程序提供数据。

DL 程序的输入数据是围成分析域外轮廓，域内各种构造的线段，节理裂隙的统计参数，如裂隙间距、裂隙平均长度、倾角、随机分布参数、规则隧洞参数等。DL 程序会根据输入数据生成围成分析域、各种洞室和所有块体的线段，并将所有线段用两端点坐标 ($x_1$,$y_1$ 和 $x_2$,$y_2$) 定义。DL 程序的输入数据需写入一个数据文件，文件的名称可由使用者自行定义，如 bl001 等，运行 DL 程序时需要在输入文件 “ff.c” 中写入 DL 数据文件名。运行 DL 程序后生成三个文件：

(1) data，过程数据文件，用于跟踪分析 DL 的运行过程。

(2) dcdt，结果输出文件，输出 DL 生成的线段数据，可直接被 DC 程序读取并使用。

(3) dcps，postscript 文件，可以用相应的工具打开并输出生成的线段所定义的图形。

2. 输入文件变量说明

DL 程序共有 12 组输入数据，包括控制数据、节理裂隙、轮廓、锚索、材料、固定点、荷载点、测点、孔洞点等数据。

第一组：控制数据

(1) $e_0$—— 最小边长比，允许的最小边长与计算域高度一半的比值。设计算域高度为 $H$，则 $l_{\min}$=$e_0 \cdot H/2$。当计算得到的某线段长度 $l_i < l_{\min}$ 时，舍去。

(2) $n_0$—— 节理组数，即需要生成 $n_0$ 组节理，$n_0$ 组节理相互切割，形成域内块体。

(3) $n_2$—— 围成外边界顶点的个数。

(4) $m_4$—— 洞室、空洞个数。

(5) $m_3$—— 附加线段条数，除了节理、外边界、洞室等定义计算块体外，可以直接输入线段，参与块体切割。

(6) $N[4]$—— 材料线段的条数。DDA 进行块体切割时，需定义每个块体的材料编号。凡是被某条材料线穿过的块体，其块体材料号即为材料线段的编号。

(7) $N[5]$—— 锚索条数。

(8) $N[6]$—— 固定线及给定位移线条数。

(9) $N[7]$—— 给定荷载点个数。

(10) $N[8]$—— 测点个数。

(11) $N[9]$—— 孔洞点个数，由输入的边界线、洞室所定义的封闭区域，凡是包含孔洞点，则为一个孔洞，需要清除孔洞内的线段。

第二组：节理数据

(12) $u[i][1]$、$u[i][2]$—— 第 $i$ 组节理的倾角和倾向，共 $n_0$ 行。节理的倾角是指本组节理所在平面与水平面的夹角，节理的倾向是指节理面的向上法向在水平面的投影与正北方向沿顺时针方向的夹角。

(13) $u[n_0+1][1]$、$u[n_0+1][2]$—— 计算平面的倾角和倾向，定义同节理，1 行。

(14) $u[i][6]$、$u[i][7]$、$u[i][8]$、$u[i][0]$—— 节理的平均间距、长度、平均岩桥间距、随机分布数。随机分布数为 0~0.5，当为 “0” 时无随机分布，当为 “0.5” 时则为随机分布，共 $n_0$ 行。

第三组：外边界顶点数据

(15) $f[i+5][1]$、$f[i+5][2]$—— 构成外部边界顶点的 $x$、$y$ 值，共 $n_2$ 行，输入点首尾相连，形成计算域的外边界。

第四组：隧洞数据

(16) $h[ii][0]$—— 隧洞形状类型。

$=0$，由给定线段定义，给定的线段围成隧洞；

$=1$，椭圆形隧洞，需要输入水平及竖向半径及形心坐标；

$=2$，上拱下矩形的城门形隧洞，需要输入矩形的半宽、半高、拱高、拱的中心角及形心坐标；

$=3$，带切角的矩形断面隧洞，需要输入矩形半宽、半高、切角高度及形心坐标；

$=4$，带平底的圆形断面隧洞，需输入圆形的半径、平底的半宽、中心角、形心坐标；

(17) $a$、$b$、$c$、$r$—— 根据隧洞形状类型的不同而不同。

$h[ii][0]=1$ 时，$a$ 为椭圆的水平半径，$b$ 为椭圆的竖直半径，$c=r=0$；

$h[ii][0]=2$ 时，$a$ 为矩形的半宽，$b$ 为半高，$c$ 为拱高，$r$ 为拱的中心角；

$h[ii][0]=3$ 时，$a$ 为矩形半宽，$b$ 为矩形半高，$c$ 为切角的高度，$r$=0；

$h[ii][0]=4$ 时，$a$ 为圆形的半径，$b$ 为平底的半宽，$c$=0，$r$ 为圆的中心角。

(18) $x_0$，$y_0$—— 隧洞形心的坐标。

构建每一个隧洞都需要输入 16~18 行数据，不同隧洞的形状如图 2-1 所示。

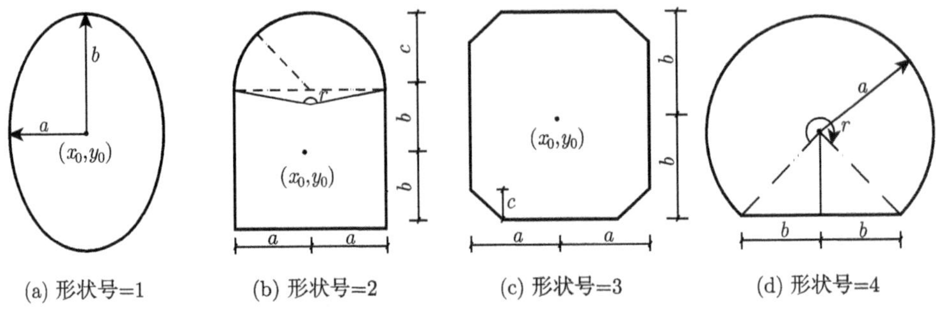


(a) 形状号=1　(b) 形状号=2　(c) 形状号=3　(d) 形状号=4

图 2-1　DL 输入文件中四种隧洞的定义方式

第五组：用线段定义孔洞

当 $h[ii][0]$=0 时，即孔洞形状号为 “0”，此时需要用首尾相接的线段围成封闭形状定义的孔洞。

(19) $k_0$—— 围成孔洞的线段数；

(20) $x_1$，$y_1$、$x_2$，$y_2$—— 第 $i$ 条线段的两个端点坐标，共 $k_0$ 行。

每一个隧洞都用第四组或第五组数据定义，这两组数据总的组数为 $m_4$，即隧洞总数。

第六组：附加线段数据

(21) $x_1$，$y_1$、$x_2$，$y_2$、$m_j$—— 直接定义线段 (附加线段) 的两个端点坐标及节理材料号，共 $m_3$ 行。

第七组：材料线定义

(22) $x_1$，$y_1$、$x_2$，$y_2$、$m_6$—— 锚索的两个端点坐标及定义的材料号，共 $N[4]$ 行。

第八组：锚索数据

(23) $x_1$，$y_1$、$x_2$，$y_2$、$e_0$、$t_0$、$f_0$—— 材料线的两个端点坐标、锚索刚度 (即截面积乘以弹性模量)、抗拉强度、预应力。本组数据重复 $N[5]$ 次。

第九组：固定线数据

(24) $x_1$，$y_1$、$x_2$，$y_2$—— 固定线两个端点的坐标，所有与本线相交的块体的边将被固定。本组数据共 $N[6]$ 行。

第十组：给定点荷载数据

(25) $x_i$，$y_i$—— 第 $i$ 个集中荷载点坐标，共 $N[7]$ 行。

第十一组：给定测点数据

(26) $x_i$，$y_i$——测点的坐标，测点的位移将被记录，放在绘图中显示，共$N[8]$ 行。

第十二组：孔洞点数据

(27) $x_i$，$y_i$—— 定义孔洞点的坐标，共 $N[9]$ 行。当一个封闭的形状内包含孔洞点时，该封闭形状构成一个孔洞，其内部的线将被切掉。

### 3. 输出文件说明

DL 的输出文件是 DC 的输入文件，具体格式和含义将在 DC 程序中进行详细说明。

### 4. 算例

**例 2-1** 含城门形隧洞的边坡 (DL23)。

一个边坡内部构造为两组节理，坡内包含一个城门形隧洞，输入数据如表 2-1 所示，生成的边坡构造如图 2-2 所示。

**表 2-1 含城门形隧洞的边坡 (例 2-1)**

| 文件：K：DDA DL 算例 23 | | | |
|---|---|---|---|
| 0.012 | | | |
| 2 | | | |
| 6 | | | |
| 1 | | | |
| 5 | | | |
| 0 | | | |
| 0 | | | |
| 6 | | | |
| 0 | | | |
| 0 | | | |
| 1 | | | |
| 70 | 180 | | |
| 20 | 0 | | |
| 90 | 90 | | |
| 1.5 | 300.0 | −2.0 | 0.01 |
| 5.0 | 20.0 | −2.0 | 0.40 |
| 0 | 0 | | |
| 110 | 0 | | |
| 110 | 20 | | |
| 65 | 25 | | |
| 15 | 80 | | |
| 0 | 80 | | |
| 2 | | | |
| 7.50 | 2.0 | 5.0 | 0 |

续表

| | | | | |
|---|---|---|---|---|
| 50 | 11.5 | | | |
| 110 | 20 | 115 | 20 | |
| 115 | 20 | 115 | −5 | |
| 115 | −5 | −5 | −5 | |
| −5 | −5 | −5 | 80 | |
| −5 | 80 | 0 | 80 | 3 |
| −0.1 | −0.1 | −0.1 | −0.1 | |
| −4.9 | −4.9 | −4.9 | −4.9 | |
| 109.9 | −0.1 | 109.9 | −0.1 | |
| 109.9 | −4.9 | 109.9 | −4.9 | |
| −4.9 | 79.9 | −4.9 | 79.9 | |
| 50 | 11.5 | | | |

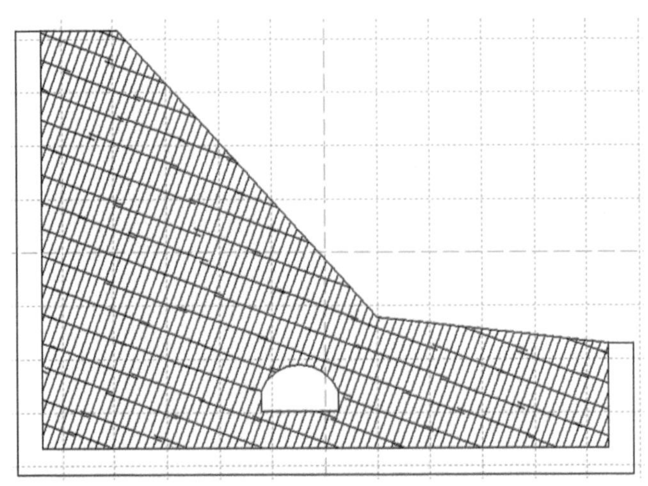

图 2-2　含城门形隧洞边坡的 DL 运行结果

**例 2-2**　含两个城门形隧洞的基础与飞来的楔形体。

某基础内包含两个城门形隧洞，基础外部有一楔形物体 (用于模拟导弹)，数据及说明见表 2-2。运行 DL 后生成的模型构成及裂隙网络如图 2-3 所示。

**表 2-2　含有两个城门形隧洞的基础与飞来的楔形体 (例 2-2)**

| 文件：K：DDA　DL 算例 DL25 |
|---|
| 0.02 |
| 3 |
| 4 |
| 2 |

续表

| | | | | |
|---|---|---|---|---|
| 10 | | | | |
| 1 | | | | |
| 0 | | | | |
| 4 | | | | |
| 1 | | | | |
| 0 | | | | |
| 2 | | | | |
| 71 | 163 | | | |
| 68 | 243 | | | |
| 13 | 343 | | | |
| 60 | 90 | | | |
| 0.70 | 10 | 0.1 | 0.3 | |
| 0.70 | 20 | 0.1 | 0.3 | |
| 0.70 | 15 | 0.1 | 0.3 | |
| −20 | −10 | | | |
| 20 | −10 | | | |
| 20 | 10 | | | |
| −20 | 10 | | | |
| 2 | | | | |
| 3.0 | 1.2 | 2.7 | 0 | |
| −4 | 0 | | | |
| 2 | | | | |
| 3.0 | 1.2 | 2.7 | 0 | |
| 4 | 0 | | | |
| −20 | 10 | −22 | 10 | 5 |
| −22 | 10 | −22 | −12 | 5 |
| −22 | −12 | 22 | −12 | 5 |
| 22 | −12 | 22 | 10 | 5 |
| 22 | 10 | 20 | 10 | 5 |
| −0.7 | 18 | 0.7 | 18 | 5 |
| 0.7 | 18 | 0.7 | 13 | 5 |
| 0.7 | 13 | 0 | 10.6 | 5 |
| 0 | 10.6 | −0.7 | 13 | 5 |
| −0.7 | 13 | −0.7 | 18 | 5 |
| 0 | 15 | 0 | 15 | 2 |
| −21.9 | 9.9 | −21.9 | 9.9 | |
| 21.9 | 9.9 | 21.9 | 9.9 | |
| −21.9 | −11.9 | −21.9 | −11.9 | |
| 21.9 | −11.9 | 21.9 | −11.9 | |
| 0 | 12 | | | |
| −4 | 0 | | | |
| 4 | 0 | | | |

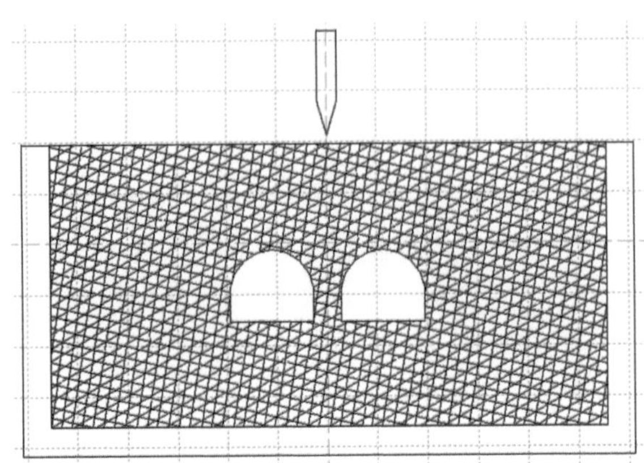

图 2-3　含两个城门形隧洞的基础与飞来的楔形体 DL 运行的结果

**例 2-3**　含椭圆形隧洞的基础。

某基础内含三个椭圆形隧洞，两组节理，输入数据见表 2-3。运行 DL 后生成的模型如图 2-4 所示。

**表 2-3　含三个椭圆形隧洞的基础（例 2-3）**

| 文件：K：DDA DL 算例 DL26 | | | |
|---|---|---|---|
| 0.0100 | | | |
| 2 | | | |
| 3 | | | |
| 8 | | | |
| 0 | | | |
| 0 | | | |
| 8 | | | |
| 0 | | | |
| 0 | | | |
| 3 | | | |
| 70 | 0 | | |
| 12 | 180 | | |
| 90 | 90 | | |
| 0.40 | 50 | 0.1 | 0.01 |
| 1.20 | 50 | 0.001 | 0.01 |
| −20 | −15 | | |
| 20 | −15 | | |
| 20 | 15 | | |
| −20 | 15 | | |
| 1 | | | |
| 3.0 | 3.6 | 0.0 | 0 |
| −9 | 0 | | |

续表

| | | | | |
|---|---|---|---|---|
| 1 | | | | |
| 3.0 | 3.6 | 0.0 | 0 | |
| 9 | 0 | | | |
| 1 | | | | |
| 3.0 | 3.6 | 0.0 | 0 | |
| 0 | 0 | | | |
| −20 | 17 | −22 | 17 | |
| −22 | 17 | −22 | −17 | |
| −22 | −17 | 22 | −17 | |
| 22 | −17 | 22 | 17 | 5 |
| 22 | 17 | 20 | 17 | |
| −20 | 17 | −20 | 15 | |
| 20 | 17 | 20 | 15 | |
| 22 | 17 | −22 | 17 | |
| −21.99 | 16.99 | −21.99 | 16.99 | |
| 21.99 | 16.99 | 21.99 | 16.99 | |
| −21.99 | −16.99 | −21.99 | −16.99 | |
| 21.99 | −16.99 | 21.99 | −16.99 | |
| −19.99 | 16.99 | −19.99 | 16.99 | |
| 19.99 | 16.99 | 19.99 | 16.99 | |
| −19.99 | 15.01 | −19.99 | 15.01 | |
| 19.99 | 15.01 | 19.99 | 15.01 | |
| −9 | 0 | | | |
| 9 | 0 | | | |
| 0 | 0 | | | |

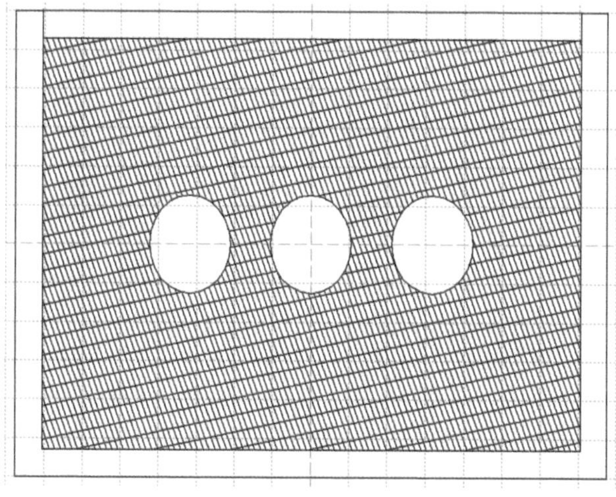

图 2-4 含三个椭圆形隧洞的基础运行 DL 后生成的模型

**例 2-4**　含有三个带切角的矩形隧洞与两组节理的基础。

同例 2-3，将椭圆形隧洞改为带切角的矩形隧洞，输入数据如表 2-4 所示。运行 DL 后生成的模型如图 2-5 所示。

**表 2-4　含有三个带切角的矩形隧洞的基础 (例 2-4)**

| 文件：K：DDA DL 算例 DL27 | | | | |
|---|---|---|---|---|
| 0.0250 | | | | |
| 3 | | | | |
| 4 | | | | |
| 3 | | | | |
| 8 | | | | |
| 0 | | | | |
| 0 | | | | |
| 4 | | | | |
| 2 | | | | |
| 0 | | | | |
| 3 | | | | |
| 71 | 163 | | | |
| 68 | 243 | | | |
| 13 | 343 | | | |
| 62 | 90 | | | |
| 0.76 | 10 | −0.1 | 0.3 | |
| 0.75 | 20 | 0.1 | 0.3 | |
| 0.75 | 15 | 0.1 | 0.3 | |
| −20 | −15 | | | |
| 20 | −15 | | | |
| 20 | 15 | | | |
| −20 | 15 | | | |
| 3 | | | | |
| 3.0 | 2.5 | 0.4 | 0 | |
| −9 | 0 | | | |
| 3 | | | | |
| 3.0 | 2.5 | 0.4 | 0 | |
| 9 | 0 | | | |
| 3 | | | | |
| 3.0 | 2.5 | 0.4 | 0 | |
| 0 | 0 | | | |
| −20 | 17 | −22 | 17 | |
| −22 | 17 | −22 | −17 | |
| −22 | −17 | 22 | −17 | |
| 22 | −17 | 22 | 17 | |
| 22 | 17 | 20 | 17 | 5 |
| −20 | 17 | −20 | 15 | |

续表

| | | | | |
|---|---|---|---|---|
| 20 | 17 | 20 | 15 | 5 |
| 22 | 17 | −22 | 17 | |
| −21.9 | 16.9 | −21.9 | 16.9 | |
| 21.9 | 16.9 | 21.9 | 16.9 | |
| −21.9 | −16.9 | −21.9 | −16.9 | |
| 21.9 | −16.9 | 21.9 | −16.9 | |
| −10 | 16.9 | | | |
| 10 | 16.9 | | | |
| −9 | 0 | | | |
| 9 | 0 | | | |
| 0 | 0 | | | |

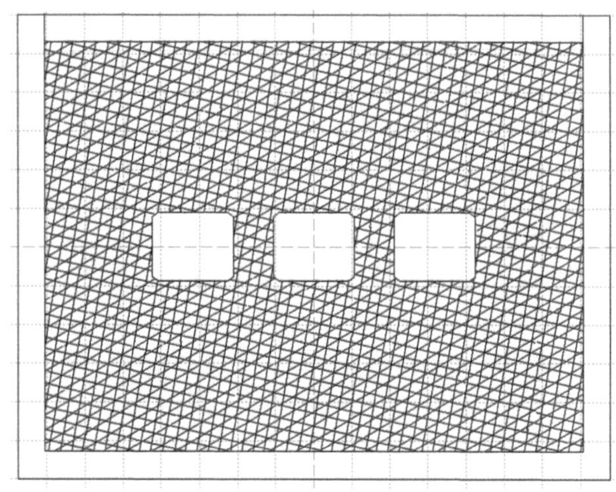

图 2-5 含有三个带切角的矩形隧洞的基础运行 DL 后生成的模型

### 2.1.3 DC 程序使用说明

1. 程序使用的文件说明

DC 程序是二维块体切割程序，该程序将输入的线段互相切割，形成用于 DDA 计算的二维块体单元，同时形成几何约束的相关信息。DL 程序的结果文件可以直接作为 DC 的输入文件，但有时仍需对输入文件做一些修改 (可以用文本编辑器直接修改)，这就需要详细了解 DC 程序输入文件的数据格式。

和 DL 程序一样，DC 程序运行时需要一个声明文件，用以指定输入文件的名称，声明文件名同样是 ff.c。DC 程序的输出文件为：

(1) bl***—— 块体切割后形成的结果文件，为 DF 即 DDA 计算提供几何数据。

(2) data—— 记录块体切割运算过程的中间信息。

(3) dc.ps——postscript 文件，可用工具文件打开或打印。

2. 输入文件说明

DC 程序的输入文件包含 8 组共 15 类数据，这些数据对所有几何形状、材料分区、边界条件进行了定义，经 DC 程序切割后，可以得到 DDA 所需的几何模型数据。

第一组：控制数据

(1) $e_0$(0.05~0.001)—— 控制误差，最小边长与分析域半高之比，即 $l_{\min} = e_0 \cdot H/2$，当某块体的某边长小于 $l_{\min}$ 时，舍去。

(2) $m_1$、$m_2$——$m_1$ 为总线段条数，$m_2$ 为边界线条数，总数 $m_1$ 条的线段数中，后 $m_2$ 条为边界线。实际计算中与 $m_2$ 关系不大，一般情况下 $m_2$=0。

(3) $n[4]$—— 材料线条数，任何被该线穿过的块体将被赋予本线定义的材料号。

(4) $n[5]$—— 锚杆条数。

(5) $n[6]$—— 固定线条数，任何与固定线相交的线段将在交点处产生一个固定点，每个固定点可以按时间进程给定位移，当位移始终为 “0” 时，即为真正的固定点。

(6) $n[7]$—— 集中荷载点数，对于每个点，可以给定随时间变化的荷载值。

(7) $n[8]$—— 测点个数，每个测点将输出计算步的位移值，可用于画出过程线。

(8) $n[9]$—— 孔洞点数，包含一个孔洞点的封闭区域将被挖除。

第二组：各线段的端点坐标及材料号

(9) $b[i][1]$、$b[i][2]$、$b[i][3]$、$b[i][4]$、$b[i][5]$—— 分别为 $x_1$、$y_1$、$x_2$、$y_2$、$n_j$，即线段的起始点坐标 $x_1$，$y_1$，终点坐标 $x_2$，$y_2$，节理材料号 $n_j$，该节理材料号将对应 $c$、$\varphi$ 等节理强度的特性。每条线段应比其实际长度略长一点，以保证各线段能够相交，从而求得交点，但是线段不能过长以致产生不该有的块体。其中 $i = 1, 2, 3, \cdots, m_1$，共有 $m_1$ 行。

第三组：材料线的两端点坐标及材料号

(10) $g_0[i][1]$、$g_0[i][2]$、$g_0[i][3]$、$g_0[i][4]$、$g_0[i][5]$—— 分别为 $x_1$、$y_1$、$x_2$、$y_2$、$n_c$，即材料线的起点和终点坐标及材料号，该线穿过的块体将被赋予材料号 $n_c$。其中 $i = 1, 2, 3, \cdots, n[4]$，共有 $n[4]$ 行。

第四组：锚索信息

(11) $g_1[i][1]$、$g_1[i][2]$、$g_1[i][3]$、$g_1[i][4]$、$g_1[i][7]$、$g_1[i][8]$、$g_1[i][9]$—— 分别为 $x_1$、$y_1$、$x_2$、$y_2$、$e_0$、$t_0$、$f_0$，即锚索两个端点的坐标 $x_1$，$y_1$ 和 $x_2$，$y_2$，锚索的

刚度 $e_0$，抗拉强度 $t_0$，预应力 $f_0$。注意长度、刚度、强度、力之间单位的统一。其中 $i=1,2,3,\cdots,n[5]$，即共有 $n[5]$ 行。

第五组：固定线数据

(12) $g[i][1]$、$g[i][2]$、$g[i][3]$、$g[i][4]$—— 固定线两个端点的坐标。其中 $i=1,2,3,\cdots,n[6]$，即共有 $n[6]$ 行。对于平面上的一个块体，当有两个点被固定时，块体被完全固定，当一条固定线穿过某个块体时，与块体的固定边至少有两个交点，即该块体被完全固定。如果固定线与某块体只有一个交点，则块体不能平移，但可以绕固定点旋转。

第六组：集中荷载点数据

(13) $g[i][1]$、$g[i][2]$—— 第 $i$ 荷载点的 $x$、$y$ 坐标。其中 $i=1,2,3,\cdots,n[7]$。

第七组：测点坐标

(14) $g[i][1]$、$g[i][2]$—— 第 $i$ 荷载点的 $x$、$y$ 坐标。其中 $i=1,2,3,\cdots,n[8]$。

第八组：孔洞点数据

(15) $g[i][1]$、$g[i][2]$—— 输入每个测点的 $x$、$y$ 坐标。其中 $i=1,2,3,\cdots,n[9]$。块体切割完成后，搜索包含孔洞点的块体并删除。

### 3. 输出文件说明

DC 程序的结果文件，即切割后形成的块体定义文件，是 DDA 主程序 DF 的输入文件。一般情况下，无必要对该文件进行修改，但有些情况下，需要人工对某些数据进行调整。此外，如果要对 DDA 主程序进行修改或功能扩充，则需要清楚地了解输入文件中每个数据的详细含义。DC 的输出文件名字是将输入文件名字的头两个字符改为 “bl”，如输入文件名为 dc25，则输出文件名为 bl25。

结果文件中的数据可分为 6 组 9 类：

第一组：控制数据

(1) $n_1$、$n_4$、oo—— 块体数、锚索数、顶点个数。输出顶点坐标数据时，在每个块体实际顶点数的基础上额外输出了四行数，分别是第一点重复、块体面积、一次面积矩和二次面积矩，所以此处总顶点个数需加上 $4\times n_1$。

(2) $n_f$、$n_l$、$n_m$—— 固定点、荷载点、测点个数。

第二组：围成块体的顶点编号

(3) $k_0[i][0]$、$k_0[i][1]$、$k_0[i][2]$—— 块体 $i$ 的材料编号、起始顶点编号、终了顶点编号。全部的顶点坐标值存储于 $d[\,]$ 数组中，块体 $i$ 由顶点 $k_0[i][1]\sim k_0[i][2]+1$ 围成，其中第 $k_0[i][2]+1$ 点和 $k_0[i][1]$ 点重合。$i=1,2,3,\cdots,n_1$。

第三组：顶点坐标

(4) $d[i][0]$、$d[i][1]$、$d[i][2]$——$d[i][0]$ 为线段 $\overline{i\ i+1}$ 的材料号，$d[i][1]$、$d[i][2]$ 为 $i$ 点的 $x$、$y$ 坐标。$d[\,]$ 数组中在每个块体的后边有四条额外的数据，分别记录块体

的第一个顶点坐标、块体面积、一次面积矩 $S_x$，$S_y$、二次面积矩 $S_{xx}$，$S_{yy}$，$S_{xy}$。

第四组：锚索数据

(5) $g1[i][1]$、$g1[i][2]$、$g1[i][3]$；

(6) $g1[i][4]$、$g1[i][5]$、$g1[i][6]$；

(7) $g1[i][7]$、$g1[i][8]$、$g1[i][9]$。

每个锚索数据由三行组成，每行由三个数构成，分别是锚索的两个端点坐标 $x_1$，$y_1$ 和 $x_2$，$y_2$，起止点所在的块体号为 $n_1$、$n_2$，锚索刚度为 $e_0$，抗拉强度为 $t_0$，预应力为 $f_0$。其中 $f_0$ 为锚索的总力，即应力与面积的乘积。要注意 $e_0$、$f_0$、$t_0$ 的单位与坐标的单位相匹配。

第五组：固定点、荷载点、测点数据

(8) $g1[i][1]$、$g1[i][2]$、$g1[i][3]$—— 固定点、荷载点、测点的 $x$、$y$ 坐标及点所在块体号。$i = 1, 2, 3, \cdots, nf + nl + nm$。每行为一个点的信息，顺序是固定点、荷载点、测点。

第六组：结果输出间隔数

(9) $m7$—— 结果输出间隔数。总的计算步数往往很大，有时为成千上万，全部输出会产生庞大的结果文件，计算中无此必要。因此，根据步数，按一定的间隔进行输出，能充分反映计算结果的同时，使结果文件不至于过大。通常默认为全部输出。

4. 算例

**例 2-5** 斜坡上的三角滑块。

输入、输出数据分别如表 2-5、表 2-6 所示。

**表 2-5 斜坡滑块输入数据 (例 2-5.dc)**

| | | | | |
|---|---|---|---|---|
| 0.01 | 控制误差 | | | |
| 5 0 | 总线段数，边界数 | | | |
| 0 | 材料线数 | | | |
| 0 | 锚杆线数 | | | |
| 2 | 约束线数 | | | |
| 0 | 荷载点数 | | | |
| 0 | 测点数 | | | |
| 0 | 孔洞点数 | | | |
| −1.0000 | −1.0000 | 1.0000 | −1.0000 | 2 |
| 1.0000 | −1.0000 | 1.0000 | 1.0000 | 2 |
| 1.0000 | 1.0000 | 0.6000 | 1.0000 | 2 |
| 0.6000 | 1.0000 | 0.6000 | 0.6000 | 2 |
| −1.0000 | −1.0000 | 1.0000 | 1.0000 | 1 |
| −1.0000 | −0.99 | 1.01 | −0.99 | |

续表

| | | | |
|---|---|---|---|
| 1.0000 | −1.01 | 1.0000 | 0.9900 |
| 0 | | | |
| 0 | 0 | | |

**表 2-6 斜坡滑块输出数据 (例 2-5.blk)**

| | | | | |
|---|---|---|---|---|
| 2 0 15 | 块体数，锚杆数，总节点数 | | | |
| 3 0 0 | 约束点数，荷载点数，测点数 | | | |
| 1 1 4 | 块体材料号，起点编号，终点编号 | | | |
| 1 9 11 | 块体材料号，起点编号，终点编号 | | | |
| 2.000000 | 1.000000 | −1.000000 | | 所有节点坐标及属性 |
| 2.000000 | 1.000000 | 1.000000 | | |
| 1.000000 | 0.600000 | 0.000000 | | |
| 1.000000 | −1.000000 | −1.000000 | | |
| 2.000000 | 1.000000 | −1.000000 | | |
| 0.000000 | 1.490712 | 2.000000 | | |
| 0.000000 | 0.666667 | −0.666667 | | |
| 0.000000 | 0.333333 | −0.333333 | | |
| 1.000000 | 1.000000 | 1.000000 | | |
| 2.000000 | 0.60000 | 1.000000 | | |
| 2.000000 | 0.60000 | 0.60000 | | |
| 1.000000 | 1.000000 | 1.000000 | | |
| 0.000000 | 0.298142 | 0.000000 | | |
| 0.000000 | 0.058667 | 0.693333 | | |
| 0.000000 | 0.333333 | 0.366667 | | |
| −1.000000 | −1.000000 | 1.000000 | | 约束点 |
| 1.000000 | −1.000000 | 1.000000 | | |
| 1.000000 | 0.990000 | 1.000000 | | |
| 20 | | | | |

块体切割前后的输入和输出信息分别如图 2-6 和图 2-7 所示。切割前的数字表

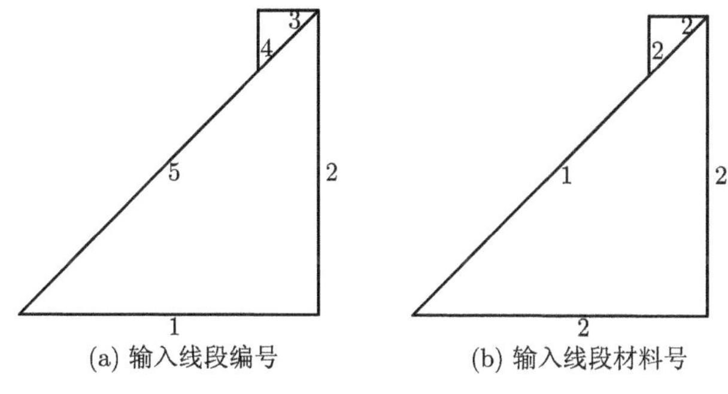

(a) 输入线段编号 (b) 输入线段材料号

图 2-6 斜坡滑块输入信息

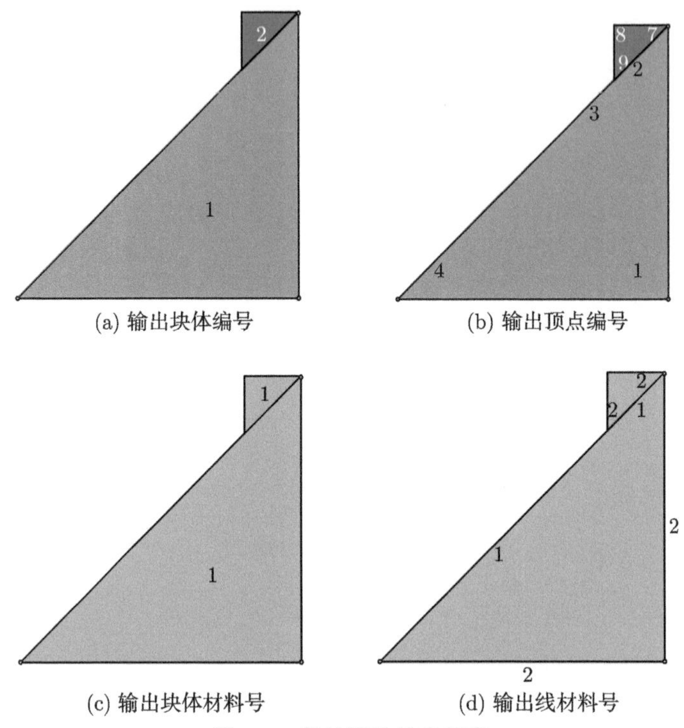


图 2-7　斜坡滑块输出信息

示线段编号，切割后的数字表示构成的块体顶点编号，分别对应表 2-5、表 2-6 中部分数据。数据中还包含了节理的材料号、块体材料号等信息。

**例 2-6**　受冲击的块体。

输入和输出数据分别如表 2-7、表 2-8 所示。共输入 12 条裂隙和边界线，1 条材料线，1 条约束线，1 条锚杆线，1 个荷载点和 1 个观测点。共生成 6 个块体和 53 个节点。

**表 2-7　例 2-6 输入数据 (例 2-6.dc)**

| | | |
|---|---|---|
| 0.01 | | ␣控制误差 |
| 12 | 0 | ␣裂隙数；边界数 |
| 1 | | ␣材料线数 |
| 1 | | ␣锚杆线数 |
| 1 | | ␣约束线数 |
| 1 | | ␣荷载点数 |
| 1 | | ␣测点数 |
| 0 | | ␣空洞点数 |

续表

| | | | | | | |
|---|---|---|---|---|---|---|
| −1.000000 | 5.000000 | 1.000000 | 5.000000 | ↑ | 1 | ↑ |
| 1.000000 | 5.000000 | 0.000000 | 4.000000 | | 1 | |
| 0.000000 | 4.000000 | −1.000000 | 5.000000 | | 1 | |
| −3.000000 | 3.000000 | 3.000000 | 3.000000 | | 1 | |
| −2.000000 | 2.000000 | 2.000000 | 2.000000 | | 1 | |
| −2.000000 | 1.000000 | 2.000000 | 1.000000 | __裂隙和边缘 | 1 | |
| −3.000000 | 0.000000 | 3.000000 | 0.000000 | | 2 | __材料线 |
| −3.000000 | 3.000000 | −3.000000 | 0.000000 | | 2 | |
| −2.000000 | 3.000000 | −2.000000 | 1.000000 | | 2 | |
| 0.000000 | 3.000000 | 0.000000 | 1.000000 | | 2 | |
| 2.000000 | 3.000000 | 2.000000 | 1.000000 | | 2 | |
| 3.000000 | 3.000000 | 3.000000 | 0.000000 | | 2 | |
| 1.000000 | 1.500000 | 1.000000 | 3.200000 | ↓ | 2 | ↓ |
| −1.000000 | 2.500000 | −2.500000 | 2.500000 | 10000 | 4.5 | __锚杆 |
| −3.500000 | 0.000000 | 3.500000 | 0.500000 | | | __约束线 |
| 0.0 | 5.0 | | | | | __荷载点 |
| 0.0 | 4.5 | | | | | __观测点 |
| 0 | | | | | | |

**表 2-8 例 2-6 输出数据 (例 2-6.blk)**

| | | | |
|---|---|---|---|
| 6 | 1 | 53 | __块体数；锚杆数；总节点数 |
| 2 | 1 | 1 | __约束点数；荷载点数；测点数 |
| 1 | 1 | 3 | ↑ |
| 1 | 8 | 17 | |
| 1 | 22 | 25 | __块体材料号；起点编号、终点编号 |
| 1 | 30 | 33 | |
| 2 | 38 | 41 | |
| 2 | 46 | 49 | ↓ |
| 1.000000E+00 | 1.000000E+00 | 5.000000E+00 | ↑ |
| 1.000000E+00 | −1.000000E+00 | 5.000000E+00 | |
| 1.000000E+00 | 0.000000E+00 | 4.000000E+00 | |
| 1.000000E+00 | 1.000000E+00 | 5.000000E+00 | |
| 0.000000E+00 | 1.054093E+00 | 1.000000E+00 | |
| 0.000000E+00 | 0.000000E+00 | 4.666667E+00 | |
| 0.000000E+00 | 0.000000E+00 | 4.666667E+00 | |
| 1.000000E+00 | −3.000000E+00 | 3.000000E+00 | |
| 2.000000E+00 | −3.000000E+00 | 0.000000E+00 | |
| 2.000000E+00 | 3.000000E+00 | 0.000000E+00 | |
| 2.000000E+00 | 3.000000E+00 | 3.000000E+00 | |
| 1.000000E+00 | 2.000000E+00 | 3.000000E+00 | |
| 2.000000E+00 | 2.000000E+00 | 2.000000E+00 | |
| 2.000000E+00 | 2.000000E+00 | 1.000000E+00 | |
| 1.000000E+00 | −2.000000E+00 | 1.000000E+00 | |
| 2.000000E+00 | −2.000000E+00 | 2.000000E+00 | |
| 2.000000E+00 | −2.000000E+00 | 3.000000E+00 | |

续表

| | | | |
|---|---|---|---|
| 1.000000E+00 | −3.000000E+00 | 3.000000E+00 | ↓ 节点材料号；节点坐标 |
| 0.000000E+00 | 3.551056E+00 | 1.000000E+01 | |
| 0.000000E+00 | 0.000000E+00 | 1.100000E+01 | |
| 0.000000E+00 | 0.000000E+00 | 1.100000E+00 | |
| 1.000000E+00 | −2.000000E+00 | 3.000000E+00 | |
| 2.000000E+00 | −2.000000E+00 | 2.000000E+00 | |
| 1.000000E+00 | 0.000000E+00 | 2.000000E+00 | |
| 2.000000E+00 | 0.000000E+00 | 3.000000E+00 | |
| 1.000000E+00 | −2.000000E+00 | 3.000000E+00 | |
| 0.000000E+00 | 1.118034E+00 | 2.000000E+00 | |
| 0.000000E+00 | −2.000000E+00 | 5.000000E+00 | |
| 0.000000E+00 | −1.000000E+00 | 2.500000E+00 | |
| 1.000000E+00 | −2.000000E+00 | 2.000000E+00 | |
| 2.000000E+00 | −2.000000E+00 | 1.000000E+00 | |
| 1.000000E+00 | 0.000000E+00 | 1.000000E+00 | |
| 2.000000E+00 | 0.000000E+00 | 2.000000E+00 | |
| 1.000000E+00 | −2.000000E+00 | 2.000000E+00 | |
| 0.000000E+00 | 1.118034E+00 | 2.000000E+00 | |
| 0.000000E+00 | −2.000000E+00 | 3.000000E+00 | |
| 0.000000E+00 | −1.000000E+00 | 1.500000E+00 | |
| 1.000000E+00 | 0.000000E+00 | 3.000000E+00 | |
| 2.000000E+00 | 0.000000E+00 | 2.000000E+00 | |
| 1.000000E+00 | 2.000000E+00 | 2.000000E+00 | |
| 2.000000E+00 | 2.000000E+00 | 3.000000E+00 | |
| 1.000000E+00 | 0.000000E+00 | 3.000000E+00 | |
| 0.000000E+00 | 1.118034E+00 | 2.000000E+00 | |
| 0.000000E+00 | 2.000000E+00 | 5.000000E+00 | |
| 0.000000E+00 | 1.000000E+00 | 2.500000E+00 | |
| 1.000000E+00 | 0.000000E+00 | 2.000000E+00 | |
| 2.000000E+00 | 0.000000E+00 | 1.000000E+00 | |
| 1.000000E+00 | 2.000000E+00 | 1.000000E+00 | |
| 2.000000E+00 | 2.000000E+00 | 2.000000E+00 | |
| 1.000000E+00 | 0.000000E+00 | 2.000000E+00 | |
| 0.000000E+00 | 1.118034E+00 | 2.000000E+00 | |
| 0.000000E+00 | 2.000000E+00 | 3.000000E+00 | |
| 0.000000E+00 | 1.000000E+00 | 1.500000E+00 | |
| −1.000000E+00 | 2.500000E+00 | −2.500000E+00 | |
| 2.500000E+00 | 3.000000E+00 | 2.000000E+00 | ↕ 锚杆信息 |
| 1.000000E+04 | 4.000000E+00 | 5.000000E+00 | |
| −2.986982E+00 | 3.571400E-02 | 2.000000E+00 | 约束点 |
| 2.986982E+00 | 4.642860E-01 | 2.000000E+00 | 约束点 |
| 0.000000E+00 | 5.000000E+00 | 1.000000E+00 | 荷载点 |
| 0.000000E+00 | 4.500000E+00 | 1.000000E+00 | 观测点 |
| 2.000000E+01 | | | |

输入信息见图 2-8，输出信息见图 2-9。

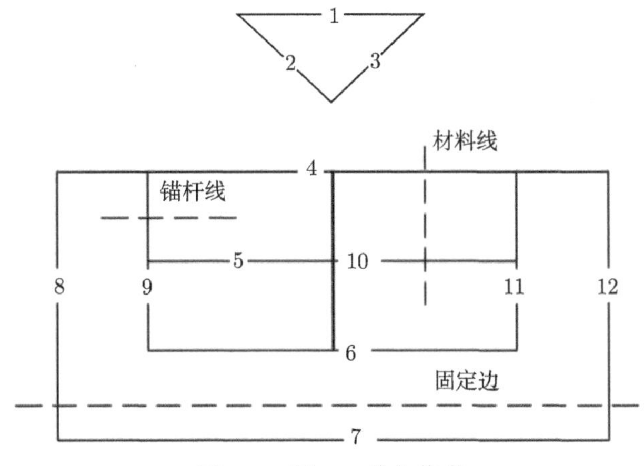


图 2-8 例 2-6 输入信息

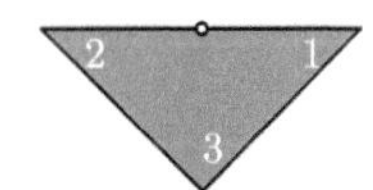


图 2-9 例 2-6 输出信息

### 2.1.4 DF 程序 (主程序) 使用说明

1. 程序使用的文件说明

DF.c(DFb.c) 是 DDA 的主程序，用以对块体系统的变形、受力及块体运动等进行数值模拟。与其他程序类似，DF 输入文件的名称需要用一个文件来声明，即 ff.c，在文件中需要给出三个文件名称：

(1) ac—— 几何数据文件，一般是 DC 程序的切割结果输出文件。

(2) bc—— 计算参数定义文件。

(3) aa—— 地震数据文件，用于给出按时步定义的地震波数据。

输出文件为：

(1) data—— 过程数据输出文件，用于记录计算过程中的相关数据。

(2) dgdt—— 绘图数据文件，将计算结果，包括变形后的顶点坐标、各块体的应力等，可用于绘图程序绘图，也可用于数据分析。

输入文件中的几何数据文件为 DC.F 生成的 blk 文件，已在 2.1.3 节进行了介绍，本节只介绍计算参数文件。

2. 计算参数

DF 参数输入文件是 DDA 最重要的数据文件，用于给出材料力学参数、计算步长、荷载等。其中有三个参数是 DDA 特有的，也是非常重要的，即最大位移比、时间步长和接触刚度，这三个参数选择适当，不仅会提高计算效率，还会保证计算精度，否则可能会导致计算不收敛。这三个参数会在后续章节中加以说明。

参数输入文件分为 6 组、19 类。

第一组：控制数据

(1) $gg$—— 静动力控制数，$gg$=0 时为静力分析，$gg$=1 时为动力分析，$0 < gg < 1$ 时为考虑了阻尼效应的动力分析。本系数在计算中将与惯性力项相乘。

(2) $n_5$—— 总计算时步数，当计算步数达到 $n_5$ 时，计算自动停止。

(3) $n_b$—— 块体材料总数。

(4) $n_j$—— 节理材料总数。

(5) $g_2$—— 允许最大位移比，即每一计算时步的最大允许线位移与计算域竖向半长之比，当某一次计算的位移比大于最大允许位移比时，自动缩小时间步长，重新计算。石根华给的建议是 $g_2 = 0.001 \sim 0.02$。

(6) $g_1$—— 最大时间步长，当 $g_1 = 0$ 时，将由程序自动计算并选取。

(7) $g_0$—— 接触弹簧刚度，当输入 $g_0 = 0$ 时，将由程序自动计算选取。

第二组：给定位移与荷载定义数据

约束点可以按照时间过程定义给定位移，集中荷载同样也可以定义荷载随时间的变化，约束信息和集中荷载信息的定义相同，因此放在同一组定义：

(8) $k_4[i][0],\ i = 1, 2, 3, \cdots, n_f + n_l$—— 每个约束点和集中荷载点定义时间过程时需要的时间步数，对于每个约束点和荷载点必须给定一个数，当某点的变形或荷载不随时间变化且始终为 “0” 时填 “0”，数据总个数为 $n_f + n_l$ 个，其中 $n_f$ 为约束点个数，$n_l$ 为集中荷载点个数，在 blk 文件中定义。

(9)
$$\left.\begin{array}{r} u_0[1][0]、u_0[1][1]、u_0[1][2] \\ u_0[2][0]、u_0[2][1]、u_0[2][2] \\ \cdots \\ u_0[k_4[i][0]][0]、u_0[k_4[i][0]][1]、u_0[k_4[i][0]][2] \end{array}\right\} k_4[i][0]\text{行，共}n_f + n_l\text{组。}$$

如上每组数据定义一个 $x$，$y$ 值随时间的变化过程，本组数据共 $\sum\limits_{i=1}^{n_f+n_l} k_4\,[i]\,[0]$ 行。

第三组：块体材料参数

每一种材料需要输入 14 个参数：

(10) $m_a$、$w_x$、$w_y$、$e$、$\mu$——$m_a$ 为材料的密度，即单位体积的质量，单位为自重除以重力加速度；$w_x$、$w_y$ 分别为 $x$、$y$ 向的体积力；$e$、$\mu$分别为材料的弹性模量和泊松比。注意此处的质量 (密度) 与竖向体积力 $w_y$ 有关，当 $w_y$ 为材料比重时，$m_a = w_y/g$，即单位体积的质量等于比重除以重力加速度。

(11) $\sigma_{0x}$、$\sigma_{0y}$、$\tau_{0xy}$—— 块体材料的初应力。一般情况下，块体的初应力需要按单个块体赋值，而不是按材料分区赋值，因此这三个数一般情况为 "0"。

(12) $t_1$、$t_2$、$t_{12}$—— 分析程序发现，这三个数乘以块体形心的 $y$ 坐标值后被加到了块体的初始应力上。由这三个数和$\sigma_{0x}$、$\sigma_{0y}$、$\tau_{0xy}$ 一起为每个块体的初应力赋值，所以每个块体的初应力为

$$
\begin{aligned}
\sigma_x^0(i) &= \sigma_x^0 + y_i t_1 \\
\sigma_y^0(i) &= \sigma_y^0 + y_i t_2 \\
\tau_{xy}^0(i) &= \gamma_{xy}^0 + y_i t_{12}
\end{aligned}
\tag{2-1}
$$

式中，$y_i$ 为块体 $i$ 的形心 $y$ 坐标值。

分析式 (2-1) 可以看出，这种方式给出的初应力为自重应力的粗略估值。

(13) $v_x$、$v_y$、$v_r$—— 本材料的 $x$、$y$ 向初始线速度及初始旋转速度。

本组数据需要重复输入 $n_b$ 次。

第四组：节理裂隙材料参数

对于构成块体的每一个边，都要输入一组参数，定义该边的摩擦角、粘聚力和粘结强度。

(14) $\varphi_i$、$c_i$、$f_{0i}$—— 分别为第 $i$ 号节理材料的 $\varphi$、$c$、$f_0$，共 $n_j$ 行。

第五组：SOR 计算的松弛系数

(15) $qq$—— 松弛系数。DDA 原始程序的求解器有两个：三角分解法和 SOR 松弛迭代法，$qq$ 为 SOR 松弛迭代时用的松弛系数，一般为 1.4 ~ 1.6。

第六组：地震及水压信息

(16) $i_0$、$i_1$、$i_2$—— 如图 2-10 所示，0、1、2 三个数按右手定则输入，代表将要输入的地震加速度的三个方向，为 $x$，$y$，$z$。可输入的方式有：(0，1，2)，(2，0，1)，(1，2，0)。二维 DDA 分析时所取断面的第二个坐标始终指向 2，即此处的第 2 方向，而水平方向可以与两个水平轴，即 0，1 方向有一个夹角 $rr$，则根据三个方向的加速度和夹角 $rr$ 可以求出计算平面内的地震加速度。当 $i_0 = i_1 = 0$ 时，无地震加速度输入。

(17) $rr$—— 计算断面的水平轴方向与 "0" 轴的夹角。当计算方向的水平轴为 $x$，竖直轴为 $y$ 时，两个计算方向的地震加速度分别为 $a_x = a_0 \cos\alpha + a_1 \sin\alpha$，$a_y = a_2$。

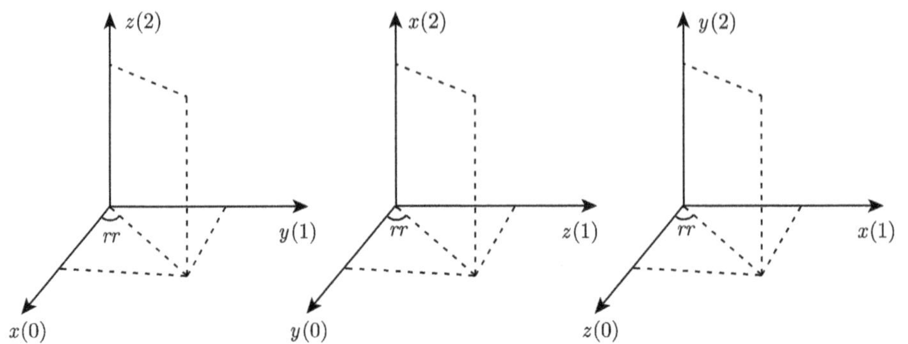


图 2-10　$i_0$，$i_1$，$i_2$ 的输入方式与坐标轴的关系

(18) $m_2$、$uu$—— 给定水位的总点数，水容重。用于定义水面线。

(19) $vv[i][0]$、$vv[i][1]$，$i=1,2,3,\cdots,m_2$—— 给定水位的 $x$、$H$，即 $x$ 值和水位值。根据计算断面的坐标系，$H(x)$ 定义为沿 $x$ 方向水位的变化，从而给每个块体的边界施加水头压力，如图 2-11 所示。

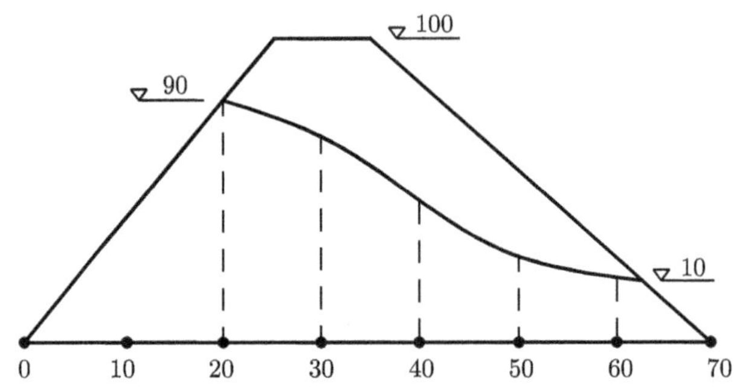


图 2-11　给定水位数据示意图

则数据为

| 序号 | $vv[i][0]$ | $vv[i][0]$ |
|---|---|---|
| 1 | 0.0 | 90.0 |
| 2 | 10.0 | 90.0 |
| 3 | 20.0 | 90.0 |
| 4 | 30.0 | 80.0 |
| 5 | 40.0 | 65.0 |
| 6 | 50.0 | 20.0 |
| 7 | 60.0 | 10.0 |
| 8 | 70.0 | 10.0 |

因此，已知某块体某个顶点的 $x$ 坐标，即可根据 $vv[\,]$ 数组用插值法求出该顶点的水位值 $H$，进而用 $H-y$ 求出水头压力。

如上为主程序 DF 计算所需的所有数据。

3. 地震波参数

当第 16 类数据的 $i_0+i_1\neq 0$ 时，需要输入地震波数据。输入的地震波数据的文件名字由 ff.c 中第三个字符串 $aa$ 定义。

(1) $m_{00}$、$ee$、$zz$—— 定义地震波数据的总行数、重力加速度、地震波数据的时间间隔 $\Delta t$。

(2) $cc[i][i_0]$、$cc[i][i_1]$、$cc[i][i_2]$，$i=1,2,3,\cdots,m_{00}$—— 三个方向 $i_0$，$i_1$，$i_2$ 在 $i$ 时刻的地震加速度，单位为 $ee(g)$。

上述两类数据即可输入从 0 时刻到 $m_{00}\times zz$ 时刻三个方向的地震波数据。

4. 计算参数说明

1) 参数的单位

和一般的结构力学分析一样，DDA 所需的力学参数涉及时间、长度、质量、比重、力、弹性模量、强度等。这些参数的单位通常采用国际单位。当采用工程单位时，各参数的单位之间要保持统一，避免混淆。例如，当时间为 s，质量为 t/g，其中 t 为吨、g 为重力加速度，长度为 m 时，弹性模量应为 $\mathrm{tf/m^2}$，速度为 m/s，应力为 $\mathrm{tf/m^2}$，力为 tf 等，即当力的单位为 tf 时，质量的单位为 tf/g。石根华给出的算例几乎都采用工程单位，大量算例表明，采用 s、m、t 的工程单位计算效果最好。

2) 时间步长 $\Delta t$

DDA 求解分为静力模式和动力模式，动力模式计算震动问题时，时间 $t$ 即为真实的时间，但静力计算时，$t$ 没有实际意义，仅是为了计算收敛而设置的一个参数。两种模式区别如下：

动力模式方程：

$$[K]\{u\}+[I]\{u\}+[M]\{\ddot{u}\}=\{F\} \tag{2-2}$$

静力模式方程：

$$[K]\{u\}+[I]\{u\}=\{F\} \tag{2-3}$$

式中，$[I]=[M]/\Delta t^2$，是块体系统质量引起的惯性作用；$[M]\{\ddot{u}\}$ 则为惯性力。

比较以上两式可以看出，两种模式相差一个惯性力项。

以散粒形式存在的块体系统，经常会出现不受约束的自由块体，这种块体在动力模式下以某种加速度运动，外力转化为惯性力。而静力模式下由于不存在惯性力，按传统的 $[K]\{u\}=\{F\}$ 方程求解时无解，即块体得到无穷大的位移。因而石根华创造性地提出了不计入惯性力 $[M]\{\ddot{u}\}$ 但保留惯性矩阵 $[I]$ 的求解模式，避免了方程的奇异，从而可以用静力学模式求解自由块体的受力问题。在静力模式下 $\Delta t$ 已没有时间的意义，只是用以计算惯性矩阵 $[I]$ 的一个参数。

$\Delta t$ 取值过大，会使计算时步的块体位移过大，导致块体重叠，计算失效，$\Delta t$ 取值过小则影响计算效率，因此其合理取值非常重要。$\Delta t$ 的取值与块体的大小、块体的形状、接触刚度、弹性模量等参数有关，一般需试算确定。

数据输入的 $g_1$ 即为最大时间步长。在每个计算步中，先将 $\Delta t$ 取为上限 $g_1$，当计算得到的最大位移与模型域竖向边长之比大于给定最大位移比 $g_2$ 的 2 倍时，则需缩小 $\Delta t$ 重新计算。若开闭迭代达到 6 次仍未收敛，则将 $\Delta t$ 缩小至 $0.3\Delta t$，重新计算。

3) 允许最大位移比 $g_2$

最大位移比定义为所有顶点在迭代步内计算的最大位移与计算域半高之比，即

$$r_d = \frac{d_{\max}}{H/2} \tag{2-4}$$

式中，$d_{\max}$ 为所有顶点的最大位移，$H$ 为计算域高度。

给定允许最大位移比 $g_2$，限制每一迭代步的最大位移比不大于 $g_2$，当计算 $r_d > 2.0$ 时，将计算时步长缩小，重新计算。

限制最大位移比，实际上是限制每一步的位移。DDA 之所以能够计算块体运动、翻滚等大位移问题，其实是通过将每一计算时步的小位移和小变形累计成大位移。因此在计算每一时步内仍旧限制了位移大小，以使各项计算满足小位移假定。

此外，$g_2$ 还有其他两项用途，即在程序自动计算时间步长和接触刚度时，用 $g_2$ 作为一个基本条件确定如上两个参数。

石根华建议 $g_2$ 的取值范围为 $0.001 \sim 0.02$，此值取大了会导致计算不收敛，取小了会影响计算效率，不同的取值得到的计算结果也存在一定的差异。具体取值需根据计算模型、荷载、力学参数等确定，块体比较均匀、块数较少时可取较大值；块体多且尺寸差异较大时，即小块体问题，宜取较小值，一般情况下应试算确定。

4) 接触弹簧刚度 $g_0$

处于锁定状态的接触存在法向和切向两个弹簧，处于滑动状态的接触只有一个法向弹簧。此处输入的弹簧刚度为法向刚度 $g_0$，切向刚度在程序中设定为法向刚度的 0.4 倍，即 $p_t = 0.4g_0$。弹簧刚度 $g_0$ 还有一个用途，即设置固定点的约束刚度为 $100g_0$。

接触弹簧刚度的选择至关重要。物理上两个光滑面接触时不会发生相互嵌入，此时若用弹簧保证互不嵌入，弹簧的刚度应为无穷大。实际的糙面接触或点面接触会因接触点的局部变形而在接触附近产生相对变形，但该变形很小，仍需要较大的接触刚度。DDA 计算中如果弹簧刚度取值过大，整体方程的病态会影响计算的收敛性，取值过小则会引入过大的接触附加变形。石根华建议 $g_0 = (10 \sim 100)E$，即取 $g_0$ 为块体弹模的 $10 \sim 100$ 倍。大量计算结果表明，$10 \sim 100$ 倍的取值偏大，致

使计算效率偏低。当输入 $g_0=0$ 时，接触刚度的初值取平均块体弹模的 40 倍，计算过程中会逐渐变小，且不同时步会取不同的值。

综上所述，时间步长、允许最大位移比和接触刚度直接影响计算结果，这三个参数取值不同会得出不同的计算结果，如何选择这三个参数需要在不断的应用中积累经验。时间步长和允许最大位移比越小，计算精度越高；接触刚度越大，计算精度越高，但会影响收敛性。实际计算中，可以不断调整这三个参数直到计算结果对这三个参数的变化不敏感。

5) 块体材料的密度 $m_a$ 和体积力 $w_x$，$w_y$

材料的密度 $m_a$ 定义为单位体积的质量。我们知道质量守恒定律，即材料的质量是一种固有性质，不随位置的变化而变化，一个物体的质量在地球上和月球上是一样的。一般情况下，质量一定的物体体积不会变化，因此材料的密度是一个常数，不可乱用。而体积力则不同，会随着物体的位置、运动状态而变。如在离心机中旋转时径向体积力为密度与离心加速度的乘积。材料的比重为密度 $m_a$ 和重力加速度 $g$ 的乘积，静力计算时改变 $m_a$ 的值会影响收敛速度，一般不会影响计算结果，但动力计算时，则会影响振动力的频率，从而影响计算结果。

5. 算例

**例 2-7** 图 2-6 和图 2-7 所示的斜坡上的滑块。

块体网格图数据见表 2-5 和表 2-6。输入的控制数据见表 2-9。计算结果见图 2-12。

**表 2-9 图 2-6 和图 2-7 所示算例的控制数据 (DF 数据)**

| | | | | | | |
|---|---|---|---|---|---|---|
| 1 | | | | | | 动力系数 |
| 300 | | | | | | 计算步数 |
| 1 | | | | | | 块体材料数 |
| 2 | | | | | | 接触材料数 |
| 0.0075 | | | | | | 最大位移比 |
| 0.1 | | | | | | 最大时间步长 |
| 40000 | | | | | | 接触刚度 |
| 0 | | 0 | | 0 | | 固定点、荷载点的输入荷载行数 |
| 0.28571 | 0 | −2.8 | 20000 | | 0.25 | 单位质量；$x$,$y$ 方向体积力；块体模量；泊松比 |
| 0 | | 0 | | 0 | | 块体初应力 |
| 0 | | 0 | | 0 | | 块体初应力增量 |
| 0 | | 0 | | 0 | | 块体初始加速度 |
| 44.0 | | 0 | | 0 | | 节理面摩擦角，粘聚力，抗拉强度 |
| 0 | | 0 | | 0 | | 节理面摩擦角，粘聚力，抗拉强度 |
| 1.0 | | | | | | 松弛因子 |
| 0 | | 0 | | 0 | | 坐标系定义 |

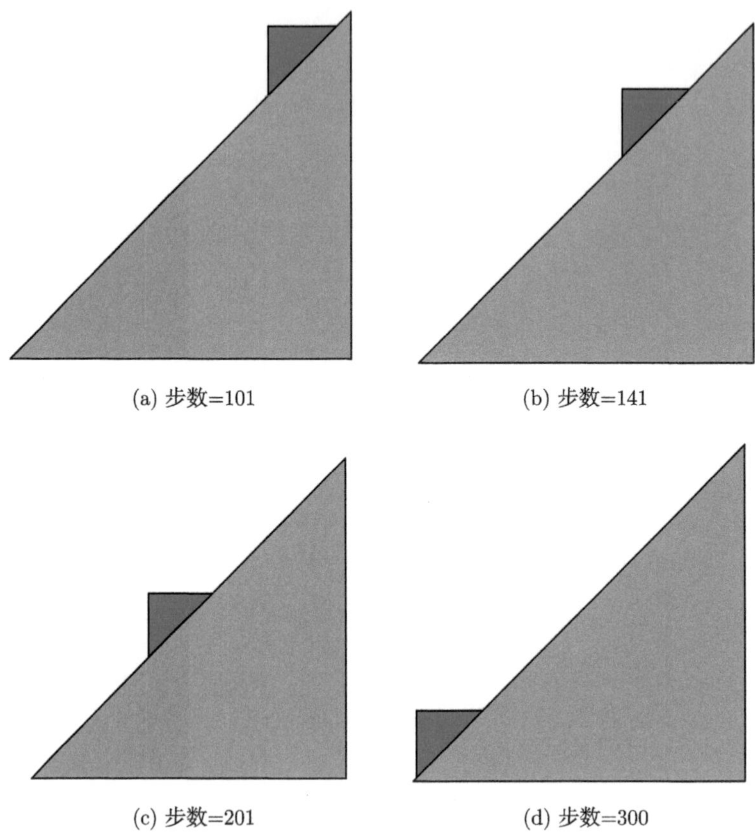

(a) 步数=101　　(b) 步数=141

(c) 步数=201　　(d) 步数=300

图 2-12　图 2-6 和图 2-7 所示算例的计算结果

**例 2-8**　图 2-8 和图 2-9 所示算例。

块体网格数据见表 2-7 和表 2-8。输入的控制数据及参数见表 2-10。计算结果见图 2-13。

**表 2-10　图 2-8 和图 2-9 所示算例的控制数据**

| | | | | | |
|---|---|---|---|---|---|
| 1 | | | | | 动力系数 |
| 60 | | | | | 计算步数 |
| 1 | | | | | 块体材料数 |
| 1 | | | | | 接触材料数 |
| 0.017 | | | | | 最大位移比 |
| 0 | | | | | 最大时间步长 |
| 0 | | | | | 接触刚度 |
| 0 | 0 | 0 | 0 | 2 | 固定点、荷载点的输入荷载行数 |
| 0 | 0 | −10 | | | 荷载作用时间，$x$ 向荷载值，$y$ 向荷载值 |
| 20 | 0 | −10 | | | 荷载作用时间，$x$ 向荷载值，$y$ 向荷载值 |

续表

| | | | | | |
|---|---|---|---|---|---|
| 0.3 | 0 | −3.0 | 400 | 0.25 | 单位质量；$x$，$y$ 方向体积力；块体弹模；泊松比 |
| 0 | 0 | 0 | | | 块体初应力 |
| 0 | 0 | 0 | | | 块体初应力增量 |
| 0 | 0 | 0 | | | 块体初始加速度 |
| 10 | 0 | 0 | | | 节理面摩擦角，粘聚力，抗拉强度 |
| 1.8 | | | | | 松弛因子 |
| 0 | 0 | 0 | | | 地震坐标系定义 |

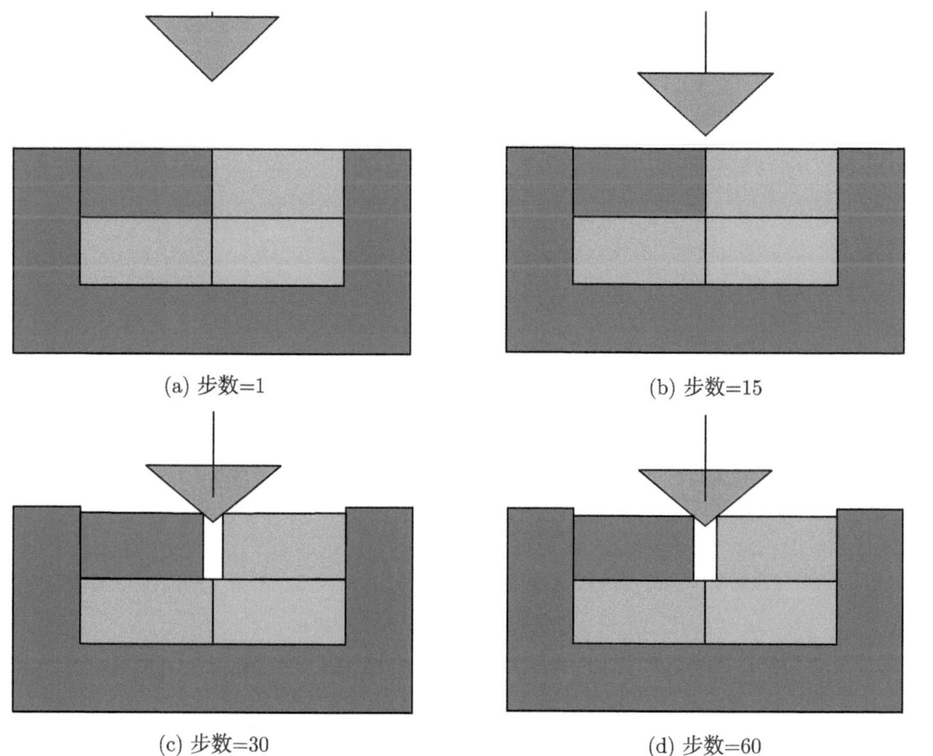

(a) 步数=1　(b) 步数=15

(c) 步数=30　(d) 步数=60

图 2-13　图 2-8 和图 2-9 所示算例的计算结果

## 2.2 程序解读

### 2.2.1 程序中的变量

DDA 程序中的 DL、DC、DG 一般不用改动，此处只解读主计算程序 DF.c。后续开发者若想在原有程序基础上修改或增加功能，需要了解程序的变量和数组的定义，此处将程序中所用的主要变量和数组进行说明。2.1.3 节、2.1.4 节中已对

DF 程序输入文件中的变量做了说明，此处不再重复。对于程序中的临时变量同样不做说明。程序中的控制变量名称及说明如表 2-11 所示。

**表 2-11　控制变量名称及说明**

| 名称 | 说明 |
|---|---|
| $n_1$ | 块体总数 |
| $n_2$ | 接触总数，每一个角–边、角–角、边–边接触都称为一个接触 |
| $n_3$ | 刚度子矩阵 (6×6) 总数，DDA 中采用非零元素储存法，因此 $n_3$ 即为全部非零子矩阵个数 |
| $n_4$ | 锚索及锚杆单元个数 |
| $n_5$ | 给定最大计算时步数 |
| $n_6$ | 上一计算时步的接触总数 |
| $n_7$ | 用于定义二维数组的总行数 |
| $n_8$ | 用于定义二维数组的总列数 |
| $n_9$ | 总迭代次数 |
| $n_f$ | 约束点 (固定点、给定位移点) 总数 |
| $n_l$ | 集中荷载点总数 |
| $n_m$ | 测点总数，即输出结果的点的总数 |
| $n_b$ | 块体材料总数 |
| $n_j$ | 节理材料总数 |
| $n_t$ | 需要输入的给定时序位移和时序集中力的总时序个数 |
| $n_p$ | $n_f + n_l + n_m$ |
| $m_9$ | 本计算时步的开闭迭代次数 |
| $i_7$ | 由开到闭的接触个数 |
| $i_8$ | 由闭到开的接触个数，$i_7 + i_8 = 0$ 时开闭迭代收敛 |
| $pp$ | 方程求解器控制数，当块体总数 $n_1 \leqslant 300$ 时，$pp = 0$，采用直接三角法求解；当 $n_1 > 300$ 时，采用 SOR 超松弛迭代法求解 |
| $k_5$ | 摩擦力计算控制数，在每一时步计算开始 $k_5 = 0$，当第一次完成接触刚度和摩擦力计算后，取 $k_5 = 1$ |
| $tt$ | 计算时间步长 |
| $nn$ | 当前计算时步 |
| $dd$ | 常数，$dd = \Pi/180$ |
| $k_6$ | 中间结果输出控制数，=0 不输出，=1 输出 |
| $oo$ | 顶点总个数 |
| $w_0$ | 计算域的半高，一个重要数据，会在后续的接触判断中用到 |
| $w_3$ | 块体的平均面积 |
| $w_1$ | 所有块体的最小边长 |
| $w_2$ | 最小角–边距离 |
| $w_4$ | 块体的最小内角 |
| $m_7$ | 输出绘图数据总步数，由 blk 文件输入，默认为全部输出 |
| $m_4$ | 需要输出绘图文件步数间隔数 |
| $m_5$ | 输出绘图文件总步数 |
| $hh$ | 接触弹簧刚度 |
| $g_6$、$g_7$ | 都为接触刚度，$g_6$ 用于约束点 |

DDA 主程序中人为定义了八个参数，如表 2-12 所示 (其中 $d_0$ 不一定是常数，与计算域大小和输入的允许最大位移比有关)，常数的取值是石根华根据相关的物理意义和以往的计算经验确定得到的，这些常数的改变会影响到计算结果。目前这些常数的取值，对于大多数计算问题是合适的，但对于有的问题需要调整，具体如何调整同样需要经验支持。

**表 2-12 计算中使用的常数**

| 变量名称 | 说明 |
|---|---|
| $d_0$ | 接触距离控制数，当角–角或角–边距离小于 $d_0$ 时，可能接触 |
| $f_0$ | $f_0=0.0000001$，接触由闭到开控制数，当角–边距离 $d>f_0w_0$ 时，张开 |
| $f_1$ | $f_1=0.0001$，接触由开到闭控制数，当角–边距离 $d<-f_1w_0$ 时，闭合 |
| $h_1$ | $h_1=3$ 按角的规则搜索接触时，当两角重叠大于 $h_1(3°)$ 时认为不再接触 |
| $h_2$ | $h_2=2.5$，法向弹簧刚度与切向弹簧刚度之比 |
| $h_3$ | $h_3=1.1$，未使用 |
| $h_4$ | $h_4=40$，由程序计算弹簧刚度时，取 $g_0=h_4E$，即初始弹簧刚度相对于块体平均弹模的倍数 |
| $h_5$ | 允许最大贯入深度 $h_5d_0$，即角–边距离 $d<-h_5d_0$，认为不再接触，$h_5=0.3\sim1.0$ |

## 2.2.2 程序中的数组

数组定义及说明见表 2-13。

**表 2-13 数组定义及说明**

| 名称 | 说明 |
|---|---|
| h[n4+1][10] | 锚索、锚杆定义数组，$h[i][0]$ 未使用，从 1~9 分别为：$x_1$，$y_1$、$x_2$，$y_2$、$n_1$、$n_2$、$e_0$、$t_0$、$f_0$。其中：$x_1$，$y_1$、$x_2$，$y_2$ 分别为两个端点坐标；$n_1$，$n_2$ 分别为两个端点所在块体号；$e_0$ 为刚度，即锚杆材料的弹性模量与截面积的乘积；$t_0$ 为抗拉强度；$f_0$ 为预应力 |
| m[n1*11+1][7] | 接触信息定义数组，最多可有 $n_1\times11$ 个接触。对于每个接触定义七个信息，分别为：接触类型、第一接触点号、第一接触线两端点号、第二接触点号、第二接触线两端点号，即 $m[\ ][0]$，$i_2$，$j_2$，$j_3$，$j_2$，$i_2$，$j_3$(见 1.3.5 节)。当为角–角接触时，$m[\ ][0]=1$；当为角–边接触时，$m[\ ][0]=0$ |
| m1[n1*11+1][7] | 为 $m$ 数组的复制，但 $m_1[i][0]$ 为接触线 $j_1j_2$ 的材料号 |
| mm[n1+1][2] | 每个块体相关的接触号索引，[0] 为起始号，[1] 为终了号。如 $mm[i][0]$ 为第 $i$ 块体相关的接触序号的起始号，$mm[i][1]$ 为第 $i$ 块体相关的接触序号的终了号 |
| m0[n1*11+1][5] | 接触状态描述信息，用于开闭迭代的最重要数组。每个接触有四种状态 (如前述)，分别为：张开、接触 (滑动)、锁定 (接触不滑移)、粘结，用 $m0[i][1]$ 及 $m0[i][2]$ 表示，对应四种状态分别为 0,1,2,2。当等于 3 时为角–角接触的角与第二边接触<br>$m0$ 数组的 [0]—— 历史状态，取历史的最小值，若一直处于粘结状态，则为 “2”，仍具有抗拉强度，若历史上曾经被拉开或剪开，则为 “0” 或 “1”<br>[1]—— 上一迭代步的开闭状态，在每个计算步的开始先设置为 “0”<br>[2]—— 本迭代步的状态，[1]=[2] 时开闭迭代收敛<br>[3]—— 新的计算步开始时用于存储上一计算步的 [2] 状态<br>[4]—— 用于储存接触传递的信息 |

续表

| 名称 | 说明 |
| --- | --- |
| o[n1*11+1][6] | [0]—— 上一计算步的法向接触位移，拉为“+”，压为“−”，当粘结状态时可为“+”，即可以是拉应力，当非粘接状态时只能为“−”，即只能为压<br>[1]—— 上一计算时步的切向接触位移，即剪切弹簧接触的伸长量。当接触状态为“0”或“1”时，$o[i][1]=0$；当接触状态 =3 时，为法向接触量<br>[2]—— 接触点 (锁定点)$p_0$ 在接触边上的位置与接触边长的比，当接触闭合或锁定时，需要继承<br>[3]—— 当前迭代步的法向接触位移<br>[4]—— 当前迭代步的切向接触位移<br>[5]—— 边–边接触时的接触长度，该长度乘以凝聚力 $c$，即为凝聚力引起的抗剪力 |
| k[n1*40+1] | 整体刚度矩阵中非零元素的指示矩阵。DDA 整体刚度矩阵存储在矩阵 $a[\ ][37]$ 中，可以认为是一个一维矩阵 $a[\ ]$，每一个元素为一个 6×6 子矩阵。存储的是整体刚度矩阵中的上三角元素，用 $k$ 和 $n$ 作为指示数组，表示出 $a[\ ]$ 中的每一个元素在整体刚度矩阵中的位置，直接法和迭代解法的存储方式有区别。$k$ 还在接触搜索中临时使用 |
| n[n1+1][4] | 用于记录每一个方程的非零元素的个数，在 $k$ 数组中的起止号。与 $k$ 数组一起组成 $a[\ ]$ 矩阵中的非零元素在展开后的整体刚度矩阵中的位置，用于方程求解。非零元素储存法的通常做法。<br>[0]—— 当块体有测点时 =1，否则 =0<br>[1]—— 第 $i$ 方程在 $k$ 数组中的起始位置<br>[2]—— 第 $i$ 方程的非零元素个数<br>[3]—— 第 $i$ 方程的非零元素个数的上限 |
| k1[n1*40+1] | 在图法矩阵存储分析时用与 $k$ 相连。刚度集成后用于指示 $k$ 数组中相应位置是否为空。在接触搜索时作为中间数组使用 |
| kk[n1+1] | 图法运算时作为中间数组，与 $k$、$n$、$k_1$ 一起进行半宽优化与图法搜索 |
| k3[n1+1] | 图法运算与方程求解时用于记录优化前后对应块体号 |
| k4[nf+nl+1][2] | 约束点与荷载点的时间过程定义数组<br>$k[i][0]$—— 第 $i$ 点时间过程起始号<br>$k[i][1]$—— 第 $i$ 点时间过程终了号 |
| g[np][6] | $n_p=n_l+n_f+n_m$，约束点、测点、荷载点的 $x$、$y$、$n$、$u$、$v$。$n$ 为块体号，$u$、$v$ 为约束点与已知位移值，对于荷载点为已知荷载值 |
| c[np][3] | 计算的约束点、荷载点、测点累计 $u$、$v$ 值 |
| f[n1+1][7] | 荷载数组，每个块体有六个荷载分量，通过块体分析、接触分析等形成 |
| r[n1+1][7] | 在解方程之前存储 $f$ 数组 |
| c0[n1+1][7] | 有两个用途：① 在接触搜索时定义每个块体的占域矩形框；② 在形成方程时用于存储接触摩擦力形成的荷载向量 |
| z[n1+1][7] | 方程求解后位移解，分别为每个块体的 $u$，$v$，$r$，$\varepsilon_x$，$\varepsilon_y$，$\gamma_{xy}$ |
| e0[n1+1][9] | 块体材料参数矩阵，存储每个块体的 $m_a$，$w_x$，$w_y$，$E$，$\mu$，$\sigma_x^0$，$\sigma_y^0$，$\tau_{xy}^0$，$t$(质量) |
| v0[n1+1][7] | 块体的速度，分别为 $x$，$y$ 向的线速度、角速度，$\varepsilon_x$、$\varepsilon_y$ 和 $\gamma_{xy}$ 的应变速度 (式 (1-72)) |
| h0[n1+1][7] | 块体的 $s$、$s_x$、$s_y$、$s_{xx}$、$s_{yy}$、$s_{xy}$，即面积、$x$ 向面积矩、$y$ 向面积矩、$x$ 向二次面积矩、$y$ 向二次面积矩、$xy$ 向面积矩 |
| n0[oo+1] | 每个顶点所在的单元号 |
| k0[oo+1][3] | [0]—— 块体材料号，[1]—— 围成块体的顶点起始号，[2]—— 围成块体的顶点终了号 |

续表

| 名称 | 说明 |
|---|---|
| d[oo+1][3] | [0]—— 边 $\overline{i,i+1}$ 的材料号，[1]——$i$ 点的 $x$ 坐标，[2]——$i$ 点的 $y$ 坐标 |
| u0[oo+1][3] | 两个用途：① 接触搜索时用于存储构成 $i$ 角点的角度，[1]—— 方向角，[2]—— 构成角 $i$ 的两条边的夹角；② 方程求解完毕后存储顶点的位移值 |
| v[n1+1][37] | 总刚度矩阵中对角子矩阵 |
| a[n3+1][37] | 刚度矩阵中的非零元素，半阵存储 |
| b[n3+1][37] | $a$ 矩阵的复制 |
| q0[n5+1][4] | [0]—— 第 $i$ 计算步的最大位移比；[1]—— 当前步为止的总时间，即 $t=\sum\limits_{i}^{nn}\Delta t_n$；[2]—— 当前步的时间步长；[3]—— 平均位移与最大位移之比 |
| u0[nt+1][3] | 定义时间过程，当为约束点时为 $t$，$u$，$v$，当为荷载过程时为 $t$，$p_x$，$p_y$ |
| a0[nb+1][14] | 存储块体材料的力学参数分别为：$m_a$，$w_x$，$w_y$，$\sigma_x^0$，$\sigma_y^0$，$\tau_{xy}^0$，$t_1$，$t_2$，$t_{12}$，$v_x$，$v_y$，$v_r$ |
| b0[nj+1][3] | 节理的力学性质，[0]—— 摩擦角，[1]—— 粘聚力，[2]—— 抗拉强度 |
| e[7][7] | 单元刚度矩阵 |
| t[7][7] | 形函数 (式 (1-9)) |
| q[7][7] | 形函数的乘积 (式 (附 1-2)) |
| p[7][7] | 接触点、边的位移值 |
| w[14] | 计算域窗口大小 |
| s[31] | 单元积分相关的中间数组 |

### 2.2.3 主程序框图

在对总体计算流程进行说明前，先解释几个名词。

1. 计算时步 (计算步、加载步)

DDA 将整个计算过程划分成若干时步。静力计算时，对于每次加载需要通过多步计算逼近静力状态，此时时间步长只是一个有助于收敛的参数。动力计算时，需得到每个计算时刻的状态，此时的时间步长 $\Delta t$ 和总的时间分别对应着所模拟问题的真实时间增量和真实时刻。此处的每个计算时步启动了一个新的时刻，对应着一个 $\Delta t$，相应的边界条件、荷载、材料参数等会在新的计算时刻中发生变化。

DDA 的输入数据中有一个参数 $n_5$，即总计算时步数，当计算时步数累计达到 $n_5$ 时，即停止计算。由于计算过程中 $\Delta t$ 会随着块体的变形、计算的收敛性等发生变化，当计算时步数达到给定时步数时，总的历程时间并不为 $n_5\Delta t$，因此实际输入 $n_5$ 时，$n_5$ 的值需尽量取大一些。

2. 迭代步数

对于每一个计算时步，一般要通过开闭迭代使计算结果收敛于应有的状态，开闭迭代的次数称为迭代步数。针对某计算时步的 $\Delta t$，若开闭迭代达到 6 次后仍未收敛，需要缩小 $\Delta t$，重新迭代。

如图 2-14 所示，DDA 主计算程序 Df.c 中的主程序中调用了 28 个子程序，按

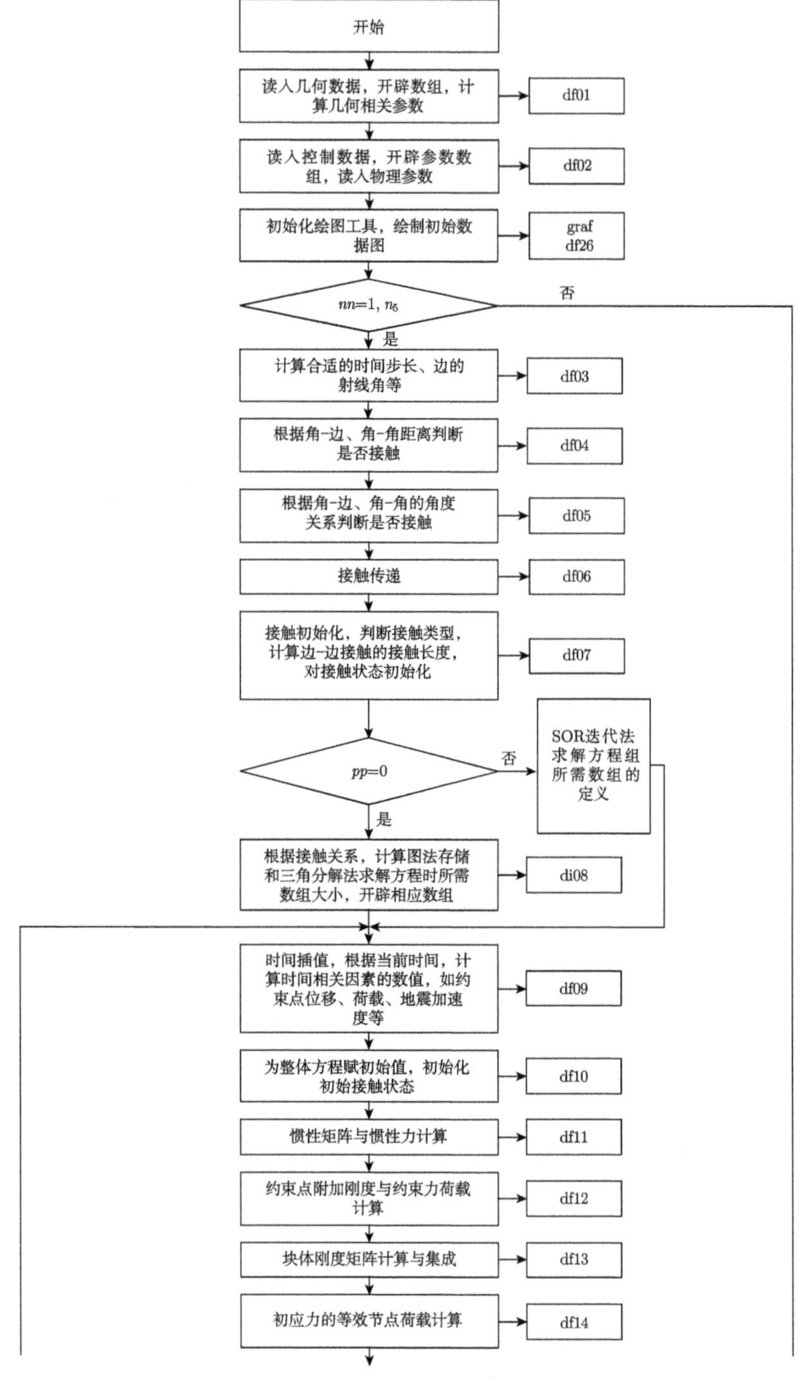

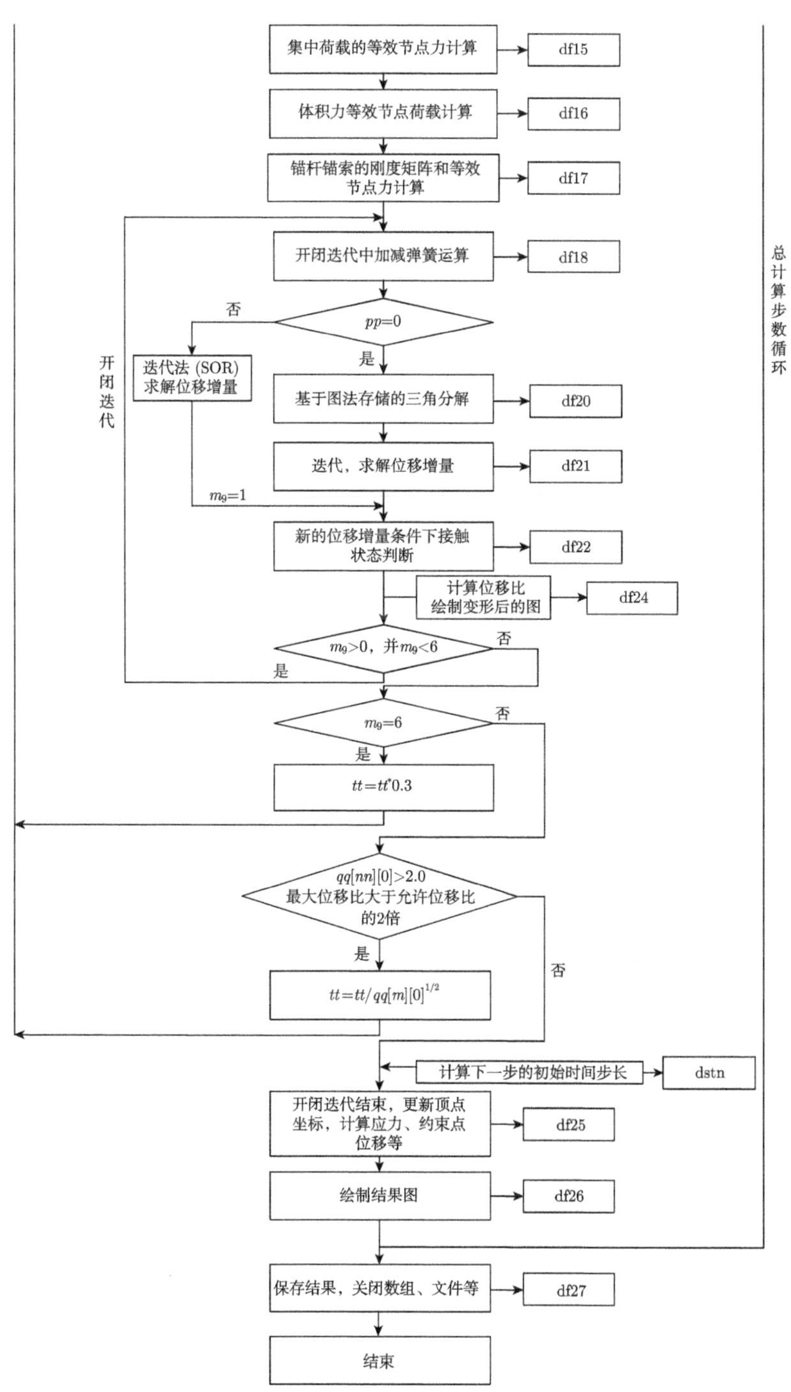


图 2-14 DDA DF 主程序框图

功能划分为 6 类。数据输入：df01、df02；接触搜索与传递：df03~df07；整体方程的数组定义、搜索数组形式：df08 和 di08；单元分析 (块体分析)：df09~df17；开闭迭代：df18~df24；结果输出：df25~df27。

### 2.2.4　源码解读

此处以 2002 年 10 月发布的 dfb.c 为基础版本，对不易读懂的部分进行逐条解读，并在必要的位置配图加以说明，帮助读者熟悉理解 DDA 主计算程序。该版本信息为

```
/*###############################################*/
/*--------   df.c Ootober, 2002, wuhan  -------*/
/*                 window version              */
/*###############################################*/
```

为了便于定位，对代码进行说明时，均给出其行号，例如：

```
336    fl0 = fopen ("ff.c","r");
337    fscanf(fl0,"%s %s %s", ac, bc, aa);
338    fclose(fl0);
```

对应石根华发布的 2002 版 dfb.c 中的第 336~338 行。

1. 变量、数组定义及说明

```
1          /*
...
326
```

//变量及数组说明

2. 几何数据输入：df01

```
327   /*********************************************/
328   /* df01: input geometric data*/
329   /*********************************************/
330   void df01()
331   {
332   void dist();
333   void area();
334   void angl();
335   /*-------------------------------------------*/
336   fl0 = fopen ("ff.c","r");
337   fscanf(fl0,"%s %s %s", ac, bc, aa);
338   fclose(fl0);
339   /*-------------------------------------------*/
...
```

/* 从ff.c文件中读入块体数据文件名、参数定义文件名和地震数据文件名。*/

```
/*************************************************/
fl2 = fopen (ac, "r");
fscanf (fl2,"%d %d %d", &n1, &n4, &oo);
fscanf (fl2,"%d %d %d", &nf, &nl, &nm);
```

/* 打开几何数据文件输入块体、锚杆、顶点数，输入固定点、荷载点、测点数 */

```
fprintf(fl0,"block   number %d   \n", n1);
fprintf(fl0,"bolt    number %d   \n", n4);
fprintf(fl0,"block   vertex number %d   \n", oo);
fprintf(fl0,"fixed    point number %d    \n", nf);
fprintf(fl0,"loading  point number %d    \n", nl);
fprintf(fl0,"measured point number %d    \n", nm);
if (n1 <= 300)  fprintf(fl0,"block number %d direct   \n", n1);
if (n1  > 300)  fprintf(fl0,"block number %d iteration \n", n1);
```

/* 输入几何数据 */

```
/*-----------------------------------------------*/
...
/* 0 material number  1 block start   2 block end */
for (i=1; i<= n1; i++)
{
fscanf (fl2,"%d %d %d    ", &k0[i][0], &k0[i][1], &k0[i][2]);
} /* i */
```

// 读入块体材料号，起止顶点编码信息

```
/*-----------------------------------------------*/
/* 0:joint maerial    1:x   2:y of block vertices */
for (i=1; i<= oo; i++)
{
fscanf (fl2,"%lf %lf %lf", &d[i][0], &d[i][1], &d[i][2]);
} /* i */
/*-----------------------------------------------*/
```

/* 读入顶点坐标及材料号 */

```
/* h: x1  y1  x2  y2  n1  n2  e0  t0  f0  of bolt */
/* n1 n2 carry block number f0 pre-tension */
/* e0 is bolt stiffness t0 bolt extension! */
for (i=1; i<= n4; i++)
{
fscanf (fl2,"%lf %lf %lf ", &h[i][1], &h[i][2], &h[i][3]);
fscanf (fl2,"%lf %lf %lf ", &h[i][4], &h[i][5], &h[i][6]);
fscanf (fl2,"%lf %lf %lf", &h[i][7], &h[i][8], &h[i][9]);
h[i][0] = 0;            /* ! */
} /* i */
```

/* 读入锚杆信息 */

```
/*------------------------------------------------*/
/* x  y  n  of fixed loading measured points*/
for (i=1; i<= np; i++)
{
fscanf (fl2,"%lf %lf %lf  ", &g[i][1], &g[i][2], &g[i][3]);
} /* i */
/*------------------------------------------------*/
```

/* 读入固定点、荷载点、测点信息 */

```
/* m7 output step number to dgdt*/
fscanf(fl2," %d",  &m7);
fclose(fl2);
```

// 输入结果输出次数，关闭几何信息文件

```
/************************************************/
/* n[i][0]=1 block i has measured  points =0 no */
for (i=1; i<= n1; i++)
{
n[i ][0] = 0;
} /* i */
/*------------------------------------------------*/
for (i=nf+nl+1; i<= nf+nl+nm; i++)
{
i1 = (long)g[i][3];
n[i1][0] = 1;
} /* i */
/************************************************/
```

/* 测点块体的 n[i][0]=1，标志着要计算该块体的惯性力，Df25用 */

```
/* change d to have previous vertix of 1st vertix */
for (i=1; i<= n1; i++)
{
i1=k0[i][1];
i2=k0[i][2];
d[i1-1][0]=d[i2][0];
d[i1-1][1]=d[i2][1];
d[i1-1][2]=d[i2][2];
} /* i */
/************************************************/
```

// 使围成块体的顶点首尾相连

```
/* compute window limits*/
if (k6 == 1)  fprintf(f10,"--- 1000--- \n");
e[1][1]=d[1][1];
e[1][2]=d[1][1];
e[2][1]=d[1][2];
```

/* 求计算域的最大最小值，即 $x_{\max}$，$x_{\min}$，$y_{\max}$，$y_{\min}$ */

```
e[2][2]=d[1][2];
for (i=1;  i<= n1; i++)
{
i1=k0[i][1];
i2=k0[i][2];
for (j=i1; j<= i2; j++)
{
if (e[1][1]>d[j][1])  e[1][1]=d[j][1];
if (e[1][2]<d[j][1])  e[1][2]=d[j][1];
if (e[2][1]>d[j][2])  e[2][1]=d[j][2];
if (e[2][2]<d[j][2])  e[2][2]=d[j][2];
} /*  j  */
} /*  i  */
/*-----------------------------------------------------------*/
```

/* 计算域半长$L/2$
计算域半高$H/2$
计算域形心$x_0$
计算域形心$y_0$ */

```
/* v1 : 1.0--1.3 ratio of window */
// v1 =1.15;
v1 =1.05;
e[3][1]=(e[1][2]-e[1][1])/2;
e[3][2]=(e[2][2]-e[2][1])/2;
e[4][1]=(e[1][1]+e[1][2])/2;
e[4][2]=(e[2][1]+e[2][2])/2;
w0= e[3][2]*v1;
if (e[3][1]>1.3*e[3][2]) w0=e[3][1]*v1/1.3;
w[1]  = e[4][1]-w0*1.3;
w[3]  = e[4][1]+w0*1.3;
w[2]  = e[4][2]-w0;
w[4]  = e[4][2]+w0;
/*****************************************************/
```

/* 计算域特征尺寸，实际窗口大小的1.3倍 */

/* 计算窗口定义，略大于实际计算域 */

```
/* initiate n0 as block number index of d and u */
for (i=1; i<= n1; i++)
{
i1=k0[i][1];
i2=k0[i][2];
for (j=i1-1; j<= i2+3; j++)
{
n0[j]=i;
} /*  j  */
} /*  i  */
```

/* 设置每个顶点所属的块体号，为n0[j]=i，表示$j$号顶点属于$i$块体 */

```
/***********************************************/
/* compute average block area */
area();                                        // 计算块体的面积及矩
w3=0;
for (i=1; i<= n1; i++)
{
w3+= h0[i][1];                                 // 求总面积
h0[i][0] = h0[i][1];
} /* i */
w3= w3/n1;                                     // 平均块体面积
fprintf(f10,"###### average  block  area ###### %lf \n",w3);
/***********************************************/
/* compute shortest edge */                    /* 计算所有块体的最短边长w1，用于按距离搜索 */
w1=(d[2][1]-d[1][1])*(d[2][1]-d[1][1])
+(d[2][2]-d[1][2])*(d[2][2]-d[1][2]);
for (i=1;   i<= n1;   i++)
{
for (j=k0[i][1]; j<=k0[i][2]; j++)
{
a1=(d[j+1][1]-d[j][1])*(d[j+1][1]-d[j][1])
+(d[j+1][2]-d[j][2])*(d[j+1][2]-d[j][2]);
if (w1 > a1) w1=a1;
} /* j */
} /* i */
w1 =sqrt(w1);
fprintf(f10,"###### minimum  edge length ###### %lf \n",w1);
/***********************************************/
/* compute shortest edge node distance     w2<=w1 */    /* 计算块体内顶点到边的最小距离w2，用于接触搜索 */
/* l-j=i2-i1 => l=i2 l+1=i2+1 j=i1     j l+1 same */
w2=(d[2][1]-d[1][1])*(d[2][1]-d[1][1])
+(d[2][2]-d[1][2])*(d[2][2]-d[1][2]);
for (i=1; i<= n1; i++)
{
i1=k0[i][1];
i2=k0[i][2];
for (j=i1; j<=i2; j++)
{
for (l=i1; l<=i2; l++)
```

```
{
if (l    ==     j) goto a101;
if (l+1 ==      j) goto a101;
if (l-j == i2-i1) goto a101;
x1=d[j  ][1];
yi=d[j  ][2];
x2=d[l  ][1];
y2=d[l  ][2];
x3=d[l+1][1];
y3=d[l+1][2];
dist();
if (w2> d5)  w2 = d5;
a101:;
}  /*  l  */
}  /*  j  */
}  /*  i  */
fprintf(f10,"###### minimum v-e distance ###### %lf \n",w2);
/***************************************************/
/* compute minimum block angle */
angl();
w4=180;
for (i=1;  i<=n1; i++)
{
i1=k0[i][1];
i2=k0[i][2];
for (j=i1; j<=i2; j++)
{
d5=u[j][2];
if (w4 > d5)  w4  = d5;
}  /*  j  */
}  /*  i  */
fprintf(f10,"###### minimum block  angle ###### %lf \n",w4); // 打开文件“bolt”，用于存储锚杆数据
f12 = fopen("bolt", "w");
/*-------------------------------------------------*/
}
```

计算边-边最小夹角 $w_4$

3. 材料参数及荷载输入: df02, watr, wahd, df03

1) DF02：输入材料参数及部分荷载

```
/**************************************************/
/*            df02: input physical data          */
/*************************************************/
void df02()                                      /* 本子程序用于控
{                                                   制参数、材料参
void cons();                                        数、节点位移、
void watr();                                        节点荷载、水位
if (k6 == 1)  fprintf(f10,"--- 2000--- \n");        信息、地震波数
                                                    据等输入 */
/*-----------------------------------------------*/
/* pp=0 direct     variable g0 by penetration  f2 */
/* pp=1 iteration  variable g0 by penetration  f2 */
pp = 0;
if (n1 > 300)  pp = 1;
f11 = fopen (bc,"r");
/*-----------------------------------------------*/
/* control integer number */
fprintf(f10,"enter 0 or 1, 0-statics 1-dynamics \n");
fscanf (f11,"%lf ", &gg);
fprintf(f10,"%lf  \n",  gg);
fprintf(f10,"enter number of time steps (1-100) \n");
fscanf (f11,"%d", &n5);
fprintf(f10,"%d   \n",  n5);
fprintf(f10,"enter number of block materials    \n");
fscanf (f11,"%d", &nb);
fprintf(f10,"%d   \n",  nb);
fprintf(f10,"enter number of joint materials    \n");
fscanf (f11,"%d", &nj);
fprintf(f10,"%d   \n",  nj);
/*-----------------------------------------------*/
/* control real number constants */
fprintf(f10,"enter max  allowable step displacement divided \n");
fprintf(f10,"by half height of whole block mesh (.02-.0001) \n");
fscanf (f11,"%lf ", &g2);
fprintf(f10,"%lf \n", g2);
fprintf(f10,"enter upper limit of time interval per step \n");
fprintf(f10,"enter 0 choose automatic time step chosen\n");
fscanf (f11,"%lf ", &g1);
fprintf(f10,"%lf  \n",g1);
```

/* 块体少于300时用直接解法，大于300时用迭代解法。*/

/* 打开参数定义文件（df文件），读入计算参数。*/

/* 读入控制参数。*/

```
fprintf(fl0,"enter stiffness of contact spring\n");
fprintf(fl0,"enter 0 choose automatic spring stiffness\n");
fscanf (fl1,"%lf ", &g0);
fprintf(fl0,"%lf  \n",  g0);
/*-------------------------------------------------*/
/* dynamic diplacement and loading input */
/* k4[i][0] >= 2 */
fprintf(fl0,"enter time step number >=2 for each fixed load \n");
fprintf(fl0,"point i to have time dependent (t u v) t=time \n");
fprintf(fl0,"enter 0 to set time step 2 u=0 v=0 all time\n");
for (i=1; i<= nf+nl; i++)
{
fscanf (fl1,"%d ", &k4[i][0]);
fprintf(fl0,"%d  \n",  k4[i][0]);
}  /*  i  */
/*-------------------------------------------------*/   /* 读入固定点、荷载点、给定过程定义数据 */
/* k4[i][0]=0 fixed points c[i][0]=1 flag */
for (i=1; i<= nf+nl; i++)
{
c[i][0] = 0;
if (k4[i][0] == 0)  c[i][0]=1;
if (k4[i][0] == 0)  k4[i][0]=2;
}  /*  i  */
/*-------------------------------------------------*/
/* k4[i][0] start  k4[i][1]  end */
i1=0;
for (i=1; i<= nf+nl; i++)
{
i1        += k4[i][0];
k4[i][1]   = i1;
k4[i][0]   = k4[i][1] - k4[i][0] + 1;
}  /*  i  */
nt=k4[nf+nl][1];
/*************************************************/
/* q0: 0 real max. dspl./ defined max. dspl. */
...                                         /* 开设参数数组 */
/*************************************************/
...                                         /* 读入固定点、荷载点数据 */
```

```
} /*  i  */
...                                                 /* 读入块体材料参数 */
/*---------------------------------------------------*/
...                                                 /* 读入节理强度参数 */
/*---------------------------------------------------*/
...                                                 /* 读入SOR系数 */
fprintf(f10,"%lf  \n",  qq);
...                                                 /* 读入地震数据控制数 */
/*****************************************************/
...                                                 /* 读入水位控制数据 */
fprintf(f10,"=========== end input =========== \n");
fclose(f11);                                        /* 参数输入结束 */
/*****************************************************/
...                                                 /* 读入地震波数据 */
a204:;
/*****************************************************/
...                                                 /* 将读入的文件输入data文件 */
 /*****************************************************/
 /* m4: step    of graphic output*/
 /* m5: number  of graphic output*/                 /* 计算中间结果输出步数 */
 m4 = floor((double)n5/(double)m7 - .000001)+1;
 m5 = floor((double)n5/m4    - .000001)+1;
 /*---------------------------------------------------*/
 /* start graphic output df26 df27 */
 f13 = fopen("dgdt",   "w");
 fprintf(f13,"%d  %d  %d  %d  %d \n",n1, nf+nl+nm,n4,oo, m5);
 fprintf(f13,"%lf %lf %lf %lf    \n",  w[1],w[3],w[2],w[4]);
 /*---------------------------------------------------*/   /* 打开绘图文件，并输出几何控制数据 */
 for (i=1; i<= n1; i++)
 {
 fprintf(f13,"%d %d \n",k0[i][1],k0[i][2]);
 } /*  i  */
 /*****************************************************/
 /* a0: ma wx wy e0 u0 s1 s2 st t1 t2 tt vx vy vr */
 /* e0: ma wx wy e0 u0 c11 c22 c12 t-weight */
 /* v0: velosity of u v r ex ey gxy parameters */
 for (i=1; i<= n1; i++)
 {
```

```
if ( k0[i][0] < 1  )  k0[i][0]= 1;
if ( k0[i][0] > nb )  k0[i][0]=nb;
i1 = k0[i][0];
e0[i][0] = a0[i1][0];
e0[i][1] = a0[i1][1];
e0[i][2] = a0[i1][2];
e0[i][3] = a0[i1][3];
e0[i][4] = a0[i1][4];
e0[i][5] = a0[i1][5] + (h0[i][3]/h0[i][1])*a0[i1][8];
e0[i][6] = a0[i1][6] + (h0[i][3]/h0[i][1])*a0[i1][9];
e0[i][7] = a0[i1][7] + (h0[i][3]/h0[i][1])*a0[i1][10];
e0[i][8] = a0[i1][0]*h0[i][1];
}  /*  i  */
```

/* 将每种材料的密度、体积力、弹模、泊松比、初应力、总质量等赋值到每个块体 */

```
/*----------------------------------------------*/
/* v0: velocity of u v r ex ey gxy parameters */
/* initial velocity */
for (i=1; i<= n1; i++)
{
i1 = k0[i][0];
v0[i][1] = a0[i1][11];
v0[i][2] = a0[i1][12];
v0[i][3] = a0[i1][13];
v0[i][4] = 0;
v0[i][5] = 0;
v0[i][6] = 0;
}  /*  i  */
```

// 给每个块体初速度

```
/*----------------------------------------------*/
/* acumulate strains */
for (i=1; i<= n1; i++)
{
f[i][7] = 0;
f[i][8] = 0;
f[i][9] = 0;
}  /*  i  */
```

// f[][7]~f[][9] 中保存了每个块体累计应变，此处赋初值，必要时可调用

```
/*----------------------------------------------*/
/* confirm numbers of joint material */
for (i=1; i<= n1; i++)
{
i1=k0[i][1];
```

```
i2=k0[i][2];
for (j=i1-1; j<= i2+1; j++)
{
if ( d[j][0] < 1 )  d[j][0]= 1;
if ( d[j][0] > nj )  d[j][0]=nj;
} /*  j  */
} /*  i  */
```

// 检查每个顶点连接边的材料号

```
/**************************************************/
/* output movements of measured points */
v1 = 0;
v2 = 0;
for (i=nf+nl+1; i<=nf+nl+nm;  i++)
{
i2  = (long)g[i][3];
v1 -= h0[i2][1]*e0[i2][2];
v2 += h0[i2][1];
} /*  i  */
/*------------------------------------------------*/
```

// 计算并输出所有测点所在的块体的总重量和总面积。h[i][1]为$i$号块体的面积，e0[][2]为块体的$y$向体积力

```
fprintf(f10,"total measured block weight and area %lf %lf \n", v1, v2);

/*------------------------------------------------*/
/* movements at fixed load measured points */
for (i=1; i<= np; i++)
{
for (j=1; j<=  3; j++)
{
c[i][j]=0;
} /*  j  */
} /*  i  */
/*------------------------------------------------*/
```

/* 对所有的固定点、荷载点、测点赋初值，以后会计算这些点的累计位移 */

```
/* initial zero for solution in begining */
for (i=1; i<= n1; i++)
{
for (j=1; j<= 6 ; j++)
{
z[i][j]=0;
} /*  j  */
```

/* z[ ]为方程组求解结果数值赋初值 */

```
} /* i */
/*-------------------------------------------------*/
cons();                       /* 计算表2-12中的常数,
watr();                          计算各顶点的水头压力 */
}
```

2) watr ( ): 计算每个块体各顶点的水压，并等效为体积力

```
void watr()
{
void wahd();
/*----------------------------------------------*/
/* water load computation for block and edge */
/* reorder control point along x coordinates */
if (m2==0)  goto wa05;
for (i=1; i<= m2-1; i++)
{
for (j=i+1; j<= m2; j++)
{
if (vv[i][0]  <  vv[j][0])  goto wa01;
b1= vv[i][0];
b2= vv[i][1];
vv[i][0] = vv[j][0];
vv[i][1] = vv[j][1];
vv[j][0] = b1;
vv[j][1] = b2;
wa01:;
} /* j */
} /* i */
/********************************************/
```

/* 本子程序计算每个块体上的水压荷载，并将水压荷载等效为$x$、$y$方向的体积力。具体做法是根据水位先计算每个单元每条边上的水压强，进而计算出作用于块体的$x$、$y$向的总水压力，除以面积得到等效体积力。将$x_i$~$H_i$数据按$x_i$由大到小重新排序

```
/* block rotate ox-oy inner normal (-y, x) */
for (i=1; i<= n1; i++)
{
for (j=k0[i][1];   j<= k0[i][2];     j++)
{
t[0][0] = d[j  ][1];
t[0][1] = d[j  ][2];
t[1][0] = d[j+1][1];
t[1][1] = d[j+1][2];
b1= (t[1][0] - t[0][0])*(t[1][0] - t[0][0]);
```

/* 计算第$i$块体的第$j$边位于水下部分的两个端点坐标，t[3][0]，t[3][1]、t[4][0]，t[4][1]（$x_1$，$y_1$、$x_2$，$y_2$）*/

```
b1+= (t[1][1] - t[0][1])*(t[1][1] - t[0][1]);
b1= sqrt(b1);
t[2][0] = (t[0][1] - t[1][1])/b1;
t[2][1] = (t[1][0] - t[0][0])/b1;
/*-------------------------------------------------*/
/* reorder edge node (x1, y1) (x2, y2) x1 <= x2 */
if (t[0][0<t[1][0])  goto wa02;
t[0][0] = d[j+1][1];
t[0][1] = d[j+1][2];
t[1][0] = d[j  ][1];
t[1][1] = d[j  ][2];
/*-------------------------------------------------*/
/* start of water load interval */
wa02:;
x2= t[0][0];                      /* 第j边的第1
y2= t[0][1];                         个节点的压
wahd();                              力水头 */
s0= s1;
/*-------------------------------------------------*/
/* start of water load interval */
/* whole edge is above water */
x2= t[1][0];                      /* 第j边的第2
y2= t[1][1];                         个节点的压
wahd();                              力水头 */
if ((s0 <= 0) && (s1 <= 0))  goto wa04;   //两点都位于水上，转至wa04
/*-------------------------------------------------*/
/* whole edge is underwater */
t[3][0] = t[0][0];
t[3][1] = t[0][1];                // 两点都位于水
t[4][0] = t[1][0];                   下，转至wa03;
t[4][1] = t[1][1];
if ((s0 >= 0) && (s1 >= 0))  goto wa03;
/*-------------------------------------------------*/
/* 1st node under water  2nd node above water */
t[3][0] = t[0][0];                // 计算第j边位于
t[3][1] = t[0][1];                   水下部分的两
a1= -s0/(s1 - s0);                   个端点坐标，
t[4][0] = t[0][0] + a1*(t[1][0] - t[0][0]);   赋予t[3], t[4];
```

```
t[4][1] = t[0][1] + a1*(t[1][1] - t[0][1]);
if ((s0 >= 0) && (s1 <= 0))  goto wa03;
/*---------------------------------------------*/
/* 1st node above water  2nd node under water */
t[4][0] = t[1][0];
t[4][1] = t[1][1];
a1= -s0/(s1 - s0);
t[3][0] = t[0][0] + a1*(t[1][0] - t[0][0]);
t[3][1] = t[0][1] + a1*(t[1][1] - t[0][1]);
if ((s0 <= 0) && (s1 >= 0))  goto wa03;
/*---------------------------------------------*/
/* iterpolation (x, y) of m3 points on interval  */
wa03:;
b1= (t[4][0] - t[3][0])*(t[4][0] - t[3][0]);
b1+= (t[4][1] - t[3][1])*(t[4][1] - t[3][1]);
b1= sqrt(b1);
c1= b1/(double)m3;
for (l=1; l<= m3; l++)
{
a1= ((double)l - 0.5)/(double)m3;
x2= t[3][0] + a1*(t[4][0] - t[3][0]);
y2= t[3][1] + a1*(t[4][1] - t[3][1]);
wahd();
if (s1<= 0)  s1 = 0.0;
x3= s1*c1*uu*t[2][0];
y3= s1*c1*uu*t[2][1];
e0[i][1] += x3/h0[i][1];
e0[i][2] += y3/h0[i][1];
}  /*  l  */
/*---------------------------------------------*/
wa04:;
}  /*  j  */
fprintf(f10,"www i=%d x= %lf y= %lf \n", i, e0[i][1], e0[i][2]);
}  /*  i  */
/*---------------------------------------------*/
wa05:;
}
```

// 水下部分段长度$b$，将$b$分成$m_3$份

/* 将水下部分段所受的水压力等效为单元$x$，$y$方向的体积力e0[i][1]，e0[i][2] */

3) wahd( ): 点 $(x_2, y_2)$ 的压力水头 $S_1$ 计算

```
void wahd()
```

```
{
/*----------------------------------------------*/
/* case of outside of (vv[1][0], vv[m2][0]) */
if (x2<= vv[1 ][0])  s1 = vv[1 ][1] - y2;
if (x2<= vv[1 ][0])  goto wh03;
if (x2>= vv[m2][0])  s1 = vv[m2][1] - y2;
if (x2>= vv[m2][0])  goto wh03;
/*----------------------------------------------*/
/* case of  inside of (vv[1][0], vv[m2][0]) */
for (l0=2; l0<= m2; l0++)
{
if (x2<= vv[l0][0])  l2 = l0;
if (x2<= vv[l0][0])  goto wh01;
}  /* l0  */
/*----------------------------------------------*/
/* finding water level of (x2, y2) */
wh01:;
l1=l2 - 1;
s3= (x2- vv[l1][0])/(vv[l2][0] - vv[l1][0]);
s2= vv[l1][1] + s3*(vv[l2][1] - vv[l1][1]);
s2-= y2;
/***********************************************/
/* choose this paragraph or next whole paragragh  */
/* vertical water head for dam computation  */
s1= s2;
goto wh03;

...
wh03:;
}
```

/* $(x_2, y_2)$点位于水压定义范围以外，给定相应水头值 */

/* 点$(x_2, y_2)$位于水压定义范围内，求相应压力水头$S_1$ */

4) df03：计算本时步的初始时间步长及各块体边的角度

```
void df03()
{
void step();
void angl();
void mblo();
void mjoi();
```

```
if (k6 == 1)  fprintf(fl0,"--- 3000--- \n");
/*------------------------------------------------*/
/* step: compute next time interval */
/* angl: material constants of bolts */
/* mblo: material constants of blocks */
/* mjoi: material constants of joints */
step();                          // 计算起始时间步长
angl();                          // 计算围成各块体的边的角度
mblo();                          // 无用
mjoi();
/*------------------------------------------------*/
}
```

4. 接触搜索与传递

本部分包括 Df04~Df07 四个子程序，分别完成按距离搜索可能的接触 (DF04)、按角度搜索可能的接触 (DF05)、接触传递 (DF06，即将上一计算时步的接触状态传递到新的计算时步)、接触的初始化 (DF07)。本部分是 DDA 的核心内容之一，需要参照前述 1.3 节内容学习理解。

1) Df04：根据角–角或角–边的距离搜索接触

搜索可能接触的两个块体的所有角和边，计算角–角、角–边的距离，当角对角距离小于 $d_0$ 时角–角接触，当角对边距离小于 $d_0$ 且接触点位于边内时角–边接触。按距离搜索可能接触的过程图见图 1-68。

```
/************************************************/
/* df04: contact finding by distance criteria */
/************************************************/
void df04()
{
double sign();
if (k6 == 1)  fprintf(fl0,"--- 4000--- \n");
/*------------------------------------------------*/
/* save contact positions of previous step */
if (nn == 1) goto a401;                 // 第一步跳过传递
for (i=1; i<= n2; i++)
{                                       /* 将上一时步所有
for (j=0; j<=6; j++)                       接触的定义数据
{                                          m[i][j]保存到m1[i][j]
m1[i][j]=m[i][j];                          中，以备接触传
                                           递使用 */
```

```
} /*  j  */
} /*  i  */
/*-----------------------------------------------------*/
/* save o2 into o5 and correct o3 o4 for transfer */
for (i=1; i<= n2; i++)              /* 将接触比o[i][2]保存到o[i][5]，
                                       以备接触传递使用 */
{
                                    /* 当i号接触处于接触状态且为角-边
                                       接触时，保留原有滑动方向 */
o[i][5] = o[i][2];
if (m0[i][2]==1&&m[i][0]==0) o[i][4]=.0000000000001*w0*sign(o[i][4]);
if (m0[i][2]==0) o[i][3]=0;           /* 原来的o[i][3]，o[i][4]中保存法
if (m0[i][2]==0||m[i][0]==1) o[i][4]=0;  向贯入量和切向变形值，当接
m0[i][3] = m0[i][2];                     触张开时，法向和切向的变形
} /*  i  */                              值均为"0"，当角-角接触时，
                                         切向变形值为"0" */
/*-----------------------------------------------------*/
/* releas tension or shear locks */     /* 将当前开闭状态保存到m0[i][3]，
for (i=1; i<= n2; i++)                     以备接触传递用 */
{
if (m0[i][2] != 2)  m0[i][0]=0;       // 当接触处于非粘结状态时，
if (m0[i][0] != 2)  m0[i][0]=0;       //   将m0[i][0]置"0"
} /*  i  */                           // 保存上一步总的接触个数到n6
n6=n2;
a401:;
/*******************************************************/
/* if d0 small distance is main contact creteria */
/* c0[][] xl xu yl yu */
for (i=1; i<= n1; i++)
{
i1=k0[i][1];
i2=k0[i][2];
c0[i][1]=d[i1][1];
c0[i][2]=d[i1][1];                    /* 计算每个块体外部
c0[i][3]=d[i1][2];                       轮廓的四个角点，
c0[i][4]=d[i1][2];                       见图1-67
for (j=i1; j<= i2; j++)
{
if (c0[i][1]>d[j][1])  c0[i][1]=d[j][1];
if (c0[i][2]<d[j][1])  c0[i][2]=d[j][1];
if (c0[i][3]>d[j][2])  c0[i][3]=d[j][2];
if (c0[i][4]<d[j][2])  c0[i][4]=d[j][2];
} /*  j  */
```

```
} /*  i  */
/**************************************************/
/* contact finding by distance criteria */
/* d0 : normal external    distance for contact */
/* d0 : normal penetration distance for contact */
/* m6 : number of contact vertices */
m6=0;
/*--------------------------------------------------*/
```

/* 按距离搜索接触的容差为 $d_0$，已在DF02( )中调用cons( )函数计算，$d_0=2.5\times w_0\times g_2$ */

```
/* if two boxes of blocks are near */
for (ii=1; ii<= n1-1; ii++)
{
for (jj=ii+1; jj<= n1; jj++)
{
if (c0[ii][2]+d0<c0[jj][1]) goto a407;
if (c0[jj][2]+d0<c0[ii][1]) goto a407;
if (c0[ii][4]+d0<c0[jj][3]) goto a407;
if (c0[jj][4]+d0<c0[ii][3]) goto a407;
/*--------------------------------------------------*/
```

/* 用两个块体的外部轮廓矩形，判断两个块体是否可能接触，见式(1-164) */

```
for (i=k0[ii][1]; i<=k0[ii][2]; i++)
{
for (j=k0[jj][1]; j<=k0[jj][2]; j++)
{
x1=d[i][1];
yi=d[i][2];
x2=d[i+1][1];
y2=d[i+1][2];
x3=d[j][1];
y3=d[j][2];
x4=d[j+1][1];
y4=d[j+1][2];
/*--------------------------------------------------*/
/* vi-vj contact   vi concave */
/* 2 v-e contact v_j-e_i+1 e_i  v_j-e_ie_i-1 */
if ((x1-x3)*(x1-x3)+(yi-y3)*(yi-y3)> d0*d0) goto a404;   // 1~3点距离大于 d0,
if (u[i][2] < 180+.0001) goto a402;  // i点处为凸角，到a402;
m6+=1;                               // j角和i角接触，且i为凹角，有两个
k[m6] = (-1)*j;                      // 可能接触
k1[m6] = i;
```

```
/*------------------------------------------------*/
m6+=1;
k[m6]  = (-1)*j;
k1[m6] = i-1;
if (i==k0[ii][1])  k1[m6] = k0[ii][2];
goto a406;
/*------------------------------------------------*/
/* vi-vj contact   vj concave */
/* 2 v-e contact v_i-e_j+1 e_j  v_i-e_je_i-j */
a402:;
if (u[j][2] < 180+.0001) goto a403;
m6+=1;
k[m6]  = (-1)*i;                  /* 角j为凹角有两个接触:
k1[m6] = j;                          角i与边j-1,j, 以及角
                                     i与边j,j+1 */
/*------------------------------------------------*/
m6+=1;
k[m6]  = (-1)*i;
k1[m6] =j-1;
if (j==k0[jj][1])  k1[m6] = k0[jj][2];
goto a406;                          // 角-角接触
/*------------------------------------------------*/
/* vi-vj contact  angle vi vj <=180 */
a403:;
m6+=1;
k[m6] = i;
k1[m6] = j;
goto a406;
/**************************************************/
/* (p1 p2): inner  normal of line p1p2 */ /* P1~P4为边i,i+1的正弦、斜弦;
/* (p3 p4): vector along    line p1p2 */    P5~P8为j,j+1的正弦、余弦 */
a404:;
x5=(x1+x2)*.5;
y5=(yi+y2)*.5;
a1=sqrt((x2-x1)*(x2-x1)+(y2-yi)*(y2-yi));
p1=(yi-y2)/a1;
p2=(x2-x1)/a1;
p3=(x2-x1)/a1;
p4=(y2-yi)/a1;
```

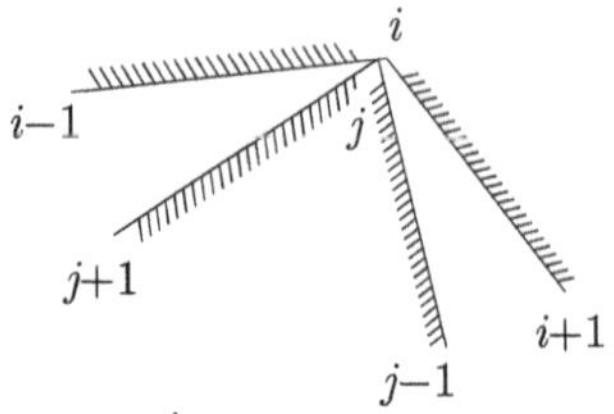

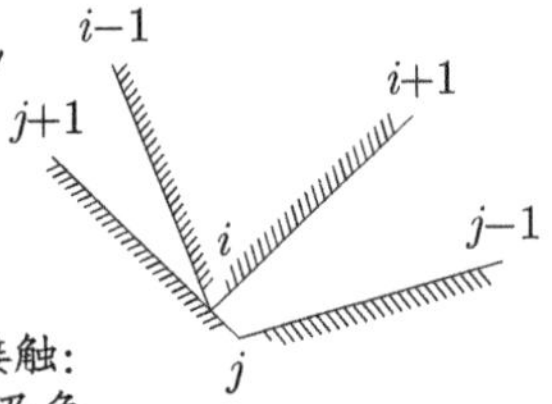

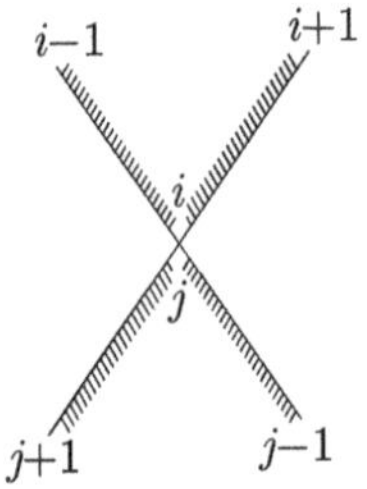

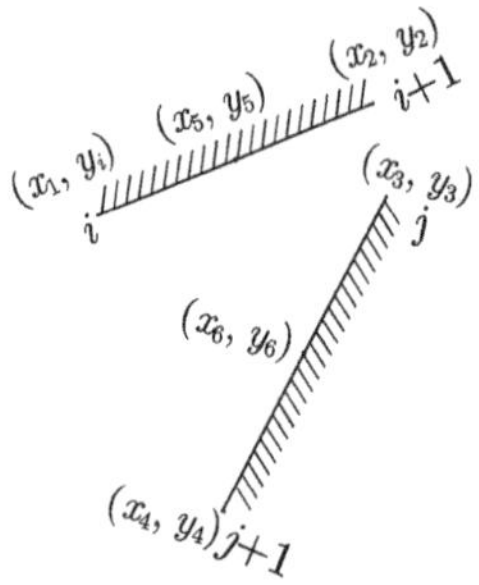

```
/*----------------------------------------------*/
/* (p5 p6): inner  normal of line p3p4 */
/* (p7 p8): vector along    line p3p4 */
x6=(x3+x4)*.5;
y6=(y3+y4)*.5;
a2=sqrt((x4-x3)*(x4-x3)+(y4-y3)*(y4-y3));
p5=(y3-y4)/a2;
p6=(x4-x3)/a2;
p7=(x4-x3)/a2;
p8=(y4-y3)/a2;
/*----------------------------------------------*/
d1=p5*(x1-x6)+p6*(yi-y6);              // d1为点i到j,j+1的法向距离
d2=p7*(x1-x6)+p8*(yi-y6);              // d2为点i到j,j+1的切向距离
d3=p1*(x3-x5)+p2*(y3-y5);              // d3为点j到i,i+1的法向距离
d4=p3*(x3-x5)+p4*(y3-y5);              // d4为点j到i,i+1的切向距离
/*----------------------------------------------*/
/* vi - ej+1 j contact  h5=0.4  d0 in dstn() */  // 点i与点j+1可能发生接
if ((x1-x4)*(x1-x4)+(yi-y4)*(yi-y4)<=d0*d0)goto a405; 触，不判定角-边接触
if (fabs(d2) >    a2/2) goto a405;
if (d1<-d0 || d1>h5*d0) goto a405;//角-边距离小于d0
m6+=1;                                 则角i与边j,j+1接触
k[m6]  = (-1)*i;
k1[m6] =      j;
/*----------------------------------------------*/
/* vj - ei+1 i contact */
a405:;                                         // 角i+1与角j接触，
if ((x3-x2)*(x3-x2)+(y3-y2)*(y3-y2)<=d0*d0) goto a406;  角-角接触
if (fabs(d4) >    a1/2) goto a406;
if (d3<-d0 || d3>h5*d0) goto a406;  // 角j与边i,i+1太远或位于边以外，不接触
m6+=1;
k[m6]  = (-1)*j;
k1[m6] =i;
/*----------------------------------------------*/
a406:;
} /*  j  */
} /*  i  */
a407:;                                 // 角j与边i,i+1接触，角j与边i,i+1接触
} /*  jj */
```

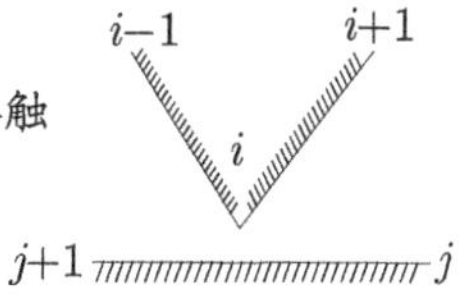

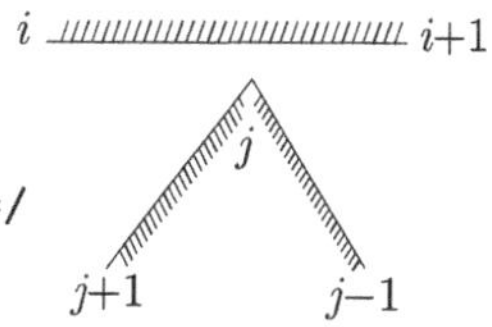

```
} /*  ii */          // 根据角的关系判断接触原理，见1.3.4节第3部分
}
```

2) DF05：通过角与角之间的相互关系判断接触

```
/*************************************************/
/* df05: contact finding by angle criteria */
/*************************************************/
void df05()
{
if (k6 == 1)  fprintf(f10,"--- 5000--- \n");
/*-----------------------------------------------*/
/* n2 number of contacts m[] */
n2=0;
for (i=1; i<= m6; i++)          // m6为通过距离搜索到的可能接触个数
{
/*-----------------------------------------------*/
/* vector i2i1 i2i3 j2j1 j2j3 rotate from x to y */   // 将可能接触的两个角的相关顶点，按图示顺序排列
/* in block i3 i2 i1 j3 j2 j1 rotate from x to y*/
i2=labs(k[i]);
j2=k1[i];
i0=n0[i2];
jo=n0[j2];
i3=i2-1;
if (i2==k0[i0][1])  i3=k0[i0][2];
j3=j2-1;
if (j2==k0[jo][1])  j3=k0[jo][2];
i1=i2+1;
if (i2==k0[i0][2])  i1=k0[i0][1];
ji=j2+1;
if (j2==k0[jo][2])  ji=k0[jo][1];
/*-----------------------------------------------*/
/* direction angle of i2i1 i2i3 j2j1 j2j3  ox=>oy */
e[1][1]=u[i2][1];
e[2][1]=u[i3][1]-180;                    // 构成两个角四条边的方向角
e[3][1]=u[j2][1];
e[4][1]=u[j3][1]-180;
/*-----------------------------------------------*/
/* v - e 180 angle j j2j1 j1j2 rotate from x to y */
if (k[i]<0)  e[4][1]=e[3][1]-180;
```

```
for (j=1; j<=  4; j++)
{
if (e[j][1]<0)  e[j][1] += 360;
}  /*  j  */
/*--------------------------------------------------*/
/* e1 angle i2 i2i1=>i2i3 e2 angle j2 j2j1=>j2j3 */
e1=e[2][1]-e[1][1];
e2=e[4][1]-e[3][1];
if (e1<0)  e1+=360;
if (e2<0)  e2+=360;
/*--------------------------------------------------*/
/* e3 angle i2i1=>j2j1  e4 angle i2i3=>j2j3 */
e3=e[3][1]-e[1][1];
e4=e[4][1]-e[2][1];
if (e3<0)  e3+=360;
if (e4<0)  e4+=360;
/*--------------------------------------------------*/
/* e5 j2j3=>i2i1  e6 i2i3=>j2j1  e5 e6 may <0 */
e5=360-e3-e2;
e6=e3-e1;
/*--------------------------------------------------*/
/* 1st angle e1=>e2 > 2nd angle e3=>e4  for check */
/* e[0][2] check if whole 2nd angle lay in 1st */
e[1][2]=e[1][1];
e[2][2]=e[1][1]+e1;
e[3][2]=e[3][1];
e[4][2]=e[4][1];
e[0][2]=e[3][1]+0.5*e2;
if (e1>e2) goto a501;
e[1][2]=e[3][1];
e[2][2]=e[3][1]+e2;
e[3][2]=e[1][1];
e[4][2]=e[2][1];
e[0][2]=e[1][1]+0.5*e1;
/*--------------------------------------------------*/
/* angle overlay check for contacts */
/* h1 angle overlay allowance=3 degree   cons() */
a501:;
```

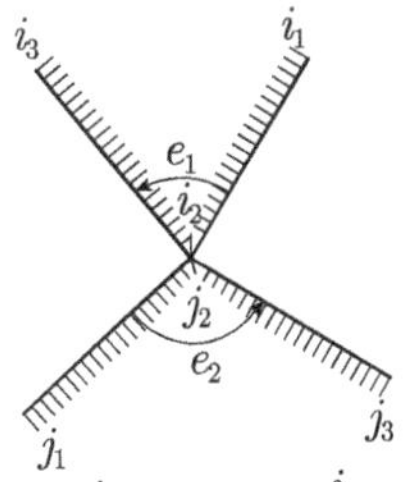

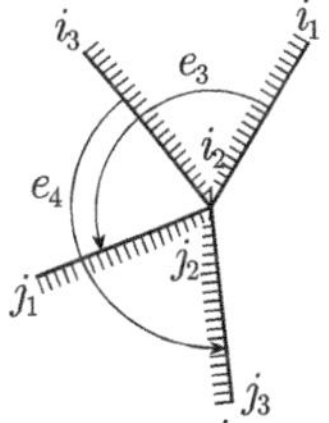

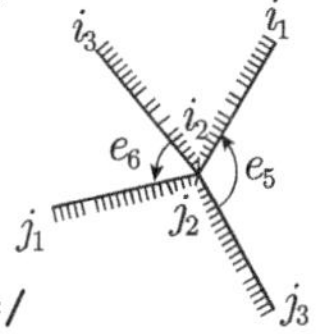

/* 取e[1][2]，e[2][2]为大角，e[3][2]，e[4][2]为小角，e[0][2]为小角的平分线方向 */

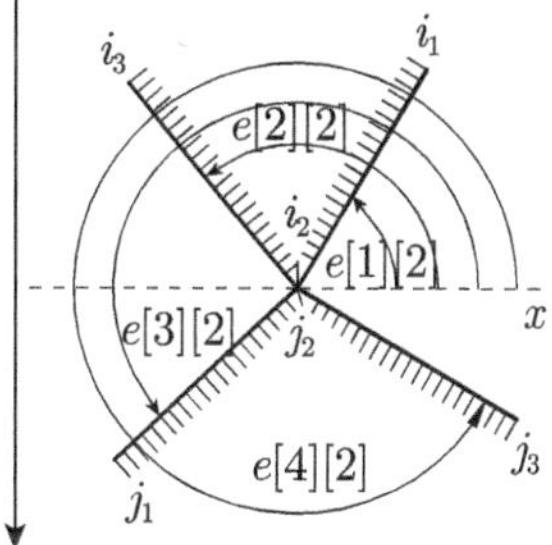

```
if (e[1][2]+h1<e[0][2] && e[0][2] <e[2][2]-h1) goto a508;
if (e[1][2]+h1<e[3][2] && e[3][2] <e[2][2]-h1) goto a508;
if (e[1][2]+h1<e[4][2] && e[4][2] <e[2][2]-h1) goto a508;
if (e[1][2]+h1<e[0][2]+360 && e[0][2]+360<e[2][2]-h1) goto a508;
if (e[1][2]+h1<e[3][2]+360 && e[3][2]+360<e[2][2]-h1) goto a508;
if (e[1][2]+h1<e[4][2]+360 && e[4][2]+360<e[2][2]-h1) goto a508;
if (k[i] > 0) goto a502;      角-角接触
/* 角与角、角与边的重叠判断，见图1-52、图1-59、图1-60 */
/*-------------------------------------------------*/
/* v-e v=i2 edge j1j2   m[][0]=0 v-e m[][0]=1 v-v */
/* m[][4] m[][5] 2 side of i2 for lock legth */
n2+=1;
m[n2][0]=0;
m[n2][1]=i2;
m[n2][2]=ji;
m[n2][3]=j2;
m[n2][4]=0;
m[n2][5]=0;
m[n2][6]=0;
if (e5<h1)  m[n2][4]=i1;
if (e6<h1)  m[n2][5]=i3;
goto a508;
/* 点i2与边j1j2接触。当e5<h1时为边i1i2与边j1j2接触。当
   e6<h1时为边i2i3与边j1j2接触 */
/***************************************************/
/* v-v vertex i2 vertex j2  i2<=180 j2<=180 */
/* reduce to v-e when adjacent lines are parallel */
a502:;                          // 角-角接触
if (e5<h1) goto a503;           // e5<h1时为边-边接触
if (e6<h1) goto a504;           // e6<h1时为边-边接触
goto a505;                      // 角-角接触，无边-边接触
/*-------------------------------------------------*/
/* contact edge of e5 as entrance   m[][6]>0 */
/* both e5<h1 e6<h1  both angle i2 j2 =180+-2h */
a503:;
n2+=1;
m[n2][0]=0;
m[n2][1]=i2;
m[n2][2]=j2;
m[n2][3]=j3;
m[n2][4]=j2;
```

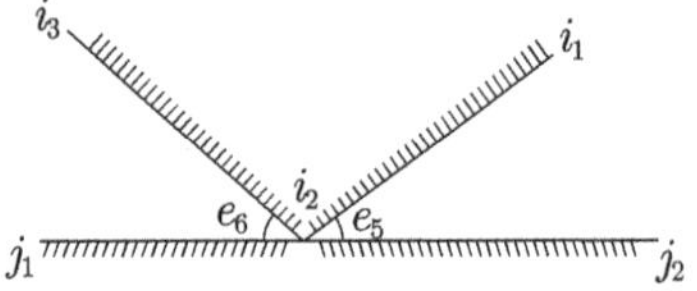

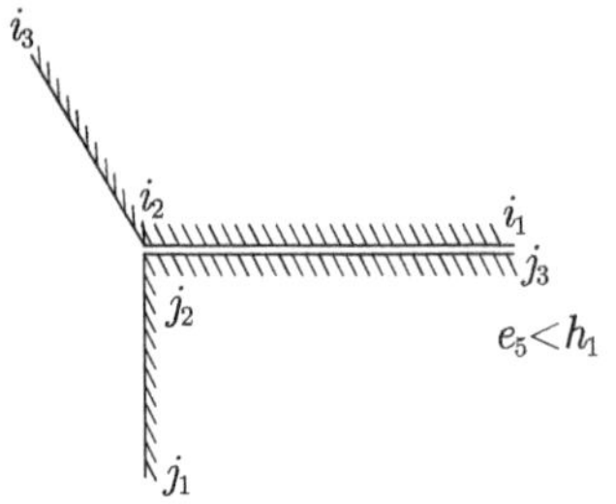

```
m[n2][5]=i1;
m[n2][6]=i2;
if (e6<h1) goto a504;
goto a508;
/*--------------------------------------------------*/
/* contact edge of e6 as entrance   m[][6]>0 */
a504:;
n2+=1;
m[n2][0]=0;
m[n2][1]=j2;
m[n2][2]=i2;
m[n2][3]=i3;
m[n2][4]=i2;
m[n2][5]=ji;
m[n2][6]=j2;
goto a508;
/***************************************************/
/* v-v i2<180 j2<180   entrance line j1j2 or i1i2 */
/* entrance symmetry if e3=180+-.3h1 take large y */
a505:;
a1=0.5*e1+e[1][1];
a2=0.5*e2+e[3][1];
d1=fabs(sin(dd*a1));
d2=fabs(sin(dd*a2));
n2+=1;
m[n2][0]=1;
m[n2][1]=i2;
m[n2][2]=ji;
m[n2][3]=j2;
b1=e[3][1];
if (e3<=180-.3*h1||(e3<=180+.3*h1&&d2>=d1)) goto a506;
m[n2][1]=j2;
m[n2][2]=i1;
m[n2][3]=i2;
b1=e[1][1];
/*--------------------------------------------------*/
/* v-v i2<180 j2<180 entrance line i2i3 or j2j3 */
/* entrance symmetry if e4=180+-.3h1 take large y */
```

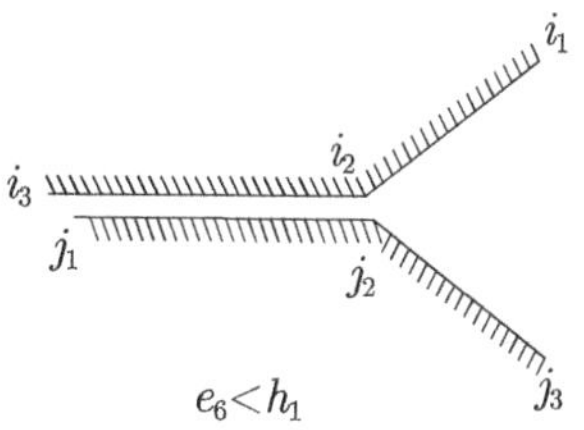

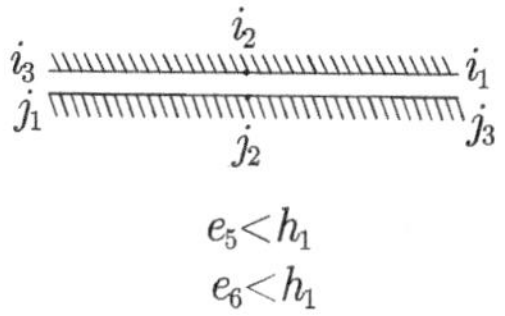

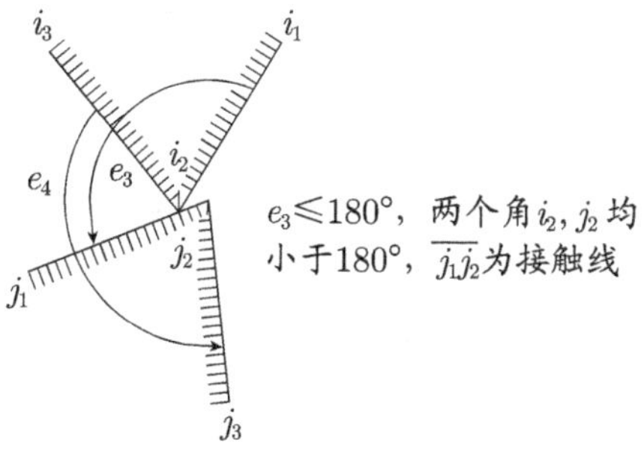

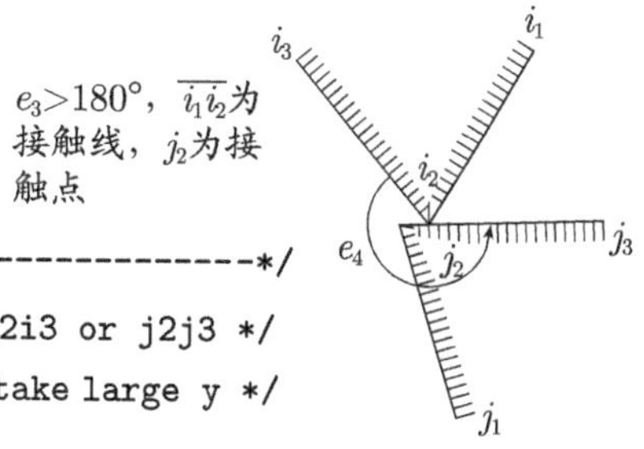

$i_1$ $i_2$ $i_3$ $j_1$ $j_2$ $j_3$

$e_6<h_1$

$i_2$ $i_3$ $i_1$ $j_1$ $j_3$ $j_2$

$e_5<h_1$

$e_6<h_1$

$i_3$ $i_1$ $i_2$ $e_4$ $e_3$ $j_2$ $j_1$ $j_3$

$e_3\leqslant180°$，两个角$i_2$, $j_2$均小于180°，$\overline{j_1j_2}$为接触线

$e_3>180°$，$\overline{i_1i_2}$为接触线，$j_2$为接触点

$i_3$ $i_1$ $i_2$ $e_4$ $j_3$ $j_2$ $j_1$

```
a506:;
m[n2][4]=j2;
m[n2][5]=i2;
m[n2][6]=i3;
b2=e[2][1];
```

$e_4<180°$，$j_2$为接触点，$\overline{i_2i_3}$为接触线

```
if (e4<=180-.3*h1||(e4<=180+.3*h1&&d1>=d2)) goto a507;
m[n2][4]=i2;
m[n2][5]=j2;
m[n2][6]=j3;
b2=e[4][1];
```

$e_4>180°$，$i_2$为接触点，$\overline{j_2j_3}$为接触线

```
/*--------------------------------------------------*/
/* make 1st entrance symmetry  initialy locked */
a507:;
d1=fabs(sin(dd*b1));
d2=fabs(sin(dd*b2));
```

两条接触线的正弦值

```
if (d1>=d2) goto a508;
for (j=1; j<= 3; j++)
{
j6= m[n2][j];
m[n2][j] = m[n2][j+3];
m[n2][j+3] = j6;
}  /*  j  */
a508:;
```

/* 调整接触线次序，让更接近$y$轴的一条边所在的接触在先 */

```
if (n2==11*n1-1) fprintf(f10,"@@@i= %d n2=%d \n",i,n2);
/* if (n2==11*n1-1) fprintf(f10,"@@@ m6= i=%d n2=%d \n",i,n2); */
}  /*  i  */
/*--------------------------------------------------*/
}
```

3) DF06：接触传递

```
/**************************************************/
/* df06: contact transfer                         */
/**************************************************/
void df06()
{
double sign();
if (k6 == 1)  fprintf(f10,"--- 6000--- \n");
/*--------------------------------------------------*/
/* initiate o0 o1 o2 of next step for transfer */
```

```
/* k[] flag of contact point transfer df07 proj() */
for (i=1; i<= n2; i++)
{
m0[i][1] = 0;
m0[i][2] = 0;
o[i][0]  = 0;
o[i][1]  = 0;
o[i][2]  = 0;
k[i] = 0;
} /* i */
/**************************************************/
/* mm[][0-1] start-end  first block index of m[] */
for (i=1; i<= n1; i++)
{
mm[i][0]=0;
} /* i */                                  // 为数组m0、o、k、mm赋初值
/*------------------------------------------------*/
for (i=1; i<= n2; i++)
{
i1=m[i][1];
ji=m[i][2];
i2=n0[i1];
j2=n0[ji];
if (i2>j2)  i2=j2;
mm[i2][0] += 1;
} /* i */
/*------------------------------------------------*/
```

// 计算每个块体的接触数

```
mm[0][1]=0;
for (i=1; i<= n1; i++)
{
mm[i][1]=mm[i][0]+mm[i-1][1];
mm[i][0]=mm[i][1]-mm[i][0]+1;
} /* i */
/**************************************************/
```

/* 每个块体的接触序号索引，mm[i][0]为块体i的起始接触号，mm[i][1]为块体i的终止接触号 */

```
/* m0[][0] tension flag save to k1[] to transfer */
if (nn==1) goto a606;
for (i=1; i<= n6; i++)
{
```

// 将旧接触后的粘结状态保存到k1[ ]

```
k1[i] = m0[i][0];
} /*  i  */
/*-------------------------------------------------*/
for (i=1; i<= n2; i++)                          // 新接触的初始状态都设置为“0”
{
m0[i][0] = 0;
} /*  i  */
/**************************************************/
/* transfer contacts  m1[6]>0 for co-edge   nn>=1 */
for (ii=1; ii<= n6; ii++)
{
m0[ii][4]=0;                              //上次张开，不用传递
if (m0[ii][3] ==0) goto a602;
if (m0[ii][3] ==3) m0[ii][4]=1;
if (m0[ii][3] ==3) m0[ii][3]=0;
/*-------------------------------------------------*/
i0=m1[ii][0];                         // =0，角-角接触；=1，角-边接触
/* if (m1[ii][6] > 0) i0=1; */
for (jj=0; jj<= i0; jj++)
{
i1=m1[ii][1];                         // 接触点
ji=m1[ii][2];                         // 接触线
i2=n0[i1];                            // 块体号
j2=n0[ji];
if (i2>j2)  i2=j2;
/*-------------------------------------------------*/
/* i2 same start block   m[6]>0 for co-edge */
for (i=mm[i2][0]; i<= mm[i2][1]; i++) // i为新的接触号
{
jo= m[i][0];
if (m[i][6] > 0) jo=1;                  // 共边时一条接触信息中的两个接触
for (j=0; j<= jo; j++)
{
if (m0[ii][jj+3]==0) goto a601;         // 旧接触张开，不传递
if (m[i][3*j+1] != m1[ii][3*jj+1]) goto a601;   // 新旧接触不是同一接触，不传递
if (m[i][3*j+2] != m1[ii][3*jj+2]) goto a601;
if (m[i][3*j+3] != m1[ii][3*jj+3]) goto a601;
/*-------------------------------------------------*/
```

```
/* last step o3 o4 o5 goto next step o0 o1 o2 */
/* m0=3 o3 for other spring  o1 other normal dspl */
o[i][0]=o[ii][3];                                /* 新旧接触为同一接触，将旧接触信息传递到新的接触 */
o[i][1]=o[ii][4];
o[i][2]=o[ii][5];
if (j==0 && m[i][0]==1) o[i][0]=o[ii][3];
if (j==0 && m[i][0]==1) o[i][1]=0;               // 角-角接触第一边法向，第二边切向
if (j==1 && m[i][0]==1) o[i][0]=0;
if (j==1 && m[i][0]==1) o[i][1]=o[ii][3];
/*-----------------------------------------------*/
/* k[] flag of contact point transfer df07 proj() */
/* 2 v-e j=0 jj=0 same edge k[]=1 keep lock point */
/* m0[0-2] transfer v-v transfer v-e set m0[][]=2 */
m0[i][j+1] = m0[ii][jj+3];
m0[i][0] = k1[ii];
if (m[i][0]==0 && m0[ii][3]==2 && jj==0) k[i]=1;   // 边-边接触，粘结或锁定
if (m[i][0]==0 && m1[ii][0]> 0)  m0[i][j+1]=2;     // v-v传给v-e，锁定
a601:;
} /*  j  */
} /*  i  */
} /*  jj */
a602:;
} /*  ii */
/*************************************************/
/* m0[][1]=0  m0[][2]=1 => m0[][2]=3  v-e to v-v */
/* m[][0]=0 i2>0 co-edge match m[][4-6]=>m[][1-3] */
/* set m0[i][1]=0 before open-close iterations */
for (i=1; i<= n2; i++)
{
if (m[i][0]==0)  goto a603;                      // 角-角接触，继承原来接触状态
i1=m0[i][1];
i2=m0[i][2];
if (i1 != 0)  m0[i][2]=1;
if (i2 != 0)  m0[i][2]=3;
m0[i][1]=0;
a603:;
} /*  i  */
/*-----------------------------------------------*/
```

```
/* to v-e one transfer line */
for (i=1; i<= n2; i++)
{
if (m[i][0] ==0 && m[i][6]==0) m0[i][2]=m0[i][1];// 角-边接触,继承
if (m[i][0] ==0 && m[i][6]==0) m0[i][1]=0;          原来接触状态
}  /*  i  */
/************************************************/// 原来为v-v接触
/* v-v to v-e co-edge     set i1 in between i2 i3 */  当前为v-e共边
/* switch m[][j] m[][j+3] o[][2] cange o0 o1 same */
/* m0[][1-2]=2 keep old penetration & line point  */
for (i=1; i<= n2; i++)
{
if (m[i][0]==1 || m[i][6]==0 || m0[i][1]==2) goto a604;
i1 = m[i][1];
i2 = m[i][2];                               // 角-边接触有共边，调整顺序
i3 = m[i][3];
x1 = d[i2][1]-d[i1][1];
yi = d[i2][2]-d[i1][2];
x2 = d[i3][1]-d[i1][1];
y2 = d[i3][2]-d[i1][2];
d1 = (x1*x2 + yi*y2);
if (d1<=0 && m0[i][2]!=2) goto a604;  // i1位于i2、i3之间，或未锁定，不调整
/*----------------------------------------------*/
m[i][1] = m[i][4];
m[i][2] = m[i][5];                   /* 锁定状态或i1不位于i2、i3之间，调整
m[i][3] = m[i][6];                      接触顺序 */
m[i][4] = i1;
m[i][5] = i2;
m[i][6] = i3;
a604:;
}  /*  i  */
/*----------------------------------------------*/
/* to v-e two transfer lines */
for (i=1; i<= n2; i++)
{                                          /* 由角-角接触转换的角-边接
if (m[i][0] ==1 || m[i][6] ==0) goto a605;    触未设置m0[ ][2]时，继承上
if (m0[i][2] == 0)  m0[i][2]=m0[i][1];        一步状态 */
m0[i][1]=0;
```

```
a605:;
} /*  i  */
/*************************************************/
/* m1[i][0] joint material number  edge m[i][3-2] */
/* m[][2]-m[][3]=>d[i+1][]-d[i][] d[i+1][0] joint */
a606:;
l4 = 0;
for (i=1; i<= n2; i++)
{
if (m0[i][2] != 0) l4+=1;
i1  =m[i][2];
m1[i][0]=(long)d[i1][0];       // 将边j2j3的材料号作为本接触的材料号
} /*  i  */
/*-----------------------------------------------*/
}

/*************************************************/
/* df07: contact initialization */
/*************************************************/
void df07()
{
void proj();
if (k6 == 1)  fprintf(f10,"--- 7000--- \n");
/*-----------------------------------------------*/
/* o5 contact length     o1 set sliding direction */
/* initiate o3 o4 o5 for comparation of sliding */
for (i=1; i<= n2; i++)
{
if (m0[i][2]==1&&m[i][0]==0) o[i][1]=.0000000000001*w0*sign(o[i][1]);
if (m0[i][2]==1&&m[i][0]==0) o[i][4]=o[i][1]; /* 接触时的法向、切向变
if (m0[i][2]==1&&m[i][0]==0) o[i][3]=o[i][0];    形。接触长度置 "0" */
o[i][5]  = 0;                                   // 初始接触长度等于零
} /*  i  */
/*-----------------------------------------------*/
/* contact length and contact point     nn=1 nn>1 */
for (i=1; i<= n2; i++)
{
if (nn==1) m0[i][0] = 0;
```

```
1907    if (m[i][0] ==  1) goto a705;   /* 从1902行到1957行，计算每个接触的接触比
1908    if (m[i][6] ==  0) goto a701;   (o[i][2])，接触点的位置边的比例，当为边-
1909    if (m[i][6] > 0) goto a704;     边接触时，计算接触长度(o[i][5])，给定接
                                        触定义上的4个点，调用proj()函数完成上述
                                        计算 */
1910    /*-----------------------------------------------*/
1911    /* v-e => v-e m[][4]>0 set tension m0[][0]=2 */
1912    a701:;
1913    if (m[i][4] == 0) goto a702;
1914    i1 = m[i][1];
1915    i2 = m[i][2];                   /* 角-边接触，求共边长度，即接触
1916    i3 = m[i][3];                      长度，第一次计算设置为粘结状态 */
1917    i4 = m[i][4];
1918    if (nn==1) m0[i][0] = 2;
1919    proj();
1920    /*-----------------------------------------------*/
1921    /* v-e => v-e m[][5]>0 set tension m0[][0]=2 */
1922    a702:;
1923    if (m[i][5] == 0) goto a703;
1924    i1 = m[i][1];                   /* 角-边接触，j1j2与i2i3有共线，
1925    i2 = m[i][2];                      求接触长度，设置为粘结状
1926    i3 = m[i][3];                      态，求接触位置比o[i][2] */
1927    i4 = m[i][5];
1928    if (nn==1) m0[i][0] = 2;
1929    proj();
1930    goto a705;
1931    /*-----------------------------------------------*/
1932    /* v-e => v-e no co-edge m[i][4]=0 m[i][5]=0 */
1933    a703:;
1934    i1 = m[i][1];
1935    i2 = m[i][2];
1936    i3 = m[i][3];                   // 角-边接触，求接触位置比o[i][2]
1937    i4 = 0;
1938    proj();
1939    goto a705;
1940    /*-----------------------------------------------*/
1941    /* v-v => v-e e5<h1 or e6<h1 tension m0[][0]=2 */
1942    a704:;
1943    i1 = m[i][1];
1944    i2 = m[i][2];
```

```
i3 = m[i][3];
i4 = m[i][5];                          /* 由角-角接触传递转化
if (nn== 1) m0[i][0] = 2;                 的角-边接触,求接触长
                                          度o[ ][5]、接触位置比o[ ][2] */
proj();
/*-----------------------------------------------*/
/* due transfer m[][i+3] may m[][i] m[][5]-m[][6] */
i1 = m[i][1];
i2 = m[i][2];                          /* 由角-角接触转化的角-
i3 = m[i][3];                             边接触，第2个接触，求
i4 = m[i][6];                             o[ ][5 ]、o[ ][2] */
proj();
a705:;
} /* i */
/*************************************************/
/* nn=1 set initial open-close state m0[][2] */
/* starting with m0[][2]=1 check initial contact */
if (nn > 1) goto a707;
for (i=1; i<= n2; i++)                 // 首次计算，设置初始值
{
m0[i][2]=1;
for (j=0; j<= m[i][0]; j++)
{
ji = m[i][j*3+1];
j2 = m[i][j*3+2];
j3 = m[i][j*3+3];
x1 = d[ji][1];
yi = d[ji][2];
x2 = d[j2][1];
y2 = d[j2][2];
x3 = d[j3][1];
y3 = d[j3][2];
/*-----------------------------------------------*/
/* j1 j2 j3 rotate from x to y => no penetration */
/* nearly close = close   s[] normal distance */
a1 = sqrt((x3-x2)*(x3-x2)+(y3-y2)*(y3-y2));
s[j+1] = ((x2-x1)*(y3-yi)-(y2-yi)*(x3-x1))/a1;   // 当角边距离大于
if (s[j+1]> f0*d0)  m0[i][2]=0;                     容差时，张开
} /* j */
```

```
/*------------------------------------------------*/
/* v-e  if close  set lock */
if (m0[i][2]==0) goto a706;
if (m[i][0] ==0) m0[i][2]=2;
if (m[i][0] ==0) goto a706;
/*------------------------------------------------*/
/* v-v  if close choose shortest distance */
m0[i][2]=1;
if (s[1] < s[2])  m0[i][2]=3;          /* 角-角接触取距离小者
a706:;                                     为接触边mo[ ][2]=3,
}  /*  i  */                               与第二角边接触 */
a707:;
/*------------------------------------------------*/
}
```

5. 整体方程刚度矩阵索引数组及刚度矩阵数组分配

对所有块体分析后，在 DDA 方程中形成了一个 $n_1 \times n_1$ 阶二维矩阵 (如式 (1-132))，其中 $A_{ij}$ 为 6×6 子矩阵。矩阵 $[A]$ 为一个对称的稀疏矩阵；含有大量 “0” 元素，在通过数组对刚度矩阵 $[A]$ 进行存储时，没有必要保存 “0” 元素，也没必要将对称部分的元素重复保存，因此只保存上三角 (或下三角) 的非零元素。DDA 主程序中有两个方程求解器：当块体数 $n_1$ 大于 300 时，采用 SOR 迭代解法，当块体数 $n_1$ 小于 300 时，采用直接三角分解法。当采用 SOR 迭代法时，只需要保存上三角非零元素即可，而采用直接三角分解法时，不仅要保存上三角非零元素，还要保存方程求解过程中由零元素转化为非零元素的部位，即第 1 章中介绍的方程求解图法。

DDA 的刚度矩阵采用一维存储法，该一维矩阵中每一个元素为 6×6 子矩阵。因此不仅需要开辟一个一维矩阵 $a[\,]$ 用于保存 $A_{ij}$，还要开设两个指示数组 $n[n_1+1][4]$ 和 $k[n_1 \times 40 + 1]$。其中：

$n[i][1]$ 为第 $i$ 个方程起始元素 $a[\,]$ 中的位置；

$n[i][2]$ 为第 $i$ 个方程的非零元素个数；

$n[i][3]$ 为第 $i$ 个方程最大可能元素数；

$k[i]$ ($i = 1, 2, \cdots,$ 非零元素总数) 为 $a[i]$ 元素在整体矩阵中的列号。

程序中给定了两种方程解法，而两种解法采用了不同的数据存储方法。为了减少计算量和存储空间，直接解法还对块体单元编码顺序进行了优化，用 $k_2[\,]$ 数组记录了新旧编码的关系。DF 程序用两个子程序生成了两种解法的索引矩阵 $n$、$k$、$k_2$，计算了刚度存储矩阵 $a$ 的大小，并为 $a$ 分配了存储空间。其中子程序 di08 用于迭代解法，df08 用于三角分解的直接解法。考虑到一般研究都没有对这两个子程序进行修改的必要，因此不对 di08 和 df08 进行解读，只使用一个算例说明这几个数组的构成。

1) di08：方程求解中迭代法数组的形式

以图 1-25 所示的算例为例，共 17 个块体，由各块体的接触关系，可以得到整体刚度矩阵 (表 1-2)，按半带宽非零元素存储如表 1-5 所示。由表 1-5 可以得到矩阵 $n$，如表 2-14 所示。形成的 $k$、$a$ 数组如表 2-15 所示。$a[\ ]$ 数组中保存了整体刚度矩阵中上三角的所有非零元素，通过 $n$、$k$ 数组即可确定 $a[\ ]$ 中每个元素在整体刚度矩阵 $A$ 中的位置，从而进行方程求解。有了 $n$、$k$ 矩阵后，可以求得刚度矩阵中所有可能非零元素的个数：$n_3 = n[n_1][1] + n[n_1][2] - 1$。

**表 2-14　图 1-25 所示算例的 $n$ 数组**

| $i$ | $n[1]$ | $n[2]$ | $n[3]$ |
|---|---|---|---|
| 1 | 1 | 3 | 20 |
| 2 | 4 | 4 | 20 |
| 3 | 8 | 4 | 20 |
| 4 | 12 | 4 | 20 |
| 5 | 16 | 4 | 20 |
| 6 | 20 | 2 | 20 |
| 7 | 22 | 4 | 20 |
| 8 | 26 | 4 | 20 |
| 9 | 30 | 4 | 20 |
| 10 | 34 | 4 | 20 |
| 11 | 38 | 3 | 20 |
| 12 | 41 | 2 | 20 |
| 13 | 43 | 2 | 20 |
| 14 | 45 | 2 | 20 |
| 15 | 47 | 2 | 20 |
| 16 | 49 | 2 | 20 |
| 17 | 51 | 1 | 20 |

**表 2-15　$k$ 数组与 $k[i]$ 对应的 $a[\ ]$**

| $i$ | $k[i]$ | $a[i]$ |
|---|---|---|
| 1 | 1 | $A[1][1]$ |
| 2 | 2 | $A[1][2]$ |
| 3 | 7 | $A[1][7]$ |
| 4 | 2 | $A[2][2]$ |
| 5 | 3 | $A[2][3]$ |
| 6 | 7 | $A[2][7]$ |
| 7 | 8 | $A[2][8]$ |
| 8 | 3 | $A[3][3]$ |

续表

| $i$ | $k[i]$ | $a[i]$ |
|---|---|---|
| 9 | 4 | $A[3][4]$ |
| 10 | 8 | $A[3][8]$ |
| 11 | 9 | $A[3][9]$ |
| 12 | 4 | $A[4][4]$ |
| 13 | 5 | $A[4][5]$ |
| 14 | 9 | $A[4][9]$ |
| 15 | 10 | $A[4][10]$ |
| 16 | 5 | $A[5][5]$ |
| 17 | 6 | $A[5][6]$ |
| 18 | 10 | $A[5][10]$ |
| 19 | 11 | $A[5][11]$ |
| 20 | 6 | $A[6][6]$ |
| 21 | 11 | $A[6][11]$ |
| 22 | 7 | $A[7][7]$ |
| 23 | 8 | $A[7][8]$ |
| 24 | 12 | $A[7][12]$ |
| 25 | 13 | $A[7][13]$ |
| 26 | 8 | $A[8][8]$ |
| 27 | 9 | $A[8][9]$ |
| 28 | 13 | $A[8][13]$ |
| 29 | 14 | $A[8][14]$ |
| 30 | 9 | $A[9][9]$ |
| 31 | 10 | $A[9][10]$ |
| 32 | 14 | $A[9][14]$ |
| 33 | 15 | $A[9][15]$ |
| 34 | 10 | $A[10][10]$ |
| 35 | 11 | $A[10][11]$ |
| 36 | 15 | $A[10][15]$ |
| 37 | 16 | $A[10][16]$ |
| 38 | 11 | $A[11][11]$ |
| 39 | 16 | $A[11][16]$ |
| 40 | 17 | $A[11][17]$ |
| 41 | 12 | $A[12][12]$ |
| 42 | 13 | $A[12][13]$ |
| 43 | 13 | $A[13][13]$ |
| 44 | 14 | $A[13][14]$ |
| 45 | 14 | $A[14][14]$ |
| 46 | 15 | $A[14][15]$ |
| 47 | 15 | $A[15][15]$ |
| 48 | 16 | $A[15][16]$ |
| 49 | 16 | $A[16][16]$ |
| 50 | 17 | $A[16][17]$ |
| 51 | 17 | $A[17][17]$ |

2) DF08：方程求解的图解法数组形式

第 1 章介绍的方程求解图解法，实质上是线性方程组直接求解的三角分解法，图解法是用来确定求解过程中 (消元过程中) 新产生的非零元素的位置，以便在形成一维刚度矩阵时为新产生的非零元素预留位置。图 1-25 所示的算例经过 DF08 运算后形成了三个索引数组 $n$、$k_2$、$k$，如表 2-16 和表 2-17 所示，其中 $k_2[\,]$ 为旧编码 (行号) 对应的新编码，可参照图 1-39、图 1-40。表 2-17 可以参照表 1-21 理解。

**表 2-16　图 1-25 所示的算例直接解法时的 $n$ 数组**

| $i$ | $n[i][1]$ | $n[i][2]$ | $k_2[i]$ |
|---|---|---|---|
| 1 | 1 | 1 | 2 |
| 2 | 2 | 1 | 7 |
| 3 | 3 | 1 | 14 |
| 4 | 4 | 1 | 15 |
| 5 | 5 | 3 | 8 |
| 6 | 8 | 3 | 1 |
| 7 | 11 | 3 | 5 |
| 8 | 14 | 3 | 11 |
| 9 | 17 | 4 | 16 |
| 10 | 21 | 4 | 12 |
| 11 | 25 | 4 | 6 |
| 12 | 29 | 4 | 3 |
| 13 | 33 | 3 | 9 |
| 14 | 36 | 5 | 13 |
| 15 | 41 | 5 | 17 |
| 16 | 46 | 6 | 10 |
| 17 | 52 | 7 | 4 |

**表 2-17　$a$ 矩阵中元素的索引数组 $k[\,]$**

| $i$ | $k[i]$ | $i$ | $k[i]$ | $i$ | $k[i]$ |
|---|---|---|---|---|---|
| 1 | 1 | 11 | 2 | 21 | 4 |
| 2 | 2 | 12 | 5 | 22 | 6 |
| 3 | 3 | 13 | 7 | 23 | 8 |
| 4 | 4 | 14 | 1 | 24 | 10 |
| 5 | 2 | 15 | 6 | 25 | 5 |
| 6 | 3 | 16 | 8 | 26 | 7 |
| 7 | 5 | 17 | 3 | 27 | 9 |
| 8 | 1 | 18 | 5 | 28 | 11 |
| 9 | 4 | 19 | 7 | 29 | 6 |
| 10 | 6 | 20 | 9 | 30 | 8 |

续表

| $i$ | $k[i]$ | $i$ | $k[i]$ | $i$ | $k[i]$ |
|---|---|---|---|---|---|
| 31 | 10 | 41 | 8 | 51 | 16 |
| 32 | 12 | 42 | 10 | 52 | 10 |
| 33 | 9 | 43 | 12 | 53 | 12 |
| 34 | 10 | 44 | 14 | 54 | 13 |
| 35 | 13 | 45 | 15 | 55 | 14 |
| 36 | 7 | 46 | 11 | 56 | 15 |
| 37 | 9 | 47 | 12 | 57 | 16 |
| 38 | 11 | 48 | 13 | 58 | 17 |
| 39 | 13 | 49 | 14 | | |
| 40 | 14 | 50 | 15 | | |

6. **时间插值**: DF09

不管是静力问题还是动力问题，DDA 都用一个时间参数来控制计算过程，当计算动力问题时，时间参数为真实时间。将整个计算过程划分为若干个时段，每个时段的时间步长为 $\Delta t$，即第 $i$ 时步的时间步长为 $\Delta t_i$，则自开始计算到当前时步 $nn$ 的总时间为 $t_{nn}=\sum\limits_{i=1}^{nn}\Delta t_i$。对于按时间过程定义的输入量，如给定点的位移、给定点的集中荷载、地震加速度波等，需要求出时间 $t_{nn}$ 时的具体数值，设输入值为 $(t_i，F_i)$，$i=1,2,3,\cdots,N$，则当 $t_m-1<t_{nn}<t_m$ 时：

$$F_{tnn}=F_{m-1}+(t_m-t_{nn})\,(F_m-F_{m-1})/(t_m-t_{m-1}) \tag{2-5}$$

式中，$F$ 可以是位移、荷载、地震加速度等。

```
/***************************************************/
/* df09: time interpolation */
/***************************************************/
void df09()
{
if (k6 == 1)  fprintf(f10,"--- 9000--- \n");
/*-----------------------------------------------*/
/* if a3 out limit    linear extend last interval */
a3 = q0[nn-1][1]+tt;                         // 当前时间，累计时间保存在q0[nn]
for (i=1; i<=nf+nl; i++)
{
for (j=k4[i][0]; j<=k4[i][1]-1; j++)    // 求当前时间所在的区间
{
i1=j;
if ( (u0[j][0] <= a3) && (a3 <= u0[j+1][0]) ) goto a901;
} /*  j  */
```

```
a901:;
a1      = (a3-u0[i1][0])/(u0[i1+1][0]-u0[i1][0]);  // 插值，求已知位移或集中力
g[i][4] = u0[i1][1] + a1*(u0[i1+1][1]-u0[i1][1]);
g[i][5] = u0[i1][2] + a1*(u0[i1+1][2]-u0[i1][2]);
} /* i */
/**************************************************/
/* body force interpolation */
xx = 0.0;
yy = 0.0;
if (k00 == 0)  goto a902;
a3 = q0[nn-1][1]+tt;
i1 = floor(a3/zz);
a1 = a3/zz-(double)i1;
xx = cc[i1][1] + a1*(cc[i1+1][1]-cc[i1][1]);    // 插值,求当前时刻的地震加速度
yy = cc[i1][2] + a1*(cc[i1+1][2]-cc[i1][2]);
/* fprintf(f10,"xx= %lf \n",xx); */
/* fprintf(f10,"yy= %lf \n",yy); */
/*------------------------------------------------*/
a902:;
}
```

7. 单元分析: DF11~DF17

1) DF11: 惯性矩阵

```
/**************************************************/
/* df11: submatrix of inertia */                   // 惯性子矩阵
/**************************************************/
void df11()
{
if (k6 == 1)  fprintf(f10,"---11000--- \n");
/*------------------------------------------------*/
/* g3: only difference of statics and dynamics */
/* g4: inertia coefficient of mass matrix*/
for (i=1; i<= n1; i++)
{
/*------------------------------------------------*/
/* g4 g3 coefficients of mass and velocity matrix */
o0  = e0[i][0]*(h0[i][0]/h0[i][1]);                //m
g4=2*o0/(tt*tt);
```

```
g3=2*o0/tt*gg;                                                    // 2m/Δt²
if (g1 > .00000000001) g3=2*o0/tt*(gg*q0[nn-1][2]/g1);           // 2m/Δt*gg
/*-------------------------------------------------*/
/* zero elements of mass matrix in start */
for (j=1; j<= 6;  j++)
{                                                                 // q6×6为单元的形函数乘积的积分，见式(附1-7)。
for (l=1; l<= 6;  l++)
{
q[j][l]=0;
}  /*  l  */
}  /*  j  */
/*-------------------------------------------------*/
/* non-zero elements of mass matrix */                           // 形心坐标
x0=h0[i][2]/h0[i][1];
yo=h0[i][3]/h0[i][1];
u1=h0[i][4]-x0*h0[i][2];
u2=h0[i][5]-yo*h0[i][3];                                          // 式(附1-5)中的S1、S2、S3
u3=h0[i][6]-x0*h0[i][3];
q[1][1]=h0[i][1];
q[2][2]=h0[i][1];
q[3][3]=u1+u2;
q[3][4]= -u3;
q[4][3]=q[3][4];
q[3][5]=u3;
q[5][3]=q[3][5];
q[3][6]=(u1-u2)/2;                                                // 式(附1-7)计算
q[6][3]=q[3][6];
q[4][4]=u1;
q[4][6]=u3/2;
q[6][4]=q[4][6];
q[5][5]=u2;
q[5][6]=u3/2;
q[6][5]=q[5][6];
q[6][6]=(u1+u2)/4;
/*-------------------------------------------------*/
/* add mass matrix to a[][]  diagnal term is last */
i1=k2[i];                                                         // 第ii子矩阵在a[]中的位置
if (pp==0)  i2=n[i1][1]+n[i1][2]-1;
```

```
if (pp==1)  i2=n[i1][1];
for (j=1; j<= 6;  j++)
{
for (l=1; l<= 6;  l++)
{
ji=6*(j-1)+l;                          // 将第ii子矩阵存入a[ ]
a[i2][ji] += g4*q[j][l];
} /*  l  */
} /*  j  */
/*----------------------------------------------------*/
/* add velocity matrix to f[] */
for (j=1; j<= 6;  j++)
{
for (l=1; l<= 6;  l++)
{
f[i1][j] += g3*q[j][l]*v0[i][l];       // 惯性力，式(1-61)
} /*  l  */
} /*  j  */
} /*  i  */
/*----------------------------------------------------*/
}

```

2) DF12：给定位移计算

```
/****************************************************/
/* df12: submatrix of fixed points */
/****************************************************/
void df12()
{
void dspl();
if (k6 == 1)  fprintf(f10,"---12000--- \n");
/*----------------------------------------------------*/
/* i0: block number */
for (i=1; i<= nf; i++)
{
i0=(long)g[i][3];     // 约束点所在单元号
x=g[i][1];            // 约束点坐标
y=g[i][2];
dspl();               // 求块体的形函数Ti(x, y)
```

```
/*---------------------------------------------------*/
/* 6*6 submatrix of fixed point for a[][] */
for (j=1; j<= 6; j++)
{
for (l=1; l<= 6; l++)                                   // [T_i]^T[T_i]
{
e[j][l] = t[1][j]*t[1][l] + t[2][j]*t[2][l];
} /* l */
} /* j */
/*---------------------------------------------------*/
/* 6*1 submatrix of fixed displacements for f[]   */
/* c[][1-2] accumulated -u -v as initial movement */
for (j=1; j<= 6; j++)                                   [T_i]^T (u_m, v_m)
{
s[j]=t[1][j]*(g[i][4]+c[i][1])+t[2][j]*(g[i][5]+c[i][2]);
} /* j */
/*---------------------------------------------------*/
/* diagnal term last  fixed spring 100*g0 */
i1=(long)g[i][3];                                       // 块体号
i2=k2[i1];
if (pp==0)  i3=n[i2][1]+n[i2][2]-1;
if (pp==1)  i3=n[i2][1];
for (j=1; j<= 6; j++)
{
for (l=1; l<= 6; l++)                                   // 式(1-56)、式(1-57)
{
ji=6*(j-1)+l;
a[i3][ji] += 100*g6*e[j][l];
} /* l */
} /* j */
/*---------------------------------------------------*/
/* initial displacement fixed point spring 100*g0 */
for (j=1; j<= 6; j++)
{
f[i2][j] += 100*g6*s[j];                                // 式(1-58)、式(1-59)
} /* j */
} /* i */
/*---------------------------------------------------*/
}
```

3) DF13：单元刚度计算与集成

```
/************************************************/
/* df13: submatrix of stifness */
/************************************************/
void df13()
{
if (k6 == 1)  fprintf(f10,"---13000--- \n");
/*----------------------------------------------*/
for (i=1; i<= 6; i++)
{
for (j=1; j<= 6; j++)
{
e[i][j]=0;
} /*  j  */
} /*  i  */
/*----------------------------------------------*/
/* a1 block area   e0[3]=e e0[][4]=u */
for (i=1; i<= n1; i++)
{
a1=h0[i][1];                                   // 单元弹性矩阵
a2=e0[i][3]*a1/(1-e0[i][4]*e0[i][4]);          // 式(1-20)、
e[4][4]=a2;                                    //    式(1-24)
e[4][5]=a2*e0[i][4];
e[5][4]=a2*e0[i][4];
e[5][5]=a2;
e[6][6]=a2*(1-e0[i][4])/2;
/*----------------------------------------------*/
i2=k2[i];
if (pp==0)  i3=n[i2][1]+n[i2][2]-1;
if (pp==1)  i3=n[i2][1];
for (j=1; j<= 6; j++)
{                                              // 刚度集成
for (l=1; l<= 6; l++)                          // 式(1-24)
{
ji=6*(j-1)+l;
a[i3][ji] += e[j][l];
} /*  l  */
```

```
} /* j */
} /* i */
/*-----------------------------------------------*/
}
```

4) DF14: 初应力矩阵

```
/***********************************************/
/* df14: submatrix of initial stress */
/***********************************************/
void df14()
{
if (k6 == 1)  fprintf(f10,"---14000--- \n");
/*-----------------------------------------------*/
/* e0[][5]=c11 e0[][6]=c22 e0[][7]=c12 */
for (i=1; i<= n1; i++)
{
a1=h0[i][1];
i2=k2[i];                                   // 式(1-31)
f[i2][4] += -a1*e0[i][5];
f[i2][5] += -a1*e0[i][6];
f[i2][6] += -a1*e0[i][7];
} /* i */
/*-----------------------------------------------*/
}
```

5) DF15: 集中荷载矩阵

```

/***********************************************/
/* df15: submatrix of point loading */
/***********************************************/
void df15()
{
void dspl();
if (k6 == 1)  fprintf(f10,"---15000--- \n");
/*-----------------------------------------------*/
for (i=nf+1; i<= nf+nl; i++)
{                                           // 求[T_i]
i0=(long)g[i][3];
x=g[i][1];
```

```
y=g[i][2];
dspl();
/*-----------------------------------------------*/
/* g[i][4] g[i][5] is time dependent from df10() */
for (j=1; j<= 6; j++)
{                                                      // 式(1-32)
s[j] = t[1][j]*g[i][4] + t[2][j]*g[i][5];
} /* j */
/*-----------------------------------------------*/
i1=(long)g[i][3];
i2=k2[i1];
for (j=1; j<= 6; j++)
{                                                      // 集成到总荷载向量
f[i2][j] += s[j];
} /* j */
} /* i */
/*-----------------------------------------------*/
}
```

6) DF16：体积力矩阵

```
/***********************************************/
/* df16: submatrix of volume force */
/***********************************************/
void df16()
{
if (k6 == 1) fprintf(f10,"---16000--- \n");
/*-----------------------------------------------*/
/* e0[][1]=fx e0[][2]=fy h0[][1] block area */
for (i=1; i<= n1; i++)
{
i2 = k2[i];                                            // 式(1-32)、式(1-33)
f[i2][1] += (e0[i][1]+e0[i][0]*xx)*h0[i][1];
f[i2][2] += (e0[i][2]+e0[i][0]*yy)*h0[i][1];
} /* i */
/*-----------------------------------------------*/
}
```

7) DF17：锚杆矩阵

```

/**************************************************/
/* df17: measured distance and 1 direction move    */
/**************************************************/
void df17()/* !! */
{
void dspl();
if (k6 == 1)  fprintf(f10,"---17000--- \n");
/*------------------------------------------------*/
/* h: x1  y1  x2  y2  n1  n2  e0  t0  f0  of bolt */
/* n1 n2 carry block number f0 pre-tension */
/* e0 is bolt stiffness  t0 bolt extension! */
/* c1 c2 direction of two point vector */
for (i=1; i<= n4; i++)
{
c1 = h[i][3] - h[i][1];                        // x2-x1
c2 = h[i][4] - h[i][2];                        // y2-y1
b3 = sqrt(c1*c1 + c2*c2);                      // b3为杆长
if (b3 < 0.000001*w0) goto b705;
c1 /= b3;                                      // (x2-x1)/l
c2 /= b3;                                      // (y2-y1)/l
/*------------------------------------------------*/
/* s[1 -  6] = [C_i] = [L]^T [T_i] */
i0  = (long)h[i][5];
x   = h[i][1];
y   = h[i][2];
dspl();                                        // 式(1-46)[E_i]
for (j=1; j<= 6; j++)
{
s[j  ]=t[1][j]*c1+t[2][j]*c2;
}  /*  j  */
/*------------------------------------------------*/
/* s[7 - 12] = [C_j] = [L]^T [T_j] */
i0  = (long)h[i][6];
x   = h[i][3];
y   = h[i][4];                                 // 式(1-46)[G_j]
dspl();
for (j=1; j<= 6; j++)
{
```

```
s[j+6]=t[1][j]*c1+t[2][j]*c2;
} /* j */
/*-----------------------------------------------*/
/* submatrix ii  s01-s06 */
ji  = (long)h[i][5];            // 杆连接的两个
j2  = (long)h[i][6];            //   单元号i、j
ji  = k2[ji];
j2  = k2[j2];
if (pp==0)  i3=n[ji][1]+n[ji][2]-1;
if (pp==1)  i3=n[ji][1];
for (j=1; j<= 6; j++)
{
for (l=1; l<= 6; l++)           // 式(1-47)
{
j3=6*(j-1)+l;
a[i3][j3] += h[i][7]/b3*s[j]*s[l];
} /* l */
} /* j */
/*-----------------------------------------------*/
/* submatrix jj  s07-s12 */
if (pp==0)  i3=n[j2][1]+n[j2][2]-1;
if (pp==1)  i3=n[j2][1];        // 式(1-50)
for (j=1; j<= 6; j++)
{
for (l=1; l<= 6; l++)
{
j3=6*(j-1)+l;
a[i3][j3] += h[i][7]/b3*s[j+ 6]*s[l+ 6];
} /* l */
} /* j */
/*-----------------------------------------------*/
/* locate j1j2 in a[][] only lower triangle saved */
/* ji=j2 ii jj ij ji four matrices registrated    */
if (pp==0 && ji<j2) goto b702;
if (pp==1 && ji>j2) goto b702;
for (j=n[ji][1]; j<= n[ji][1]+n[ji][2]-1; j++)
{
i3=j;
```

```
if (k[j]==j2) goto b701;
} /* j */
/*----------------------------------------------*/
```

// 搜索$A_{ij}$在a[ ]中的位置

```
/* submatrix ij  s01-06 i   s07-12 j */
b701:;
for (j=1; j<= 6; j++)
{
for (l=1; l<= 6; l++)
{
j3=6*(j-1)+1;
a[i3][j3] -= h[i][7]/b3*s[j]*s[l+6 ];
} /* l */
} /* j */
k1[i3]=1;
/*----------------------------------------------*/
```

// 求$A_{ij}$并集成至a[ ]，式(1-48)

// $K_1$[ ] ≠0时为非零元素

```
/* locate j2j1 in a[][] only lower triangle saved */
/* ji=j2 ii jj ij ji four matrices registrated */
b702:;
if (pp==0 && ji>j2) goto b704;
if (pp==1 && ji<j2) goto b704;
for (j=n[j2][1]; j<= n[j2][1]+n[j2][2]-1; j++)
{
i3=j;
if (k[j]==ji) goto b703;
} /* j */
/*----------------------------------------------*/
```

// 搜索$A_{ji}$并集成至a[ ]中的位置

```
/* submatrix ji  s07-12 j s01-06 i */
b703:;
for (j=1; j<= 6; j++)
{
for (l=1; l<= 6; l++)
{
j3=6*(j-1)+1;
a[i3][j3] -= h[i][7]/b3*s[j+ 6]*s[l];
} /* l */
} /* j */
k1[i3]=1;
/*----------------------------------------------*/
```

// 求$A_{ji}$并集成至a[ ]，式(1-49)

```
/* load term of normal & shear  s1 s2 coefficient */
b704:;
for (j=1; j<= 6; j++)
{
f[ji][j] += h[i][7]*h[i][0]/b3*s[j];
f[j2][j] -= h[i][7]*h[i][0]/b3*s[j+ 6];
}  /*  j  */
b705:;
}  /*  i  */
/*-------------------------------------------*/
}
```

/* 预应力引起的等效荷载，此处有误，应为 f[j1][j]+=h[i][9]*s[j]; f[j2][j]+=h[i][9]*s[j+6]; */

8. 开闭迭代

DDA 方法的核心是接触搜索与开闭迭代。开闭迭代的实现由两个子程序——DF18 和 DF22 完成。其中 DF18 完成弹簧的加减，DF22 完成力学计算后接触开闭的判断 (见图 1-80)。

1) DF18：加减弹簧子程序

具体加减弹簧时的步骤如下：

(1) 首次计算时，将所有可能接触的初始状态设为锁定，即 $m_0[i][2]=2$，在接触的法向和切向上加上弹簧，弹簧初始反力为零。

(2) 开闭判断，将 $m_0[\;][2]$ 传递给 $m_0[\;][1]$，根据计算的接触力判断当前接触的开闭状态：锁定时 $m_0[i][2]=2$，接触非锁定时 $m_0[i][2]=1$，张开时 $m_0[i][2]=0$。

(3) 计算开闭迭代变化，比较 $m_0[i][2]$ 和 $m_0[i][1]$，按表 1-28 加、减法向及切向弹簧。

(4) 根据开闭变化，按表 1-28 的规则在加减弹簧的同时，加减弹簧反力。弹簧反力由上一计算步的弹簧变形计算，当由闭到开时弹簧反力为上一计算步的法向贯入变形与弹簧刚度乘积，当由开到闭时弹簧反力为上一计算步的开度与弹簧刚度乘积。

(5) 加摩擦力，若当前状态为非锁定状态，需要施加摩擦力 (见式 (1-128)、式 (1-130))

DF18()

```
/* c0[] free term of equations for friction force */
for (i=1; i<= n1; i++)
{
for (j=1; j<= 6;  j++)
```

/* 为摩擦力数组赋初值，摩擦力与开闭迭代无关，只与当前状态有关，接触滑动状态需要施加摩擦力 */

```
{
c0[i][j]=0;
} /* j */
} /* i */
/***********************************************/
/* set off-on of normal and shear spring */
/* j=1 last interation  j=2 this iteration */
/* q[j][1-2] normal-shear  q[j][3] 2nd reference */

for (i=1; i<= n2; i++) // 计算法向和切向弹簧加减因子
{
for (j=1; j<= 2;  j++) // q表示弹簧状态，=1为有，=0为无。q[1][ ]为上一迭代步，q[2][ ]为本迭代步。q[ ][1]、q[ ][3]为法向，q[ ][2]、q[ ][4]为切向
{
q[j][1]=0;
q[j][2]=0;
q[j][3]=0;
q[j][4]=0;
if (m0[i][j]==0) goto b801;
q[j][1]=1;
q[j][2]=0;
if (m0[i][j]==1) goto b801;
q[j][1]=1;
q[j][2]=1;
if (m0[i][j]==2) goto b801;        // m0[ ][1]为上次的接触状态
q[j][1]=0;                         // m0[ ][2]为本次的接触状态
q[j][2]=0;
q[j][3]=1;
b801:;
} /* j */
/*---------------------------------------------*/
/* set on-off modify coefficient */
/* q[1][1-2] normal-shear  q[1][3] 2nd reference */
for (j=1; j<= 4; j++)              /* 两次接触状态之差，即为弹簧加减因子，=0不变，=1加，=−1减 */
{
q[1][j]=(q[2][j]-q[1][j]);
} /* j */
/*---------------------------------------------*/
/* comput 4 6*6  2 6*1 contact submatrices */
```

| | m0[ ][j] | | | |
|---|---|---|---|---|
| | 0 | 1 | 2 | 3 |
| q[j][1] | 0 | 1 | 1 | 0 |
| q[j][2] | 0 | 0 | 1 | 0 |
| q[j][3] | 0 | 0 | 0 | 1 |
| q[j][4] | 0 | 0 | 0 | 0 |

```
/* sliding force +- changing shear   g0/h2 h2=2.5 */
/* k5=0 set m0[][1]=0 still have friction force */
/* k5=0 m0[i][1]>0 goto to compute friction force */
for (jj=0; jj<= m[i][0]; jj++)        /* m[i][0]为接触弹簧类型，角-边
{                                        接触=0，角-角接触=1，角-角
if (jj==0) goto b802;                    接触时有两个角-边接触。jj=1
q[1][1]=q[1][3];                         时，用第二组角-边接触 */
q[1][2]=q[1][4];
b802:;
q[0][1]=q[1][1];
q[0][2]=q[1][2];                      // 法向和切向加减刚度
q[1][1]=q[1][1]*hh;                                               /* 法向或切向
q[1][2]=q[1][2]*hh/h2;                                               弹簧因子≠
if (fabs(q[0][1])>.5   ||   fabs(q[0][2])>.5) goto b803;             0时，角-边
if (m[i][0]==0 && m0[i][2]==1 && k5==0) goto b803;                   接触，第一
if (m[i][0]==0 && m0[i][2]==1 && m0[i][1]!=0) goto b803;             次开闭计算，
goto b814;                                                           当前接触滑
                                                                     移，上次非张
/*----------------------------------------------*/                   开 */
/* submatrix of normal shear springs and friction */
b803:;
l1=m[i][3*jj+1];
l2=m[i][3*jj+2];                                        // 接触顶点及接触线
l3=m[i][3*jj+3];
i1=n0[l1];
i2=n0[l2];                                              // 接触的两个块体号
ji=k2[i1];                                              // 优化后的新块体
j2=k2[i2];                                                 编号
/*----------------------------------------------*/
x1=d[l1][1];
yi=d[l1][2];
x2=d[l2][1];                                            // 接触顶点及接触线
y2=d[l2][2];                                               的两个端点的坐标
x3=d[l3][1];                                               值
y3=d[l3][2];
/*----------------------------------------------*/
/* s1 normal s2 shear coefficients s3 ratio p2-p3 */
b1 = sqrt((x3-x2)*(x3-x2)+(y3-y2)*(y3-y2));
s1 = (x2-x1)*(y3-yi)-(y2-yi)*(x3-x1);
```

```
s1 = s1/b1;                              /* 求上个计算时步的法向贯入量和
if (m[i][0] != 0) goto b804;                切向变形量，s1为法向贯入量，
s3 = o[i][2];                               s3为接触位置的比例 */
s2 = (x1-(1-s3)*x2-s3*x3)*(x3-x2) + (yi-(1-s3)*y2-s3*y3)*(y3-y2);
s2 = s2/b1;                              // 切向变形量
/*------------------------------------------------*/
/* i0 old block number   s13-s18 i friction */
/* p1 terms  s01-s06 i normal s13-s18 i shear */
b804:;
i0=i1;                                   // 求[Ti(xi, yi)]
x =x1;
y =yi;
dspl();
for (j=1; j<= 6; j++)
{
s[j   ]  = (y2-y3)*t[1][j] + (x3-x2)*t[2][j];// 法向er，或式(1-84)第一式
s[j   ] /= b1;
if (m[i][0] != 0) goto b805;
s[j+12]  = (x3-x2)*t[1][j] + (y3-y2)*t[2][j]; // 法向er，或式(1-104)第一式
s[j+12] /= b1;
b805:;
}  /*  j  */
/*------------------------------------------------*/
/* p2 terms  s07-s12 j normal s19-s24 j shear */
/* p2 terms  s25-s32 j friction */
i0=i2;                                   // 求[Tj(xi, yi)]，式(1-9)
x =x2;
y =y2;
dspl();
for (j=1; j<= 6; j++)
{
s[j +6]  = (y3-yi)*t[1][j] + (x1-x3)*t[2][j];          // 法向gr，式(1-84)第二式
if (m[i][0] != 0) goto b806;                           // 角-角接触无切向弹簧
s[j+18]  = (-x1+2*(1-s3)*x2-(1-2*s3)*x3)*t[1][j];      // 切向gr，保留一阶
s[j+18] += (-yi+2*(1-s3)*y2-(1-2*s3)*y3)*t[2][j];      //   小量，式(1-104)
s[j+24]  = (1-s3)*((x3-x2)*t[1][j]+(y3-y2)*t[2][j]);   // 摩擦项gr，式(1-128)
b806:;
}  /*  j  */
```

```
3135    /*-----------------------------------------------*/
3136    /* p3 terms  s07-s12 j normal s19-s24 j shear */    // 求[Tj(x3, y3)], 式(1-9)
3137    /* p3 terms  s25-s32 j friction */
3138    i0=i2;
3139    x =x3;
3140    y =y3;
3141    dspl();
3142    for (j=1; j<= 6; j++)
3143    {
3144    s[j+6 ] += (yi-y2)*t[1][j]+(x2-x1)*t[2][j];    // 法向gr, 式(1-84)第二式
3145    s[j+6 ] /= b1;
3146    if (m[i][0] != 0) goto b807;
3147    s[j+18] += (x1-(1-2*s3)*x2-2*s3*x3)*t[1][j];    // 切向gr, 保留一阶小量,
3148    s[j+18] += (yi-(1-2*s3)*y2-2*s3*y3)*t[2][j];       式(1-104)第二式
3149    s[j+18] /= b1;
3150    s[j+24] +=s3*((x3-x2)*t[1][j]+(y3-y2)*t[2][j]); // 摩擦gr, 式(1-128)
3151    s[j+24] /= b1;
3152    b807:;                  // 第3077~3153行求出了法向接触、切向接触和摩擦项
3153    } /*  j  */                的er、gr, 保存到s[1]~s[30]中
3154    /*************************************************/
3155    /* submatrix ii  s01-06 i normal s13-18 i shear */
3156    /* 1st if for friction force */                      // 无加减弹簧变化,
3157    if (fabs(q[0][1])<.5 && fabs(q[0][2])<.5) goto b813;    不集成弹簧刚度
3158    if (pp==0)  i3=n[ji][1]+n[ji][2]-1;
3159    if (pp==1)  i3=n[ji][1];
3160    for (j=1; j<= 6; j++)
3161    {
3162    for (l=1; l<= 6; l++)                                // 求Aii并集成到a[ ]
3163    {
3164    j3=6*(j-1)+l;
3165    a[i3][j3] += q[1][1]*s[j   ]*s[l   ];                // 式(1-87)法向刚度
3166    if (fabs(q[0][2]) > .5)                                 对Aij的贡献
3167    a[i3][j3] += q[1][2]*s[j+12]*s[l+12];                // 式(1-108)切向刚
3168    } /*  l  */                                             度对Aij的贡献
3169    } /*  j  */
3170    /*-----------------------------------------------*/
3171    /* submatrix jj  s07-12 j normal s19-24 j shear */
3172    if (pp==0)  i3=n[j2][1]+n[j2][2]-1;
```

```
if (pp==1)  i3=n[j2][1];
for (j=1; j<= 6; j++)                                  // 求A_jj并集成到a[ ]
{
for (l=1; l<= 6; l++)
{
j3=6*(j-1)+l;
a[i3][j3] += q[1][1]*s[j+6 ]*s[l+6 ];                  // 式(1-93)，法向刚度对A_jj的贡献
if (fabs(q[0][2]) > .5)
a[i3][j3] += q[1][2]*s[j+18]*s[l+18];                  // 式(1-114)，切向刚度对A_jj的贡献
}  /*  l  */
}  /*  j  */
/*-----------------------------------------------*/
/* locate j1j2 in a[][] only lower triangle saved */
if (pp==0 && ji<j2) goto b809;
if (pp==1 && ji>j2) goto b809;
for (j=n[ji][1]; j<= n[ji][1]+n[ji][2]-1; j++)
{                                                      // 求A_jj并集成到a[ ]
i3=j;
if (k[j]==j2) goto b808;
}  /*  j  */
/*-----------------------------------------------*/
/* submatrix ij  s01-06 i normal s07-12 i shear */
b808:;
for (j=1; j<= 6; j++)
{                                                      // 求A_ij并集成到a[ ]
for (l=1; l<= 6; l++)
{
j3=6*(j-1)+l;
a[i3][j3] += q[1][1]*s[j]*s[l+6 ];                     // 式(1-89)，法向刚度对A_ij的贡献
if (fabs(q[0][2]) > .5)
a[i3][j3] += q[1][2]*s[j+12]*s[l+18];                  // 式(1-110)，切向刚度对A_ij的贡献
}  /*  l  */
}  /*  j  */
k1[i3]=1;
goto b811;
/*-----------------------------------------------*/
/* locate j2j1 in a[][] only lower triangle saved */
b809:;
```

```
for (j=n[j2][1]; j<= n[j2][1]+n[j2][2]-1; j++)
{
i3=j;
if (k[j]==ji) goto b810;                                  // 求A_ji并集成到a[ ]
} /* j */
/*-----------------------------------------------*/
/* submatrix ji  s07-12 j normal s19-24 j shear */
b810:;
for (j=1; j<= 6; j++)
{
for (l=1; l<= 6; l++)
{
j3=6*(j-1)+l;
a[i3][j3] += q[1][1]*s[j+ 6]*s[l];                        // 式(1-91), 法向弹簧对A_ji的贡献
if (fabs(q[0][2]) > .5)
a[i3][j3] += q[1][2]*s[j+18]*s[l+12];                     // 式(1-112), 切向弹簧对A_ji的贡献
} /* l */
} /* j */
k1[i3]=1;
/*-----------------------------------------------*/
/* load term of normal & shear  s1 s2 coefficient */     接触力对弹簧荷载项的贡献
b811:;
for (j=1; j<= 6; j++)
{
f[ji][j] += -q[1][1]*s1*s[j   ];                           // 式(1-95), 法向弹簧对i块的贡献
f[j2][j] += -q[1][1]*s1*s[j+ 6];                           // 式(1-97), 法向弹簧对j块的贡献
if (fabs(q[0][2])<.5) goto b812;
f[ji][j] += -q[1][2]*s2*s[j+12];                           // 式(1-116), 切向弹簧对i块的贡献
f[j2][j] += -q[1][2]*s2*s[j+18];                           // 式(1-118), 切向弹簧对j块的贡献
b812:;
} /* j */
/*-----------------------------------------------*/
/* sliding friction force s4*g0 normal force */  // 角-角接触或张开或锁定无摩擦力
b813:;                                            // 迭代计算中只有上次、本次都为接触才有摩擦力
if (m[i][0] !=0 || m0[i][2]!=1) goto b814;
if (m0[i][1]==0 && k5 ==1) goto b814;
s4=o[i][3];                                       // s4为法向弹簧变形, 张开时s4=0
if (s4>0)  s4=0;                                  // j4为接触的材料号
```

```
j4=m1[i ][0];                                  // t1为摩擦角
t1=b0[j4][0];                                  // t2为粘聚力C
t2=b0[j4][1]*o[i][5];
e1=0;                                          // 摩擦力、粘聚力，由粘结
if (m0[i][0]==2)  e1=t2;                          状态到滑移状态时，还应
s4=(fabs(s4)*g7*tan(dd*t1)+e1)*sign(o[i][4]);     释放掉粘聚力
for (j=1; j<= 6; j++)
{
c0[ji][j] += -s4*s[j+12];                      // 式(1-125)
c0[j2][j] +=  s4*s[j+24];                      // 式(1-130)
} /*  j  */
b814:;
} /*  jj */
} /*  i  */
/*----------------------------------------------*/
}
```

2) DF22：迭代计算后的开闭判断

每次迭代计算求出了块体的变形和位移分量，随后需进行开闭判断，开闭判断分两步：首先判断法向是开还是闭 (接触)，然后对处于闭合状态的角–边接触进行剪力判断，判断是锁定 ($m_0[\,][2]=2$) 还是滑移状态。当某次计算后，没有新增开闭转换的接触，即相邻两次迭代的开闭状态相同，则认为开闭迭代收敛。具体开闭判断步骤如下：

(1) 将上次开闭状态传递给数组 $m_0[\,][1]$，即 $m_0[\,][1]=m_0[\,][2]$。

(2) 取 $p[i][1]$、$p[i][2]$ 为三个接触点的坐标值，求迭代计算后角–边接触中三个点的变形值 $q[i][1]$、$q[i][2]$，$i=1,2,3$。

(3) 求迭代计算后法向接触量 $s[j+1]$、$s[j+3](d_n)$。

(4) 提取接触线的材料 $\varphi$、$c$、$f_t$ (抗拉强度)。

(5) 预设接触状态，角–边接触 $m_0[\,][2]=1$，角–角接触 $m_0[\,][2]=3$。

(6) 法向开闭分为如下三步判断：

(i) 角–角接触，上次为闭，当 $d_n>f_0w_0/hh$ 时张开，即 $m_0[\,][2]=0$。

(ii) 角–边接触，上次为闭，当 $d_n>f_0w_0/hh+f_t/hh$ 时张开，即 $m_0[\,][2]=0$；如果粘结状态已破坏，则张开的判别准则为 $d_n>f_0w_0/hh$，即无抗拉强度项。

(iii) 上次为开，则当 $d_n>-f_0w_0$ 时开。

其中，$w_0$ 为计算域高度的一半；$f_0$ 为人为给定的很小数值，程序中定义 $f_0=$

0.0000001，按照这个数值计算，大部分问题能够收敛，但某些问题则需进一步调整。

由以上三条可以看出，由闭合到张开的判断准则和张开到张开的判断准则不同，由闭合到张开的判断准则要更严格一些，其容差仅为由张开到张开的 $1/hh$，其中 $hh$ 为弹簧刚度。这样做的结果是接触不抗拉 (抗拉强度失去后)，但容许一定的贯入，有利于开闭迭代的收敛。

(7) 剪切滑移判断，当开闭判断为角–边接触闭合状态时，需进行剪切滑移判断。

(i) 当由开到闭时，需要求接触位移比 $t_0$，即 (图 2-15)

$$t_0 = \frac{|d_1|}{|b_1|} \tag{2-6}$$

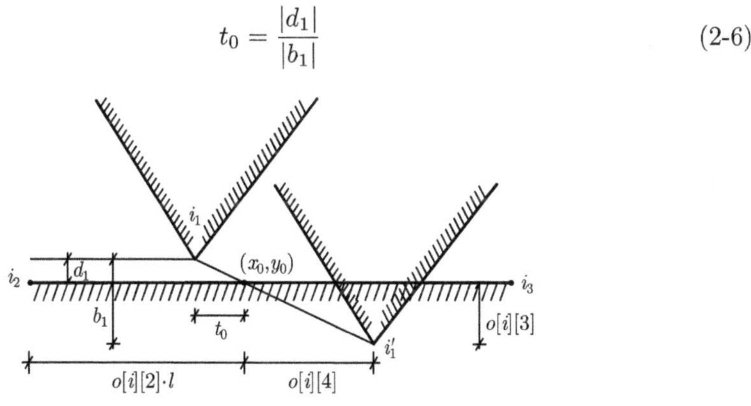


图 2-15 由开到闭时的接触位移

(ii) 计算锁定位置比，当由开到闭时角 $i_1$ 首先要自由位移后与边 $\overline{i_2 i_3}$ 接触到点 $(x_0, y_0)$，由点 $(x_0, y_0)$ 到点 $i_2$ 的距离占边 $\overline{i_2 i_3}$ 长度的比值即为锁定位置比，用 $o[i][2]$ 表示。

(iii) 计算有效剪切变形 $o[i][4]$，即锁定点到当前位置的切向位移。

(iv) 上次锁定，则根据莫尔–库仑准则，当 $\sigma_n f + c > \tau$ 时为锁定，即

$$|o[i][3]| \cdot hh \cdot f + c > |o[i][4]| \cdot hh/h_2$$

式中，$o[i][3]$ 为弹簧法向变形，$hh$ 为法向刚度，$o[i][4]$ 为弹簧切向变形，$hh/h_2$ 为切向刚度，$f$ 为摩擦系数，$c$ 为粘聚力，当非粘结状态时 $c = 0$，满足锁定条件时 $m_0[i][2] = 2$。

(v) 当上次张开，本次滑移量太小时，则锁定，即 $|o[i][4]| < |o[i][3]| \cdot f$，$m_0[i][2] = 2$。

(vi) 当本次和上次的滑动方向相反且 $f > 0$ 时，则锁定。

通过如上操作，使满足锁定条件的接触为 $m_0[i][2] = 2$，否则保持 $m_0[i][2] = 1$。

(8) 开–闭计数，计算由开到闭的接触个数 $i_7$、由闭到开的个数 $i_8$，当 $i_7+i_8>0$ 时，$m_9=m_9+1$，继续开闭迭代，否则 $m_9=-1$，退出开闭迭代。

DF22 的基体解读如下。

```
/*************************************************/
/* df22: contact judge after iteration */
/*************************************************/
void df22()
{
void   dspl();
double sign();
if (k6 == 1)  fprintf(f10,"---22000--- \n");
/*-----------------------------------------------*/
/* open-close recoerd transfer  putchar(BELL) */
for (i=1; i<= n2; i++)                        /* 对所有接触循环，n2为
{                                                接触数，将上一迭代步
m0[i][1] = m0[i][2];                             的接触状态保存到m0[ ][1] */
}  /*  i  */
g7 = hh;
/*-----------------------------------------------*/
/* l0 vertex   i0 block number   p[] displacement */
for (i=1; i<= n2; i++)                        /* 对所有接触循环，接触判断
{                                                m[ ][0]=1为角-角接触，=0
i1 = m[i][0];                                    为角-边接触，需要加两个
for (j=0; j<= i1; j++)                           弹簧组 */
{
for (l=1; l<=  3; l++)
{
l0 = m[i][j*3+l];                             // 对构成接触的三个点循环，
i0 = n0[l0];                                     为各顶点所在的块体号
x  = d[l0][1];                                // 求[Ti(x, y)]
y  = d[l0][2];
dspl();
q[l][1]  = x;                                 // 求q[i][1]，q[i][2]为
q[l][2]  = y;                                    三个接触点的坐标
p[l][1]  = 0;
p[l][2]  = 0;
i2= k2[i0];
```

```
for (l1=1; l1<= 6; l1++)
{
p[l][1] += t[1][l1]*z[i2][l1];          // 变形后i1、i2、i3
p[l][2] += t[2][l1]*z[i2][l1];          //   三点的变形值
} /* l1 */                               //   式(1-8)
} /* l */
/*----------------------------------------------*/
x1  = q[1][1];
yi  = q[1][2];
x2  = q[2][1];
y2  = q[2][2];
x3  = q[3][1];
y3  = q[3][2];
/*----------------------------------------------*/   // 求法向接触量dn
a1  = sqrt((x3-x2)*(x3-x2)+(y3-y2)*(y3-y2));           //   式(1-82)
d1  = ((x2-x1)*(y3-yi) - (y2-yi)*(x3-x1))/a1;
b1  = p[1][1]*(y2-y3) + p[1][2]*(x3-x2);
b1 += p[2][1]*(y3-yi) + p[2][2]*(x1-x3);
b1 += p[3][1]*(yi-y2) + p[3][2]*(x2-x1);
s[j+3] = b1/a1+d1;
s[j+1] = b1/a1+d1;
} /* j */
/*==============================================*/
/* find joint t1:frinction t2:cohesion t3:tension */
ji=m1[i ][0];                              // ji为材料号
t1=b0[ji][0];                              // t1为摩擦角
t2=b0[ji][1]*o[i][5];                      // t2为粘聚力
t3=b0[ji][2]*o[i][5];                      // t3为抗拉强度
/*----------------------------------------------*/
/* open-close set  a-a shortest g0:g0 forming oi0 */// 法向接触量dn
o[i][3] = s[1];                            // 接触状态初值=1
m0[i][2] = 1;                              /* 角-边接触或角-角
if (i1==0 || s[3] >=s[4]) goto c201;          的第一个接触转至
o[i][3] = s[2];                               c201，否则m0[ ][2]
m0[i][2] = 3;                                 =3，即角-角接触
/*----------------------------------------------*/  的第二组接触 */
/* cases: pre-close pre-open pre-close alt-side */
c201:;
```

```
if (m0[i][1] == 0) goto c204;    // 上次为开，到c204。
if (i1== 0) goto c203;    // 角-边接触到c203，可能存在粘聚力和抗拉强度。
if (m0[i][1] ==  m0[i][2]) goto c203;// 角-角接触，本次和上次状态相同，
                                       即都为"1"或"3"，到c203。
if (m0[i][1] !=  m0[i][2]) goto c202;// 角-角接触，本次和上次不同，
                                       在不考虑粘聚力情况下开闭判断。
/*-----------------------------------------------------*/
/* previously close: alternate near side for v-v */ // 上次为闭，
/* f0=.0000001  cons() */                               角-角接触
c202:;
c1 = s[1];
if (m0[i][1] ==3)   c1=s[2];                          // 选择接触线
if (c1> f0*w0/hh) m0[i][2] = 0;                  // 本次为拉变形，
goto c205;                                          且dn>f0w0/hh，张开
/*-----------------------------------------------------*/
/* previously close: same near side for v-v */  // 角-边接触，上次为闭
c203:;
e1 = 0;
if (m0[i][0]==2 &&  i1==0)  e1=t3/hh;              /* 当m0[ ][0]=2时为仍
if (o[i][3] > e1+f0*w0/hh)  m0[i][2] = 0;             有抗拉强度，拉应
goto c205;                                             力大于抗拉强度，
                                                       张开 */
/*-----------------------------------------------------*/
/* previously open */
c204:;                                              // 上次张开，本次
if (o[i][3] > -f0*w0) m0[i][2] = 0;                   dn>-f0w0，则开
/*=====================================================*/
/* contact position  v-e close  keep old position */
c205:;
if (i1==1 || m0[i][2]==0) goto c212;// 角-角接触或已张开，不做抗剪判断，
if (m0[i][1] >0) goto c207;          上次为接触或锁定，不重新求锁定点
/*-----------------------------------------------------*/
/* newly close v-e  t0:0-1 contact time */
/* d1 b1 previous define */
if (d1<0 || fabs(b1)<.000000001*w0*w0)  t0=0;
if (d1<0 || fabs(b1)<.000000001*w0*w0) goto c206;
t0 = -d1/b1;
if (t0<0)  t0=0;
if (t0>1)  t0=1;
/*-----------------------------------------------------*/
/* from open to close compute new lock position */
```

/* 由开到闭，需要重新求锁定点$(x_0, y_0)$，根据上次的开度和本次的法向变形，求接触比$t_0$(式(2-6))，可以求出锁定位置比$s$，保存到o[i][2] */

```
c206:;
x4 = x1+t0*p[1][1];
y4 = yi+t0*p[1][2];
x5 = x2+t0*p[2][1];
y5 = y2+t0*p[2][2];
x6 = x3+t0*p[3][1];
y6 = y3+t0*p[3][2];
b2      =  (x6-x5)*(x6-x5) + (y6-y5)*(y6-y5);
if (m0[i][0]==0)
o[i][2]=((x4-x5)*(x6-x5)+(y4-y5)*(y6-y5))/b2;
/*-----------------------------------------------*/
/* case e-v sliding distance a1: previous */
c207:;
x0= (1-o[i][2])*x2 + o[i][2]*x3;
yo= (1-o[i][2])*y2 + o[i][2]*y3;
x4= (1-o[i][2])*p[2][1] + o[i][2]*p[3][1];
y4= (1-o[i][2])*p[2][2] + o[i][2]*p[3][2];
s1= (x1-x0)*(x3-x2) + (yi-yo)*(y3-y2);
s1 /= a1;
s2  = (p[1][1]-x4)*(x3-x2) + (p[1][2]-y4)*(y3-y2);
s2 += (x1-x0)*(p[3][1]-p[2][1])+(yi-yo)*(p[3][2]-p[2][2]);
s2 /= a1;
q1= sign(o[i][4]);
q2  = s1+s2;
o[i][4] = s1+s2;
```

// 式(1-103)求切向变形
// $q_1$为上次切向变形的方向，$q_2$为本次切向变形的方向，o[i][4]为有效切向变形式(1-102)

```
/*===============================================*/
/* cases: open lock inherit-slide reverse-slide */
/* m0[][2]=1 is previously set for all cases */
if (m0[i][1] == 0) goto c208;
if (m0[i][1] == 2) goto c209;
if (q1*q2 >= -.0000001*w0) goto c210;
if (q1*q2 <= -.0000001*w0) goto c211;
/*-----------------------------------------------*/
```

// 剪切判断
// 上次张开
// 上次锁定
// 本次和上次剪切方向相同
// 本次和上次剪切方向相反

```
/* previous open (no shear spring was set) */
c208:;
a2 =    tan(dd*t1);
if (fabs(o[i][4])<fabs(a2*o[i][3]))  m0[i][2]=2;
goto c212;
```

// 上次张开，本次闭合，
// 检查剪切力是否大于摩擦力，
// 剪切力小于摩擦力则锁定

```
/*-----------------------------------------------*/
/* previous lock (h2 shear spring was set) h2=2.5 */
c209:;                                              // 上次锁定
e1 = 0;
if (m0[i][0]==2)  e1=t2/hh;                         // 尚未破坏，有粘聚力
a2 = tan(dd*t1);                                    // t1为摩擦角φ
if (o[i][3] >0)  a2=0;                              // 接触力为拉时不计摩擦力
if (fabs(o[i][3])*a2+e1 > fabs(o[i][4])/h2)  m0[i][2]=2;
goto c212;                                          // 抗剪强度大于剪力，锁定
/*-----------------------------------------------*/
/* sliding direction is same    as previous step */
c210:;                                              // 滑动方向和上次相同，保持滑动接触
goto c212;
/*-----------------------------------------------*/
/* sliding direction is reverse of previous step */
c211:;                                              // 本次滑动方向和上次相反，当存在摩擦系数时，锁定
if (t1 > .9)  m0[i][2]=2;
/*-----------------------------------------------*/
/* normal force near zero*/
c212:;
/* fprintf(f10,"i= %d  m0i2= %d m0i0= %d oi0=%lf oi1=%lf \n", */
/* i,m0[i][2],m0[i][0],o[i][0],o[i][3]); */
/* fprintf(f10,"m0=%d mm=%d m1=%d m3=%d m4=%d m5=%d m6=%d\n", */
/* m[i][0],m[i][1],m[i][2],m[i][3],m[i][4],m[i][5],m[i][6]);  */
}  /*  i  */
/***********************************************/
/* open-to-close i7  close-to-open i8 */       // 开闭计数
i7=0;
i8=0;
for (i=1; i<= n2; i++)
{
if (m0[i][1]==0 && m0[i][2]>0)  i7+=1;  // 上次开本次闭的接触个数
if (m0[i][2]==0 && m0[i][1]>0)  i8+=1;  // 上次闭本次开的接触个数
}  /*  i  */
/*-----------------------------------------------*/
if (i7+i8>0 || n9==1) goto c213 ;             // 当i7+i8=0时，即开闭收敛，m9=-1
fprintf(f10,"!!!!!step!!!!!%4d \n",nn);
/* fprintf(f10,"!!!!!step!!!!!%4d \n",nn); */
m8= m9;                                        // i7+i8=0，结束开闭迭代
```

```
m9= -1;
/*----------------------------------------------*/
...
}
```

9. 方程求解

经过前边的分析计算，形成的线性方程组为

$$[a]\{z\} = \{f\} + \{c_0\}$$

其中，$[a]$ 为刚度矩阵；$\{f\}$ 为荷载向量；$\{c_0\}$ 为摩擦力向量；$\{z\}$ 为求解结果，即第 1 章中的 $[D]$。

方程求解由如下几个程序完成：

(1) di20——SOR 松弛法求解器，不会对 $[a]$ 及 $\{f\}$、$\{c_0\}$ 进行修改，因此没有必要另外保存如上数组，程序中规定了最大迭代次数 200。

(2) df20—— 刚度矩阵 $[a]$ 的三角分解。

(3) df21—— 回代，即由 df20 和 df21 两个程序进行三角分解法求解线性方程组。由于三角分解过程中要改变矩阵 $[a]$ 中的数值，因此求解可需要另开辟数组 $[b]$，保持原始刚度矩阵 $[a]$。

(4) 由于如上线性方程组的子元素 $A_{ij}$ 为 6×6 子矩阵，需要另外两个子程序完成子矩阵的求逆，即 Invr ( )——6×6 子矩阵求逆。

鉴于没有必要对 DDA 程序中的方程求解部分进行修改，此处不对这部分代码进行解读。

10. 新的坐标、应力计算及结果输出

开闭迭代收敛后即完成了一个加载时步的计算，得到了每个块体中六个未知量的增量 $[D_u]$，由此可计算新的块体顶点坐标和块体应力、块体与块体间的接触应力、测点的应力和变形等，通过绘图和结果文件输出当前计算结果。由四个子程序完成这些任务。

(1) DF24—— 输出中间计算成果、绘图；

(2) DF25—— 更新节点坐标、计算应力；

(3) DF26—— 绘图、计算时步完成的图形；

(4) DF27—— 全部计算结束后输出应力，关闭文件。

1) DF24：中间结果绘图

```
/**************************************************/
/* df24: displacement ratio and iteration drawing */
/**************************************************/
```

```
void df24()
{
...
/*-----------------------------------------------*/
/* vertex displacements i0 old block number */
pe= 1;
for (i=1; i<= n1; i++)
{
i1 = k0[i][1];                       // 求顶点的位移值 u[ ][1], u[ ][2]
i2 = k0[i][2];
for (j=i1-1; j<=i2+1; j++)
{
x  = d[j][1];
y  = d[j][2];                        // Ti(x, y), 式(1-9)
i0 = i;
dspl();
/*-----------------------------------------------*/
i3 = k2[i];
u[j][1]  = 0;
u[j][2]  = 0;
for (l=1; l<= 6; l++)
{
u[j][1] += t[1][l]*z[i3][l];         // 式(1-7)
u[j][2] += t[2][l]*z[i3][l];
} /* l */
} /* j */
} /* i */
/*-----------------------------------------------*/
/* relative maximum displacement ratio */
a1=0;                                // 求最大位移比
b1=0;
for (i= 1; i<= n1; i++)
{
i1 = k0[i][1];
i2 = k0[i][2];
b2 = 0;
for (j=i1; j<=i2; j++)
{
```

```
a2 = sqrt(u[j][1]*u[j][1] + u[j][2]*u[j][2]);      // 求最大位移
if (a1<=a2)  a1 = a2;
b2 += a2;
}  /*  j  */
b1 += b2/(double)(i2-i1+1);
}  /*  i  */
q0[nn][0] = (a1/w0)/g2;                             // 最大位移比
q0[nn][3] = (b1/w0)/g2/((double)n1);                // 平均位移比
/*************************************************/
/* draw deformed blocks, change u[][]  */
/* iteration finished */
if (pp==1 || m9== -1) goto c401;                    /* 采用直接法求解
for (i=1; i<= n3; i++)                                 时，由于需要修
{                                                      改刚度矩阵a[ ]，
for (j=1; j<= 36; j++)                                 计算未收敛时要
{                                                      将保存在b[ ]中的
a[i][j] = b[i][j];                                     刚度矩阵拷贝给
}  /*  j  */                                           a[ ] */
}  /*  i  */
/*-----------------------------------------------*/
for (i=1; i<= n1; i++)
{
for (j=1; j<=6; j++)                                // 将荷载项拷贝
{                                                   //   给f[ ]
f[i][j] = r[i][j];
}  /*  j  */
}  /*  i  */
/*************************************************/
/* draw deformed blocks, change u[][] */
c401:;
clrs();
for (i= 1;   i<=  n1; i++)
{                                                   /* 求新的顶点坐标
i1 = k0[i][1];                                         u[ ][1]，u[ ][2]，
i2 = k0[i][2];                                         仅用于绘图 */
for (j=i1-1; j<=i2+1; j++)
{
u[j][1] += d[j][1];
```

```
u[j][2] += d[j][2];
} /* j */
} /* i */
/*-------------------------------------------------*/    /* 绘制中间结果，此处绘图是绘制迭代计算的中间结果，会出现波动 */
/* fill colors for each block */                          // 输出中间结果数据
for (i=1; i<= n1; i++)
{
fild(i);
} /* i */
/*-------------------------------------------------*/
...
shgp();
}
```

2) DF25

计算新的顶点坐标、固定点坐标、荷载点坐标、测点坐标、锚杆端点坐标及块体应力、接触应力和块体速度、总体安全系数。

```
/*************************************************/
/* df25: compute step displacements */
/*************************************************/
void df25()
{
void dspl();
void area();
if (k6 == 1)  fprintf(f10,"---25000--- \n");
/*-------------------------------------------------*/
/* change to new deformed block shape  u[][] df24 */   // 更新顶点坐标
for (i=1; i<= n1; i++)                                 // 围成块体的顶点号
{
i1 = k0[i][1];
i2 = k0[i][2];
for (j=i1-1; j<=i2+1; j++)
{
x  = d[j][1];
y  = d[j][2];
i0 = i;                                                // 求[T_i(x, y)]
dspl();                                                // 不计入旋转项，另外计算
x2 = t[2][3];
```

```
y2 = -t[1][3];                                   // 求新顶点坐标
t[1][3] = 0;
t[2][3] = 0;
/*-----------------------------------------------*/
i3= k2[i];                                       // 更新顶点坐标，
for (l=1; l<= 6; l++)                            //   将新的顶点位
{                                                //   移增量加到原
d[j][1] += t[1][l]*z[i3][l];                     //   坐标上
d[j][2] += t[2][l]*z[i3][l];
} /* l */
d[j][1] += x2*(cos(z[i3][3])-1.0) - y2*sin(z[i3][3]);
d[j][2] += y2*(cos(z[i3][3])-1.0) + x2*sin(z[i3][3]);  /* 修改原来的弧
} /* j */                                                  度旋转项，避
} /* i */                                                  免块体旋转而
/*-----------------------------------------------*/        导致体积变大
                                                           的问题，如
                                                           式(1-4) */
/* new coordinates for fixed measured load points */
for (i=1; i<=nf+nl+nm; i++)
{
i0 = (long)g[i][3];
x  = g[i][1];
y  = g[i][2];
dspl();
i1 = k2[i0];                                     /* 计算固定点、
x1 = 0;                                             荷载点及测
yi = 0;                                             点的位移值
/*-----------------------------------------------*/ 和新坐标 */
/* displacements of fixed measured load points */
for (j=1; j<= 6; j++)
{
x1 += t[1][j]*z[i1][j];
yi += t[2][j]*z[i1][j];
} /* j */
g[i][1] +=  x1;
g[i][2] +=  yi;
c[i][1] += -x1;
c[i][2] += -yi;                                  //计算锚杆新
c[i][3] += -z[i1][3];                            //  坐标及锚杆
} /* i */                                        //  应力
```

```
/*------------------------------------------------*/
/* new coordinates for fixed measured load points */
if (nn%20 == 0)
fprintf(fl2, " %4.5lf     ", q0[nn][1]);
a1 = 0; /* !! */
a2 = 0;
for (i=1; i<=n4; i++)
{                                               // 锚杆的余弦和正弦
c1  = h[i][3] - h[i][1];
c2  = h[i][4] - h[i][2];
b3  = sqrt(c1*c1 + c2*c2);
if (b3 < 0.000001*w0) fprintf(fl0,"bolt i=%d length = 0 \n",i);
c1 /= b3;
c2 /= b3;
/*------------------------------------------------*/
i0  = (long)h[i][5];
x   = h[i][1];
y   = h[i][2];
dspl();
i1  = k2[i0];
x1  = 0;
yi  = 0;
/*------------------------------------------------*/   /* 计算两个端点的变形值，更新锚杆的两个端点坐标x1、x2、y1、y2 */
for (j=1; j<= 6; j++)
{
x1 += t[1][j]*z[i1][j];
yi += t[2][j]*z[i1][j];
}  /*  j  */
h[i][1] +=  x1;
h[i][2] +=  yi;
/*------------------------------------------------*/
i0  = (long)h[i][6];
x   = h[i][3];
y   = h[i][4];
dspl();
i1  = k2[i0];
x2  = 0;
y2  = 0;
```

```
for (j=1; j<= 6; j++)
{
x2 += t[1][j]*z[i1][j];
y2 += t[2][j]*z[i1][j];
} /* j */
h[i][3] +=  x2;
h[i][4] +=  y2;
/*-----------------------------------------------*/
a4 = (x2-x1)*c1 + (y2-yi)*c2;
h[i][0] += a4;
h[i][9]  = h[i][7]*h[i][0]/b3;
                         /* 锚杆伸长变形h[i][0]为锚杆
                            总伸长变形，此处应改为:
                            h[i][9]+=h[i][7]*a4/b3，锚
                            杆总应力，应计入预应力 */
...
/*-----------------------------------------------*/
/* compute updating stresses */
for (i=1; i<= n1; i++)
{
a1 = e0[i][3]/(1-e0[i][4]*e0[i][4]);
i1 = k2[i];                                     // 计算块体应力
e0[i][5] += a1*(z[i1][4]+z[i1][5]*e0[i][4]);
e0[i][6] += a1*(z[i1][4]*e0[i][4]+z[i1][5]);
e0[i][7] += a1*z[i1][6]*(1-e0[i][4])/2;
/*-----------------------------------------------*/
f[i][7]  += z[i1][4];
f[i][8]  += z[i1][5];                           // 累加块体应变
f[i][9]  += z[i1][6];
/*-----------------------------------------------*/
/* print block deformations and stresses */
if (0==0) goto db03;
fprintf(f10,"block no: %d \n",i);
fprintf(f10,"%lf %lf %lf  \n",z[i1][1],z[i1][2],z[i1][3]);   // 输出计算
fprintf(f10,"%lf %lf %lf  \n",z[i1][4],z[i1][5],z[i1][6]);   结果和当
fprintf(f10,"%lf %lf %lf  \n",e0[i][5],e0[i][6],e0[i][7]);   前应力
/*-----------------------------------------------*/
db03:;
} /* i */
/*************************************************/
/* updating velocity for dynamics */
/* o0: total volume  o1: unit inertia */
```

```
/* o2: total inertia force of measured blocks */
o0 = 0;
o1 = 0;
o2 = 0;
for (i=1; i<= n1; i++)
{
a1  = v0[i][1]*gg;
a2  = v0[i][2]*gg;                                  // 计算块体速度
o0 += h0[i][1];
i1=k2[i];
for (j=1; j<=  6; j++)
{
v0[i][j] = 2*z[i1][j]/tt-v0[i][j]*gg;               // 式(1-73)
}  /*  j  */                                        // 加速度
a1  = (v0[i][1] - a1)/tt;                           // 惯性力
a2  = (v0[i][2] - a2)/tt;
a3  = h0[i][1]*e0[i][0]*sqrt(a1*a1 + a2*a2);
o1 += a3;
if (n[i][0] == 1) o2 += a3;
}  /*  i  */
o1 /= o0;                                           // o1为平均惯性力
fprintf(f10,"=====unit inert %lf ===== \n",o1);
/* printf("unit inert %lf  \n",o1); */
/**************************************************/
/* factor of safty ff  */
/* o2: sliding force  o0: resistant force */
o0  = 0;
o2 += .0000000001;
for (i=1; i<= n2; i++)
{
l1=m[i][1];
l2=m[i][2];
i1=n0[l1];
i2=n0[l2];
if (n[i1][0]==0 && n[i2][0]==0) goto c503;
if (n[i1][0]==1 && n[i2][0]==1) goto c503;
/*-----------------------------------------------*/
i0=m1[i ][0];
```

```
t1=b0[i0][0];
t2=b0[i0][1]*o[i][5];
/*-----------------------------------------------*/
if (m[i][0]  == 1) goto c503;
if (m0[i][2] == 0) goto c503;
if (m0[i][2] == 1) goto c502;
if (m0[i][2] == 2) goto c501;
/*-----------------------------------------------*/
/* normal spring and shear spring  */
c501:;
e1 = 0;
if (m0[i][0]==2)  e1=t2;
a2 = tan(dd*t1);
if (o[i][3]  >0)  a2=0;
o0 += fabs(o[i][3])*a2*hh+e1;
o2 += fabs(o[i][4])*hh/h2;
goto c503;
/*-----------------------------------------------*/
/* normal spring and friction force */
c502:;
a2 = tan(dd*t1);
if (o[i][3]  >0)  a2=0;
o0 += fabs(o[i][3])*a2*hh;
o2 += fabs(o[i][3])*a2*hh;
c503:;
}  /*  i  */
ff = o0/o2;
fprintf(f10,"fs= %lf  \n",ff);                    // 安全系数、抗剪力/剪切力
/* printf("fs= %lf  \n",ff); */
/*-----------------------------------------------*/
/* compute s sx sy sxx syy sxy   g0 of this step */  // 计算块体面积及一、二阶面积矩
area();
/*-----------------------------------------------*/
}
```

/* 总安全系数，计算有测点的块体相对于无测点的块体之间的安全系数 n[i][0]=0为无测点块体，n[i][0]=1为有测点块体。当某个接触两边的块体都为有测点或都为无测点时，不计算相对滑动安全系数，当两侧的块体一个为有测点，一个为无测点时，计算安全系数。$o_0$为总抗滑力，$o_2$为总滑动力 */

11. **其他**

1) dspl( ): 用于计算插值 $[T_i(x, y)]$(式 (1-9))

```
/***********************************************/
```

```
/* dspl: block displacement matrix*/
/***********************************************/
/* x10  y10  u2  v2  t[][]i0  x  y */
void dspl()
{
/*---------------------------------------------*/
/* i0 is old block number*/
/* x10,y10:center of gravity of the block */
x10 = h0[i0][2]/h0[i0][1];
y10 = h0[i0][3]/h0[i0][1];
/*---------------------------------------------*/
u2 = x-x10;
v2= y-y10;
t[1][1] = 1;
t[2][1] = 0;
t[1][2] = 0;
t[2][2] = 1;
t[1][3] = -v2;
t[2][3] = u2;
t[1][4] = u2;
t[2][4] = 0;
t[1][5] = 0;
t[2][5] = v2;
t[1][6] = v2/2;
t[2][6] = u2/2;
/*---------------------------------------------*/
}
```

/* $i_0$为块体号，为全局变量调用dspl前定义。h0[ ][ ]为$s$、$s_x$、$s_y$、…，$x_{10}$，$y_{10}$为形心坐标 */

/* $x$，$y$在调用前定义，计算块体$i_0$，点$x$，$y$的位移函数，即$[T_{i0}(x, y)]$ */

2) invr( )：6×6 子矩阵的求逆函数

输入数据为 $q$[ ][ ]，需在调用前定义，输出为 $e$[ ][ ]，为 $q$ 的逆矩阵。该函数在三角分解法求解方程时使用。

3) mult( )：6×6 子矩阵相乘

输入为 $q$[ ][ ] 和 $e$[ ][ ]，需要调用该子程序赋值，输出为 $q$[ ][ ]。

4) cons( )：常数定义子程序

在计算之初 (读入数据后) 调用。DDA 中有若干人为定义的常数，还有几个与这些常数和实际计算参数有关的常数，这些常数会影响到计算收敛速度，有时会影响到计算结果。函数 cons( ) 定义其中的六个常数：

$f_0$—— 开闭迭代容差系数，允许贯入量为 $f_0w_0$，$w_0$ 为计算域高度的一半。接触状态的允许张开变形为 $f_0w_0/hh$，$hh$ 为法向弹簧刚度。$f_0$ 的大小直接影响开闭迭代的效率和接触力的计算误差。

$h_1$—— 按角度判断接触时，允许重叠的角度值。

$h_2$—— 法向接触刚度和切向接触刚度的比值，程序中定义为 2.5。按照弹性力学的定义，剪切模量 $G$ 与弹性模量的关系为 $G = E/2(1+\mu)$，令 $\mu = 0.25$，则 $G = E/0.25$，即 $E/G = 2.5$。

$h_3$—— 没有用到。

$h_4$—— 接触弹簧刚度与平均弹性模量的比例。

$h_5$—— 根据距离判断接触时的允许张开距离系数，当角-边距离小于 $-d_0$ 或大于 $h_5d_0$ 时认为不接触，张开为“+”，贯入为“−”

$d_0$—— 按距离搜索接触时的允许最大距离。

$hh$—— 弹簧的法向刚度，$g_6$、$g_7$ 与 $hh$ 相等。

如上参数的确定，很大程度上依赖于经验，缺乏理论依据，对于具体的计算问题，当如上参数不满足要求时可调整。

```
/***********************************************/
/* cons: set control constants */
/***********************************************/
void cons()
{
/*---------------------------------------------*/
/* pre-defined changeble constants */
/* f0 : criteria of open to close */
/* h1 : angle overlapping degrees  for contact */
/* h2 : ratio for shear spring versus normal one  */
/* h3 : coefficient of spring dspl to d0  dstn() */
/* h4 : coefficient of spring stiffness  g0=h4*em */
/* h5 : coefficient of spring invasion  d0 df04() */
h1 = 3;
h2 = 2.5;
h3 = 1.1;
h4 = 40.0;
h5 = 0.4;
/*---------------------------------------------*/
/* d0 :  normal external    distance for contact */
/* d0*.4 normal penetration distance for contact */
/* this is unsed alternative define d0 by w1 w2 */
```

给定 $h_1$~$h_5$

```
d9 = 2.5*w0*g2;                                   /* w0为计算域半高，g2为允许最大位移比，w1为最短边长，w2为块体内角-边最小距离。根据所有块体的几何参数确定按距离接触判断接触时的允许最小距离d0 */
a1 = w2/h5;
if (a1 > w1)  a1= w1;
a1 /= 7.50;
/* fprintf(f10,"### d0-in: %lf d0-ge %lf ### \n",d9,a1);
fprintf(f10,"### d0-in: %lf d0-ge %lf ### \n",d9,a1); */
if (d9 < a1) d9=a1;
d0 = d9;
/*-----------------------------------------------*/
/* define d0 from fixed rate f2 of w0 */
/* g2 d0 small penetration h5d0 & d0 same h5 .3-1 */   // 根据w0、g2和给定的f2，确定d0和h5
f2 = .0004;
d0 = 2.5*w0*g2;
h5 = 0.3;
a1 = 0.3*d0;
if (a1 < 3.0*f2*w0)  {a1=3.0*f2*w0; h5=a1/d0;}
if (d0 < =a1)  {d0=a1;  h5=1.0;  }
/*-----------------------------------------------*/
co01:;                                            /* 求法向接触刚度hh，当给定g0时，hh=g0，当g0=0时，按照所有块体平均弹模的h4倍计算 */
hh  = g0;
a1  = 0;
for (i=1; i<= nb; i++)
{
a1 += a0[i][3];
}  /*  i  */
a1 /= nb;
if (g0 < .00000000001)  hh = h4*a1;
g6  = hh;
g7  = hh;
/*-----------------------------------------------*/
f0 = .0000001; /* ??? */
/*-----------------------------------------------*/
}
```

5) step( )：求每个计算步的初始时间步长

在每一计算步 (加载步) 之初调用此函数，确定本计算步的初始时间步长，迭代过程中会根据收敛情况调整。初始时间步长 $tt$ 是根据体积力、初应力、外荷载、给定位移等因素，以单步计算的位移控制在容许范围内为原则确定，还要根据上一步计算的最大位移调整。

```

/**************************************************/
/* step: compute next time interval */
/**************************************************/
/* compute tt */
void step()
{
/*------------------------------------------------*/
if (g1 <.00000000001) goto st03;          /* 当给定最大时间
/* if (nn ==  1) */                          步长g1时，采用
tt  =g1;                                     初始值g1计算的
if (nn>1 && q0[nn-1][0]>1.1)  tt /= sqrt(q0[nn-1][0]);   上一步的位移比
                                             太大，折减tt */
goto st02;
/*------------------------------------------------*/
/* body load a1=g: (unit force)/(unit mass) */   /* 根据体积力和
st03:;                                            质量，求加速
if (nn >1) goto st01;                             度，即a1=F/M
                                                */
a1 = 0;
for (i=1; i<= nb; i++)
{
b1 = sqrt(a0[i][1]*a0[i][1]+a0[i][2]*a0[i][2])/a0[i][0];
if (a1 < b1)  a1=b1;
} /*  i  */
/*------------------------------------------------*/
/* point load per unit mass */              /* 根据集中荷载
a2 = 0;                                        求加速度，即
for (i=nf+1; i<= nf+nl; i++)                   a2=P/M */
{
for (j=k4[i][0]; j<=k4[i][1]; j++)
{
b1 = sqrt(u0[j][1]*u0[j][1]+u0[j][2]*u0[j][2])/(w3*a0[1][0]);
if (a2 < b1)  a2=b1;
} /*  j  */
} /*  i  */
/*------------------------------------------------*/
/* initial stresses as unit mass body force  a1=a */
a3 = 0;
```

```
for (i=1; i<= nb; i++)                          /* 根据初应力求加速度，即
{                                                  a_3=4σ_max/\sqrt[m]{S}
for (j=5; j<= 7; j++)                              S为平均块体面积 */
{
b1 = fabs(a0[i][j])/a0[i][0];
if (a3 <  b1) a3=b1;
} /*  j  */
} /*  i  */
a3 = 4*a3*sqrt(w3)/w3;                           // a_1为外力和体积力引起的加速度
a1 = (a1+a2+a3)/2;
/*-----------------------------------------------*/
/* initial velocity  a2: velocity */
a2 = 0;                                          // 最大初速度
for (i=1; i<= nb; i++)
{
b1=sqrt(a0[i][11]*a0[i][11]+a0[i][12]*a0[i][12]+a0[i][13]*a0[i][13]);
if (a2 < b1)  a2=b1;
} /*  i  */
/*-----------------------------------------------*/
/* s=1/2*g*t*t  a1*t*t + a2*t + a3 = 0 */        // 本时步的允许最大位移，
a3 = -g2*w0;                                     // 根据at^2+vt=S求tt
tt = (-a2+sqrt(a2*a2-4*a1*a3))/(2*a1);
goto st02;
/***********************************************/
/* body load  a1=g: (unit force)/(unit mass) */
st01:;
a3 = 0;                                          // nn>1时
for (i=nf+1; i<= nf+nl; i++)
{                                                // 求外荷载引起的加速度a_3
if (a3 < fabs(g[i][4])) a3=fabs(g[i][4]);
if (a3 < fabs(g[i][5])) a3=fabs(g[i][5]);
} /*  i  */
a3 =    a3/(w3*a0[1][0]);                        /* a_1为弹簧力引起的加速度，
a1 = w7*hh/(w3*a0[1][0]);                          取两个加速度的最大值作
if (a1 < a3)  a1=a3;                               为计算加速度 */
if (a1 == 0)  goto st02;
/*-----------------------------------------------*/
a2 = q0[nn-1][0]*g2*w0/tt;
```

```
if (gg < 0.1) a2=0;                          /* a2为上一步的计算速度,
a3 = -g2*w0;                                    a3为本步允许最大位移,
a9 = (-a2+sqrt(a2*a2-2*a1*a3))/a1;             按at²+vt=S 求tt */
if ( a9 <  1.3*tt) tt=a9;
if ( a9 >= 1.3*tt) tt=1.3*tt;
/*-------------------------------------------------*/
st02:;
}
```

6) dstn( ): 在每次开闭迭代结束后计算下一步的弹簧刚度

根据上时步得到的最大接触贯入量 (弹簧压缩量) 计算下一步弹簧刚度。

```
/*************************************************/
/* dstn: compute stiffness of contact spring */
/*************************************************/
void dstn ( )
{
/*-------------------------------------------------*/
/* w6 max penetration */
w6 = 0;
w7 = 0;                                  // 对所有的接触循环, 不计张开的接触
for (i=1; i<= n2; i++)
{
if (m0[i][2] == 0) goto ds01;
/*-------------------------------------------------*/
b1 = o[i][3];
if (fabs(w6)<fabs(b1))  i2=i;
if (fabs(w6)<fabs(b1))  w6=b1;
if (w7 >o[i][3])  w7=o[i][3];            /* 计算弹簧的最大拉伸变形w6和最大压缩变形w7 */
ds01:;
}  /*  i  */
w7 = -w7;
/* fprintf(f10,"wf/d0 %lf i %d \n",w6/d0,i2); */
/*-------------------------------------------------*/
/* updating g0 hh by max penetration w6 */    // 当g0给定时用给定值,
if (g0>.00000000001) goto ds02;               // 根据拉伸变形计算新的弹簧刚度hh
b1 = hh*fabs(w6/w0)/f2 + 0.0000001;
if (b1 <= hh/3.0)  b1 = hh/3.0;
hh = b1;
```

```
/**************************************************/
/* in step penetration control iteration of w6 */
/* transfer o3 to o0 o1  transter o4 to o1 */
ds02:;
for (i=1; i<= n2; i++)
{
if (m0[i][2] == 0) o[i][0]=0;          /* 将当前接触的法向
if (m0[i][2] == 0) o[i][1]=0;             和切向变形保留到
if (m0[i][2] == 1) o[i][0]=o[i][3];       o[ ][0], o[ ][1] */
if (m0[i][2] == 1) o[i][1]=0;
if (m0[i][2] == 3) o[i][1]=o[i][3];
if (m0[i][2] == 3) o[i][0]=0;
if (m0[i][2] == 2) o[i][0]=o[i][3];
if (m0[i][2] == 2) o[i][1]=o[i][4];
} /*  i  */
}
```

7) area( )：单纯形积分

求块体的面积 $S_0$ 和一阶、二阶面积矩 $S_x$，$S_y$，$S_{xx}$，$S_{xy}$，$S_{yy}$，并保存到数组 $h_0[i][j]$ 中，$j=1,2,3,\cdots,6$。

```
/**************************************************/
/* area: compute s0 sx sy sxx syy sxy */
/**************************************************/
/* i  j  x2  y2  x3  y3  h0[][] */
void area()
{
/*------------------------------------------------*/
for (i=1; i<= n1; i++)
{
for (j=1; j<=  6; j++)
{
h0[i][j] = 0;                              // 初值赋零
} /*  j  */
/*------------------------------------------------*/
/* x1=0  y1=0 here  */
for (j=k0[i][1]; j<=k0[i][2]; j++)
{
x2 = d[j][1];                              // 块体各顶点的坐标值
```

```
y2 = d[j][2];
x3 = d[j+1][1];
y3 = d[j+1][2];
/*-------------------------------------------------*/
s0        = (x2*y3-x3*y2);
h0[i][1] += s0/2;                             /* 单纯形积分，分别为S0、
h0[i][2] += s0*(0+x2+x3)/6;                      Sx、Sy、Sxx、Syy、Sxy */
h0[i][3] += s0*(0+y2+y3)/6;                      式(附1-18)
h0[i][4] += s0*(x2*x2+x3*x3+x2*x3)/12;
h0[i][5] += s0*(y2*y2+y3*y3+y2*y3)/12;
h0[i][6] += s0*(2*x2*y2+2*x3*y3+x2*y3+x3*y2)/24;
}  /*  j  */
}  /*  i  */
/*-------------------------------------------------*/
for (i=1; i<= n1; i++)
{                                             // 如果某块体面积为零，输出
if (h0[i][1] < .0000000000000001)
fprintf(f10,"minus area block=%d area=%lf \n", i, h0[i][1]);
}  /*  i  */
/*-------------------------------------------------*/
}
```

8) angl( ): 求构成块体的各边的方向角及构成顶点的面

```

/*************************************************/
/* angl: material constants of bolts */
/*************************************************/
/* i  x1  y1  c1  d1  d2  d3  i1  i2  u[][] */
void angl()
{
/*-------------------------------------------------*/
for (i=1;    i<=n1; i++)
{
i1=k0[i][1];
i2=k0[i][2];                                  // 块体i顶点的起止号
/*-------------------------------------------------*/
/* u[j][1]: direction angle of edge j j+1 */
for (j=i1-1; j<=i2; j++)
{
```

```
x1=d[j+1][1]-d[j][1];
yi=d[j+1][2]-d[j][2];
c1=fabs(x1)+.0000001;
d1=atan(yi/c1)/dd;
if (x1<0)  d1  = 180-d1;
if (d1<0)  d1 += 360;
u[j   ][1]=d1;
} /*  j  */
u[i2+1][1]=u[i1][1];
/*--------------------------------------------------*/
```

/* 求边的方向角u[j][1]，边的方向为点号增加的方向 */ //式(1-148)

```
/* u[j][2]: angle j */
for (j=i1; j<=i2; j++)
{
d1=u[j  ][1];
d2=u[j-1][1]-180;
if (d2 <  0)  d2 += 360;
d3=d2-d1;
if (d3 <  0)  d3 += 360;
u[j   ][2]=d3;
} /*  j  */
u[i1-1][2]=u[i2][2];
u[i2+1][2]=u[i1][2];
} /*  i  */
/*--------------------------------------------------*/
}
```

/* 求构成顶点$j$的两条边的夹角，即顶点$j$的内角u[j][2] */

9) dist ( )：求点 $(x_1, y_1)$ 到边 $\overline{P_2(x_2,\ y_2)P_3(x_3,\ y_3)}$ 的距离

```
/**************************************************/
/* dist: distance of a segment to a node */
/**************************************************/
/* x1  y1  x2  y2  x3  y3  d5  */
void dist ( )
{
double x4,  y4;
double t1;
/*--------------------------------------------------*/
/* nearest point of p0 in between p2 p3  */
/* compute distance of p0 to nearst point in p2p3 */
t1  =  (x1-x2)*(x3-x2) + (yi-y2)*(y3-y2);
```

```
    t1 /= ((x3-x2)*(x3-x2) + (y3-y2)*(y3-y2));
    if (t1 <= 0.0)  t1=0;
    if (t1 >= 1.0)  t1=1;
    x4  = x2 + t1*(x3-x2);
    y4  = y2 + t1*(y3-y2);
    d5  = sqrt((x4-x1)*(x4-x1) + (y4-yi)*(y4-yi));
    /*------------------------------------------------*/
    }
```

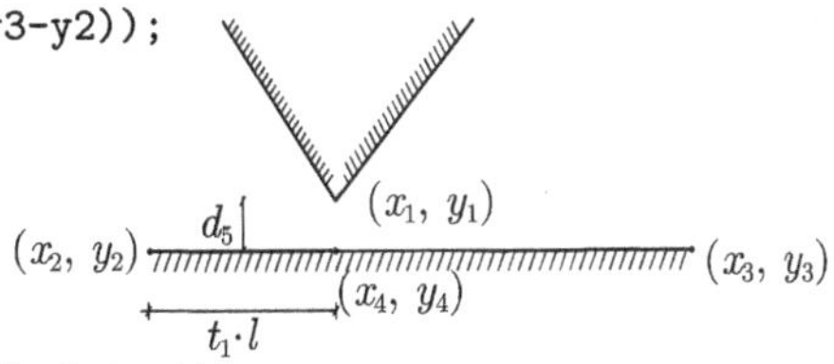

10) proj: 求一条边在另一条边上的投影

当两条边接触时，有互相重叠的部分，即一条边在另一条边上的投影，该投影长度即为两条边的接触长度。本子程序主要由 DF07 调用，调用前需要定义接触点 $i_1$，接触线 $\overline{i_2i_3}$，以及与 $i_1$ 共线的接触线的另一个端点 $i_4$。计算出两边互相投影长度 $l$，则接触点 $i_1$ 控制住的接触长度为 $o[\ ][5]=l/2$。

```
    /**************************************************/
    /* proj: projection of a edge to other edge */
    /**************************************************/
    /* i  i0  i1  i2  i3  i4  d1  o[][5]  d  m0[][2] */
    /* j l d1 i0 s[] x1 y1 x2 y2 x3 y3 */
    void proj()
    {
    void movl();
    void dral();
    /*------------------------------------------------*/
    /* compute projection of p1 and p4 to edge p2p3 */
    x1   = d[i1][1];
    yi   = d[i1][2];
    x2   = d[i2][1];
    y2   = d[i2][2];
    x3   = d[i3][1];
    y3   = d[i3][2];
    /*------------------------------------------------*/
    /* contact point o[][2]  s[1-4] par p1-p4 to p2p3 */
    /* k[i]=1 transfer contact point m0[][0]=1 record */
    d1   = ((x3-x2)*(x3-x2) + (y3-y2)*(y3-y2) + .000000001*w0);
    s[1] = ((x1-x2)*(x3-x2) + (yi-y2)*(y3-y2))/d1;   /* o[ ][2]为接触点i1到点
    if (k[i] == 0)  o[i][2] = s[1];                    i2的距离占边i2i3的长
    if (k[i] == 1 && m0[i][0]==0)  m0[i][0]=1;         度的比例，也称为接
                                                       触比 */
```

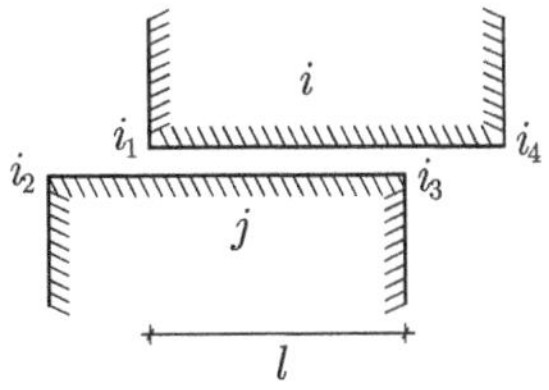

```
s[2] = 0;
s[3] = 1;
/*---------------------------------------------*/
if (i4==0) goto pr02;
x1   = d[i4][1];
yi   = d[i4][2];
s[4] = ((x1-x2)*(x3-x2) + (yi-y2)*(y3-y2))/d1;
/*---------------------------------------------*/
/* ordering p1 p2 p3 p4 on edge p2p3 */
for (j=  1; j<=3; j++)
{
for (l=j+1; l<=4; l++)
{
if (s[j]  <=  s[l]) goto pr01;        /* s[1]~s[3]为i1、i3、i4三点到
s[0] = s[j];                             点i2的距离与接触线i2i3长度
s[j] = s[l];                             的比值 */
s[l] = s[0];
pr01:;
}  /*  l  */
}  /*  j  */
/*---------------------------------------------*/
/* o[][5] 1/2 co-edge lock length */
o[i][5] += .5*(s[3]-s[2])*sqrt(d1);     // 求接触线半长并存入o[i][5]
/***********************************************/
...                                      // 绘图
pr02:;
}
```

11) sign：符号函数

输入一个双精度数值，返回该数值的符号 $(1,-1,0)$。

```
/***********************************************/
/* sign: return sign */
/***********************************************/
double sign(f2)
double f2;
{
if (f2 > 0) return ( 1);
if (f2 < 0) return (-1);
if (f2== 0) return ( 0);
}
```

12) 绘图函数

程序中编制了多个绘图函数:

Void graf($w$)—— 输出绘图窗口;

Void ficl($k_8$)—— 用 $k_8$ 号颜色填充绘制块体;

Void fild($k_8$)—— 用 $k_8$ 号颜色填充绘制块体;

Void movl($x_8$, $y_9$, $k_9$, $p_0$, $w$)—— 移动画笔;

Void dral($x_9$, $y_9$, $k_9$, $p_0$, $w$)—— 画线;

Void writ($x_8$, $y_8$, $k_9$, $p_0$, $aa$, $w$)—— 在指定位置输出字符;

Void clrs( )—— 清屏;

Void shgp($p_0$)—— 用指定刷子填充窗口;

Void sleep($i_8$)—— 休眠 $i_8$ms;

Void DrawBlock( )—— 画块体;

Void DrawLine( )—— 画线;

LRESJLT LALLBACK WindowFunc( )—— 定义绘图窗口及各项绘图要素。

## 12. 主程序

主程序框图已在图 2-14 中给出，程序的说明如下:

```
/***************************************************/
/* WinMain()                                       */
/***************************************************/
int WINAPI WinMain( HINSTANCE hThisInst,
                     HINSTANCE hPrevInst,
                    LPSTR     lpszArgs,
                     int       nWinMode  )
{
/*-------------------------------------------------*/
MSG  msg;    /* Windows Message Structure  */
WNDCLASSEX  wcl; /* Windows Class Structure */
/* HACCEL   hAccel;  */
/*-------------------------------------------------*/
void df01();
void df02();
void df03();
void df04();
void df05();
void df06();
void df07();
```

// 主程序入口及说明

函数声明

```
void di08();
void df08();
void df09();
void df10();
void df11();
void df12();
void df13();
void df14();
void df15();
void df16();
void df17();/* ! */
void df18();
void di20();
void df20();
void df21();
void df22();
void df24();
void df25();
void df26();
void df27();
void dstn();
void graf();
double sign();
```

函数说明

```
/**************************************************/
/* df01: input geometric data */
/* df02: input physical data */
/* df26: draw deformed blocks */
/*-----------------------------------------------*/
/* df03: mechanical parameters of blocks */
/* df04: contact finding by distance criteria */
/* df05: contact finding by angle criteria */
/* df06: contact transfer */
/* df07: contact initialization */
/* df08: positions of non-zero storage */
/* df08: block order */
/* df09: time interpolation */
/*-----------------------------------------------*/
/* df10: initiate coefficient and load matrix */
```

```
/* df11: submatrix of inertia */
/* df12: submatrix of fixed points */
/* df13: submatrix of stifness */
/* df14: submatrix of initial stress */
/* df15: submatrix of point loading */
/* df16: submatrix of volume force */
/* df17: submatrix of measured distance */
/*-----------------------------------------------*/
/* df18: iteration start */
/* df18: add and subtract submatrix of contact */
/* df20: triangle discomposition equation solver */
/* df21: backward and forward substitution */
/* df22: contact judge after iteration */
/* df22: iteration output */
/* df24: displacement ratio and iteration drawing */
/*-----------------------------------------------*/
/* df25: compute step displacements */
/* df26: draw deformed blocks */
/* df27: save results to file */
/*-----------------------------------------------*/
/* dspl: block displacement matrix */
/* invr: inverse of 6*6 matrix */
/* mult: muliplication of 6*6 matrices */
/* sign: return sign */
/* cons: set control constants */
/* step: compute next time interval */
/* near: compute contact distance */
/* exti: extent 2-d integer arrays */
/* extd: extent 2-d double  arrays */
/* area: compute s0 sx sy sxx syy sxy */
/* dist: distance of a segment to a node */
/* proj: projection of a edge to other edge */
/* mblo: material constants of blocks */
/* mjoi: material constants of joints  */
/* angl: material constants of bolts */
/*************************************************/
/* Define a window class step 1 */
wcl.cbSize        = sizeof(WNDCLASSEX);
```

函数说明

```
/*------------------------------------------------*/
/* handle to this instance */
wcl.hInstance     = hThisInst;
/*------------------------------------------------*/
/* window class name */
wcl.lpszClassName = szWinName;
/*------------------------------------------------*/
/* window function */
wcl.lpfnWndProc   = WindowFunc;
/*------------------------------------------------*/
/* default style */
wcl.style         = 0;
/*------------------------------------------------*/
/* standard icon */
wcl.hIcon         = LoadIcon(NULL, IDI_APPLICATION);
/*------------------------------------------------*/
/* small icon */
wcl.hIconSm       = LoadIcon(NULL, IDI_APPLICATION);
/*------------------------------------------------*/
/* cursor style */
wcl.hCursor       = LoadCursor(NULL, IDC_ARROW);
/*------------------------------------------------*/
/* main menu */
wcl.lpszMenuName  = NULL; /* "MyMenu"; */
/*------------------------------------------------*/
/* no extra */
wcl.cbClsExtra    = 0;
/*------------------------------------------------*/
/* infomation needed */
wcl.cbWndExtra    = 0;
/*------------------------------------------------*/
/* make the window white */
wcl.hbrBackground = (HBRUSH) GetStockObject(WHITE_BRUSH);
/************************************************/
/* register the window class step 2 */
if(!RegisterClassEx(&wcl))  return 0;
/************************************************/
maxX   = GetSystemMetrics(SM_CXSCREEN);
```

Windows 参数定义

```
maxY   = GetSystemMetrics(SM_CYSCREEN);
/***************************************************/
/* window class registered, window created step 3 */
hwnd = CreateWindow(
/*-----------------------------------------------*/
/* name of window class */
szWinName,
/*-----------------------------------------------*/
/* Title Appearing At The Top Of The Window */
"DDAB Force",
/*-----------------------------------------------*/
/* window style - normal */
WS_OVERLAPPEDWINDOW,
/*-----------------------------------------------*/
/* The Position Of The Window On The Screen X */
0, /* CW_USEDEFAULT, */
/*-----------------------------------------------*/
/* The Position Of The Window On The Screen Y */
0, /* CW_USEDEFAULT, */
/*-----------------------------------------------*/
/* The Width Of The WIndow */
maxX, /* CW_USEDEFAULT, */
/*-----------------------------------------------*/
/* The Height Of The WIndow */
maxY, /* CW_USEDEFAULT, */
/*-----------------------------------------------*/
/* nO parent window */
HWND_DESKTOP,
/*-----------------------------------------------*/
/* no override of class menu */
NULL,
/*-----------------------------------------------*/
/* handle of this instance of the program */
hThisInst,
/*-----------------------------------------------*/
/* no additional arguments  */
NULL);
/***************************************************/
```

Windows 参数定义

```
/* Display the windowstep 4 */
ShowWindow(hwnd, nWinMode);
UpdateWindow(hwnd);
/***********************************************/
```

// 打开绘图窗口

```
/* call subroutings   */
hdc  = BeginPaint(hwnd, &paintstruct);
/***********************************************/
```

// 绘图窗口句柄

```
/* call subroutingsn9:total iteration */
nn=0;
n9=0;
df01();
df02();
graf(w);
df26();
/*---------------------------------------------*/
```

nn——总计算次数
n9——累计迭代次数
df01，df02——读入数据
输出绘图参数，绘制输入结构图

```
/* df03 set step time interval  contact stiffness */
/* pp=0 direct      variable g0 by penetration  f2 */
/* pp=1 iteration   variable g0 by penetration  f2 */
for (nn=1; nn<= n5; nn++)
{
df03();
df04();
df05();
df06();
df07();
if (pp==0)  df08();
if (pp==1)  di08();
k5=0;
/*---------------------------------------------*/
```

总计算循环次数
df03——计算本计算步的起始时间步长、各边的角度
df04——按距离搜索接触
df05——按角度搜索接触
df06——接触传递
df07——给接触赋初值
df08——直接解法的数组定义
di08——迭代解法的数组定义

```
/* new time interval set k5=0 m0[i][1]=0  df10 */
a001:;
m9=0;
df09();
df10();
df11();
df12();
df13();
df14();
```

m9——开闭迭代次数初值

求刚度矩阵荷载

减小时间步长重新开始迭代

```
df15();
df16();
df17();/* ! */
/*--------------------------------------------------*/
/* start open-close iteration  m9:step iterations */
a002:;                                                    开闭
df18();                                                   迭代
if (pp==0)  df20();
if (pp==0)  df21();
if (pp==1)  di20();
/*--------------------------------------------------*/
/* set open-close  k5=1:m0[i][1]=m0[i][2] df22 */
k5=1;
m9+=1;
n9+=1;
df22();
df24();
/*--------------------------------------------------*/
/* goto another open-close iteration */
if (0<m9  && m9<6) goto a002;                             // 当迭代
/*--------------------------------------------------*/        次数=
/* after 6 interations reduce time interval to .3 */          6时
if (m9 == 6) {tt *= .3; goto a001;}                       // 减小时
/*--------------------------------------------------*/        间步长
/* displacement ratio > 2.0 reduce time interval  */     //当前计算
if (q0[nn][0]>2.0) {tt/=sqrt(q0[nn][0]); goto a001;}       位移比大
/*--------------------------------------------------*/       于允许位
                                                            移比的两
/* vari g0  penetration control   w6 <= 2.5*w0*f2 */        倍时
                                                         // 开闭迭代结束
dstn();                                          // 求新一步计算时间的步长
/* if (f2*2.50*w0 < fabs(w6))  goto a001; */
/*--------------------------------------------------*/
df25();                                   // 计算变形、块体新坐标、应力等
df26();
}   /* nn */
/*--------------------------------------------------*/
nn=n5;                                    // 绘图
df26();                                   // 计算结束
df27();                                   // 绘图，退出
```

```
/**************************************************/
EndPaint(hwnd, &paintstruct);
/* InvalidateRect(hwnd, NULL, 1); */
/**************************************************/
/* create message loop  process all messages */
while (GetMessage(&msg, NULL, 0, 0))
{
TranslateMessage(&msg);
DispatchMessage(&msg);
}
/* KillTimer(hwnd, 1); */
return msg.wParam;
/*------------------------------------------------*/
}
```

/* 保持当前绘图状态，等待关闭窗口 */

# 第 3 章　检验与验证

## 3.1　引　　言

严格来讲，DDA 属于有限元法的一种特殊形式。与有限元方法相同，DDA 也是将分析对象划分成有限个单元，单元内部定义位移函数，通过势能变分法建立整体方程并求解基本变形量，再根据弹性或弹塑性本构关系求解应力。与有限元不同的是，DDA 将每一个独立的块体作为单元，单元与单元间通过弹簧连接 (接触时)，而有限元法的相邻单元是通过共用节点连接的。因此 DDA 的总势能方程中包含了块体接触弹簧 (Penalty) 的应变能。

同时，与有限元法相同，为了计算结果收敛于真解，DDA 方法需要满足如下几个条件：

(1) 单元的刚体位移不产生应变，从而不产生应力。DDA 块体的形函数中包含了刚体线位移 $u_0$、$v_0$ 和刚体角位移 $\gamma_0$。从位移函数的定义来看，这三个刚体位移显然是不会产生应变的，但早期的 DDA 程序在计算块体高速旋转时，块体会逐步变大，从而产生应力，上述问题经过修改后已得到解决。

(2) 位移函数应反映单元的常应变，当单元尺寸无限小时，单元应变将趋近于常量，单元位移函数中应包含常应变项。根据 DDA 的位移函数 (式 (1-7)) 求应变时可得到常数应变值 (求解方程得到的常数未知量)，因此 DDA 方法也满足常应变条件。

(3) 位移函数需保证在相邻单元接触面上的应变是有限的。DDA 的相邻单元间的关系有两种情况：①接触，当两个块体接触时接触点 (面) 用弹簧连接，弹簧的变形是有限的，此时位移函数显然可以满足应变有限要求；②两块体不接触，此时两个单元互不相干，不存在应变有限要求，相邻部位可以任意张开。

上述条件 (1)、(2) 一起被称为完备性条件，条件 (3) 被称为连续性条件。DDA 作为 “不连续变形” 方法，主要用于模拟散粒体系的不连续变形行为，只需保证块体间的接触部位不发生贯入、非接触部位可任意张开。DDA 也能够满足收敛性对有限单元法的三条要求。因此 DDA 的收敛性具有理论保障。

DDA 作为一种独立的数值方法，对其进行全面综合的验证是非常必要的。这种验证应包括 DDA 方法功能的各方面，如块体的应力、变形，块体间的接触，块体的运动等。自石根华博士提出至今，DDA 方法已有三十多年的历史，三十多年来，许多学者对 DDA 进行了各种验证，M. M. MacLaughlin 在 2006 年 [1] 曾对 DDA 的验证做过一个全面综述，总结了历届国际非连续性变形分析大会、英文杂志、博士论文等 120 余篇文献，从滑动、旋转、接触应力、开裂、时间积分、动力分析等方面进行了全面总结。

对一种数值方法的验证通常采用如下几个方法：①与理论解对比。对于一些相对较简单，能够得到理论解的问题，与理论解对比是最好的验证手段，不仅可以验证方法的正确性，还可以验证方法的精度。②与实验结果比较。对于一些相对复杂并难以得到理论解的问题，通过与实验结果比较进行验证，是一种常用的方法。由于实验条件和参数相对明确，该方法便于进行定量的比较和验证。③与其他数值方法比较。有一些特殊的块体问题，如斜坡上的多滑块、多块倾倒等工况有基于刚体极限平衡法的半解析数值解，也可用于 DDA 的验证。④用实际工程的观测结果进行验证。许多实际工程有一些观测数据，在现场调查、反演参数的基础上用 DDA 进行数值模拟，可以对 DDA 的求解能力和求解精度进行相对宏观的验证。

MacLaughlin[2] 在 *Discontinuous Defermation Analysis of the Kinematis of Landslides* 中提出，对 DDA 离散型数值方法的验证评价，应从以下三个方面入手：

(1) 定性评价：通过观察计算过程或计算结果的动态可视化展示，根据物理规律或经验判断计算结果的合理性。

(2) 半定量评价：将计算结果绘图，从而与其他方法的已有结果进行比较。

(3) 定量评价：通过与理论解、其他已知解等进行定量比较，如对比绝对误差、相对误差等。误差计算方法如下 [2]：

$$
\begin{aligned}
&\text{误差:} && e = x - \hat{x} \\
&\text{绝对误差:} && e_a = |x - \hat{x}| \\
&\text{相对误差:} && e_r = \frac{\|x - \hat{x}\|}{\|x\|}
\end{aligned}
\tag{3-1}
$$

式中，$x$ 为已知精确解向量 (或标量)，$\hat{x}$ 为数值解结果。根据式 (3-1) 进行误差分析，可以得到许多重要信息，如误差的波动范围、结果的收敛性等。

DDA 作为一种用于力学计算的数值方法，具备如下基本功能：①应力计算，包括块体应力和接触应力；②变形计算，同样包括两种变形，即块体自身的变形和块体的刚体运动；③摩擦运动；④动力等。

本章用各种算例对 DDA 的各项功能进行测试，部分算例来自于其他学者的论文。

## 3.2　受压试件的变形与应力测试

**例 3-1**　受压试件测试。

模拟试件在压力机中的受压试验，如图 3-1 所示，试件为边长 8m 的正方形试块。上下两端为刚性较大的施压板，对下部施压板施加约束，对上部施压板给定均布荷载 $P = 0.8 \times 10^4 \mathrm{N/m^2}$，两个加载板与试件之间按接触传力，用 DDA 方法计算试件的受力，计算参数见表 3-1。

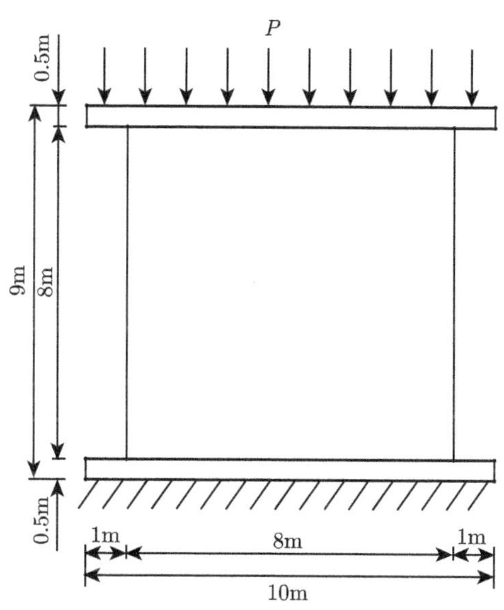


图 3-1 受压试件的应力和变形模拟

**表 3-1 计算参数**

| 材料 | 弹性模量/GPa | 泊松比 | 体积力 | 密度/($10^3 \mathrm{kg/m^3}$) |
|---|---|---|---|---|
| 施压板 | 10 | 0.25 | 0.0 | 4 |
| 试件 | 4 | 0.25 | 0.0 | 4 |
| 上下接触面 | 弹性刚度 | $c$ | $\phi$ | $f_e$ |
| | 10GPa | 0.0 | 0.0 | 0.0 |

为了检验竖向应力的精度，上下两个接触面的 $c$、$\varphi$ 都取为 0，以消除横向约束。为检验块体剖分对计算结果的影响，对试件进行不同的块体切割，如图 3-2 所示：(a) 水平向均匀切割 1~16 块，纵向不分块；(b) 纵向均匀切割 1~16 块，水平向不分块；(c) 水平向和纵向同时进行均匀切割 1~256 块；(d) 水平向和纵向进行不均匀切割。试件内部的切割面给定较大的 $c$、$\varphi$ 值，在计算中不允许试件沿内部切割面开裂。

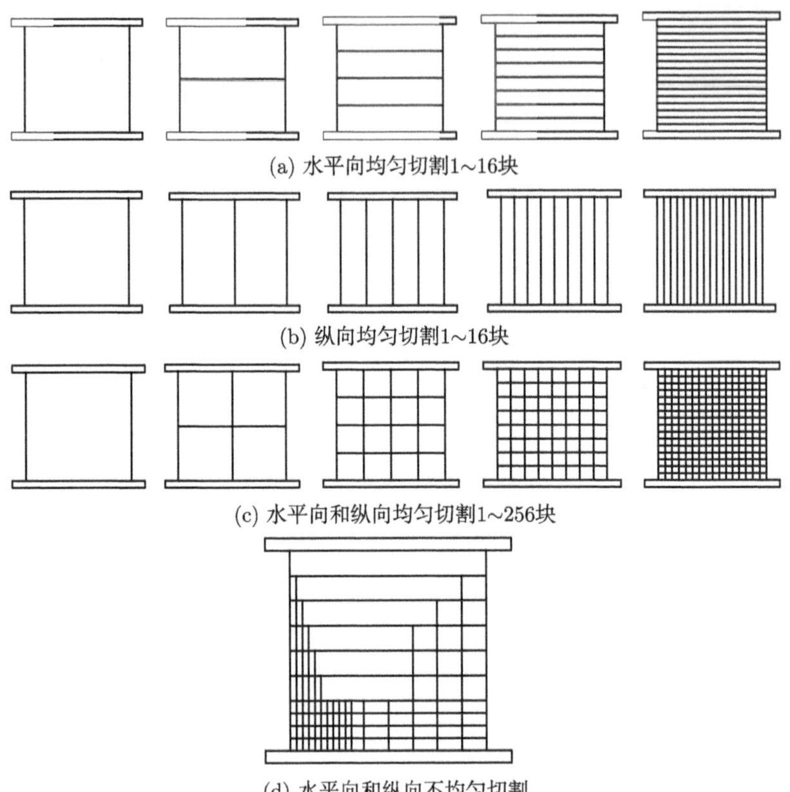

(a) 水平向均匀切割1～16块

(b) 纵向均匀切割1～16块

(c) 水平向和纵向均匀切割1～256块

(d) 水平向和纵向不均匀切割

图 3-2　受压试件不同的块体切割模型

只进行水平向切割时应力和顶部位移随切割数量的变化见图 3-3。

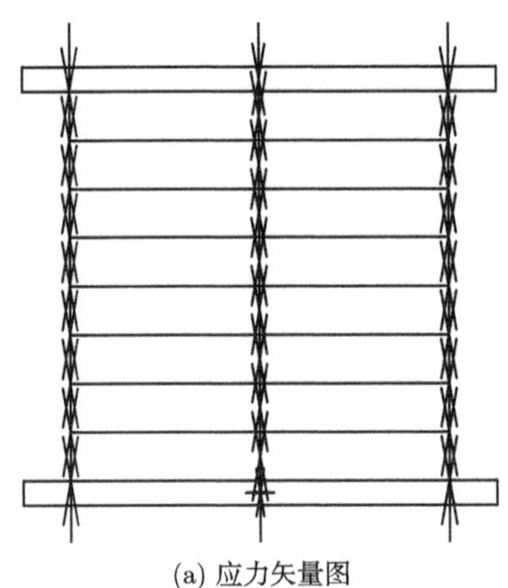

(a) 应力矢量图

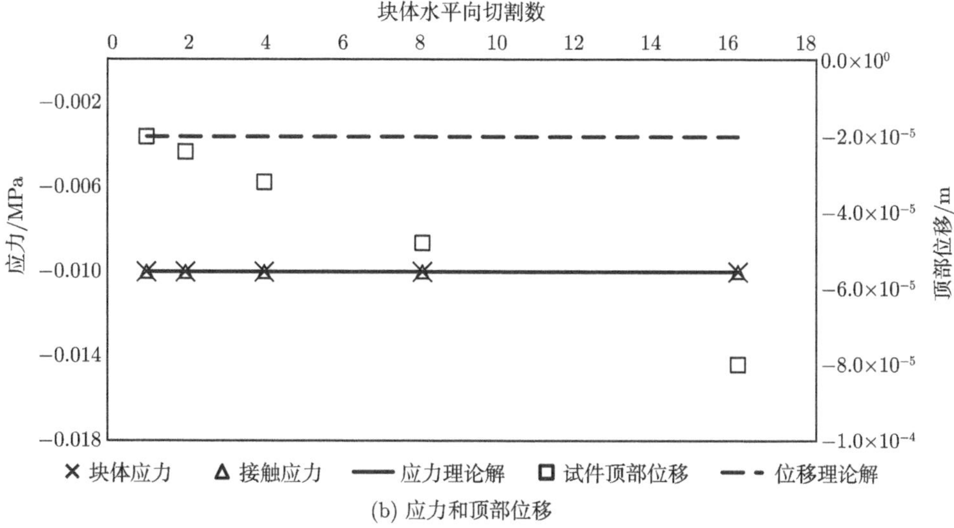


(b) 应力和顶部位移

图 3-3 只进行水平向切割时应力和顶部位移随切割数量的变化

从图 3-3 可以看出，块体应力和接触应力的值大小相等，与理论结果一致，并且不随块体水平切割数变化。但是，由于块体间的接触附加变形，试件顶部的竖向位移随着水平切割数的增加逐渐变大。

对试件进行纵向均匀切割时应力和顶部位移随切割数量的变化如图 3-4 所示。

从图 3-4 中可以看出，块体应力和接触应力的值相等，与理论结果一致，并且不随试件竖向切割而变化。但是，随着竖向切割数的增加，沿水平方向设置的法向弹簧逐渐增多，竖向总刚度不断增大，试件顶部测点位置位于加载板内的竖向位移逐渐减小。当测点位于试件内时位移不变。

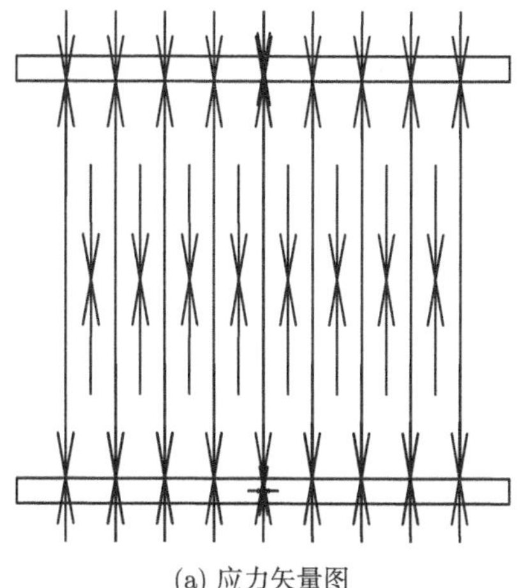

(a) 应力矢量图

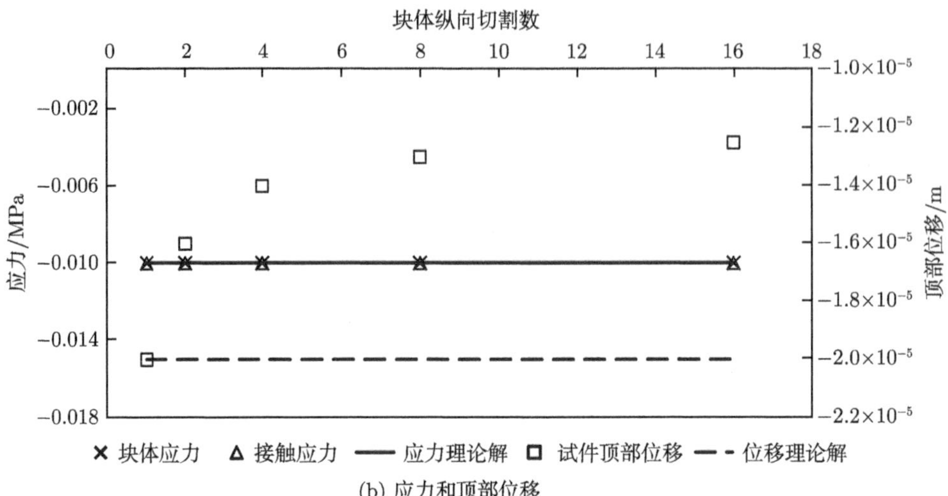


(b) 应力和顶部位移

图 3-4　只进行纵向切割时应力和顶部位移随切割数量的变化

对水平向和纵向同时进行均匀切割，计算得到的应力和位移结果如图 3-5 所示。

从图 3-5 可以看出，若对试件的水平向和纵向同时进行切割，则块体应力和接触应力的值仍相等，与理论结果一致，并且不随切割数而变化。但是，随着切割数增加，试件顶部的竖向位移会逐渐减小。

对图 3-4 和图 3-5 中的顶部位移进行比较，如图 3-6 所示。可以看出，对试件只进行纵向切割和水平向、纵向同时切割的两种情况下，试件顶部的位移都会随网格加密而减小，但对试件只进行纵向切割时，对位移的影响更大。

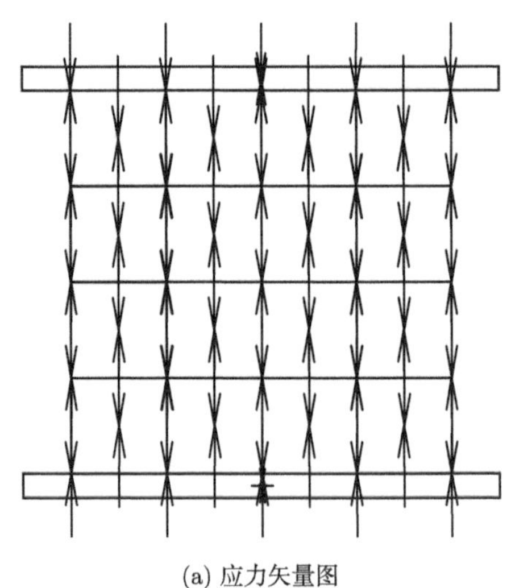

(a) 应力矢量图

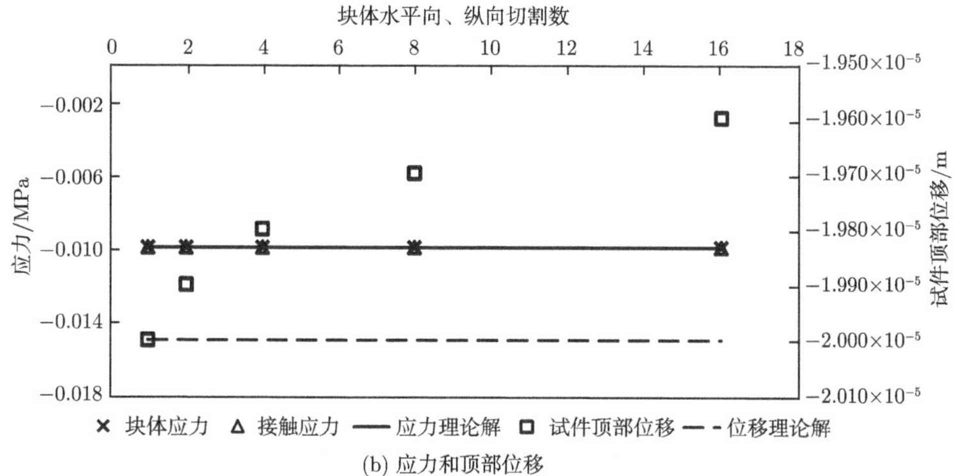


(b) 应力和顶部位移

图 3-5 水平向和纵向同时均匀切割时应力和顶部位移随切割数量的变化

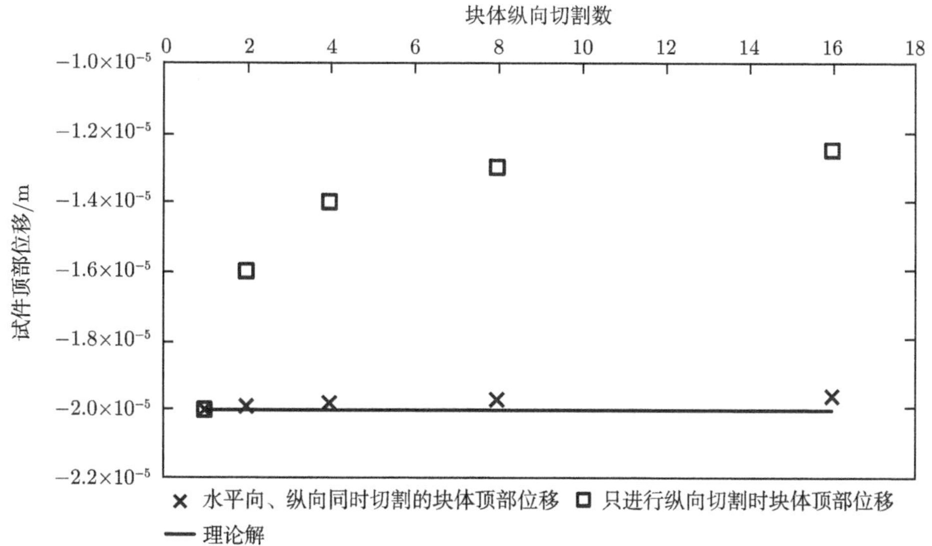


图 3-6 不同切割时顶部位移比较

对试件进行不均匀切割时，计算得到的应力和位移结果如图 3-7 所示。

从图 3-7 中可以看出，对试件进行不均匀切割时，块体应力和接触应力会出现波动，其原因是接触弹簧的不均匀布置导致了局部刚度的不均匀，由此引起应力的不均匀分布。

由本例可以看出，均匀块体切割不影响应力计算精度，即使是不均匀的块体切割，应力精度仍可以保证。对于变形计算，由于接触设置的弹簧会带来附加变形，块体切割数越多，附加变形越大，因此采用 DDA 块体计算连续问题时，变形精度会受块体切割的影响。

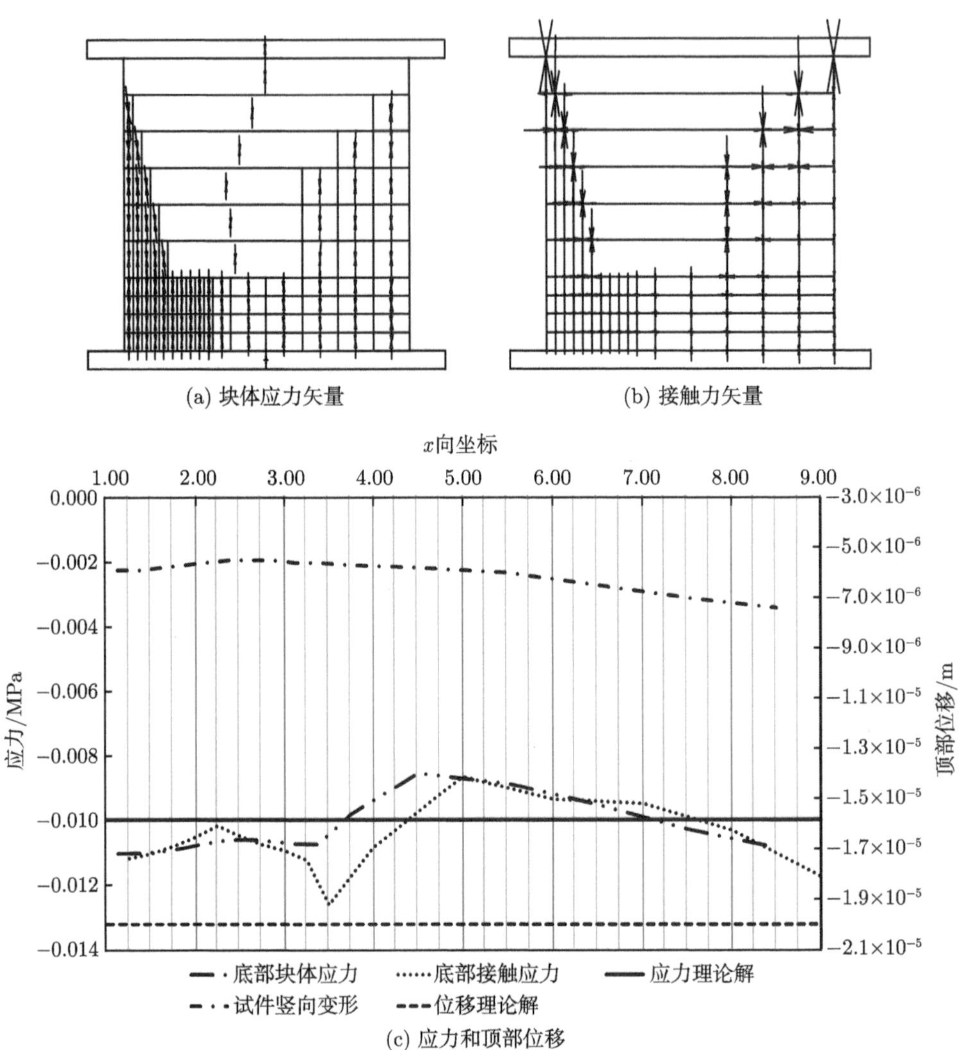


图 3-7　不均匀块体切割对计算结果的影响

**例 3-2**　悬臂梁变形与受力。

如图 3-8 所示，取一长 10m、高 1m 的悬臂梁，采用不同的接触刚度对试件进行不同的切割，计算梁在自重作用下的变形，弹性模量 $E$=10GPa，泊松比 $\nu$=0.2，材料比重为 20kN/m$^3$，材料密度为 $\rho=2\times10^3$kg/m$^3$。设定接触弹簧刚度 $P$=100GN/m，网格加密时先在横向逐渐加密至 1m×1m，随后对块体进行等边长切割加密，不同网格时的上表面轴向应力和变形如图 3-9 和表 3-2 所示。

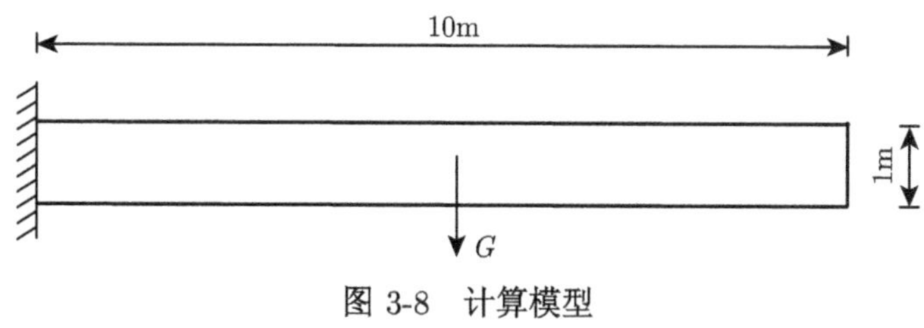


图 3-8 计算模型

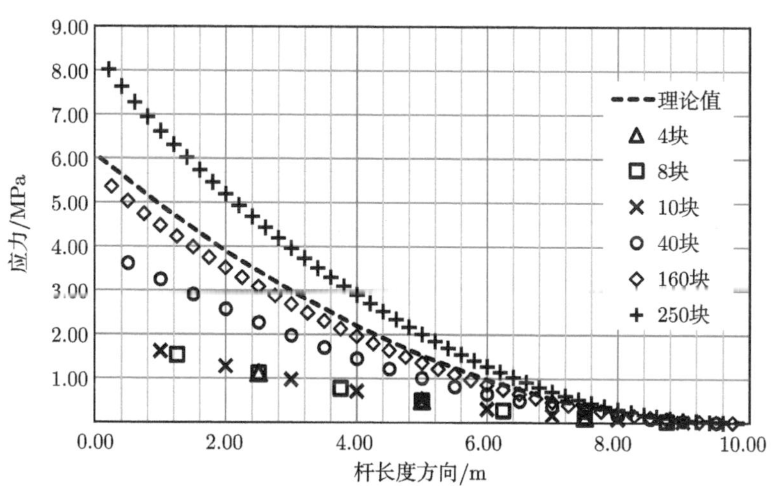


(a) 不同块体切割时悬臂梁上表面法向轴向接触应力

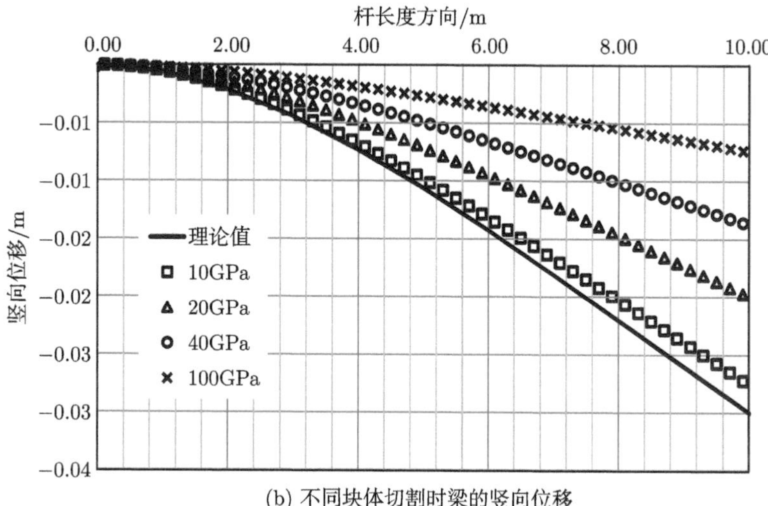


(b) 不同块体切割时梁的竖向位移

图 3-9 不同块体切割时悬臂梁的应力和变形

表 3-2　不同块体切割时梁的应力和变形

| 块体数 | 最大挠度/m | 最大正应力/MPa |
|---|---|---|
| 4 块 | −0.00032 | 1.13 |
| 8 块 | −0.00052 | 1.53 |
| 10 块 | −0.00062 | 1.62 |
| 40 块 | −0.01276 | 3.62 |
| 160 块 | −0.02487 | 5.35 |
| 理论解 | −0.03000 | 6.00 |

均布荷载作用下的悬臂梁的剪力 $F_s$ 和弯矩 $M$ 的计算见式 (3-2)：

$$\begin{cases} F_s\left(x\right) = q\left(l - x\right) \\ M\left(x\right) = \dfrac{-q(l - x)^2}{2} \end{cases} \tag{3-2}$$

纯弯曲梁的正应力计算见式 (3-3)：

$$\sigma = \frac{My}{I_z} \tag{3-3}$$

均布荷载作用下的悬臂梁的挠曲线方程见式 (3-4)：

$$w = -\frac{qx^2}{24EI}(x^2 - 4lx + 6l^2) \tag{3-4}$$

从图 3-9 和表 3-2 可以看出，当采用 4 块、8 块、10 块网格时，由于在梁的深度方向只剖分一个网格，不管是应力还是位移，精度都很差。40 块、160 块的网格由于在梁的深度方向剖分了 4~8 个网格，精度大为提高，因此网格数量增多，应力和变形均会趋近理论解。

用同一个算例，将悬臂梁剖分为 0.2m×0.2m 的块体，即沿杆长方向剖分 50 份，沿高度方向剖分 5 份，如图 3-10 所示。取不同的接触刚度，计算杆的应力和变形，结果如图 3-11 和表 3-3 所示。

从图 3-11 和表 3-3 中可以看出，网格不变的情况下，接触刚度的取值越大，则计算结果的应力越大，位移越小。

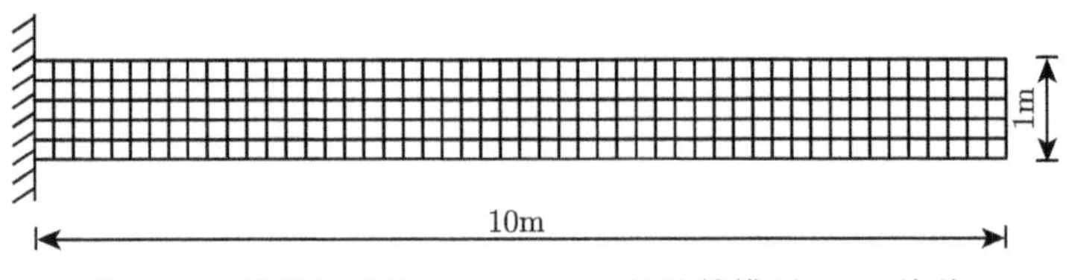


图 3-10　块体尺寸为 0.2m×0.2m 的计算模型 (250 块体)

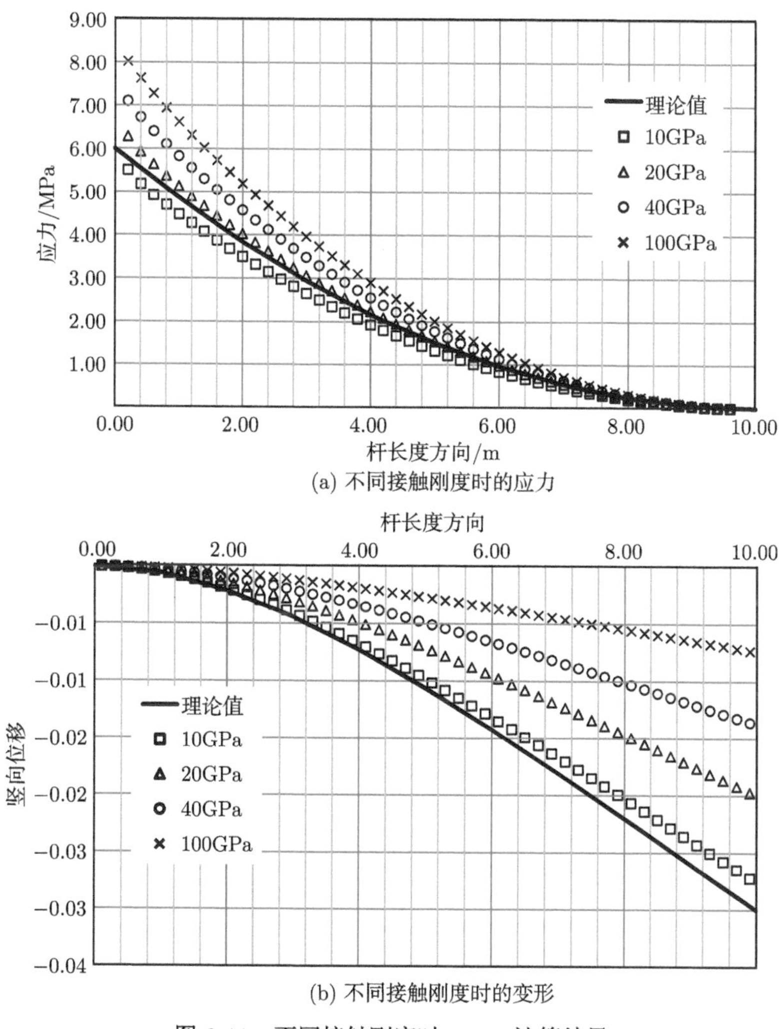


(a) 不同接触刚度时的应力



(b) 不同接触刚度时的变形

图 3-11　不同接触刚度时 DDA 计算结果

**表 3-3　取不同接触刚度时 DDA 计算结果比较**

| 接触刚度 | 最大挠度/m | 最大正应力/MPa |
|---|---|---|
| 10GPa | −0.0272 | 5.50 |
| 20GPa | −0.0197 | 6.28 |
| 40GPa | −0.0136 | 7.10 |
| 100GPa | −0.0073 | 8.02 |
| 理论解 | −0.0300 | 6.00 |

由本例可以看出，随块体数的增多，不管是应力还是位移，都逐步趋近于理论解，说明 DDA 方法的收敛性是可以保证的。

## 3.3 动力测试 (常加速度)

**例 3-3** 块体的抛物运动。

有一自由块体，给定一水平初速度 $v_0$=5m/s，块体始终受重力作用，材料比重 $\gamma$=19.62kN/m$^3$，材料密度 $\rho$=2.0t/m$^3$(重力加速度 $g$=9.81m/s$^2$)。此问题理论解见式 (3-5)。

$$\begin{cases} u(t) = v_0 t = 5t \\ v(t) = \dfrac{1}{2} g t^2 \end{cases} \tag{3-5}$$

时间步长 $\Delta t$ 分别取 0.1s、0.001s 和 0.0001s，用 DDA 模拟块体的运动轨迹，数值结果与理论解的比较如图 3-12 和表 3-4~表 3-6 所示。

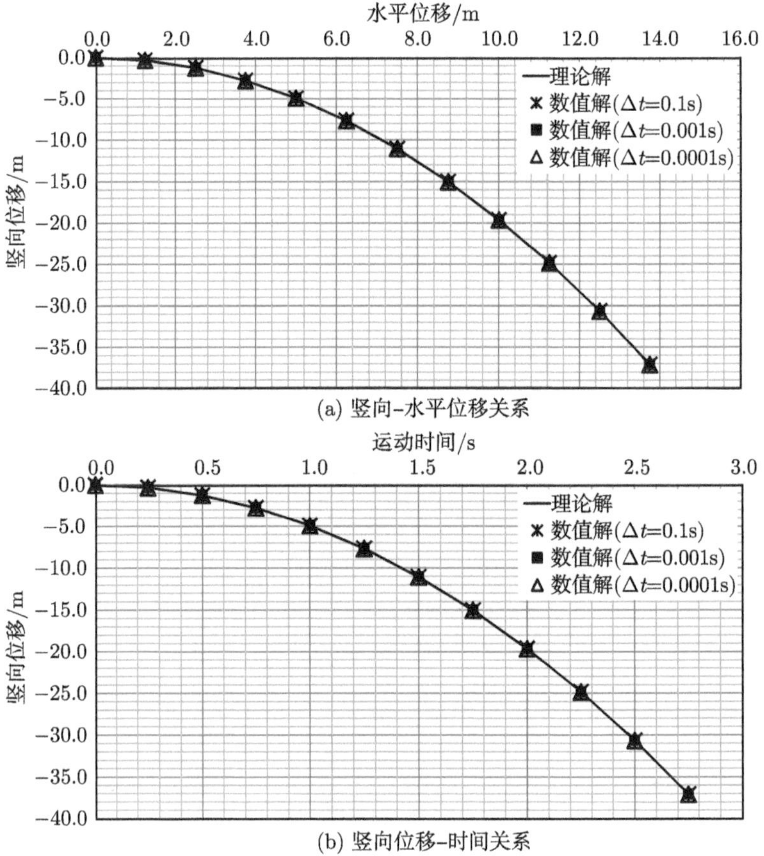


图 3-12 DDA 模拟抛物运动及与理论解的比较

表 3-4 理论解与数值解的比较 ($\Delta t$=0.1s)

| 运动时间/s | 水平位移/m | | 竖向位移/m | | 综合位移/m | | 相对误差 |
|---|---|---|---|---|---|---|---|
| | 数值解 | 理论解 | 数值解 | 理论解 | 数值解 | 理论解 | |
| 0.00 | 0.00 | 0.00 | 0.00 | 0.00 | 0.00 | 0.00 | |
| 0.50 | 2.50 | 2.50 | −1.23 | −1.23 | 2.78 | 2.78 | 0.01% |
| 1.00 | 5.00 | 5.00 | −4.90 | −4.90 | 7.00 | 7.00 | 0.01% |
| 1.50 | 7.50 | 7.50 | −11.04 | −11.03 | 13.34 | 13.34 | 0.02% |
| 2.00 | 10.00 | 10.00 | −19.61 | −19.62 | 22.01 | 22.02 | 0.01% |
| 2.50 | 12.50 | 12.50 | −30.64 | −30.64 | 33.09 | 33.09 | 0.01% |

表 3-5 理论解与数值解的比较 ($\Delta t$=0.001s)

| 运动时间/s | 水平位移/m | | 竖向位移/m | | 综合位移/m | | 相对误差 |
|---|---|---|---|---|---|---|---|
| | 数值解 | 理论解 | 数值解 | 理论解 | 数值解 | 理论解 | |
| 0.00 | 0.00 | 0.00 | 0.00 | 0.00 | 0.00 | 0.00 | |
| 0.50 | 2.50 | 2.50 | −1.23 | −1.23 | 2.78 | 2.78 | 0.01% |
| 1.00 | 5.00 | 5.00 | −4.90 | −4.90 | 7.00 | 7.00 | 0.01% |
| 1.50 | 7.50 | 7.50 | −11.04 | −11.03 | 13.34 | 13.34 | 0.01% |
| 2.00 | 10.00 | 10.00 | −19.62 | −19.62 | 22.02 | 22.02 | 0.01% |
| 2.50 | 12.50 | 12.50 | −30.65 | −30.64 | 33.10 | 33.09 | 0.03% |

表 3-6 理论解与数值解的比较 ($\Delta t$=0.0001s)

| 运动时间/s | 水平位移/m | | 竖向位移/m | | 综合位移/m | | 相对误差 |
|---|---|---|---|---|---|---|---|
| | 数值解 | 理论解 | 数值解 | 理论解 | 数值解 | 理论解 | |
| 0.00 | 0.00 | 0.00 | 0.00 | 0.00 | 0.00 | 0.00 | |
| 0.50 | 2.50 | 2.50 | −1.23 | −1.23 | 2.78 | 2.78 | 0.01% |
| 1.00 | 5.00 | 5.00 | −4.90 | −4.90 | 7.00 | 7.00 | 0.01% |
| 1.50 | 7.50 | 7.50 | −11.04 | −11.03 | 13.34 | 13.34 | 0.01% |
| 2.00 | 10.00 | 10.00 | −19.62 | −19.62 | 22.02 | 22.02 | 0.01% |
| 2.50 | 12.50 | 12.50 | −30.65 | −30.64 | 33.10 | 33.09 | 0.03% |

可以看出，按不同的时间步长计算时，计算结果相同，且都等于理论解。因此，DDA 可以有效地模拟常加速问题，且结果不受时间步长的影响。

**例 3-4** 斜坡上滑块的稳定与滑动。

设置一初始坡度为 $\alpha=25°$ 的斜坡，上表面有一滑块，如图 3-13 所示。设滑块的比重 $\gamma$=19.62kN/m$^3$，密度 $\rho=2\times10^3$kg/m$^3$，用该模型研究如下问题：①在锁定状态下，取不同的接触刚度时，上下两个接触点的接触应力；②通过固定 $B$ 点抬高 $A$ 点的方式加大斜坡倾角，计算滑块的临界失稳角度，并研究不同弹簧刚度的影响。此时滑块和斜坡之间的摩擦角 $\varphi=26°$，$c$ 分为两种情况：$c$=0MPa 和 $c$=0.002MPa。利用滑块的静力平衡，可以推导出滑块、上下接触点的接触力为：

法向接触力：

$$\begin{cases} N_L = W\cos\alpha\left(\dfrac{1}{2}+\dfrac{h}{2b}\tan\alpha\right),\ N_U = W\cos\alpha\left(\dfrac{1}{2}-\dfrac{h}{2b}\tan\alpha\right), & \phi \geqslant \alpha \\ N_L = W\cos\alpha\left(\dfrac{1}{2}+\dfrac{h}{2b}\tan\phi\right),\ N_U = W\cos\alpha\left(\dfrac{1}{2}-\dfrac{h}{2b}\tan\phi\right), & \phi < \alpha \end{cases} \tag{3-6}$$

切向接触力：

$$\begin{cases} S_U = N_U\tan\phi,\ S_L = N_L\tan\phi, & \phi<\alpha \\ S_U = S_L = \dfrac{1}{2}W\sin\alpha, & \phi>\alpha \text{ 且 } N_U\tan\phi \geqslant \dfrac{1}{2}W\sin\alpha \\ S_U = N_U\tan\phi,\ S_L = W\sin\alpha - N_U\tan\phi, & \phi>\alpha \text{ 且 } N_U\tan\phi < \dfrac{1}{2}W\sin\alpha \end{cases} \tag{3-7}$$

式中，$N_L$、$N_U$、$S_L$、$S_U$ 分别为下接触点 ($L$)、上接触点 ($U$) 的法向接触力和切向接触力，$b$、$h$ 分别为块体的底宽和高，$\alpha$ 为斜坡的角度，$\varphi$ 为块体底面和斜坡间的摩擦角，$W$ 为块体重量。

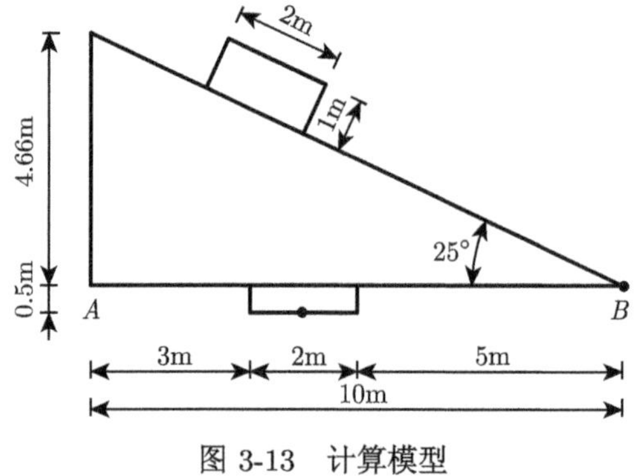


图 3-13 计算模型

将 DDA 计算得到的接触力与式 (3-6)、式 (3-7) 进行比较，以验证 DDA 的精度，计算工况如表 3-7 所示，计算中采用的参数见表 3-8。

**表 3-7 计算工况**

| 工况 | 摩擦角 $\varphi$ | 滑块状态 | 满足条件 |
|---|---|---|---|
| 工况 1 | 80° | 静止 | $\phi>\alpha$ 且 $N_U\tan\phi < \frac{1}{2}W\sin\alpha$ |
| 工况 2 | 29° | 静止 | $\phi>\alpha$ 且 $N_U\tan\phi \geqslant \frac{1}{2}W\sin\alpha$ |
| 工况 3 | 20° | 滑动 | $\phi<\alpha$ |

表 3-9~表 3-14 为三种工况不同接触刚度时上下接触点的法向力和切向力，以及与理论解的比较。三种工况的法向接触力精度均很高，相对误差小于 0.1%，且

与接触刚度无关。切向接触力的合力与理论解相等，但上下接触的分配与接触刚度有关，刚度越大误差越大，上部接触点的切向力小于理论解，而下部大于理论解。分析原因表明：大接触刚度时接触点的接触振荡会使上部点释放接触力而转移到下部接触点，从而改变切向力在两点间的分布。

**表 3-8 计算参数**

| 计算参数 | | 材料参数 | |
|---|---|---|---|
| 动力计算系数 | 0.0 | 弹模 | 10GPa·m |
| 总的计算步数 | 20000 | 泊松比 | 0.2 |
| 最大位移比 | 0.01 | 密度 | $2.0\times10^3$kg/m$^3$ |
| 最大时间步长 | 0.1 | $x$ 向体积力 | 0 |
| 接触刚度 | 10GPa·m | $y$ 向体积力 | $-2.0\times10^4$N/m$^3$ |
| 竖向荷载 | 0 | 滑面摩擦角 | 26° |
| | | 滑面粘聚力 | 0 |
| | | 滑面抗拉强度 | 0 |

**表 3-9 斜坡上滑块的接触力数值解与理论解比较 (工况 1)**

| 接触刚度/($10^9$N/m) | 上部点 | | | | 下部点 | | | |
|---|---|---|---|---|---|---|---|---|
| | 法向接触力/N | | 切向接触力/N | | 法向接触力/N | | 切向接触力/N | |
| | 数值解 | 理论解 | 数值解 | 理论解 | 数值解 | 理论解 | 数值解 | 理论解 |
| 1 | 13900 | 13900 | 8458 | 8452 | 22350 | 22352 | 8443 | 8452 |
| 10 | 13899 | | 8398 | | 22350 | | 8506 | |
| 100 | 13899 | | 6685 | | 22350 | | 10218 | |
| 1000 | 13899 | | 4278 | | 22350 | | 12626 | |

**表 3-10 斜坡上滑块的接触力合力比较 (工况 1)**

| 接触刚度/($10^9$N/m) | 法向接触力合力 | | 切向接触力合力 | |
|---|---|---|---|---|
| | 数值解 | 理论解 | 数值解 | 理论解 |
| 1 | 36250 | 36252 | 16901 | 16904 |
| 10 | 36249 | | 16904 | |
| 100 | 36249 | | 16903 | |
| 1000 | 36249 | | 16904 | |

**表 3-11 斜坡上滑块的接触力数值解与理论解比较 (工况 2)**

| 接触刚度/($10^9$N/m) | 上部点 | | | | 下部点 | | | |
|---|---|---|---|---|---|---|---|---|
| | 法向接触力 | | 切向接触力 | | 法向接触力 | | 切向接触力 | |
| | 数值解 | 理论解 | 数值解 | 理论解 | 数值解 | 理论解 | 数值解 | 理论解 |
| 1 | 13900 | 13900 | 7705 | 7705 | 22351 | 22352 | 9197 | 9199 |
| 10 | 13899 | | 7705 | | 22350 | | 9199 | |
| 100 | 13899 | | 6675 | | 22350 | | 10229 | |
| 1000 | 13899 | | 4515 | | 22350 | | 12389 | |

表 3-12　斜坡上滑块的接触力合力比较 (工况 2)

| 接触刚度/($10^9$N/m) | 法向接触力合力 | | 切向接触力合力 | |
|---|---|---|---|---|
| | 数值解 | 理论解 | 数值解 | 理论解 |
| 1 | 36250 | 36252 | 16902 | 16904 |
| 10 | 36249 | | 16904 | |
| 100 | 36249 | | 16904 | |
| 1000 | 36249 | | 16904 | |

表 3-13　斜坡上滑块的接触力数值解与理论解比较 (工况 3)

| 接触刚度/($10^9$N/m) | 上部点 | | | | 下部点 | | | |
|---|---|---|---|---|---|---|---|---|
| | 法向接触力 | | 切向接触力 | | 法向接触力 | | 切向接触力 | |
| | 数值解 | 理论解 | 数值解 | 理论解 | 数值解 | 理论解 | 数值解 | 理论解 |
| 1 | 14827 | 14827 | 5397 | 5397 | 21424 | 21424 | 7798 | 7798 |
| 10 | 14827 | | 5397 | | 21423 | | 7797 | |
| 100 | 14827 | | 5397 | | 21423 | | 7797 | |
| 1000 | 14827 | | 5397 | | 21423 | | 7797 | |

表 3-14　斜坡上滑块的接触力合力比较 (工况 3)

| 接触刚度/($10^9$N/m) | 法向接触力合力/N | | 切向接触力合力/N | |
|---|---|---|---|---|
| | 数值解 | 理论解 | 数值解 | 理论解 |
| 1 | 36251 | 36252 | 13195 | 13194 |
| 10 | 36250 | | 13194 | |
| 100 | 36250 | | 13194 | |
| 1000 | 36250 | | 13194 | |

当摩擦角 $\varphi < \alpha$ 时，滑块会沿斜坡滑动，从开始滑动到 $t$ 时刻的滑动距离为

$$d = \frac{1}{2}at^2 = \frac{1}{2}\left(g\sin\alpha - g\cos\alpha\tan\varphi\right)t^2 \tag{3-8}$$

计算结果表明，块体在斜坡上的滑动距离与理论解吻合。

抬高斜坡的方式计算的失稳角度见表 3-15、表 3-16。$c = 0$MPa 时相对误差为 0.17%，考虑 $c$ 值时误差略微增大，为 0.62%~0.64%，与接触刚度无关。图 3-14~图 3-17 为两种工况 ($c = 0$MPa 和 0.002MPa) 的失稳角度计算图。

表 3-15　$c$=0MPa 时不同接触刚度下的失稳角度

| 不同接触刚度/($10^9$N/)m | 失稳角度/(°) | 理论解/(°) | 相对误差 |
|---|---|---|---|
| 1 | 26.04 | 26.00 | 0.17% |
| 10 | 26.04 | 26.00 | 0.17% |
| 100 | 26.04 | 26.00 | 0.17% |
| 1000 | 26.04 | 26.00 | 0.17% |

**表 3-16 $c$=0.002MPa 时不同接触刚度下的失稳角度**

| 不同接触刚度/($10^9$N/m) | 失稳角度/(°) | 理论解/(°) | 相对误差 |
|---|---|---|---|
| 1 | 29.78 | 29.97 | 0.64% |
| 10 | 29.78 | 29.97 | 0.62% |
| 100 | 29.78 | 29.97 | 0.63% |
| 1000 | 29.78 | 29.97 | 0.63% |

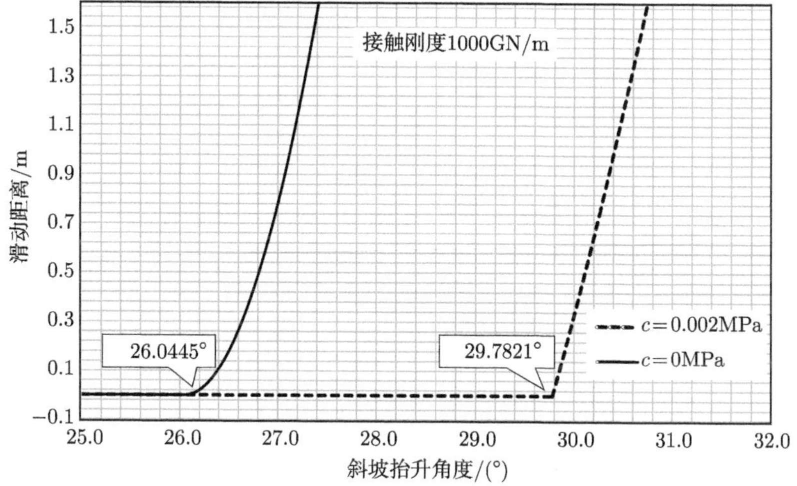


图 3-14 接触刚度为 1000GPa

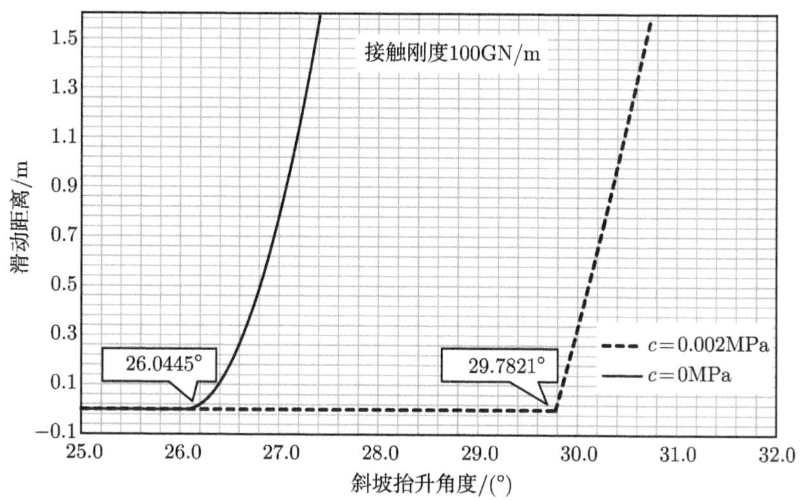


图 3-15 接触刚度为 100GPa

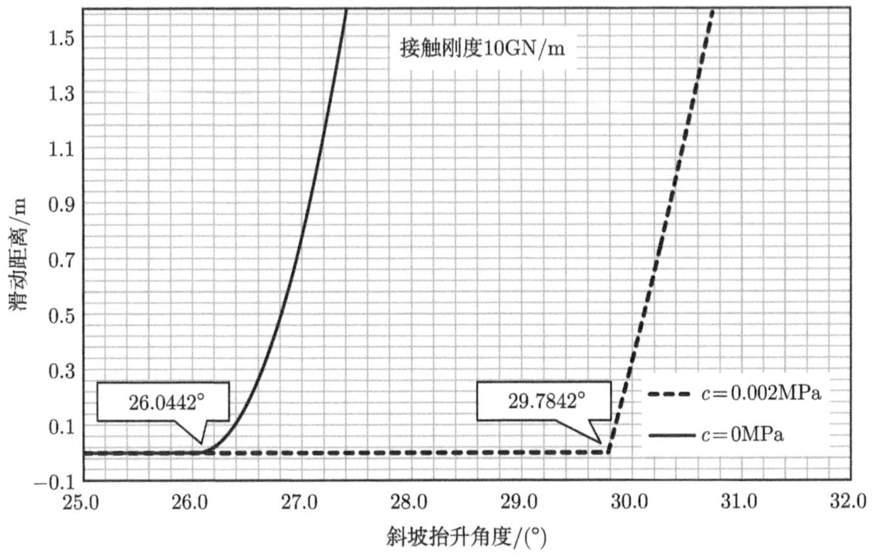


图 3-16　接触刚度为 10GPa

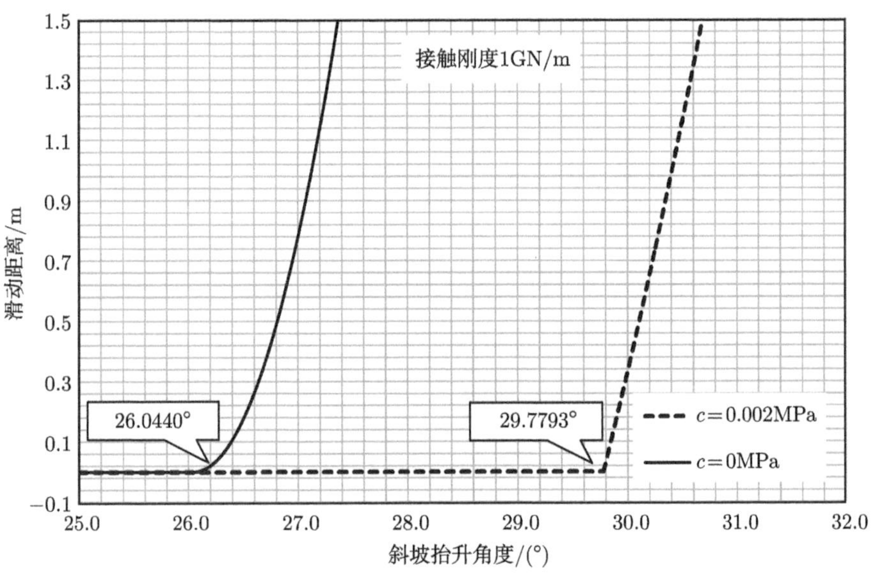


图 3-17　接触刚度为 1GPa

为了验证模型尺寸对失稳角度的影响，同样以图 3-13 为例，取底长分别为 0.1m、1.0m、10.0m、100.0m、1000.0m，将模型等比例缩放，分析模型尺寸对计算结果的影响。为了排除其他因素的干扰，其他计算参数全部采用表 3-8 中的数值，在斜坡抬升过程中保持斜坡的转动速度为 0.01°/s。

表 3-17 是 DDA 计算得到的不同尺寸时滑块的失稳角度，可以看出，静力条件下若计算参数保持不变，且斜坡抬升足够缓慢，则不同尺寸时斜坡上的滑块具有相同的失稳角度，该角度与理论值一致。表明 DDA 模拟斜坡上块体的稳定问题的精度不受模型尺寸的影响，都能逼近理论解。需要说明的是本例由于模型尺寸不同，如果模型抬升和自重施加同时进行，即计算一开始就抬升模型会得到不同的结果，模型越大，误差越大。

**表 3-17　不同尺寸时滑块的失稳角度**

| 模型底长/m | 滑块失稳角度/(°) | 理论失稳角度/(°) | 相对误差 |
|---|---|---|---|
| 0.1 | 26.00 | 26.00 | 0.00% |
| 1 | 26.02 | 26.00 | 0.08% |
| 10 | 26.00 | 26.00 | 0.00% |
| 100 | 26.02 | 26.00 | 0.08% |
| 1000 | 26.05 | 26.00 | 0.19% |

**例 3-5**　斜坡上单个块体的倾倒失稳。

初始角度为 25° 的斜坡，其上有一高宽比为 2:1 的块体，短边置于斜坡之上，如图 3-18 所示，块体与斜坡的摩擦角为 $\varphi$=45°，即块体不会沿斜坡滑动，将斜坡绕右端点缓慢抬起，模拟块体的倾倒失稳过程，分别取抗拉强度 $f_t$=0MPa 和 $f_t$=0.003MPa 进行计算。

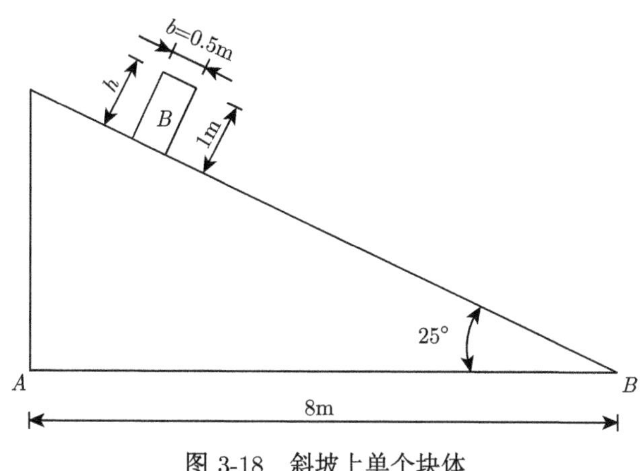


图 3-18　斜坡上单个块体

上述问题的理论解可以通过绕块体与斜坡的下接触点的弯矩为 0 为临界条件，得

$$
\begin{aligned}
&f_t \neq 0\ \text{时:} \quad Wh\sin\alpha - Wb\cos\alpha - cb^2 \leqslant 0 \\
&f_t = 0\ \text{时:} \quad \tan\alpha \leqslant \frac{b}{h}
\end{aligned}
\tag{3-9}
$$

缓慢抬起斜坡的 $A$ 点，使斜坡绕 $B$ 点转动，从而增大斜坡的 $\alpha$ 角，记录滑块顶点的位移随斜坡角度的变化如图 3-19 所示，当顶部位移从稳定状态开始增大时的斜坡角度，即为 DDA 计算失稳角度。两种工况的理论倾倒角度与 DDA 计算结果的比较如表 3-18 所示。由表可知，计算结果的误差小于 1.5%，DDA 能够很好地模拟块体的倾倒。

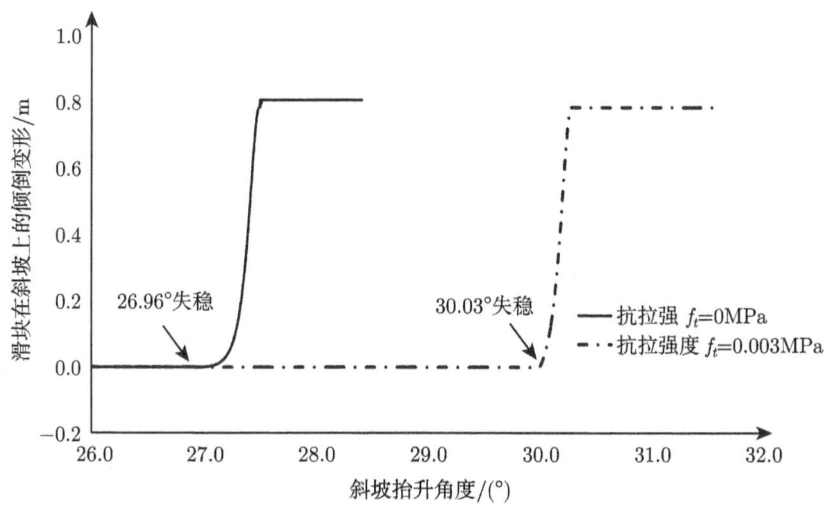


图 3-19　斜坡抬升过程中块体 $B$ 顶点的位移

**表 3-18　块体 $B$ 倾倒失稳角度 DDA 结果与理论解比较**

| 失稳角度 | 理论值 | DDA 结果 |
|---|---|---|
| 无抗拉强度 | 26.56° | 26.96° |
| 有粘聚力 | 30.41° | 30.03° |

## 3.4　变加速度问题

**例 3-6**　双折线斜坡上单块体的滑动。

MacLaughlin 在她的博士学位论文 [2] 中介绍了双折线斜坡上单块滑动的解析解和 DDA 计算结果，并将结果进行了比较。文中采用计算模型如图 3-20 所示，折线块的上部倾角为 $\alpha_1$=30°，下部倾角为 $\alpha_2$=15°，块体与斜坡的摩擦角分别为 $\varphi_1$、$\varphi_2$，其中 $\varphi_1<\alpha_1$，$\varphi_2>\alpha_2$。块体初始位置如虚线所示。在 $t$=0 时刻块体开始加速下滑，到达下段折线后，由于 $\varphi_2>\alpha_2$ 块体滑动减速，直至停止。根据能量守恒定律，可以求解块体在下段直线上的滑动距离。第一段折线上的能量守恒方程为

$$mgh-(mg\cos\alpha_1)(\tan\varphi_1)(h/\sin\alpha_1)-\frac{1}{2}mv_1^2=0 \tag{3-10}$$

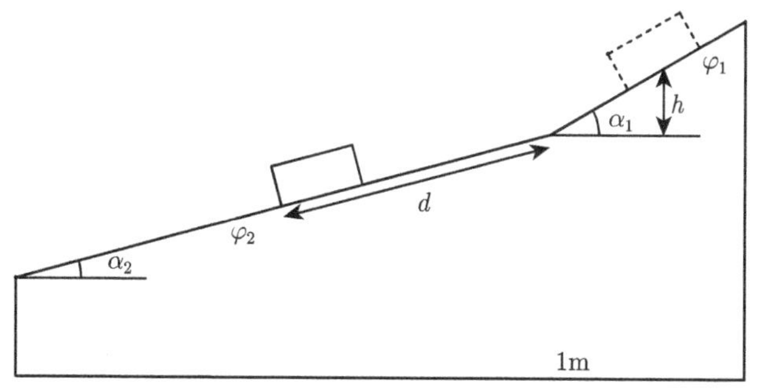


图 3-20 双折线上的块体滑动

在第一段折线的底部速度为 $v_1$，第二段折线的上部速度为 $v_2$，则

$$\begin{aligned}v_1 &= \sqrt{2gh\left(1-\frac{\tan\varphi_1}{\tan\alpha_1}\right)} \\ v_2 &= v_1\cos\left(\alpha_2-\alpha_1\right)\end{aligned} \tag{3-11}$$

第二段折线上的能量守恒方程为

$$mgd\left(\sin\alpha_2\right)-\left(mg\cos\alpha_2\right)\left(\tan\varphi_2\right)d+\frac{1}{2}mv_2^2=0 \tag{3-12}$$

当第二段的坡角 $\alpha_2$ 小于摩擦角 $\varphi_2$ 时，块体在第二段上滑动将减速，因而在第二段上的总滑动距离是有限的。可以用能量守恒方程求出：

$$d=\frac{v_2^2}{2g\left(\cos\alpha_2\tan\varphi_2-\sin\alpha_2\right)} \tag{3-13}$$

上述各式中，$m$ 为块体的总质量，其他如图 3-20 所示。

取固定的 $\varphi_2=40°$，变化 $\varphi_1$，分别为 0°、10°、20°，分别用式 (3-13) 和 DDA 计算块体在第二段上的滑动距离 $d$，将 DDA 计算的块体滑动轨迹画于图 3-21 中，图中三条水平线为不同 $\varphi_1$ 角时按式 (3-13) 计算的滑动距离。

图 3-21 中的“理论值”为按式 (3-13) 计算的块体在第二段折线上的滑动距离。文献 [2] 按 DDA 计算的块体滑动距离与理论解相比，误差在 5%之内，这个误差是可以接受的，实际上 DDA 计算模型与式 (3-10)~式 (3-13) 的推导模型是不同的，理论推导中将滑块概化为一个刚体质点，没有考虑块体从上段到下段转换过程中上下接触点跨折点情况。同时，DDA 计算结果与参数关系密切，尤其是 Penalty、块体弹性模量及时间步长 (文献 [2] 中并未给出这些参数)。总之，本例证明了 DDA 在模拟类似变坡度组合边坡中的潜力，实际工程中会经常遇到这类问题。

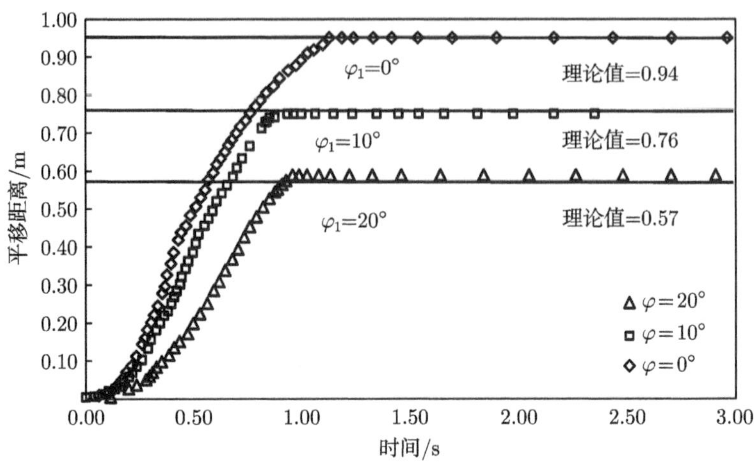


图 3-21　双折线上块体滑动距离的 DDA 计算结果 (散点) 和理论计算结果比较 [2]

**例 3-7**　双块滑动问题。

MacLaughlin 在她的博士学位论文中给出了 “双块滑动问题” 的算例，用于检验 DDA 对于复杂问题的计算能力。折线斜坡上的双滑块见图 3-22。Goodman [12]

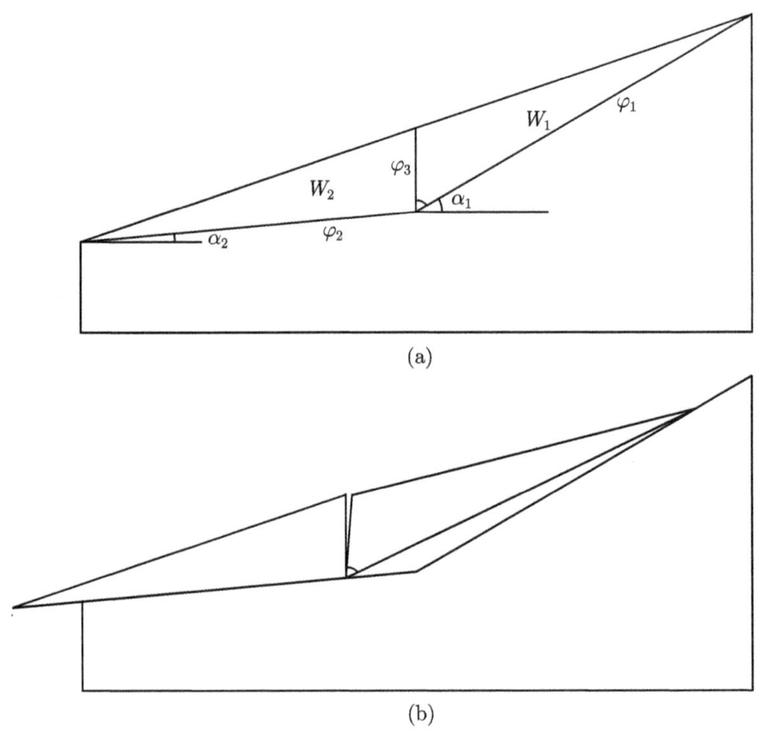


图 3-22　折线斜坡上的双滑块稳定与滑动 [2]

给出了无动力项时临界起始滑动的理论解。取上块为“主动块”，下块为“被动块”，两块之间为铅垂分割线，两块的自重分别为 $W_1$、$W_2$，折线边坡的坡度分别为 $\alpha_1$、$\alpha_2$，且取 $\alpha_1=30°$，$\alpha_2=5°$，$\varphi_1$、$\varphi_2$ 分别是上块与上坡、下块与下坡之间的摩擦角，两块之间铅垂接触线的摩擦角为 $\varphi_3$。

对上块进行平衡分析，可以得到上块与下块之间的相互作用力：

$$F_1 = \frac{W_1 \tan(\alpha_1 - \varphi_1)}{\cos\varphi_3 + \sin\varphi_3 g \tan(\alpha_1 - \varphi_1)} \tag{3-14}$$

考虑上块的极限平衡状态，要让上块处于临界稳定状态需要在交界施加额外的与水平线夹角为 $\theta$ 的力 $F_2$：

$$F_2\cos(\alpha_2 - \varphi_2 - \theta) - F_1\cos(\alpha_2 - \varphi_2 - \varphi_3) - W_2\sin(\alpha_2 - \varphi_2) = 0 \tag{3-15}$$

当下部块与底部的摩擦角 $\varphi_2$ 足够大时，下部块会对上部块提供足够的反力，使两块系统处于稳定状态。临界稳定状态下，$F_2=0$, 由此条件可以求出临界稳定状态下所需的 $\varphi_2$ 值如下：

$$\varphi_2 = \alpha_2 - \arctan\left(\frac{-F_1\cos\varphi_3}{F_1\sin\varphi_3 + W_2}\right) \tag{3-16}$$

式 (3-14)~式 (3-16) 中的符号含意见图 3-22。

文献 [2] 用 DDA 计算了多种双坡度组合的临界稳定角 $\varphi_2$，并与式 (3-16) 的理论结果进行了比较。计算中作者发现，用 DDA 计算标准的双块模型时，只需很小的变形双滑块结构即如图 3-22(b) 所示的那样上块下端点位于下段块，从而大大减小了下滑力，减小临界稳定所需的下段摩擦角 $\varphi_2$。分析认为，在式 (3-14)~式 (3-16) 的推导中，上块总是沿上段滑动，下块沿下段滑动。而在 DDA 中，由于上块的下角位于折线的交界处，即使上块不发生滑动，仅靠自身变形也会使其下角进入下段坡线，进而沿缓坡滑动，可以看出极限平衡理论和 DDA 采用了不同的假定。据此作者将上块下角切掉少许 (图 3-22(a))，使得上块在小变形条件下只沿上段滑动。用此模型计算了三组不同的坡度组合：①$\alpha_1=30°$，$\alpha_2=5°$；②$\alpha_1=45°$，$\alpha_2=5°$；③$\alpha_1=45°$，$\alpha_2=15°$。两种方法的计算结果比较如图 3-23 所示。由图可以看出，采用切角后的模型，DDA 的计算结果与刚体极限平衡法的计算结果较为吻合，但对于不切角的模型，DDA 的计算结果与理论解相差甚远，基本规律难以吻合。

通过上述算例，作者认为，对于折线形边坡，刚体极限平衡法求得的稳定摩擦角偏大，夸大了滑动失稳的危险性，而 DDA 计算得到的摩擦角则偏小，夸大了边坡的稳定性，这一点也是 DDA 应用中需要注意的问题。

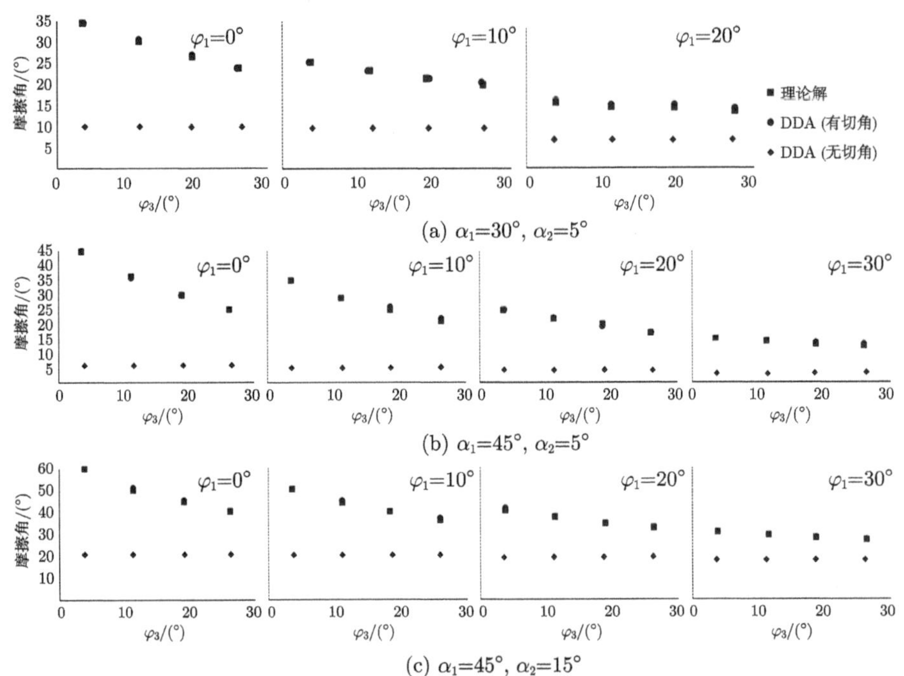


图 3-23　双折线斜坡双块滑动临界摩擦角的理论解与 DDA 模拟结果比较

**例 3-8**　变加速问题 —— 正弦函数加速度。

Hatzor 和 Feintuch [6] 研究了平板上滑块在重力和正弦变化水平力作用下的块体运动问题，发现在仔细优选参数 $g_1$、$g_2$ 的条件下可以将误差控制在 15%。Tsesarsky 等 [11] 利用振动台实验结果与 DDA 结果进行了比较，结果表明，当取 1.5%的阻尼计算时，可以显著降低计算误差。

Dong 在文献中通过正弦变化水平加速度作用下的滑块运动验证了 DDA 对于非线性加速度问题的计算精度 [10]。图 3-24 为计算模型。竖向约束块体 1，限制其竖向位移，而水平向自由。在块体 1 形心处作用有水平向正弦变化的荷载。块体 2 放置在块体 1 之上，初始位置形心在同一铅直线上，高长比为 0.25。

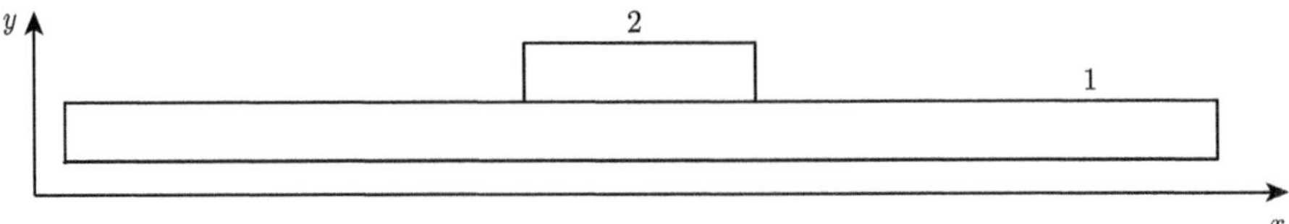


图 3-24　双块正弦加速度计算模型

DDA 计算采用的力学参数见表 3-19。

表 3-19 双块正弦加速度计算参数

| 参数名称 | 取值 |
|---|---|
| 容重 $\rho/(\text{kg/m}^3)$ | 2000 |
| 弹性模量 $E$/GPa | 100 |
| 波松比 $\nu$ | 0.3 |
| Penalty(弹簧刚度)/(GN/m) | 10.0 |
| 接触面粘聚力/$(\text{kN/m}^2)$ | 0 |

块体给定了较大的刚度，并只允许其横向运动，计算中避免了竖向变形、旋转等影响，与解析解条件相近。

块体 1 和块体 2 之间存在摩擦力，当块体 1 水平运动时通过摩擦力使块体 2 运动。一般情况下，两块体运动不会同步，设两块体的运动速度分别为 $v_1$、$v_2$，速度差为 $v_r$，则 $v_r = v_1 - v_2$，当同步运动时 $v_r$=0，两块体相对位移为 0，当两块体相对滑动时 $v_r$>0。

文献 [10] 给出了该问题递推求解的解析计算方法。取计算时步为 $\Delta t$，两块体的加速度分别为 $a_1$、$a_2$，考虑两块体的动力平衡条件，当已知块体 1 的加速度 $a_1$ 和两块体间的摩擦系数 $\mu$ 时，块体 2 的加速度 $a_2$ 如下：

$$
\begin{aligned}
& if\ v_r = 0 \\
& \quad a_1 = a_{input} = A\sin\omega t \\
& \quad if\ m_1|a_1| < m_2 g\mu \\
& \qquad a_2 = a_1 \\
& \quad else \\
& \qquad if\ a_1 > 0, a_2 = \mu g \\
& \qquad else \quad a_2 = -\mu g \\
& \qquad end \\
& \quad end \\
& else\,if\ v_r \neq 0 \\
& \quad if\ v_r > 0 \\
& \qquad a_1 = A\sin\omega t;\ a_2 = \mu g \\
& \quad else \\
& \qquad a_1 = A\sin\omega t;\ a_2 = -\mu g \\
& \quad end \\
& end
\end{aligned}
\tag{3-17}
$$

式中，$A$ 为正弦加速度的变幅，$\omega$ 为角速度，$g$ 为重力加速度。

用式 (3-17) 计算时有 3 个可变参数，即变幅 $A$、角速度 $\omega$ 和摩擦系数 $\mu$，固定其中两个参数，变化其中 1 个参数可得到 3 组不同的计算结果，DDA 计算中先不施加水平加速度，计算 0.2s 以便使块体 2 施加自重时的波动完成，并完全静止。

三组计算中均取 $\Delta t$=0.05s，累计位移的计算结果及与解析解的比较如图 3-25 所示。固定加速度的变幅 $A$ 和频率 $f$，取不同的摩擦角，块体 2 的计算位移结果与

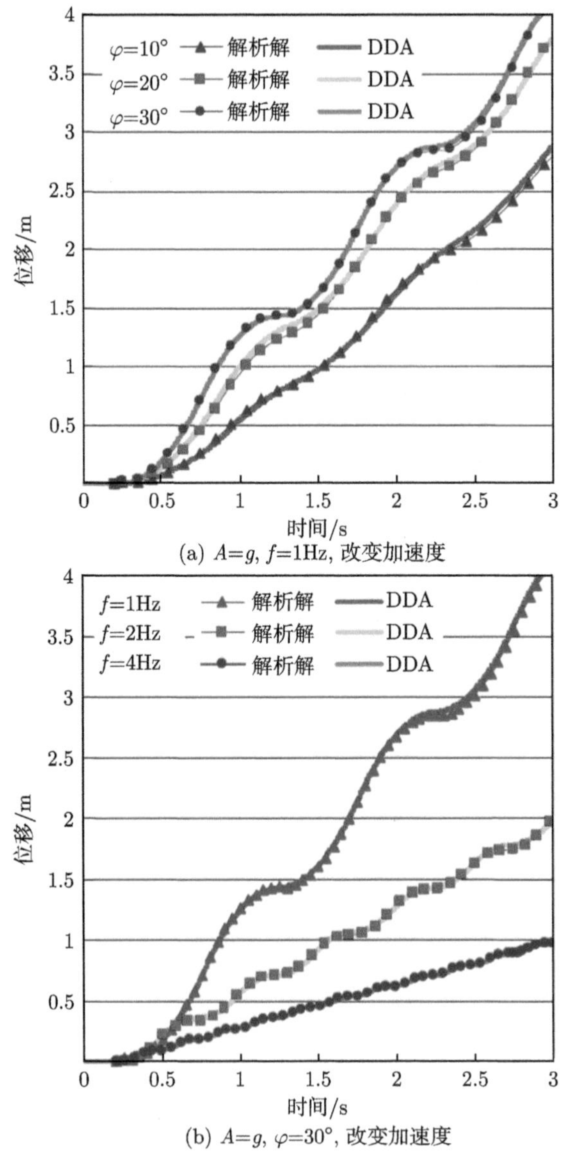


(a) $A=g$, $f$=1Hz, 改变加速度

(b) $A=g$, $\varphi$=30°, 改变加速度

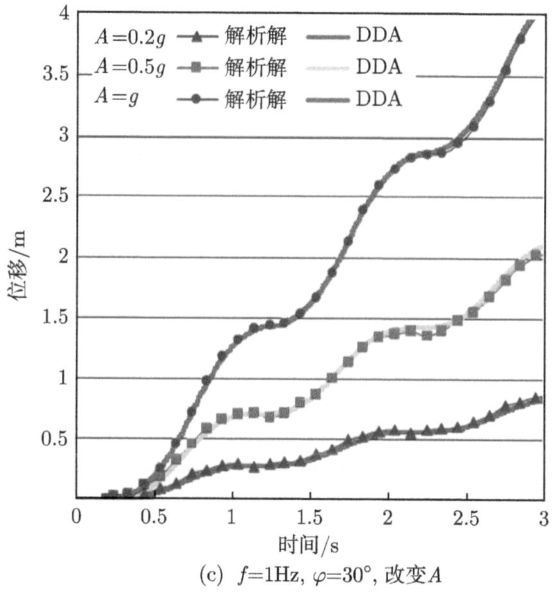


(c) $f$=1Hz, $\varphi$=30°, 改变$A$

图 3-25 正弦加速度时的 DDA 计算结果与解析结果的比较 [7]

解析结果如图 3-25(a) 所示，可以看出，摩擦角越大累计位移越大，反之越小，计算误差并未随摩擦角的变化而变化；固定加速度的变幅 $A$ 和摩擦角 $\varphi$，改变频率 $f$，块体 2 的计算位移结果与解析结果如图 3-25(b) 所示，可以看出，频率越低位移越大，反之越小；固定频率 $f$ 和摩擦角 $\varphi$，改变加速度的变幅 $A$，块体 2 的计算位移结果与解析结果如图 3-25(c) 所示。三组计算的 DDA 结果与解析解均吻合很好，并未出现文献 [9] 所说的可达 15%的误差。

## 3.5 碰撞及波的传播

**例 3-9** 自由下落块体的回弹。

如图 3-26 所示，取一 0.2m×0.2m 的方形块，自 $h$=1m 高处自由下落，下部有一 2m×1m 的块体 (基础)，当下落块体与基础块体碰撞后块体间发生回弹，当不计阻尼时，不计碰撞中的能量损耗，并且下部块体为刚体时可根据能量守恒原理推导出块体 $A$ 的运动轨迹。假定块体 $A$ 自 $t$=0 时刻开始下落，则 $t$ 时刻下落的距离为

$$y=\frac{1}{2}gt^2 \tag{3-18}$$

块体到达 $B$ 块上边时所需的时间及速度分别为

$$\begin{aligned} t_0 &= \sqrt{\frac{2h}{g}} \\ v_0 &= \sqrt{2gh} \end{aligned} \tag{3-19}$$

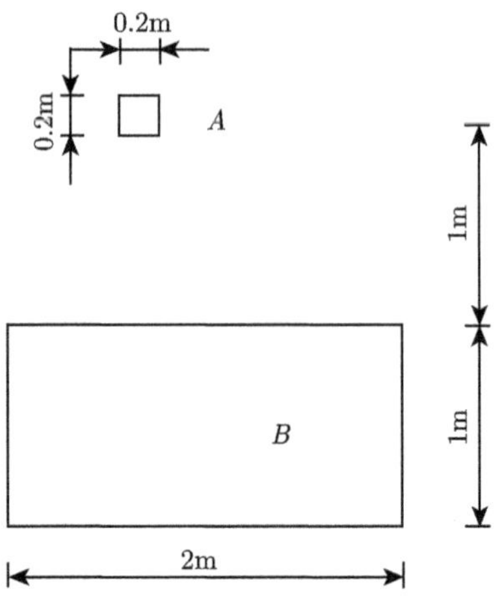


图 3-26　自由落体回弹计算模型

块体 $A$、$B$ 接触瞬间的动能为

$$W=\frac{1}{2}mv^2=\frac{1}{2}m\left(gt_0\right)^2=\frac{1}{2}m\left(g\sqrt{\frac{2h}{g}}\right)^2=mgh \tag{3-20}$$

为了方便计算，在块体 $A$、$B$ 接触后，取 $z=y-h$，$\tau=t-t_0$，即以块体 $B$ 上边作为新的位移起点。设接触后的弹簧刚度为 $k_n$，则

$$\begin{aligned}&\frac{\mathrm{d}^2z}{\mathrm{d}\tau^2}=g-\frac{k_n}{m}z\\&\begin{cases}z\left|_{\tau=0}\right.=0\\\left.\dfrac{\mathrm{d}z}{\mathrm{d}t}\right|_{\tau=0}=0\end{cases}\end{aligned} \tag{3-21}$$

求解方程 (3-21)，得到块体 $B$ 的运动方程为

$$z=A\sin\left(\sqrt{\frac{k}{m}}\tau+\varphi\right)+\frac{mg}{k} \tag{3-22}$$

式中，$A$、$\varphi$ 两个参数可根据边界条件和初始条件求出：

$$\begin{aligned}&\varphi=\arctan\left(-\frac{g}{v_0}\sqrt{\frac{m}{k}}\right)=\arctan\left(-\sqrt{\frac{mg}{2kh}}\right)\\&A=-\frac{mg}{k\sin\varphi}\end{aligned} \tag{3-23}$$

弹簧力、速度和加速度的变化过程分别为

$$
\begin{aligned}
p &= kz = kA\sin\left(\sqrt{\frac{k}{m}}\tau + \varphi\right) + mg \\
v &= A\sqrt{\frac{m}{k}}\cos\left(\sqrt{\frac{k}{m}}\tau + \varphi\right) \\
a &= \mathrm{d}v/\mathrm{d}t = -A\frac{k}{m}\sin\left(\sqrt{\frac{k}{m}}\tau + \varphi\right)
\end{aligned}
\tag{3-24}
$$

取图 3-26 中块体的密度 $\rho$=2×10$^3$kg/m$^3$，重力加速度 $g$=9.8m/s$^2$，块体 $A$ 的弹性模量 $E$=10GPa，两块体接触后的弹簧刚度 $k_n$=1.0GPa，计算时间步长 $\Delta t$=0.0001s，允许最大位移比 $g_2$=0.001。

如图 3-27 所示为 DDA 计算得到的块体 $A$ 运动轨迹和式 (3-22)、式 (3-23) 的计算结果。图中 DDA 采用了两种加速度计算公式，即原程序中的初加速度法 (Newmark 法特例) 与 Newmark 法 ($\alpha$=1/2，$\beta$=1/4)。由图可见，采用 Newmark 法 ($\alpha$=1/2，$\beta$=1/4) 计算结果与块体的运动轨迹相吻合，但初加速度法得到的回弹高度逐渐降低，与理论解存在较大差别。计算发现弹簧刚度 Penalty 和时间步长对计算结果影响很大，图中的结果是多次试算后一组回弹幅度较大的 $k_n$ 和 $\Delta t$ 组合得到的结果。

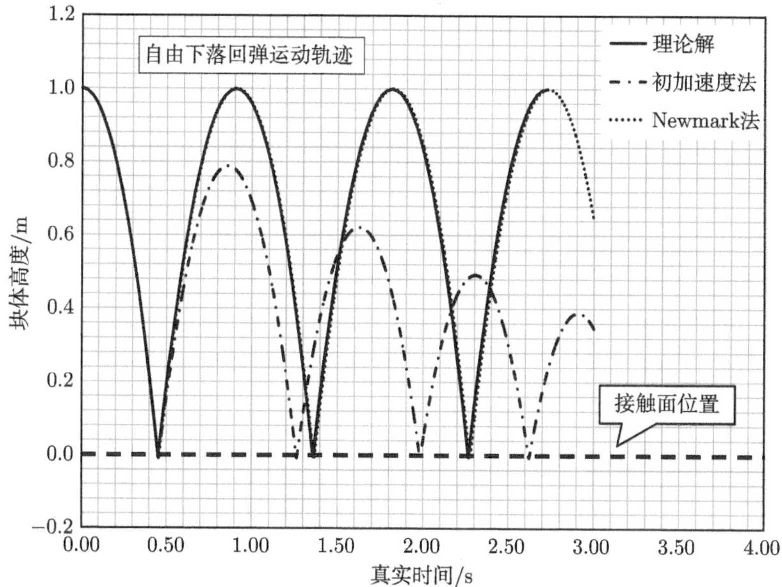


图 3-27　自由下落块体弹跳曲线，DDA 与理论解比较

由此例可见，DDA 中采用初加速度法，虽然对常加速度问题能够正确地模拟，但对变加速度问题模拟误差较大，尤其是碰撞、地震波等这种加速度变化剧烈的问题。变加速度问题具有较强的阻尼和能量耗散，其阻尼和能量耗散程度与接触刚度 $k_n$ 及计算的时间步长有关。这个问题将在第 11 章中更详细地讨论。

**例 3-10**　碰撞及能量传递。

两块尺寸都为 1m×1m 的正方形块体，间距 1m，初始状态为块 $A$ 以 $v_0$=20m/s 的速度自左向右运动，块 $B$ 静止不动，不计重力。用 DDA 模拟 $A$、$B$ 两块碰撞后动能的传递 (图 3-28)。计算参数为：块体的弹性模量为 $E$=20GPa，$\nu$=0.2，体积力为 0，密度 $\rho=1.0\times10^3\text{kg/m}^3$。

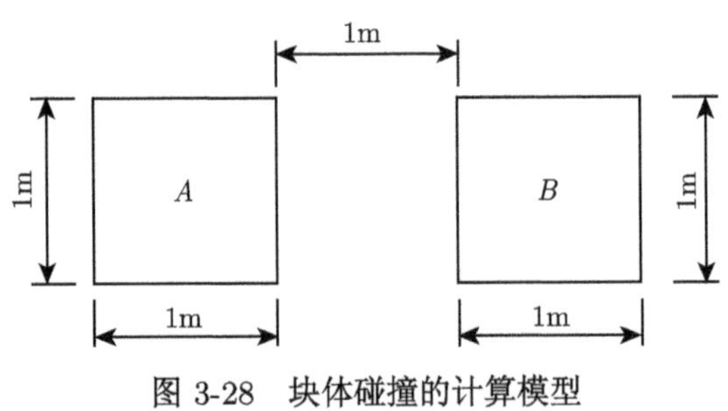


图 3-28　块体碰撞的计算模型

计算如下两种工况：①固定时间步长为 $\Delta t$=0.001s，改变弹簧刚度；②固定弹簧刚度为 10GPa，改变时间步长。通过组合不同的弹簧刚度 $p$ 和时间步长 $\Delta t$，分析了参数不同时块 $A$ 动能向块 $B$ 传递的比例及动量 (动能) 守恒情况。图 3-29 为

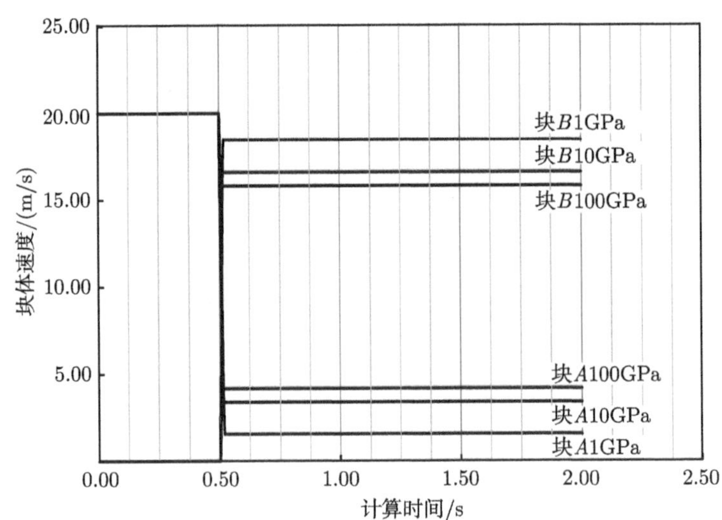


(a) 接触刚度对计算结果的影响(时间步长固定为0.001s)

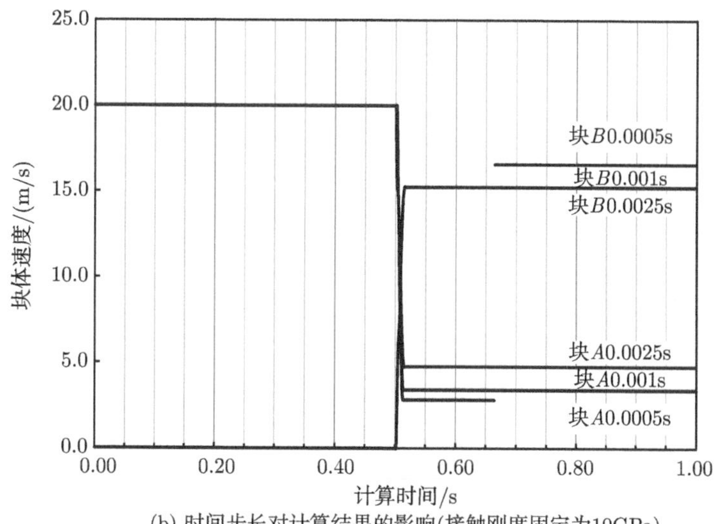

(b) 时间步长对计算结果的影响(接触刚度固定为10GPa)

图 3-29 双块碰撞能量传递 DDA 模拟结果

两组工况的模拟结果。碰撞前 $v_a$=20m/s，$v_b$=0，碰撞过程中块 $A$ 将部分能量传给块 $B$，自身速度大幅度减小，块 $B$ 获得动能。表 3-20 为不同参数时双块碰撞后的速度。由计算结果知，碰撞前后 $A$、$B$ 两块的总动能不变，即碰撞并未损失动能。块 $A$ 向块 $B$ 传递能量的大小与计算参数密切相关，$\Delta t$ 越小，传递能量的比例越大；接触刚度越小，传递能量的比例越大，反之越小。

**表 3-20 不同参数时双块碰撞后的速度**

| 接触刚度 $k_n$=10GPa | | | |
|---|---|---|---|
| 时间步长/s | 0.0005 | 0.0010 | 0.0025 |
| 碰撞后块 $A$ 的速度/(m/s) | 2.825 | 3.400 | 4.758 |
| 碰撞后块 $B$ 的速度/(m/s) | 17.175 | 16.600 | 15.242 |
| 时间步长 $\Delta t$=0.001s | | | |
| 接触刚度/GPa | 1 | 10 | 100 |
| 碰撞后块 $A$ 的速度/(m/s) | 1.538 | 3.400 | 4.175 |
| 碰撞后块 $B$ 的速度/(m/s) | 18.462 | 16.600 | 15.825 |

**例 3-11** 弹性波的能量传递。

Wang [3] 给出了一个算例用于验证 DDA 对弹性波在介质内传播的模拟能力。图 3-30 为一长 10m、高 1m 的杆，在 $t$=0s 时在两端施加 1N 的压力，杆的弹性模量为 $E$=10000N/m$^2$，密度为 $\rho$=1.0kg/m$^3$。根据弹性波在介质中传播速度的理论解：

$$v=\sqrt{\frac{E}{\rho}} \tag{3-25}$$

可以得到 $t$=0.01s 和 0.075s 时杆内应变的理论解，见图 3-31。

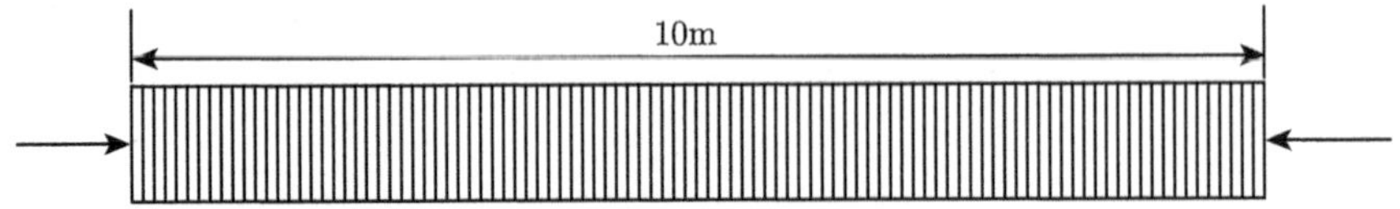


图 3-30　10m×1m 的杆，两端在 $t$=0s 时施加 1N 的力

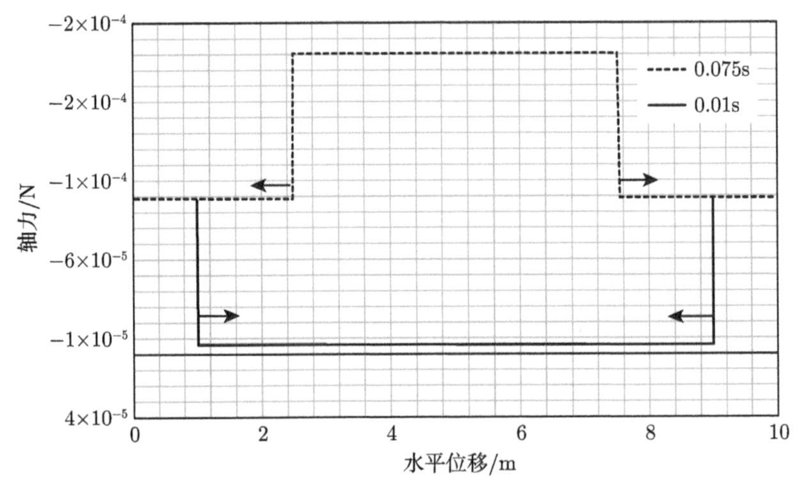


图 3-31　杆内两端加载后不同时刻杆内应变分布及应变波峰的位置

将图 3-30 所示的杆件沿横向剖分成 100 个单元，单元间用接触弹簧连接，计算模拟不同时刻杆内的应变值和波峰位置并与理论解比较。取 $p=2.5\times10^{8}$N/m，$\Delta t=2\times10^{-5}$s，计算得到两个时刻的应变沿杆长的分布如图 3-32 所示。比较图 3-31

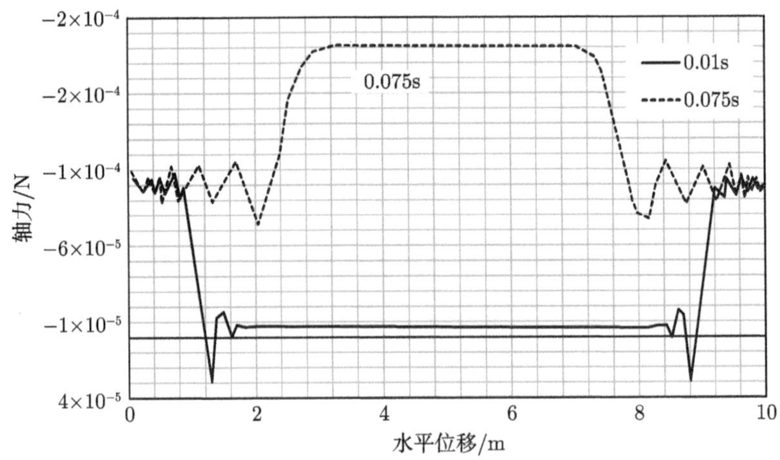


图 3-32　DDA 计算的两个时刻的应变沿杆长的分布

和图 3-32 可以看出，DDA 计算的应变沿杆长方向的分布和应变的峰值位置与理论解结果基本吻合，说明了用 DDA 剖分单元的方式模拟完整构件内弹性波的传递可以得到合理的结果。Wang [3] 还对此分析了不同的 $p$、$\Delta t$ 组合对计算结果的影响，并由此推导了 $p$、$\Delta t$ 合理取值的估算公式，将在第 11 章介绍。

## 3.6 剪断与开裂

96 版 DDA 已具备了在"边–边"接触上给定粘聚力 $c$ 和抗拉强度 $f_t$ 的功能，利用这项功能可模拟沿接触线的剪断和拉裂。具体模拟时，在计算之初，将具有 $c$、$f_t$ 的"边–边"接触设置为粘结状态，当拉应力超过抗拉强度时，则接触受拉张开；当接触法向受拉且剪应力超过抗剪强度时，接触面剪裂并张开；当接触处于压紧状态，但剪应力超过抗剪强度时，接触从粘结状态转化为接触状态。不论是拉裂还是剪断，接触的粘聚力和抗拉强度都将消失，因此 DDA 模拟的这种剪断和开裂是完全软化的塑性破坏。

**例 3-12** 两块体间接触面的破坏模拟。

如图 3-33 所示，取两个块体 $A$、$B$，接触面处粘结，强度参数为：$c$=2MPa、$f_t$=2MPa、$\varphi$=40°。用 DDA 模拟 $A$、$B$ 粘结处的拉裂、压剪和纯剪破坏，加载方式如图 3-33 所示，顶部荷载 $P$ 为集中力，侧面水平向 $u_1$、$u_2$ 为给定的位移加载，计算工况及加载系数如表 3-21 所示。其中工况 1 在块 $A$ 顶部加拉力，加载速率为 2MN/s；工况 2 先在顶部加向下的压力 $P$=2MN，然后在块 $A$ 左侧上角点施加一个随时间增大的给定位移以模拟位移加载，加载速度为 1mm/s，用以模拟弯剪问题 (1#接触点可能为拉剪，2#接触点为压剪)；工况 3 先在块 $A$ 顶部施加压力 $P$=2MN，然后在块 $A$ 左侧下部施加位移荷载，加载速率为 1mm/s，用以模拟纯压剪问题；工况 4 只在块 $A$ 左侧顶部施加给定位移，模拟弯剪问题。

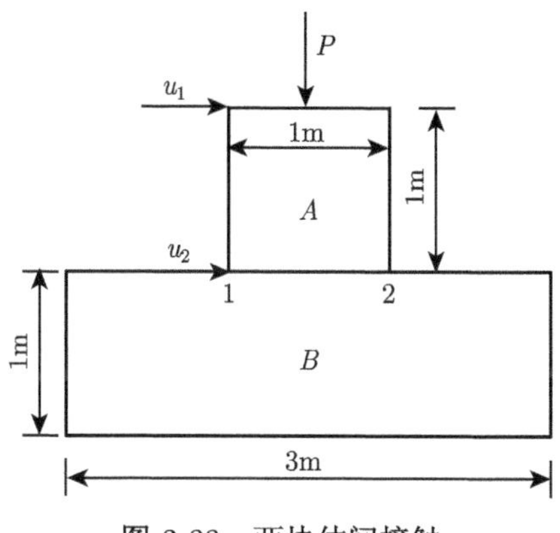


图 3-33 两块体间接触

表 3-21　计算参数

| 工况 | $P$/MN | $u_1$/mm | $u_2$/mm |
|---|---|---|---|
| 1 | $-2t$ | 0 | 0 |
| 2 | 2 | $1\times t$ | 0 |
| 3 | 2 | 0 | $1\times t$ |
| 4 | 0 | $1\times t$ | 0 |

几种工况的 DDA 结果如图 3-34~图 3-37 所示。对于工况 1，由图 3-34 可以看出，随着拉力 $P$ 的增大，法向接触力逐步增大，当拉应力达到抗拉强度 $f_t$=2MPa 时，接触弹簧断开，接触力归零。对于工况 2 的弯剪问题，计算早期仅施加竖向轴力 2MN，两个接触点的法向接触力均为 1MN，剪切力为零，在 $t$=1.0s 时开始施加水平推力，在接触面处形成弯矩和剪力，使前后两个接触点的法向力一个增大、一个减小。两个接触点的剪切力均增大，但靠近加载点的接触点增加速度快于远离加载点的接触点。随着横向加载的增大，一端的法向力由压变为拉，当 1# 点的剪应力达到抗剪强度时发生剪切破坏，法向拉应力和剪应力均消失，使 2# 点的剪应力瞬间增大并剪坏，其后 2# 点的剪应力为摩擦力，法向接触力与竖向荷载平衡。工况 3 的竖向作用力为 2MN，在块底部 1# 点处施加水平推力，受加载后局部扰动的影响，法向力略有变化，切向力随水平位移增大而增大，1#、2# 点先后达到抗剪强度，使弹簧剪断，粘聚力 $c$ 消失，剪应力为摩擦力。工况 4 在 $t$=1s 时顶部施加水平推力，在接触面产生弯矩和剪力，1#、2# 点的法向力大小相等、方向相反，剪应力方向相同，在靠近加载一侧的剪应力增大较快。当 1# 点法向应力达到抗拉强度时接触张开，两点的法向应力和剪应力均消失。分析如上 4 个计算工况，结果均是合理的。

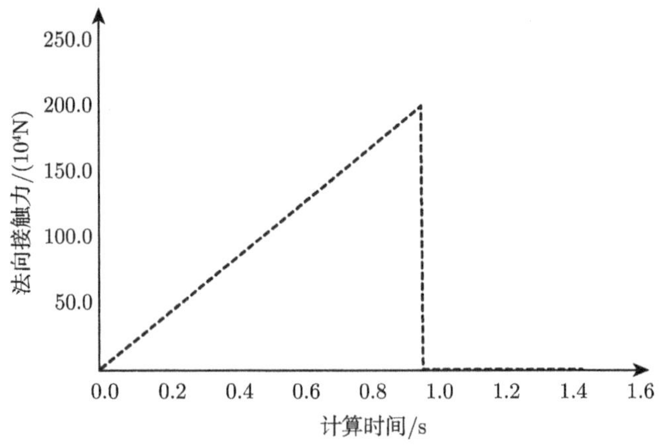


图 3-34　工况 1 —— 轴向受拉过程中的法向接触力

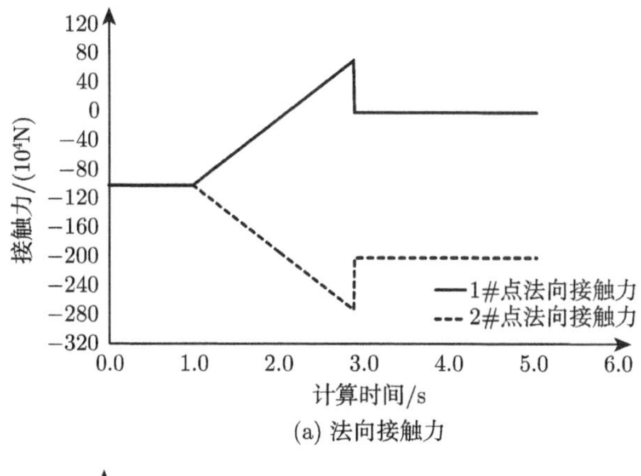

(a) 法向接触力

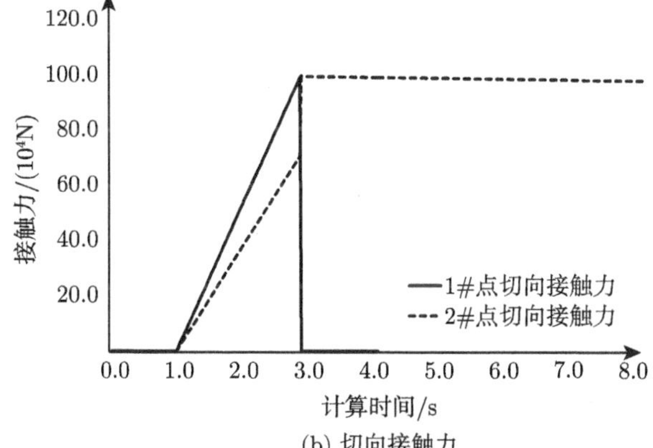

(b) 切向接触力

图 3-35 工况 2 —— 弯剪过程中的接触力变化

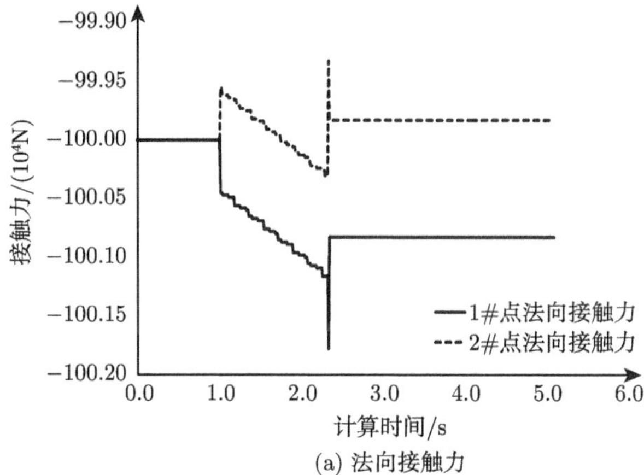

(a) 法向接触力

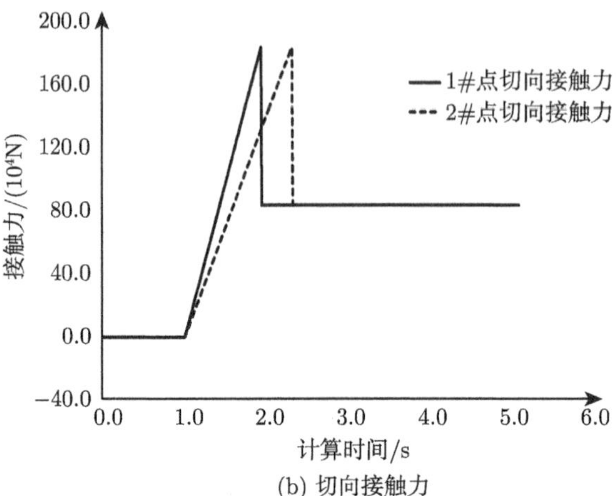


(b) 切向接触力

图 3-36　工况 3 —— 压剪过程中的接触力变化

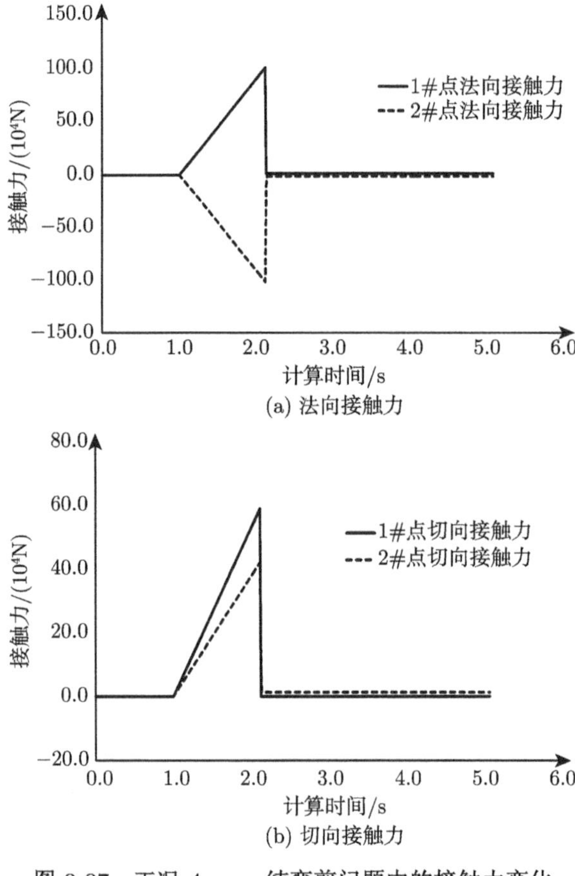


(b) 切向接触力

图 3-37　工况 4 —— 纯弯剪问题中的接触力变化

## 3.7 实验验证

**例 3-13** 块体在含有跌坎的双滑面上的运动实验及 DDA 模拟。

Ohnishi 等利用图 3-38 所示的模型进行了物理实验，并用数值流形法对该模型进行了数值模拟。该模型由两段斜坡组成，上部斜坡坡角为 $\alpha_1$，下部斜坡坡角为 $\alpha_2$，两个斜坡之间有 100mm 的跌坎，初始状态为一个滑块静止在上段斜坡上，模型尺寸如图 3-38 所示。

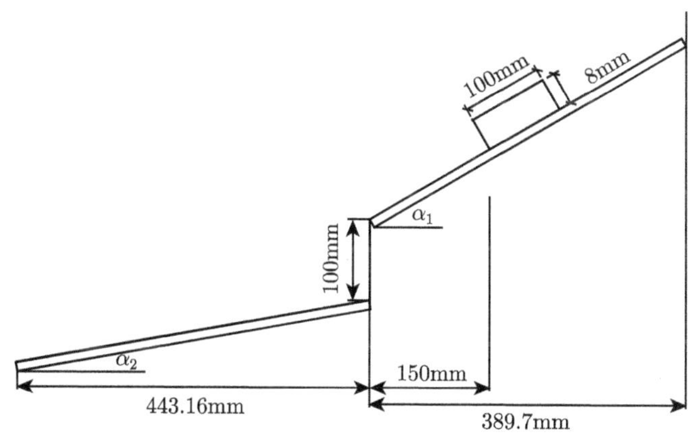


图 3-38 含有跌坎的双滑面模型 [5] ($\alpha_1$=30°, $\alpha_2$=10°)

斜坡与滑块的材质分别为铝和木，两种材料的物理特性如表 3-22 所示。为了得到不同的摩擦系数，在两个斜坡的表面分别粘贴了不同的纸作为两种工况，即工况 1、工况 2，每种工况实验 10 次。

**表 3-22 计算参数表**

| 铝 | 木 |
|---|---|
| $\rho_1 = 2700\text{kg/m}^3$ | $\rho_2 = 720\text{kg/m}^3$ |
| $E_1 = 7000\text{MN/m}^2$ | $E_2 = 1000\text{MN/m}^2$ |
| $\nu_1 = 0.34$ | $\nu_2 = 0.24$ |

实验时如上三个块体安装在一个基板上，正常情况下基板垂直放置，以避免基板对块体滑动提供摩擦力，但为了保证在垂直基板方向不发生位移，将基板按 70° 放置，这样滑块会受到斜坡和基板两方面的摩擦。

实验时在滑块及斜坡上均设置了标志点。用高速摄像机拍摄滑块的运动过程，再通过滑块和标志点之间的关系确定不同时刻滑块的位置。

文献 [5] 用 NMM 对块体的滑动进行了数值模拟。鉴于两种工况的摩擦角很难通过实验准确得到，作者通过每个工况的 10 次实验结果对 $\varphi$ 角进行了反演。计算中采用的参数见表 3-23。其中两种工况反演的摩擦角最小为 18°。最大为 24°，模拟块体运动距离和形态与实验工况 1 和工况 2 相吻合。图 3-39 为根据典型实验照片不同时刻块体形态的素描图，此素描图可作为 DDA 参数反演的依据之一。

**表 3-23 计算中采用的参数**

| 参数 | 取值 |
| --- | --- |
| $\Delta t$ | 0.01s |
| 最大位移比 $g_2$ | 0.001 |
| 粘聚力 $c$ | 0.0 |
| 法向弹簧 $k_n$ | $10E_1$ |
| 切向弹簧 $k_t$ | $E_1$ |
| 摩擦角 | 18°～24° |

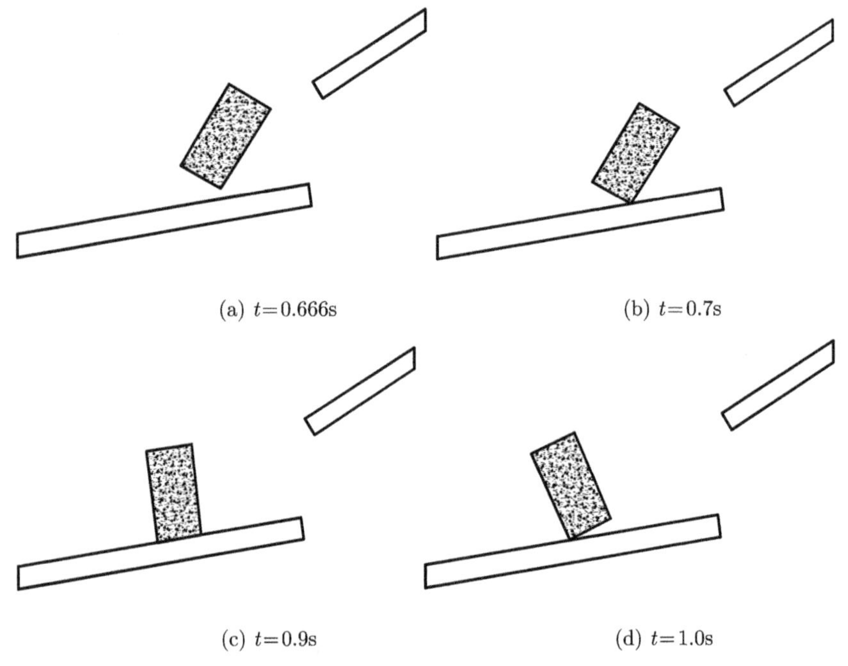

(a) $t$=0.666s (b) $t$=0.7s

(c) $t$=0.9s (d) $t$=1.0s

图 3-39 不同时刻块体运动形态的实验结果 [5] (根据照片素描。上下斜坡只保留部分，阴影块体为滑动块)

采用表 3-23 时的计算参数，分别取 $\varphi$=18°、20°、22°、24° 进行 DDA 模拟，典型时刻的 DDA 模拟形态如图 3-40～图 3-43 所示。将图 3-40～图 3-43 各时刻的变形形态与图 3-39 进行对比可以看出：①$\varphi\leqslant$22° 时块体从上段滑下的速度大于实验值，因此块体接触下段斜坡的时刻早于实验结果；②所有模拟结果在块体接触下部斜坡后不是站立向前翻转，而是直接向前弹跳和滑行，与实验结果不符；③实验摩擦角 $\varphi$ 应介于 22°~24°。

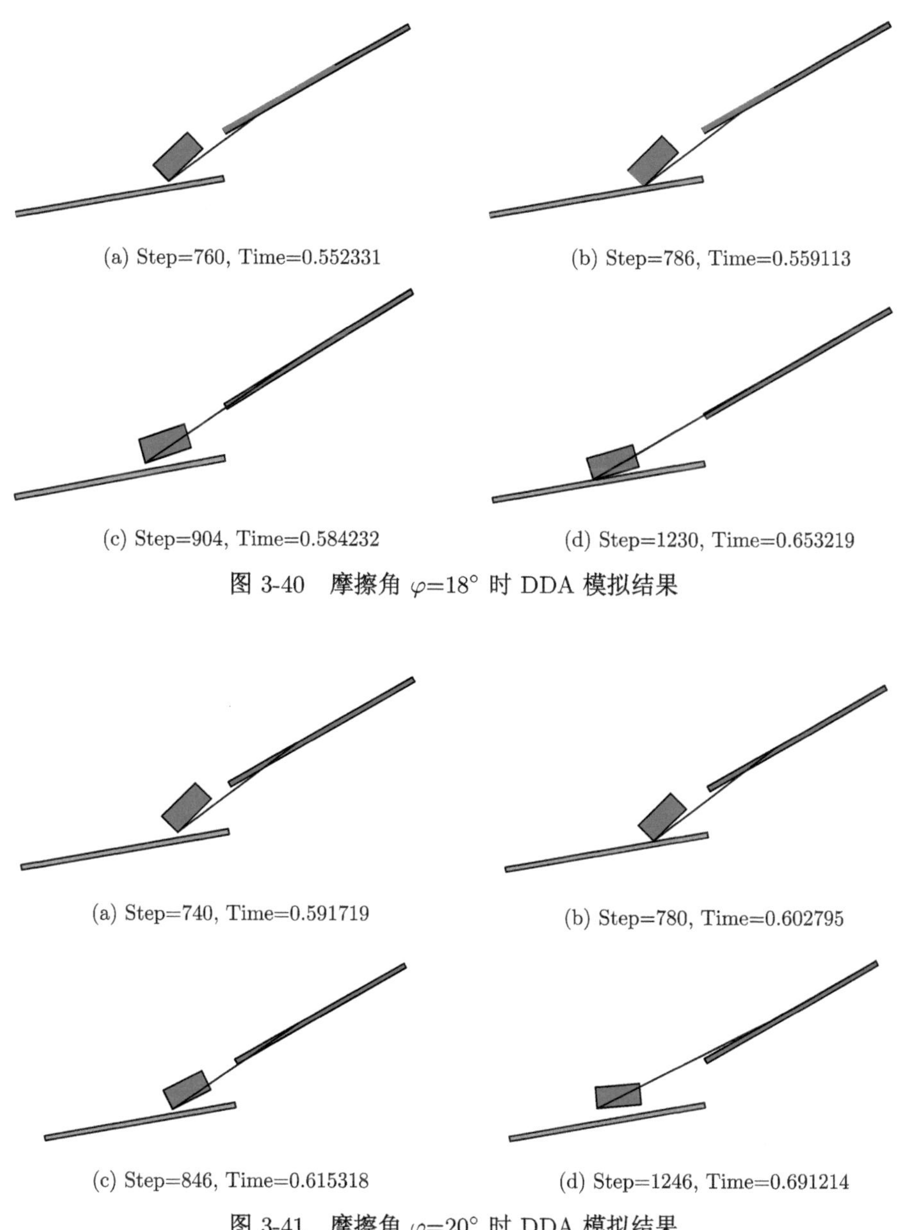

(a) Step=760, Time=0.552331　(b) Step=786, Time=0.559113

(c) Step=904, Time=0.584232　(d) Step=1230, Time=0.653219

图 3-40　摩擦角 $\varphi$=18° 时 DDA 模拟结果

(a) Step=740, Time=0.591719　(b) Step=780, Time=0.602795

(c) Step=846, Time=0.615318　(d) Step=1246, Time=0.691214

图 3-41　摩擦角 $\varphi$=20° 时 DDA 模拟结果

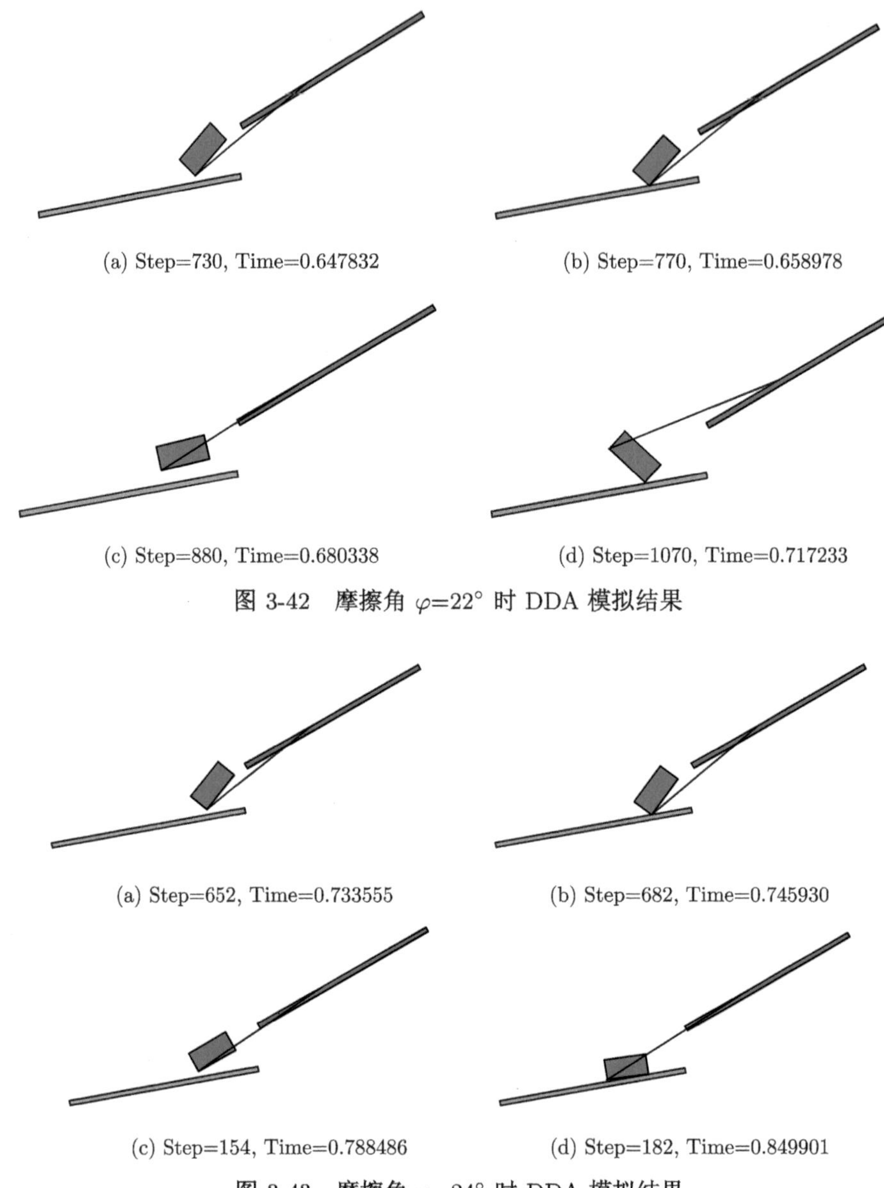

(a) Step=730, Time=0.647832　(b) Step=770, Time=0.658978

(c) Step=880, Time=0.680338　(d) Step=1070, Time=0.717233

图 3-42　摩擦角 $\varphi$=22° 时 DDA 模拟结果

(a) Step=652, Time=0.733555　(b) Step=682, Time=0.745930

(c) Step=154, Time=0.788486　(d) Step=182, Time=0.849901

图 3-43　摩擦角 $\varphi$=24° 时 DDA 模拟结果

根据实验模型，滑块除了受下部斜坡的摩擦阻力之外，还受 70° 倾斜底板的摩擦作用，反演得到的 $\varphi$ 角反映了斜坡摩擦和底板摩擦的综合作用，这一点是 DDA 难以模拟的。

块体碰撞下段斜坡后出现滑移弹跳而不是翻转有两个原因：①碰撞后弹簧刚度太大；②块体与下段斜坡呈角–边接触时的摩擦角偏小。调整接触弹簧刚度、上下段斜坡的综合摩擦系数，可以得到与实验相同的块体运动形态，如图 3-44 所示。此时的上段摩擦角 $\varphi_1$=22.4°，下段摩擦角 $\varphi_2$=25.7°，弹簧刚度 $k_n = E_1$、$k_t$=0.1$E_1$。

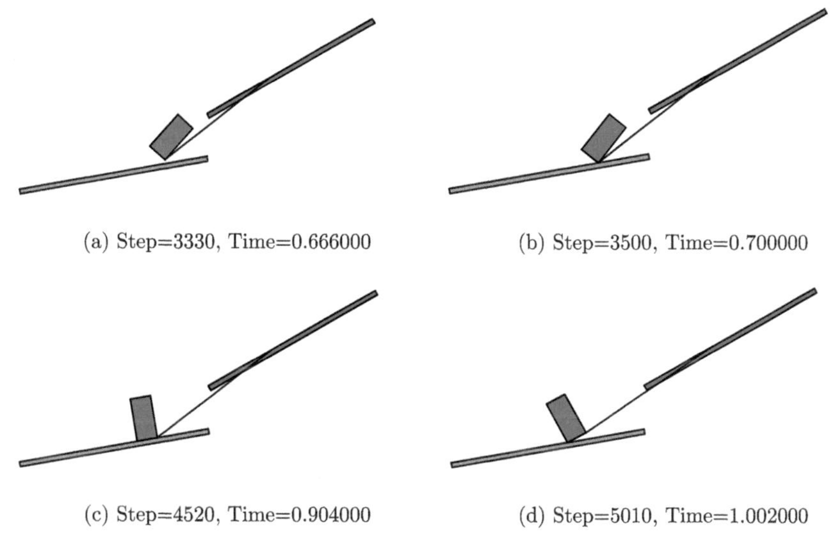

(a) Step=3330, Time=0.666000　(b) Step=3500, Time=0.700000

(c) Step=4520, Time=0.904000　(d) Step=5010, Time=1.002000

图 3-44 上段摩擦角 $\varphi_1$=22.4°，$\Delta t$=0.0002s，$u_{\max}$=0.005，$k_n$=$E_1$，下段摩擦角为 25.7°

在滑块下角点设置测点，取出各时刻的位移画于图 3-45(a)，图中的工况 1 为 $\varphi$=18°，工况 2 为 $\varphi$=24°，图中同时给出了 Ohnishi 等 [5] 的实验结果、NMM 模拟结果。可以看出，工况为 $\varphi$=24° 时，DDA 计算结果与其他方法的结果相吻合；工况为 $\varphi$=18° 时，DDA 计算的后期位移大于其他方法。将 $t \leqslant$0.5s 时的结果绘于图 3-45(b)，此时块体尚未脱离上段斜坡，可以求出两种工况的理论解，并可以看

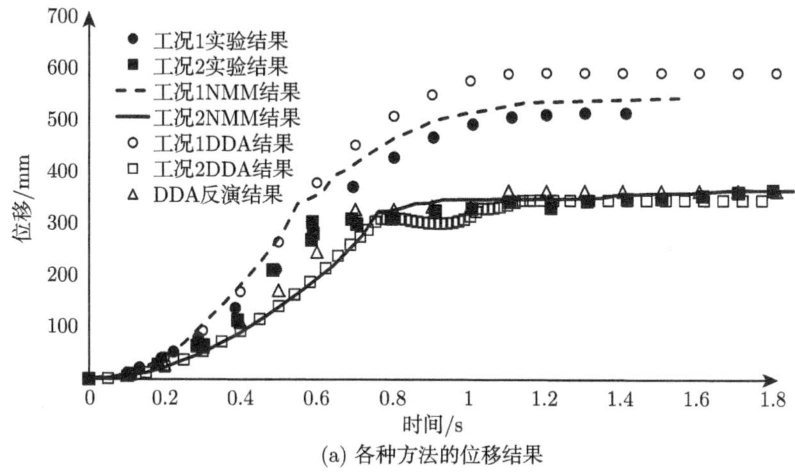


(a) 各种方法的位移结果

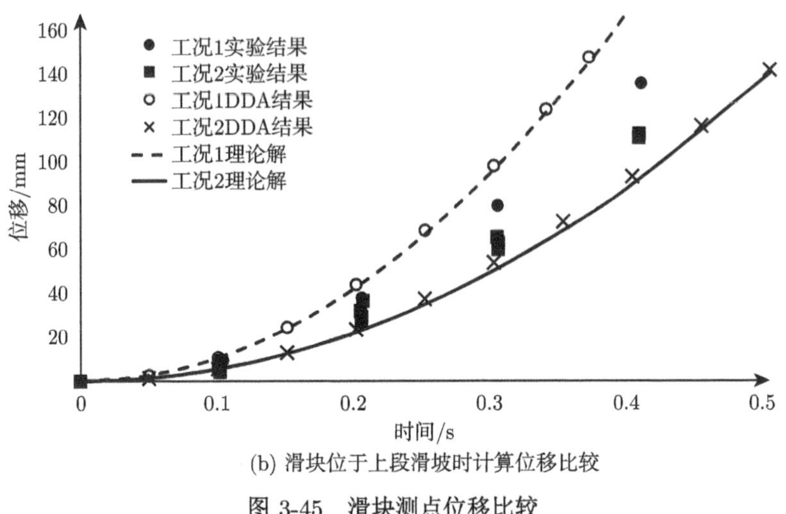


(b) 滑块位于上段滑坡时计算位移比较

图 3-45　滑块测点位移比较

出 DDA 的计算结果与理论解吻合较好，实验结果则介于两种工况之间，可以认为倾斜底板的存在使实际摩擦系数与计算两工况的取值存在差异。

**例 3-14**　裂隙岩体的受压实验。

Ohnishi 等 [8]、小川正博 [9] 在其论文中介绍了一个裂隙岩体的受压实验及 NMM 的模拟结果。用水泥砂浆做成试样，砂浆的构成为：石英 6/11，水泥 3/11，水 2/11。试样被四条不连续面切割成八块 (如图 3-46 所示)，不连续面用硬化水泥浆模

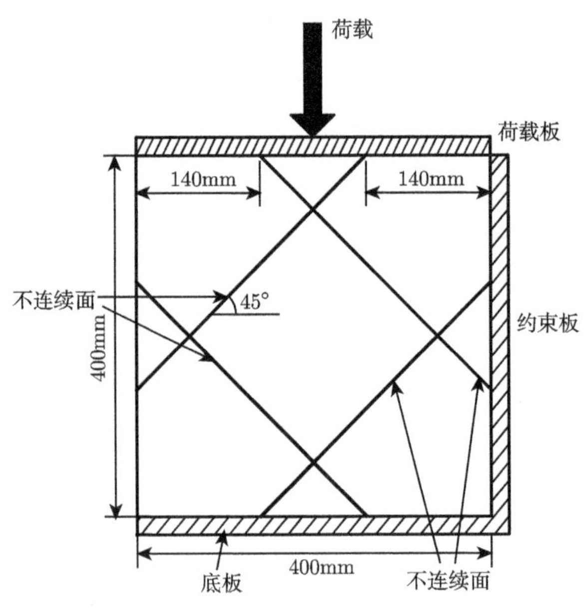


图 3-46　含有不连续面的试件压缩实验

拟 (不含砂)。用于制作试件的水泥砂浆的力学参数估算为 $\rho=2.56\times10^3\text{kg/m}^3$，$E=13000\text{MN/m}^2$，$\nu=0.18$。这些参数均采用材性实验的方式得到。

通过含单条倾斜不连续面的试件的单轴实验，获取用于模拟不连续面的硬化水泥浆力学特性，为 $c=0.17\text{MN/m}^2$，$\varphi=39°$。

实验简图如图 3-47 所示，图中试件下部和右侧为约束板，左侧自由，在顶部和左侧共设置四个测点，测量加载过程中的竖向变形和侧向位移变形。

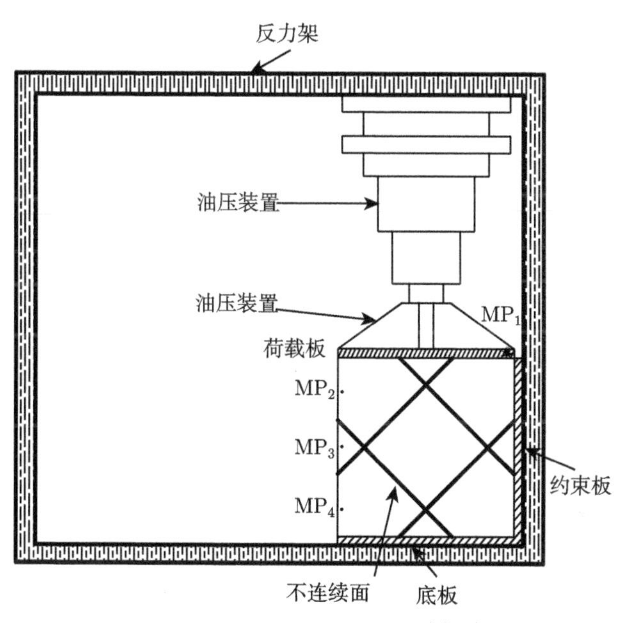


图 3-47 实验装置简图 [5]

原文献中作者用 NMM 对实验进行了数值模拟，模拟结果与实验结果吻合良好，精度远优于 FEM，NMM 模拟采用的参数如表 3-24 所示。本节用 DDA 方法对该实验进行了数值模拟，并将模拟结果与实验结果进行了比较。

参照文献 [5]，初步计算三种工况，见表 3-25。三种工况四个测点处的计算位移应力曲线及实验、FEM、NMM 的比较如图 3-48～ 图 3-50 所示。图中还给出了文献 [5] 给出的 NMM 和 FEM 计算结果。由图 3-48 可知，NMM 结果和实验结果吻合较好，但 DDA 结果与实验结果吻合较差，工况 1 的结果与 FEM 的结果接近，工况 2、工况 3 由于 DDA 模拟的构造面过早破坏，计算荷载始终处于较低水平，且波动较大。分析实验结果及 NMM 结果，三种工况的构造面均未破坏，应力应变均呈大致线性状态。

**表 3-24　含不连续面块体 NMM 模拟参数**

(a) 计算控制参数

| | |
|---|---|
| 步长 | 0.00003s |
| 时间步数 | 1500 |
| Penalty | $6.20\times10^3$MN/m |
| 最大允许位移比 | 0.001 |

(b) 试件参数

| | |
|---|---|
| 单位质量 | $2.56\times10^3$kg/m$^3$ |
| 弹性模量 $E$ | $1.30\times10^4$MN/m$^2$ |
| 泊松比 $\nu$ | 0.18 |

(c) 不连续面参数

| | |
|---|---|
| 法向刚度 $k_n$ | $6.20\times10^3$MN/m |
| 剪切刚度 $k_s$ | $4.87\times10^3$MN/m |

**表 3-25　裂隙岩体受压计算工况**

| 工况 | 参数 | 岩块内节理 | 荷载 (约束) 板与岩块之间 |
|---|---|---|---|
| 1 | $\varphi$/(°) | 39 | 39 |
| | $c$/MPa | 0.17 | 0.17 |
| | $f_t$/MPa | 0.19 | 0.19 |
| 2 | $\varphi$/(°) | 39 | 0.0 |
| | $c$/MPa | 0.17 | 0.0 |
| | $f_t$/MPa | 0.19 | 0.0 |
| 3 | $\varphi$/(°) | 41 | 5.5 |
| | $c$/MPa | 0.13 | 0.0 |
| | $f_t$/MPa | 0.19 | 0.0 |

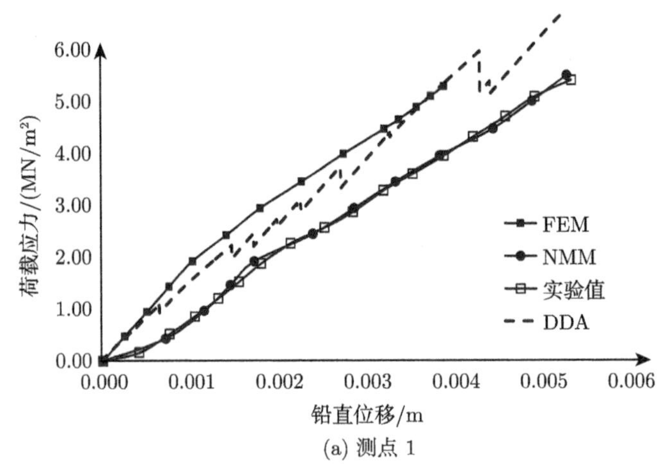


(a) 测点 1

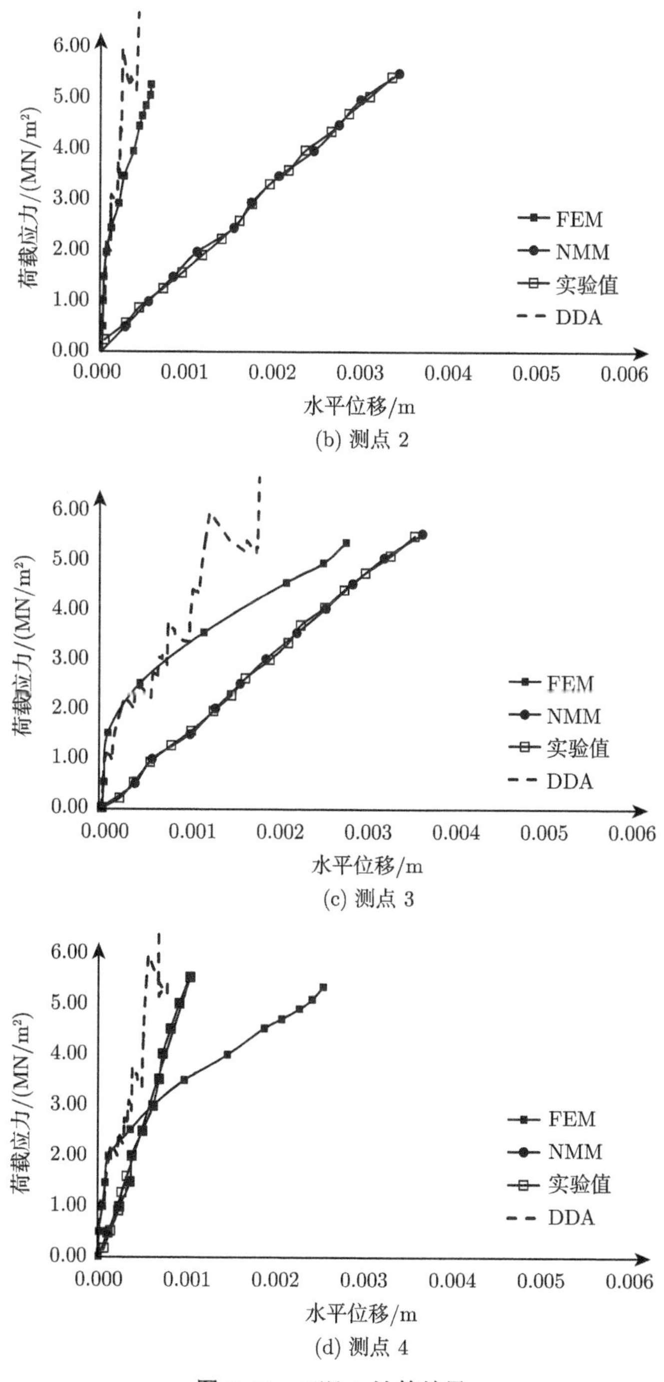


(b) 测点 2



(c) 测点 3



(d) 测点 4

图 3-48 工况 1 计算结果

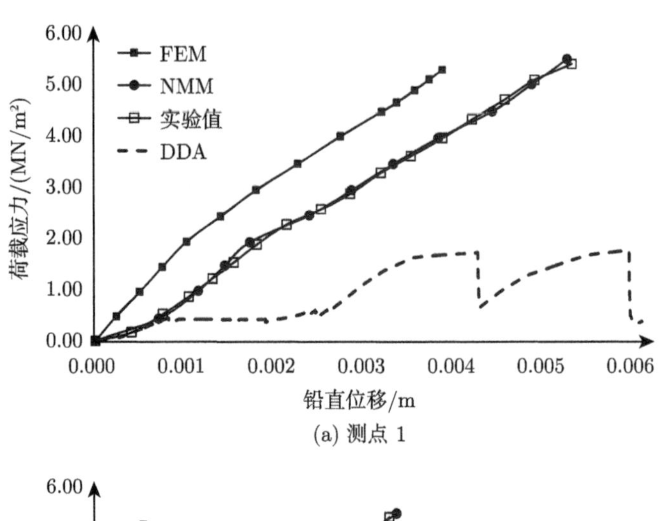

(a) 测点 1

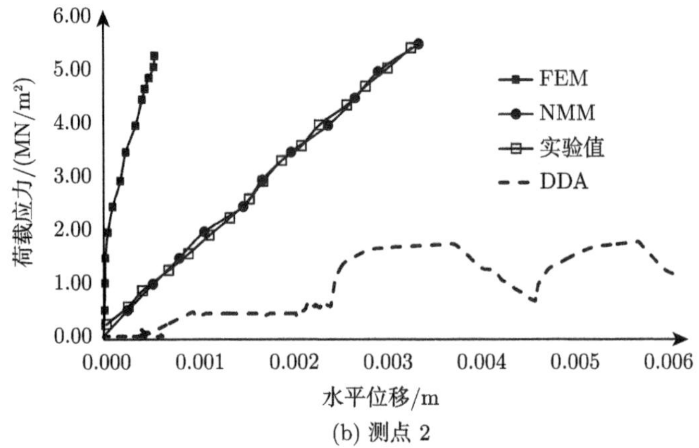

(b) 测点 2

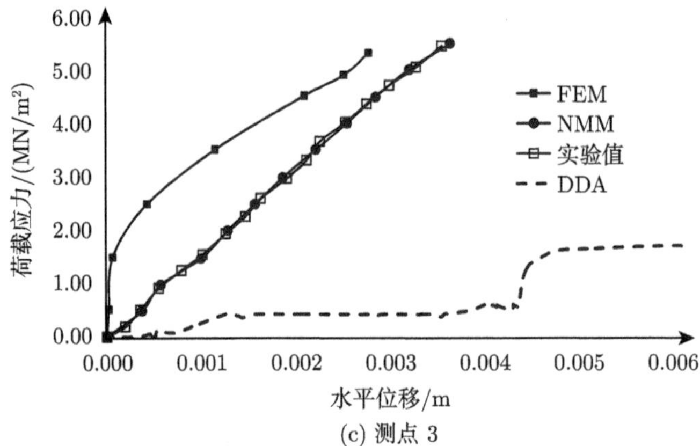

(c) 测点 3

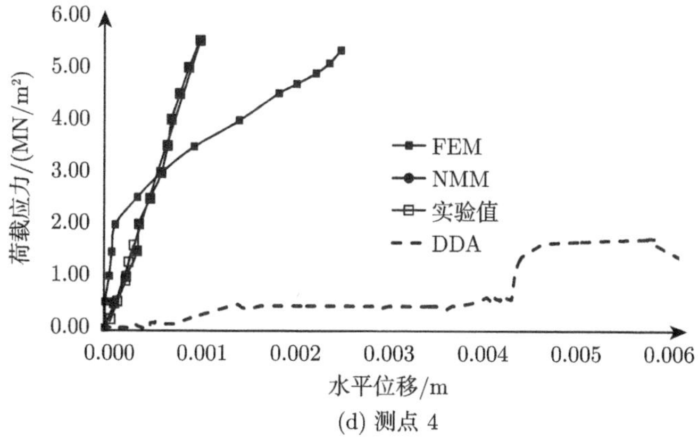


(d) 测点 4

图 3-49 工况 2 计算结果

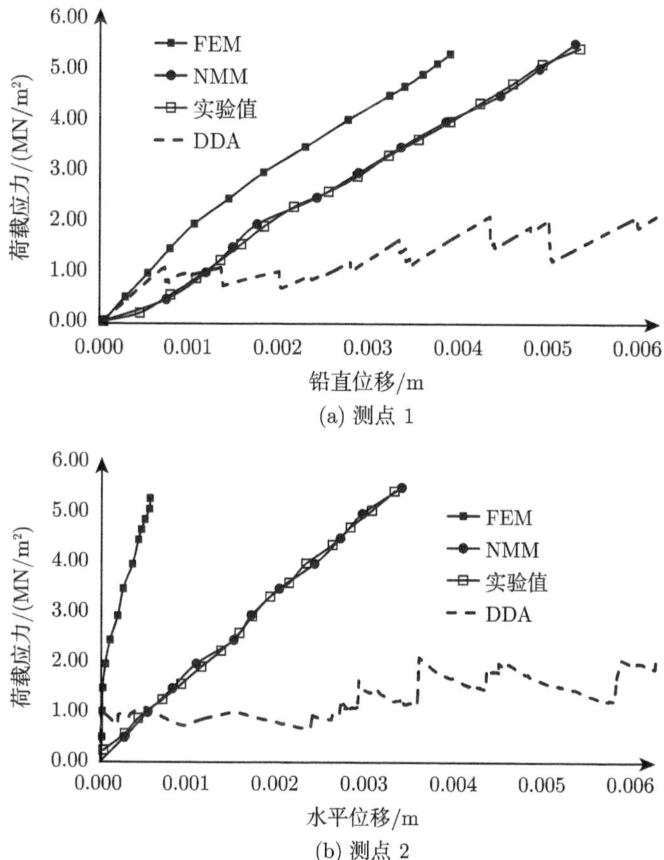


(a) 测点 1



(b) 测点 2

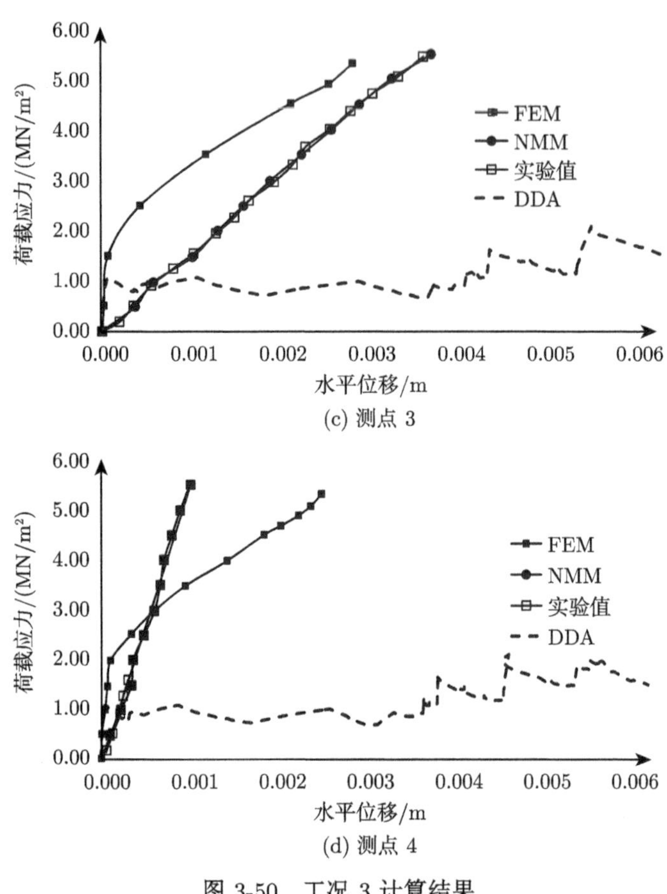


(c) 测点 3



(d) 测点 4

图 3-50　工况 3 计算结果

**例 3-15**　冲击荷载作用下边坡的倾倒破坏。

McBride 和 Scheele [4] 做了若干个实验，验证 DDA 的模拟能力和精度，其中之一为块体边坡冲击倾倒破坏。实验模型如图 3-51 所示，实验模型由下部台阶状边坡和上部直坡构成。下部台阶状边坡上有八块 23mm×67mm×44mm 的块体 (块体 1~8)，块体底部倾角为 17°，上部平直坡坡度为 45°，坡上有一块 62mm×22mm×44mm 的块体 (块体 9)。初始状态为全部处于静止，$t$=0 时块体 9 在自重作用下沿边坡下滑，撞击到块体 8 后导致下部块体 1~8 倾倒破坏，即在块体 9 撞击之前，块体 1~8 是稳定的，撞击后失稳。Goodman 和 Bray 提出了倾倒分析的刚体极限平衡法，McBride 和 Scheele 用该方法分析了各块的状态，在撞击前块体 1~8 处于稳定状态，而块体 9 为滑动状态，与实验设定的一致。用数码摄像机记录了实验过程，然后用数字化方法提取了块体形心和右上角的位移过程。

一共进行了三次实验，尽管精心设置了初始状态，最终状态还是存在一定的差异，图 3-53 给出了三次实验边坡的最终形态。三次实验均表明在撞击之前块体 1~8 均能保持稳定。在用 DDA 对该模型进行模拟时，做了多种尝试，得到如下认识：①自动选取弹簧刚度时得不到合理的结果，主要是由于最初选取的 Penalty 过大，而使块体 1~8 在自重施加之初即因回弹发生倾倒；②当取 $g_0$ 小于 $1.5\times10^5$N/m 时，块体 1~8 在初始状态可以稳定；③当 $g_0$ 小于 $2\times10^6$N/m 时，系统的动能不足，同样得不到合理的结果；④为了得到合理的结果需要较大的 Penalty，同时给定一定的阻尼，研究认为动力系数 $gg$ 取 0.8 时块体 1~8 的位移结果合理，但同时又会减小块体 9 与块体 8 碰撞时的动能，因此文献 [4] 通过调整块体 9 的初始位置，使得引入阻尼后块体 9 与块体 8 接触时的动能与图 3-51 设置的状态相等。

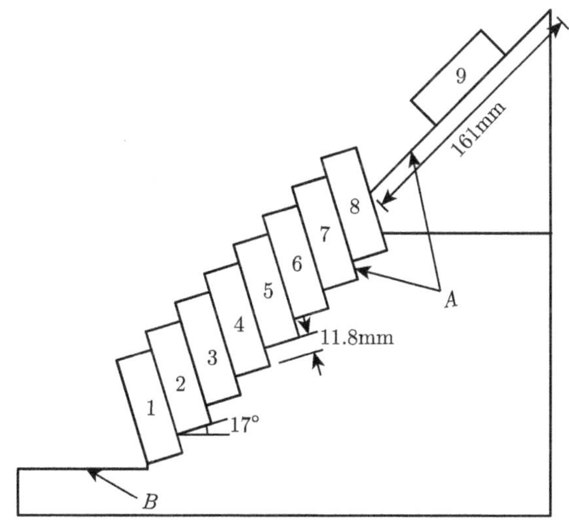


图 3-51　块体边坡撞击倾倒实验模型

文献采用的材料参数如表 3-26 所示，模拟的位移结果与实验结果比较如图 3-52 所示，模拟结果与实验结果吻合较好。

**表 3-26　例 3-15 材料参数**

| 参数名称 | 金属 | 木材 | |
|---|---|---|---|
| 接触面摩擦角/(°) | 11.4 | 18.5(贴纸 A) | 16.9(贴纸 B) |
| 容重 $\rho$/(kg/m$^3$) | 7580 | 617.8 | |
| 弹性模量 $E$/GPa | 200 | 2.5 | |
| 泊松比 $\nu$ | 0.3 | 0.3 | |

分析文献 [4] 可以看出，模型在初始状态即发生倾倒主要是因为受到了“瞬间自重”带来的冲击，利用 Maclaughlin 提出的“动力自重开关”(gravity-turn-on) 技术应该能够解决，即首先按静力模式求出模型的初始状态，此时将块体 9 锁定，当

初始状态计算稳定后松开块体 9，使其沿斜坡自由下滑，然后撞击块体 8，直到块体 1~8 倾倒破坏。

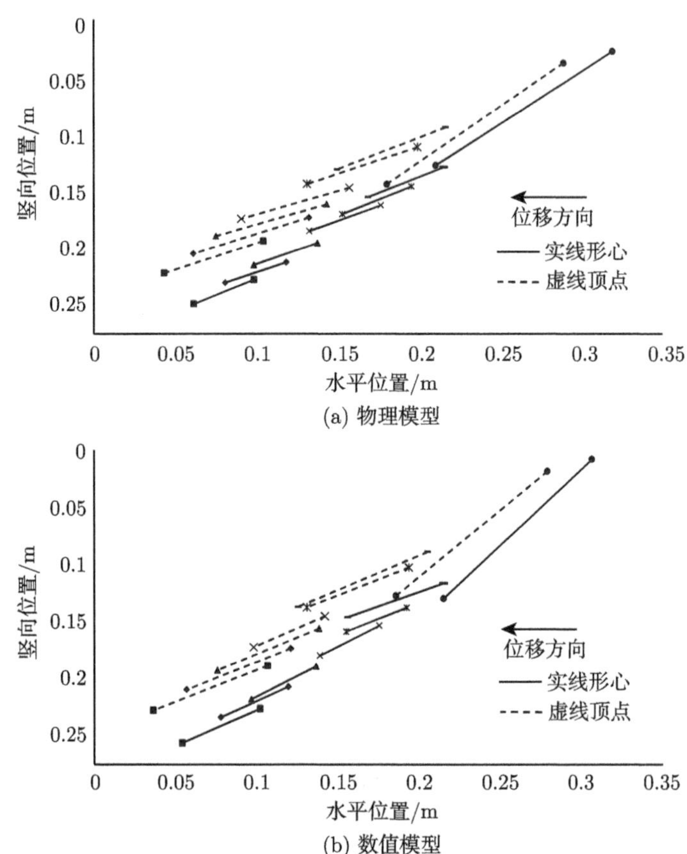


(a) 物理模型

(b) 数值模型

图 3-52　各块位移和位置的实验结果与计算结果

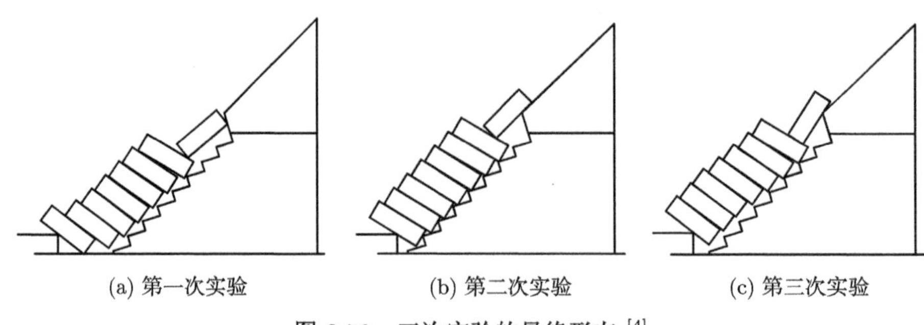

(a) 第一次实验　(b) 第二次实验　(c) 第三次实验

图 3-53　三次实验的最终形态 [4]

根据 McBride 等 [4] 提供的数据，建立相同的分析模型 (图 3-51) 并进行 DDA

模拟分析，计算结果表明：①接触刚度在一个较大的范围内取值都可以得到合理结果，作者测试了 $k_n$=0.01$E$ ($E$=2.5GPa)～ $k_n$=100$E$，在此范围内均可得到收敛的结果，只是稳定形态略有差异；②当 $k_n = E$=2.5GPa/m 时，动力系数 $gg$ 取值不同时得到不同的稳定形态，如图 3-54 所示，当 $gg$ 取 0.95～0.995 时，最下部块体始终未放平，与实验结果 (图 3-53) 不符，当 $gg$=1.0 时，上部块体的尾端至上部第一台阶的下端，也是与实验结果不符，当 $gg$=0.998～0.999 时，与三次实验结果接近。

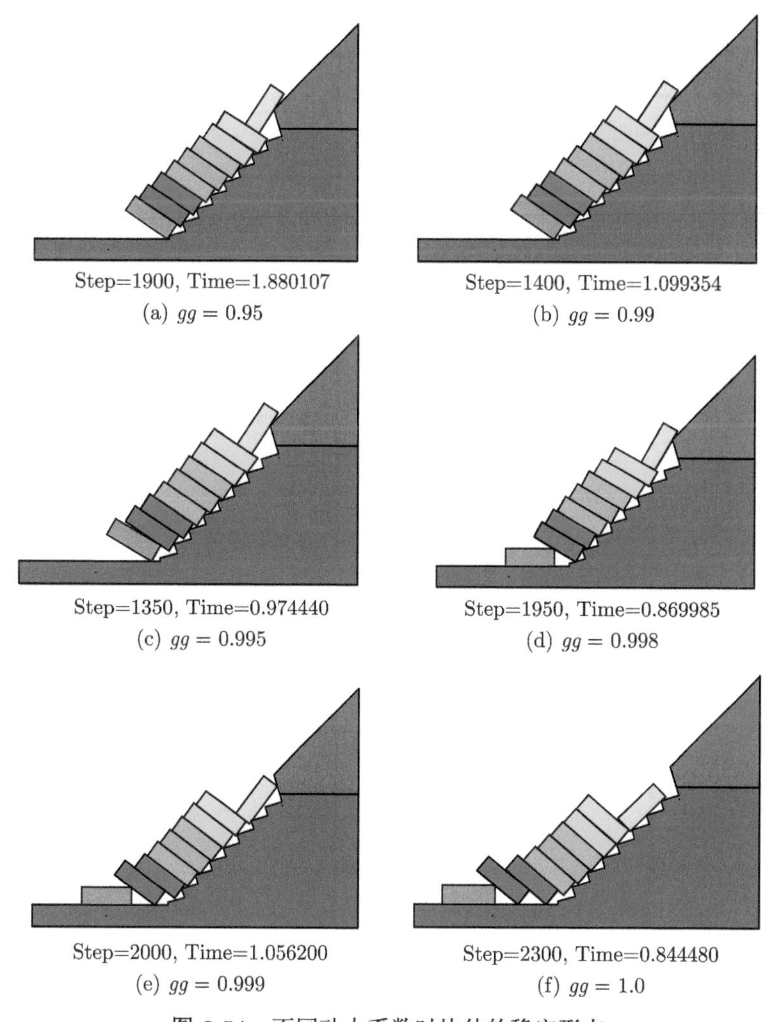


图 3-54 不同动力系数时块体的稳定形态

分析 DDA 程序的动力系数 $gg$ 的作用机制可见，$gg$ 取小于 1 的值时相当于计入了动力阻尼，其实现方法是在子程序 DF25 (见第 2 章) 计算加速度时对 $v_0$ 乘以 $gg$，在子程序 DF11 (见第 2 章) 中计算动力荷载项时乘以 $gg$，即

$$
\begin{aligned}
&[v_i(\varDelta)] = \frac{2}{\varDelta}[D_i] - [v_i(0)] \cdot gg \\
&[F_i] = \frac{2M}{\varDelta} \iint [T_i(x,y)]^{\mathrm{T}} [T_i(x,y)] \, \mathrm{d}x\mathrm{d}y \, [v_i(0)] \cdot gg
\end{aligned}
\tag{3-26}
$$

其中，$\varDelta$ 为时间步长。

程序中的计算机制是，每进行一个时步的计算即对 $v_i(0)$ 乘以一次 $gg$，因此 $gg$ 的作用是连乘效果，对于同样的时间进程，$\Delta t$ 越小，计算次数越多，乘以 $gg$ 的次数越多，动力衰减越大，反之衰减越小。因此目前程序中使用的用动力系数考虑动力阻尼的做法对 $\Delta t$ 存在依赖性。

## 3.8 本章小结

本章用 12 个理论解的算例和三个实验对 DDA 的正确性和精度进行了计算验证，验证内容包括应力、变形、稳定、块体运动、碰撞等，得到如下几点认识：

(1) DDA 能得到正确的应力、变形计算结果。当把连续介质人为切割 DDA 块体进行应力、变形计算时，能够得到与块体密度、位移函数的阶数相适应的应力精度。接触弹簧会带来附加的变形，当取足够大的接触刚度时附加变形可以忽略，从而能得到正确的位移计算结果。

(2) DDA 用于块体失稳计算，能够得到正确的临界失稳结果，结果与理论解吻合。

(3) 用于常加速度问题计算，能得到精确的计算结果，用于变加速度问题计算时，由于加速度计算的简化有一定的误差。

(4) 折线滑面多块体稳定计算时，由于折角处块体的卡阻作用，使得临界失稳安全系数及块体的运动与基于刚体假定的理论解差距较大，因此对此类问题进行尖角处的“切角”处理可能是必要的。

(5) 碰撞弹性波的传播等模拟表明，DDA 采用的初 (常) 加速度假定，使该类问题存在“算法”阻尼，即未曾人为给定阻尼的条件下，能量逐渐衰减，采用 Newmark 法后，能量衰减消失。

(6) 对含有不连续面的试件的压缩实验的 DDA 模拟，未能得到理想的结果，模拟过程中，构造面均过早屈服，从而大幅度降低了试件整体的承载力。Ohnishi[5] 的 NMM 模拟结果与实验吻合良好。表明 DDA 对于多裂隙体变形的模拟方面还有改进空间。

### 参考文献

[1] Maclaughlin M M, Doolin D M. Review of validation of the dicontinuous deformation analysis(DDA)method. Int. J. Numer. and Meth. Geomech., 2006, 30: 271-305.

[2] Maclaughlin M M. Discontinuous deformation analysis of the kinematis of landslides. Berkeley: University of Califomia, Berkeley, 1997.

[3] Wang C Y. Dynamic-contact analysis scheme applied in the DDA method. Proceedings of ICADD-1, 1995: 443-459.

[4] McBride A, Scheele P. Imsestigation of discontinuous deformation analysis using physical laboratory models. Proceedings of ICADD-4, Glasgow, Scotland, UK, 2001: 73-82.

[5] Ohnishi Y, et al. Comparison between physical and manifold method models of piscontinuous rock masses. Proceedings of ICADD-3, Colorado, USA, 1999: 33-44.

[6] Hatzor Y H, Feintuch A. The validity of dynamic block displancement prediction using DDA. Int. J. Rockmech. Min. Sci., 2001, 38: 599-606.

[7] Ke T C. Artificial joint based DDA, dicontinuous deformation analysis(DDA) and simulations of dicontinuous media. Proceedings of the First International Torum on Dicontinuous Deformation Analysis(DDA) and Simulations of Dicontinuous Media, Berkelay, California, USA, June12-14, 1996: 326-333.

[8] Ohnishi Y, Chen G Q, Ogawa M. Comparison between physical and manifold methool models of discontinuous rock masses. Berkelay, California, USA, June12-14, 1996: 33-44.

[9] 小川正博. Mamifold 法の岩盤工学への適用れ関する研究. 第十回 Mamifold Method 使用実用化研究会. 社団法人システム総合研究所. 1997.

[10] Dong P H, Osadam. Effects of dynamic friction on sliding behavior of block in DDA. Proceedings of 8th International Conference of Discontinuous Pefmations:Fundametals and Applications to Mining & Civil Engineering Beijing, 2007: 129-134.

[11] Tsesarsky M, Hatzor Y H, Sitar N. Dynamic block displacement prediction-validation of DDA using analytical solutions and shaking table experiments//Hatzor Y H. Stability of Rock Structures-proceedings of the Fifth International Conference on Analysis of Discontinuous Defomation. Abingdon: Balkema, 2002: 195-206.

[12] Goodman R E. Introduction To Rock Mechanics. 2nd ed. New York: Wiley, 1989.

[13] Goodman R E, Bray J W. Toppling of rock slope. The Speciaty Conference on Rock Engineering for Foundation and Slopes. ASCE/Boulder, Colorado, 1976.

# 第 4 章　圆形与椭圆形块体 (单元)

## 4.1　刚体圆形单元的基本方程

作为一种离散型分析方法，非连续变形分析 (DDA) 有时要用于分析颗粒问题，颗粒在平面上最简单的描述是圆。当采用多边形模拟圆形颗粒时，一方面会由于增大了角角接触量而降低模拟效率，同时用多边形模拟圆，也带来精度问题。为此，Patricia[1]、Ohnishi[2] 等对刚体圆形单元 DDA 进行了研究并开发了相应的程序。小池明夫 [3]、Ohnishi[4] 推导了圆形变形体单元，并研究了圆形单元的冲击波传递问题，笔者也独立推导了圆形单元的接触，包括圆–圆、圆–线、圆–角接触，圆形单元的动力方程及接触方程等，并开发了相应的代码，加入到石根华的原始程序。

### 1. 圆形单元的定义

平面上一个圆可以用圆心坐标 $(x_0, y_0)$ 和半径 $r_0$ 唯一定义 (见图 4-1)，即

$$(x_0, y_0, r_0) \tag{4-1}$$

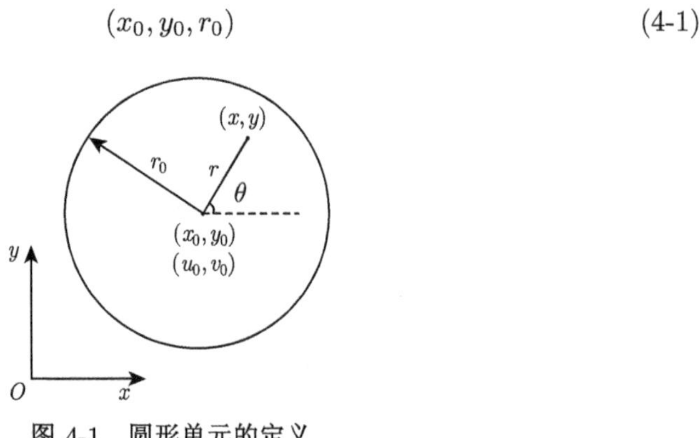


图 4-1　圆形单元的定义

圆盘上任一点的坐标可以定义为

$$\begin{Bmatrix} x \\ y \end{Bmatrix} = \begin{Bmatrix} x_0 \\ y_0 \end{Bmatrix} + r \begin{Bmatrix} \cos\theta \\ \sin\theta \end{Bmatrix}, \quad 0 \leqslant \theta \leqslant 2\pi \tag{4-2}$$

2. 假定圆形单元只有刚体位移，无变形，则单元的位移为

$$[D]=\begin{Bmatrix} u_0 \\ v_0 \\ \gamma_0 \end{Bmatrix} \tag{4-3}$$

式中，$u_0, v_0$ 为形心的线位移，$\gamma_0$ 为圆形单元的旋转角度。

单元上任一点 $(x, y)$ 的位移可以分解成两部分：平移部分和转动部分，只考虑平移时，有

$$\begin{Bmatrix} u \\ v \end{Bmatrix}=\begin{bmatrix} 1 & 0 \\ 0 & 1 \end{bmatrix}\begin{Bmatrix} u_0 \\ v_0 \end{Bmatrix} \tag{4-4}$$

只考虑圆盘转动时，有

$$\begin{Bmatrix} u \\ v \end{Bmatrix}=\begin{pmatrix} r\cos\theta\cos\gamma_0 - r\sin\theta\sin\gamma_0 \\ r\sin\theta\cos\gamma_0 + r\cos\theta\sin\gamma_0 \end{pmatrix} \tag{4-5}$$

当转角 $\gamma_0$ 足够小时，式 (4-5) 可以简化为

$$\begin{Bmatrix} u \\ v \end{Bmatrix}=\begin{pmatrix} -(y-y_0) \\ x-x_0 \end{pmatrix}(\gamma_0) \tag{4-6}$$

将式 (4-4) 和式 (4-6) 求和，即可得到圆形单元发生刚体平移 $(u_0, v_0)$ 和转动 $\gamma_0$ 时，任一点 $(x, y)$ 的总位移为

$$\begin{Bmatrix} u \\ v \end{Bmatrix}=\begin{pmatrix} 1 & 0 & -(y-y_0) \\ 0 & 1 & x-x_0 \end{pmatrix}\begin{Bmatrix} u_0 \\ v_0 \\ \gamma_0 \end{Bmatrix} \tag{4-7}$$

每个圆形单元 $i$ 有三个自由度，即两个方向的平移 $(u_0, v_0)$ 和转动 $\gamma_0$，令第 $i$ 单元的未知量为 $[D_i]$，即

$$[D_i]=\begin{Bmatrix} u_0 \\ v_0 \\ \gamma_0 \end{Bmatrix}, \quad \begin{Bmatrix} u \\ v \end{Bmatrix}_i = T_i(x, y)[D_i],$$

$$T_i(x, y)=\begin{pmatrix} 1 & 0 & -(y-y_0) \\ 0 & 1 & x-x_0 \end{pmatrix} \tag{4-8}$$

### 3. 质量及惯性力矩阵

对于刚体圆形单元，不存在弹性矩阵，质量和惯性矩阵是方程求解的关键。令 $M$ 为单元的总质量，则质量矩阵和惯性力矩阵分别为

$$\frac{2M}{\Delta^2}\left(\iint [T_i]\,[T_i]\,\mathrm{d}x\mathrm{d}y\right) \to [K_{ii}]$$
$$\frac{2M}{\Delta}\left(\iint [T_i]^{\mathrm{T}}\,[T_i]\,\mathrm{d}x\mathrm{d}y\right)[V_0] \to [F_i] \tag{4-9}$$

式中，$\Delta$ 为时间步长，$[V_0]$ 为计算时步之初的初速度，可按式 (1-71) 计算。

### 4. 体积力矩阵

设单位面积作用的分布体积力为 $(f_x, f_y)$，则体积力引起的荷载矩阵为

$$\left\{\begin{array}{c} f_x S_i \\ f_y S_i \\ 0 \end{array}\right\} \to [F_i] \tag{4-10}$$

### 5. 集中力矩阵

假定在单元 $i$ 的 $(x, y)$ 点作用集中力 $(F_x, F_y)$ (见图 4-2)，则集中力引起的荷载矩阵为

$$[T_i\,(x,y)]^{\mathrm{T}}\left\{\begin{array}{c} F_x \\ F_y \end{array}\right\} \to [F_i] \tag{4-11}$$

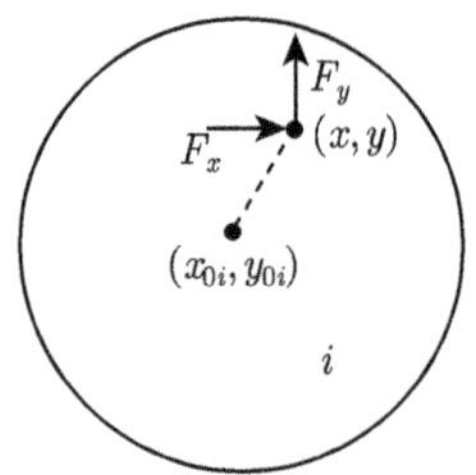


图 4-2　$i$ 单元作用有集中力

### 6. 表面力矩阵

有些情况下圆形单元的表面会作用有分布表面力，如单元位于水下时圆的表面会作用有静水压力，假定有两种情况：① 在某个角度范围 $\theta_1 \sim \theta_2$ 内作用有均布压力 (图 4-3(a))；② 在圆的周边作用有静水压力 $\rho g(h-y)$，$pg$ 为水容重 (图 4-3(b))。

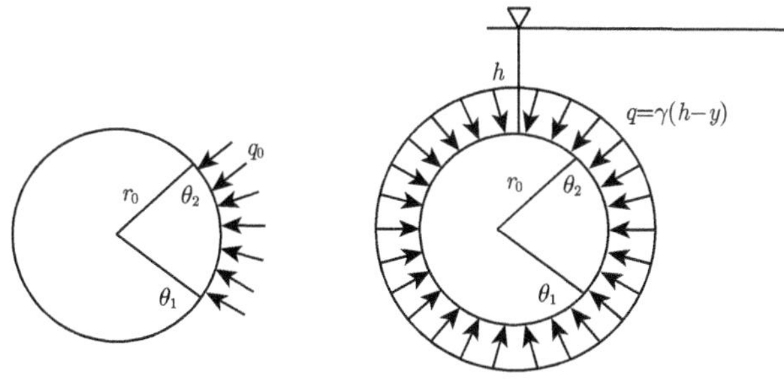


图 4-3 圆形单元受表面分布力的作用

对于第一种情况，即部分圆边受均匀压力 $P_0$ 作用的荷载矩阵为

$$r_0\left(\theta_2-\theta_1\right)\begin{pmatrix}-q_0\left(\sin\theta_2-\sin\theta_1\right)\\ q_0\left(\cos\theta_2-\cos\theta_1\right)\\ 0\end{pmatrix}\to[F_i] \tag{4-12}$$

当圆形单元位于水下，水位为 $h$ 时，圆的周边受静水压力作用，且 $q=\rho g(h-y)$，在单元周边 $y=y_0+r_0\sin\theta,\theta=0\sim2\pi,q=\rho g(h-(y_0+r_0\sin\theta))$，则可求出作用于形心的合力为

$$\begin{pmatrix}0\\ \rho g r_0^2\pi\\ 0\end{pmatrix}\to[F_i] \tag{4-13}$$

7. 固定约束

圆形单元的约束有两种情况：第一种是圆内任意一点 $(x,y)$ 被固定，第二种是在圆心处约束圆心的转动。

当点 $(x,y)$ 处给定位移 $(u_m,v_m)$ 时，由约束弹簧的最小势能原理可以推导出

$$\begin{aligned}&p\left[T_i\right]^{\mathrm{T}}\left[T_i\right]\to[K_{ii}]\\ &p\left[T_i\right]^{\mathrm{T}}\begin{Bmatrix}u_m\\ v_m\end{Bmatrix}\to[F_i]\end{aligned} \tag{4-14}$$

设 $\theta_m$ 为第 $m$ 计算步给定的转角，$\gamma$ 为下一步计算转角，$\gamma=[D_i]^{\mathrm{T}}\begin{Bmatrix}0\\0\\1\end{Bmatrix}$，则剩余转角为

$$\theta=\theta_m-[D_i]^{\mathrm{T}}\begin{pmatrix}0\\0\\1\end{pmatrix}$$

作用于形心的转动应变能为

$$\Pi_i = \frac{p}{2}r_0^2\theta^2 = \frac{p}{2}r_0^2\left[\theta_m - [D_i]^{\mathrm{T}}\begin{pmatrix}0\\0\\1\end{pmatrix}\right]^2$$

$$= \frac{p}{2}r_0^2\left\{\theta_m^2 - 2\theta_m - [D_i]^{\mathrm{T}}\begin{pmatrix}0\\0\\1\end{pmatrix} + \left[[D_i]^{\mathrm{T}}\begin{pmatrix}0\\0\\1\end{pmatrix}\right]^2\right\}$$

得

$$\begin{aligned} &pr^2\begin{pmatrix}0&0&0\\0&0&0\\0&0&1\end{pmatrix}\to[K_{ii}] \\ &pr^2\begin{pmatrix}0\\0\\1\end{pmatrix}\theta_m\to[F_i] \end{aligned} \tag{4-15}$$

## 4.2　圆形单元的接触矩阵

当计算模型内存在圆形单元时，会有圆形单元与多边形单元共存的情形，此时与圆接触的可能形式有三种，即圆–圆、圆–线、圆–角。

### 1. 圆–圆接触

设有两个刚体圆形单元 $i$、$j$，其圆心的坐标分别为 $(x_i, y_i)$、$(x_j, y_j)$，半径分别为 $r_i$、$r_j$。两个单元处于接触状态 (图 4-4)。

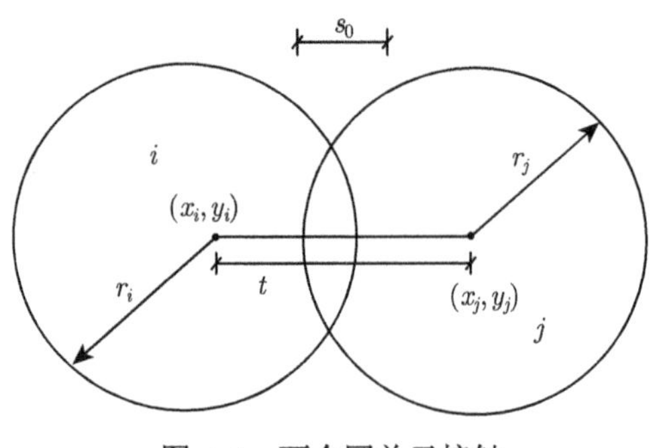


图 4-4　两个圆单元接触

设两个圆心之间的距离为 $l$，即

$$l=\sqrt{(x_j-x_i)^2+(y_j-y_i)^2} \tag{4-16}$$

两个单元之间接触距离为 $s_0$，则

$$s_0=l-(r_i+r_j) \tag{4-17}$$

1) 法向接触

设位移发生后两个单元的接触距离为 $d$，则有

$$\begin{aligned}
d&=\sqrt{[(x_i+u_i)-(x_j+u_j)]^2+[(y_i+v_i)-(y_j+v_j)]^2}\\
&\quad-\sqrt{(x_i-x_j)^2+(y_i-y_j)^2}+s_0\\
&\approx l+\frac{1}{l}\left[(x_i-x_j\quad y_i-y_j)\begin{pmatrix}u_i\\v_i\end{pmatrix}+(x_j-x_i\quad y_j-y_i)\begin{pmatrix}u_j\\v_j\end{pmatrix}\right]-l+s_0\\
&=\left\{[H_i]^{\mathrm{T}}[D_i]+[G_j]^{\mathrm{T}}[D_j]\right\}+s_0
\end{aligned} \tag{4-18}$$

$$\left\{\begin{aligned}
[H_i]&=\frac{1}{l}\left[T_i(x_i,y_i)\right]^{\mathrm{T}}\begin{pmatrix}x_i-x_j\\y_i-y_j\end{pmatrix}\\
[G_j]&=\frac{1}{l}\left[T_j(x_j,y_j)\right]^{\mathrm{T}}\begin{pmatrix}x_j-x_i\\y_j-y_i\end{pmatrix}
\end{aligned}\right. \tag{4-19}$$

法向接触刚度矩阵和接触荷载矩阵分别由式 (4-20) 和式 (4-21) 给出。

$$\left\{\begin{aligned}
&p_n[H_i][H_i]^{\mathrm{T}}\to[K_{ii}]\\
&p_n[H_i][G_j]^{\mathrm{T}}\to[K_{ij}]\\
&p_n[G_j][H_i]^{\mathrm{T}}\to[K_{ji}]\\
&p_n[G_j][G_j]^{\mathrm{T}}\to[K_{jj}]
\end{aligned}\right. \tag{4-20}$$

$$\begin{aligned}
&-ps_0[H_i]\to[F_i]\\
&-ps_0[G_j]\to[F_j]
\end{aligned} \tag{4-21}$$

此处 $p_n$ 为法向接触刚度。

2) 切向接触

设两个圆形单元 $i$、$j$ 处于接触锁定状态，锁定点和两个圆心位于同一直线上 (图 4-5(a))，即若 1 点在 $i$ 单元之内，2 点在 $j$ 单元之内，则 1、2 两点与两个圆心在同一条直线上。变形后 1、2 点不再位于圆心的直线上，而是发生了垂直于圆心连线的错动位移，1、2 两点的切向距离变为

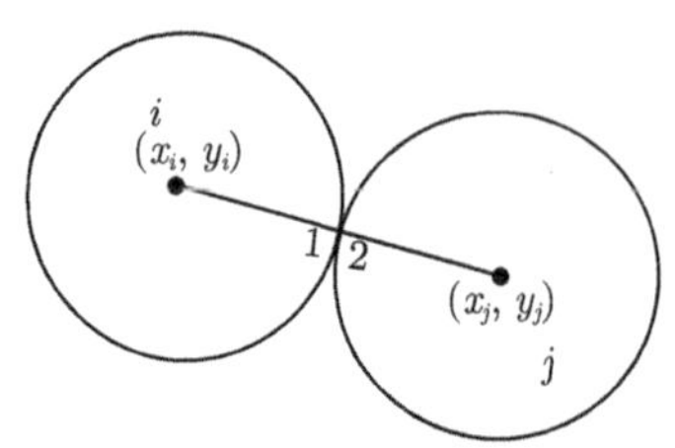


(a) 变形前，位于两个圆心的连线上

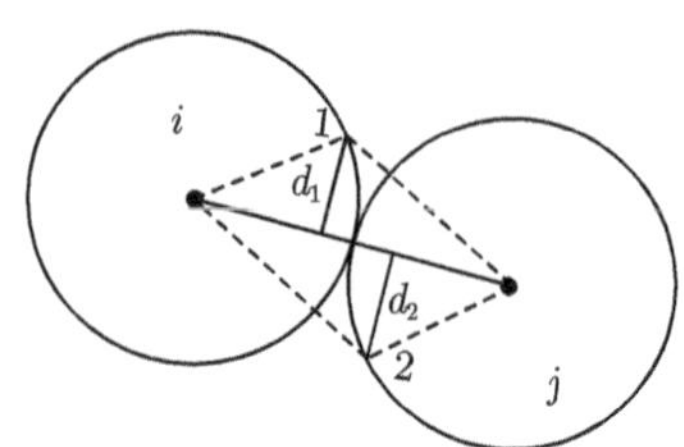


(b) 变形后，原接触点发生了错位

图 4-5　两个圆形单元的切向接触

$$d = d_1 + d_2 = \frac{\Delta_1}{l} + \frac{\Delta_2}{l} \tag{4-22}$$

$$\begin{aligned}\Delta_1 \approx & s_0^1 + (y_i - y_j \ \ x_j - x_i)\begin{pmatrix} u_1 \\ v_1 \end{pmatrix} + (y_j - y_1 \ \ x_1 - x_j)\begin{pmatrix} u_i \\ v_i \end{pmatrix} \\ & + (y_1 - y_i \ \ x_i - x_1)\begin{pmatrix} u_j \\ v_j \end{pmatrix}\end{aligned} \tag{4-23}$$

$$\begin{aligned}\Delta_2 \approx & s_0^2 + (y_j - y_i \ \ x_i - x_j)\begin{pmatrix} u_2 \\ v_2 \end{pmatrix} + (y_i - y_2 \ \ x_2 - x_i)\begin{pmatrix} u_j \\ v_j \end{pmatrix} \\ & + (y_2 - y_j \ \ x_j - x_1)\begin{pmatrix} u_i \\ v_i \end{pmatrix}\end{aligned} \tag{4-24}$$

式 (4-23)、式 (4-24) 中包含了本次变形前的错动位移和本次变形的贡献。

$$\begin{pmatrix} u_1 \\ v_1 \end{pmatrix} = [T_i(x_1, y_1)][D_i]$$

$$\begin{pmatrix} u_2 \\ v_2 \end{pmatrix} = [T_j(x_2, y_2)][D_j]$$

$$\begin{pmatrix} u_i \\ v_i \end{pmatrix} = [T_i(x_i, y_i)][D_i]$$

$$\begin{pmatrix} u_j \\ v_j \end{pmatrix} = [T_j(x_j, y_j)][D_j]$$

$$\begin{aligned} s_0^1 &= (x_i - x_1 \quad y_i - y_1)\begin{pmatrix} y_j - y_1 \\ x_j - x_1 \end{pmatrix} \\ s_0^2 &= (x_j - x_2 \quad y_j - y_2)\begin{pmatrix} y_i - y_2 \\ x_i - x_2 \end{pmatrix} \end{aligned} \tag{4-25}$$

将式 (4-25) 代入式 (4-23)，并由式 (4-22) 得

$$d = \frac{s_0^2 + s_0^1}{t} + [H_i]^{\mathrm{T}} [D_i] + [G_i]^{\mathrm{T}} [D_j] \tag{4-26}$$

式中

$$\begin{aligned}
[H_i] &= \frac{1}{l} [T_i (x_1, y_1)]^{\mathrm{T}} \begin{pmatrix} y_i - y_j \\ x_j - x_i \end{pmatrix} + \frac{1}{l} [T_i (x_i, y_i)]^{\mathrm{T}} \left[ \begin{pmatrix} y_j - y_1 \\ x_1 - x_j \end{pmatrix} + \begin{pmatrix} y_2 - y_j \\ x_j - x_2 \end{pmatrix} \right] \\
[G_j] &= \frac{1}{l} [T_j (x_2, y_2)]^{\mathrm{T}} \begin{pmatrix} y_j - y_i \\ x_i - x_j \end{pmatrix} + \frac{1}{l} [T_j (x_j, y_j)]^{\mathrm{T}} \left[ \begin{pmatrix} y_1 - y_i \\ x_i - x_1 \end{pmatrix} + \begin{pmatrix} y_i - y_2 \\ x_2 - x_i \end{pmatrix} \right]
\end{aligned} \tag{4-27}$$

当圆形单元的表面非光滑时，接触点在切向有两种状态，即锁定状态和滑动状态，当处于锁定状态时，需要在两个接触的单元加上切向弹簧带来的刚度矩阵及相应的荷载项。将式 (4-26) 和式 (4-27) 代入最小势能原理并对 $d_i$、$d_j$ 微分，可得到切向接触子矩阵，即

$$\begin{aligned}
& p_t [H_i] [H_i]^{\mathrm{T}} \to [K_{ii}] \\
& p_t [H_i] [G_j]^{\mathrm{T}} \to [K_{ij}] \\
& p_t [G_j] [H_i] \to [K_{ji}] \\
& p_t [G_j] [G_j] \to [K_{jj}]
\end{aligned} \tag{4-28}$$

$$\begin{aligned}
& -\frac{p_t}{l} (s_0^2 + s_0^1) [H_i] \to [F_i] \\
& -\frac{p_t}{l} (s_0^2 + s_0^1) [G_j] \to [F_j]
\end{aligned} \tag{4-29}$$

3) 摩擦力矩阵

当两个相互接触的圆形单元发生摩擦滑移，初始状态为 1、2 点重合，滑移后分别变为 1′, 2′ (见图 4-6)，摩擦力为

$$F = p_n^* d^* S^* \tan \varphi \tag{4-30}$$

其中，$S = \mathrm{sign}(x) = \begin{cases} 1, & x > 0 \\ 0, & x = 0 \\ -1, & x < 0 \end{cases}$ 为符号函数；$d$ 为法向接触距离，按式 (4-18) 计算；$\varphi$ 为摩擦角。

设单元 $i$ 和 $j$ 接触，接触点在 $i$ 单元为 $P_1$，在 $j$ 单元为 $P_2$，初始位置为位于两圆心的连线上，变形后 $P_1$ 点移至 $P_1'$, $P_2$ 点移至 $P_2'$ (见图 4-6)。则发生摩擦位移的方向与两个单元形心的连线垂直，即

$$\frac{1}{l} \left( -(y_j - y_i) \quad x_j - x_i \right) \tag{4-31}$$

位移后摩擦力在 $i$ 单元上所做的功为

$$
\begin{aligned}
\Pi_f &= \frac{F}{l}(u_1 v_1)\left\{\begin{array}{c}-(y_j-y_i)\\ x_j-x_i\end{array}\right\}\\
&= \frac{F}{l}[D_i]^{\mathrm{T}}[T_i(x_1,y_1)]^{\mathrm{T}}\left\{\begin{array}{c}-(y_j-y_i)\\ x_j-x_i\end{array}\right\}\\
&= F[D_i]^{\mathrm{T}}[H_i]
\end{aligned}
\tag{4-32}
$$

$$
[H_i]=\frac{1}{l}[T_i(x_1,y_1)]^{\mathrm{T}}\left\{\begin{array}{c}-(y_j-y_i)\\ x_j-x_i\end{array}\right\} \tag{4-33}
$$

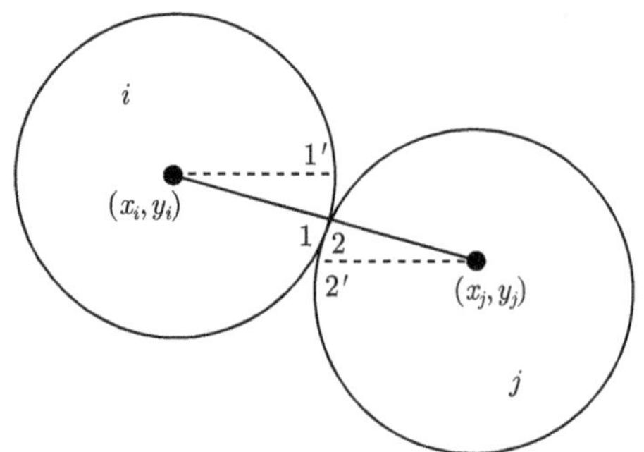


图 4-6　两个接触圆的相对滑动

将式 (4-32) 对 $[D_i]$ 微分后得

$$
-F[H_i]\rightarrow[F_i] \tag{4-34}
$$

同理，在单元 $j$ 上滑动摩擦力所做的功为

$$
\Pi_f=-\frac{F}{l}(u_2\ v_2)\left\{\begin{array}{c}-(y_j-y_i)\\ x_j-x_i\end{array}\right\}=-F[D_j]^{\mathrm{T}}[G] \tag{4-35}
$$

$$
[G]=\frac{1}{l}[T_j(x_2,y_2)]^{\mathrm{T}}\left\{\begin{array}{c}-(y_j-y_i)\\ x_j-x_i\end{array}\right\} \tag{4-36}
$$

将式 (4-35) 对 $[D_i]$ 微分后得

$$
F[G_j]\rightarrow[F_j] \tag{4-37}
$$

2. 圆–线接触

一般情况下，圆形单元和多边形单元会混合使用，这两种单元存在两种相互接触的情形：圆–线接触和圆–角接触。

圆–线接触如图 4-7 所示，圆形单元 $i$ 与多边形单元 $j$ 接触，接触点在圆形单元 $i$ 中为 $P_1$，在多边形单元 $j$ 中为 $P_0$，接触边为 $P_2P_3$。对比图 1-19 与图 4-7 可见，圆–线接触与多变形单元中的点–线接触相近，因此可以采用相近的计算公式。

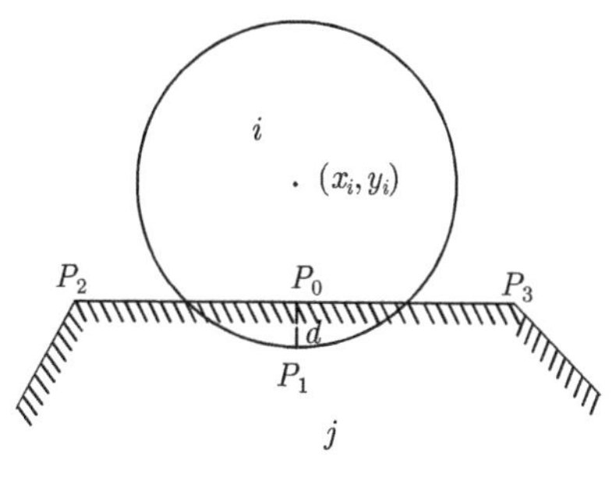


图 4-7 圆边接触

1) 法向接触

接触距离：

由图 4-7 可以看出，圆形单元 $i$ 和边 $P_2P_3$ 之间的接触距离可用圆心 $(x_i, y_i)$ 到边 $P_2P_3$ 的距离减去圆形单元的半径 $r_i$ 求得，即

$$\begin{aligned} d &= \frac{1}{l}\begin{vmatrix} 1 & x_i + u_i & y_i + v_i \\ 1 & x_2 + u_2 & y_2 + v_2 \\ 1 & x_3 + u_3 & y_3 + v_3 \end{vmatrix} - r_i \\ &= \frac{s_0}{l} + [E_i][D_i] + [G_j][D_j] - r_i \end{aligned} \tag{4-38}$$

$$d_0 = \frac{1}{l}(x_2 - x_i \ y_2 - y_i)\begin{pmatrix} y_3 - y_i \\ x_3 - x_i \end{pmatrix} - r_i = \frac{s_0}{l} - r_i \tag{4-39}$$

$$\begin{aligned} &[E_i] = \frac{1}{l}[T_i(x_i, y_i)]^{\mathrm{T}}\begin{pmatrix} y_2 - y_3 \\ x_3 - x_2 \end{pmatrix} \\ &[G_j] = \frac{1}{l}[T_j(x_2, y_2)]^{\mathrm{T}}\begin{pmatrix} y_3 - y_i \\ x_i - x_3 \end{pmatrix} + \frac{1}{l}[T_j(x_3, y_3)]^{\mathrm{T}}\begin{pmatrix} y_i - y_2 \\ x_2 - x_i \end{pmatrix} \\ &l = \sqrt{(x_3 - x_2)^2 + (y_3 - y_2)^2} \end{aligned} \tag{4-40}$$

采用与角–边接触相同的推导方式可得

$$\begin{aligned} p_n[E_i]^{\mathrm{T}}[E_i] &\to [K_{ii}] \\ p_n[G_j]^{\mathrm{T}}[G_j] &\to [K_{jj}] \end{aligned}$$

$$p_n\,[E_i]^{\mathrm{T}}\,[G_j] \to [K_{ij}]$$
$$p_n\,[G_j]^{\mathrm{T}}\,[E_i] \to [K_{ji}] \tag{4-41}$$

$$-p_n d_0\,[E_i]^{\mathrm{T}} \to [F_i],\quad -p_n d_0\,[G_j]^{\mathrm{T}} \to [F_j] \tag{4-42}$$

2) 切向接触矩阵

对于相互接触的圆形单元 $i$ 和多边形单元 $j$，在已知接触边 $P_2P_3$ 和接触点 $P_0$、$P_1$ 坐标后，参照一般角–边接触的矩阵推导公式，同样可以得到圆–边接触的接触子矩阵。

令

$$\begin{aligned}[H_i] &= \frac{1}{l}\,[T_i\,(x_1,y_1)]^{\mathrm{T}}\left\{\begin{array}{c} x_3-x_2 \\ y_3-y_2 \end{array}\right\} \\ [G_j] &= \frac{1}{l}\,[T_j\,(x_0,y_0)]^{\mathrm{T}}\left\{\begin{array}{c} x_3-x_2 \\ y_3-y_2 \end{array}\right\}\end{aligned} \tag{4-43}$$

则

$$\begin{aligned}& p_t\,[H_i]^{\mathrm{T}}\,[H_i] \to [K_{ii}] \\ & p_t\,[G_j]\,[G_j] \to [K_{jj}] \\ & p_t\,[H_i]\,[G_j] \to [K_{ij}] \\ & p_t\,[G_j]\,[H_i] \to [K_{ji}] \\ & -p_t\left(\frac{s_0}{l}\right)[H_i] \to [F_i] \\ & -p_t\left(\frac{s_0}{l}\right)[G_j] \to [F_j]\end{aligned} \tag{4-44}$$

$$s_0 = (x_1-x_0 \quad y_1-y_0)\left\{\begin{array}{c} x_3-x_2 \\ y_3-y_2 \end{array}\right\}$$

如上各式中还有一个未知量，即 $P_1$ 点的坐标 $(x_1,\,y_1)$：

令

$$S_3 = \frac{1}{l}\overrightarrow{P_2P_i}\cdot\overrightarrow{P_2P_3} = \frac{1}{l^2}(y_3-y_2 \quad x_3-x_2)\begin{pmatrix} x_i \\ y_i \end{pmatrix}$$

则位于 $j$ 单元内的接触点坐标为

$$\left\{\begin{array}{l} x_0 = x_2 + S_3(x_3-x_2) \\ y_0 = y_2 + S_3(y_3-y_2) \end{array}\right. \tag{4-45}$$

同单元 $i$ 上的接触点坐标 $(x_1,\,y_1)$ 为

$$\begin{aligned} x_1 &= x_0 + \frac{1}{l}(y_3-y_2)(r_i - \sqrt{(x_i-x_0)^2+(y_i-y_0)^2}) \\ y_1 &= y_0 + \frac{1}{l}(x_3-x_2)(r_i - \sqrt{(x_i-x_0)^2+(y_i-y_0)^2}) \end{aligned} \tag{4-46}$$

一般情况下，$r_i \approx \sqrt{(x_i-x_0)^2+(y_i-y_0)^2}$，因此 $P_1$、$P_0$ 的坐标可相同。

3) 摩擦力子矩阵

同样的推导过程可得圆–边接触时的摩擦力子矩阵

$$\begin{aligned}
[H_i] &= \frac{1}{l}\left[T_i\left(x_1,y_1\right)\right]^{\mathrm{T}}\left\{\begin{array}{c} x_3-x_2 \\ y_3-y_2 \end{array}\right\} \\
[G_j] &= \frac{1}{l}\left[T_j\left(x_0,y_0\right)\right]^{\mathrm{T}}\left\{\begin{array}{c} x_3-x_2 \\ y_3-y_2 \end{array}\right\}
\end{aligned} \tag{4-47}$$

$$\begin{aligned}
-F\left[H_i\right] &\rightarrow \left[F_i\right] \\
F\left[G_j\right] &\rightarrow \left[F_j\right]
\end{aligned} \tag{4-48}$$

3. 圆–角接触

圆与角的接触只有一种形式，即圆与凸角的接触，圆与凹角不存在接触可能性。如图 4-8 所示圆形单元 $i$ 与多边形单元 $j$ 通过 $P_1(x_1,y_1)$ 点接触。其中 $P_1$ 点位于单元 $j$，初始状态在单元 $i$ 上的接触点为 $P_0(x_0,y_0)$，则

$$\left\{\begin{array}{l} x_0 = x_i + \dfrac{r_i}{l}\left(x_1-x_i\right) \\ y_0 = y_i + \dfrac{r_i}{l}\left(y_1-y_i\right) \end{array}\right. \tag{4-49}$$

其中，$l=\sqrt{\left(x_1-x_i\right)^2+\left(y_1-y_i\right)^2}$，$r_i$ 为圆形单元 $i$ 的半径，$(x_i,y_i)$ 为圆单元 $i$ 的形心。

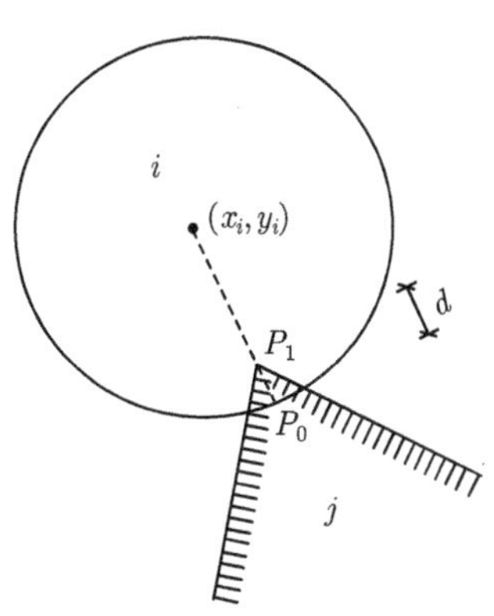


图 4-8 圆–角接触

1) 法向接触矩阵

变形后的法向接触距离 $d$ 为 $\overrightarrow{P_0P_1}$ 在 $\overrightarrow{P_iP_0}$ 上的投影，即

$$
\begin{aligned}
d &= \frac{1}{r_i}\left[(x_0+u_0)-(x_i+u_i) \quad (y_0+v_0)-(y_i+v_i)\right]\begin{pmatrix} x_1+u_1-(x_0+u_0) \\ y_1+v_1-(y_0+v_0) \end{pmatrix} \\
&\approx \frac{s_0}{r_i}+\frac{1}{r_i}(x_0-x_i \quad y_0-y_i)\begin{pmatrix} u_1-u_0 \\ v_1-v_0 \end{pmatrix}
\end{aligned} \tag{4-50}
$$

式中

$$
s_0=(x_0-x_i \quad y_0-y_i)\begin{pmatrix} x_1-x_0 \\ y_1-y_0 \end{pmatrix} \tag{4-51}
$$

考虑 $P_1$ 位于 $j$ 块体，$P_0$ 位于 $i$ 圆形块体单元，可知

$$
\begin{pmatrix} u_1 \\ v_1 \end{pmatrix}=[T_j(x_1,y_1)][D_j]
$$

$$
\begin{pmatrix} u_0 \\ v_0 \end{pmatrix}=[T_i(x_0,y_0)][D_i]
$$

令

$$
\begin{aligned}
[G_j] &= \frac{1}{r_i}[T_j(x_1,y_1)]^{\mathrm{T}}\begin{Bmatrix} x_0-x_i \\ y_0-y_i \end{Bmatrix} \\
[H_i] &= \frac{1}{r_i}[T_i(x_0,y_0)]^{\mathrm{T}}\begin{Bmatrix} x_i-x_0 \\ y_i-y_0 \end{Bmatrix}
\end{aligned} \tag{4-52}
$$

则有

$$
d \approx \frac{s_0}{r_i}+[G_j]^{\mathrm{T}}[D_j]+[H_i]^{\mathrm{T}}[D_i] \tag{4-53}
$$

将式 (4-53) 代入势能方程式 (1-17)、式 (1-18)，并对 $[D_i]$、$[D_j]$ 微分，得

$$
\begin{aligned}
& p_n[H_i]^{\mathrm{T}}[H_i] \to [K_{ii}] \\
& p_n[G_j][G_j]^{\mathrm{T}} \to [K_{jj}] \\
& p_n[H_i][G_j]^{\mathrm{T}} \to [K_{ij}] \\
& p_n[G_j][H_i]^{\mathrm{T}} \to [K_{ji}]
\end{aligned} \tag{4-54}
$$

$$
\begin{aligned}
& -p_n s_0[H_i] \to [F_i] \\
& -p_n s_0[G_j] \to [F_j]
\end{aligned} \tag{4-55}
$$

2) 切向接触矩阵

如图 4-9 所示，假定 $P_0(x_0,y_0)$ 点为锁定点，则位移后 $P_1$ 点相对于 $P_0$ 点的切向位移为直线 $\overrightarrow{P_0P_1}$ 在 $\overrightarrow{P_0P_i}$ 的法向投影，即

$$d=\frac{\Delta}{r_i}=\begin{vmatrix}1 & x_1+u_1 & y_1+v_1\\1 & x_i+u_i & y_i+v_i\\1 & x_0+u_0 & y_0+v_0\end{vmatrix}\approx\frac{\Delta_0}{r_i}+\frac{1}{r_i}\left(y_0-y_i\quad x_i-x_0\right)\begin{Bmatrix}u_1\\v_1\end{Bmatrix}+\frac{1}{r_i}\left(y_0-y_1\quad x_1-x_0\right)\begin{Bmatrix}u_i\\v_i\end{Bmatrix}+\frac{1}{r_i}\left(y_1-y_i\quad x_i-x_1\right)\begin{Bmatrix}u_0\\v_0\end{Bmatrix}\tag{4-56}$$

式中，$\Delta_0=\begin{vmatrix}1 & x_1 & y_1\\1 & x_i & y_i\\1 & x_0 & y_0\end{vmatrix}$。

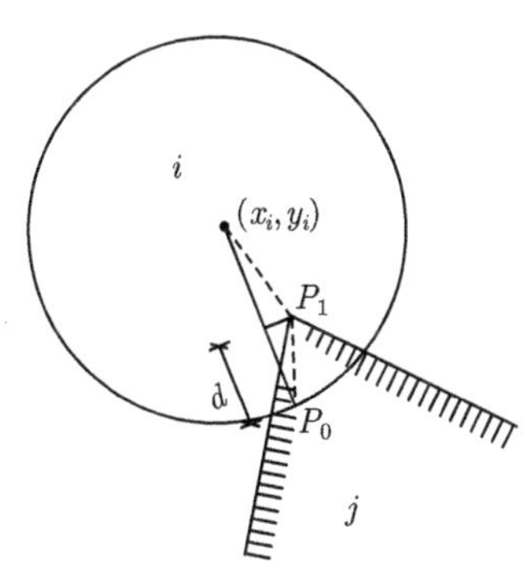


图 4-9 圆–角接触的切向变形

令

$$[H_i]=\frac{1}{r_i}\left[T_i\left(x_i,y_i\right)\right]^{\mathrm{T}}\begin{Bmatrix}y_0-y_1\\x_1-x_0\end{Bmatrix}+\frac{1}{r_i}\left[T_i\left(x_0,y_0\right)\right]^{\mathrm{T}}\begin{Bmatrix}y_1-y_i\\x_i-x_1\end{Bmatrix}$$

$$[G_j]=\frac{1}{r_i}\left[T_j\left(x_1,y_1\right)\right]^{\mathrm{T}}\begin{Bmatrix}y_0-y_i\\x_i-x_0\end{Bmatrix}$$

$$s_0=\frac{\Delta_0}{r_i}\tag{4-57}$$

则

$$d\approx s_0+[H_i]^{\mathrm{T}}[D_i]+[G_j]^{\mathrm{T}}[D_j]\tag{4-58}$$

将式 (4-58) 代入势能方程式 (1-17)、式 (1-18)，并对 $[D_i]$、$[D_j]$ 微分可得

$$p_t\,[H_i]^{\mathrm{T}}\,[H_i]\rightarrow[K_{ii}]$$

$$
\begin{aligned}
&p_t [H_i] [G_j]^{\mathrm{T}} \rightarrow [K_{ij}] \\
&p_t [G_j] [H_i]^{\mathrm{T}} \rightarrow [K_{ji}] \\
&p_t [G_j] [G_j]^{\mathrm{T}} \rightarrow [K_{jj}]
\end{aligned} \tag{4-59}
$$

$$
\begin{aligned}
&-p_t s_0 [H_i] \rightarrow [F_i] \\
&-p_t s_0 [G_j] \rightarrow [F_j]
\end{aligned} \tag{4-60}
$$

3) 摩擦力矩阵

当一个圆形单元 $i$ 和多边形单元 $j$ 的一个角点 $P_1$ 接触且处于滑动状态时，需要在接触法向设置弹簧，在切向作用摩擦力，摩擦力的大小按式 (4-30) 计算。式中

$$
d = r_i - \sqrt{(x_1 - x_i)^2 + (y_1 - y_i)^2} \tag{4-61}
$$

摩擦力方向与 $\overline{P_1 P_i}$ 垂直，即

$$
\frac{1}{r_i} \left( -(y_0 - y_i) \quad x_0 - x_i \right)
$$

位移发生后，摩擦力 $F$ 在 $i$ 单元上所做的功为

$$
\begin{aligned}
\Pi_f &= \frac{F}{r_i} (u_0 \ v_0) \begin{Bmatrix} -(y_0 - y_i) \\ x_0 - x_i \end{Bmatrix} \\
&= \frac{F}{r_i} [D_i]^{\mathrm{T}} [T_i (x_0, y_0)]^{\mathrm{T}} \begin{Bmatrix} -(y_0 - y_i) \\ (x_0 - x_i) \end{Bmatrix} \\
&= F [D_i]^{\mathrm{T}} [H_i]
\end{aligned} \tag{4-62}
$$

$$
[H_i] = \frac{1}{r_i} [T_j (x_0, y_0)]^{\mathrm{T}} \begin{Bmatrix} -(y_0 - y_i) \\ x_0 - x_i \end{Bmatrix} \tag{4-63}
$$

将式 (4-62) 对 $[D_i]$ 微分得

$$
-F [H_i] \rightarrow [F_i] \tag{4-64}
$$

同样的方法可得

$$
F [G_j] \rightarrow [F_j] \tag{4-65}
$$

式中

$$
[G_j] = \frac{1}{r_i} [T_j (x_1, y_1)]^{\mathrm{T}} \begin{Bmatrix} -(y_0 - y_i) \\ x_0 - x_i \end{Bmatrix} \tag{4-66}
$$

如上各式中，对于小变形问题，可令 $P_0 = P_1$，当变形较大 $P_1$、$P_0$ 两点不能简化为相同时，$x_0, y_0$ 可按式 (4-49) 计算。

## 4.3 圆形单元的接触搜索

圆形单元的接触相对较简单，只有三种情况：圆–圆、圆–线及圆–角。

### 1. 圆–圆接触

当两个圆形单元满足如下条件时，两个圆形单元接触：

$$\sqrt{(x_j - x_i)^2 + (y_j - y_i)^2} \leqslant r_i + r_j + \delta \tag{4-67}$$

式中，$(x_i, y_i)$、$(x_j, y_j)$ 分别为两个圆形单元 $i$、$j$ 的圆心坐标，$r_i$、$r_j$ 分别为两个单元 $i$、$j$ 的半径，$\delta$ 为接触搜索时的容差。

### 2. 圆–线接触

当某圆形单元 $i$ 的圆心到某多边形单元的一条边 $\overrightarrow{P_2P_3}$ 的距离小于圆形单元 $i$ 的半径 $r_i$，且圆心在线段 $P_2P_3$ 上的投影位于线段内部时，圆形单元 $i$ 与 $P_2P_3$ 接触，如图 4-7 所示。

设 $P_0$ 为圆形单元 $i$ 的圆心 $(x_i, y_i)$ 在 $P_2P_3$ 上的投影点，则 $(x_0, y_0)$ 满足下式：

$$\begin{cases} x_0 = x_2 + (x_3 - x_2)\,t \\ y_0 = y_2 + (y_3 - y_2)\,t \\ t = \dfrac{1}{l^2}\left((x_3 - x_2)(x_i - x_2) + (y_3 - y_2)(y_i - y_2)\right) \\ l = \sqrt{(x_3 - x_2)^2 + (y_3 - y_2)^2} \end{cases} \tag{4-68}$$

当满足下列条件时，圆形单元 $i$ 与边 $\overline{P_2P_3}$ 接触：

$$\begin{cases} \sqrt{(x_0 - x_i)^2 + (y_0 - y_i)^2} \leqslant r_i + \delta \\ 0 \leqslant t \leqslant 1 \end{cases} \tag{4-69}$$

### 3. 圆–角接触

当圆形单元 $i$ 与多边形单元 $j$ 的角点 $P_2$ 满足如下条件，且圆形单元 $i$ 与边 $P_2P_3$、$P_1P_2$ 不存在圆–边接触时，圆 $i$ 与角 $P_2$ 接触，即

$$\begin{cases} \begin{cases} \sqrt{(x_2 - x_i)^2 + (y_2 - y_i)^2} \leqslant r_i + \delta \\ t_1 = \dfrac{1}{l_1^2}\left((x_2 - x_1)(x_i - x_1) + (y_2 - y_1)(y_i - y_1)\right) > 1.0 \\ t_2 = \dfrac{1}{l_2^2}\left((x_3 - x_2)(x_i - x_2) + (y_3 - y_2)(y_i - y_2)\right) < 0.0 \end{cases} \\ l_1 = \sqrt{(x_2 - x_1)^2 + (y_2 - y_1)^2} \\ l_2 = \sqrt{(x_3 - x_2)^2 + (y_3 - y_2)^2} \end{cases} \tag{4-70}$$

## 4.4　可变形圆形单元

前述刚体圆形单元未知量少，计算简单，但不能计算颗粒内应力，有些问题的模拟会出现较大的误差。小池明夫 [3] 等提出了可变形圆形单元的 DDA 法，此处简要介绍。

1. **位移函数**

可变形圆形单元除了刚体位移外，还有一个单元的应变 $\varepsilon$，即

$$[D] = \begin{Bmatrix} u_i \\ v_i \\ \gamma_i \\ \varepsilon_i \end{Bmatrix} \tag{4-71}$$

此处假定单元内应力为均匀应变且各方向相同，即 $\varepsilon_x = \varepsilon_y = \varepsilon$，无剪切应变，在这种假定之下，圆形单元只发生相似变形，即变形后的单元仍为圆形，只是圆形半径发生了变化，如图 4-10 所示。

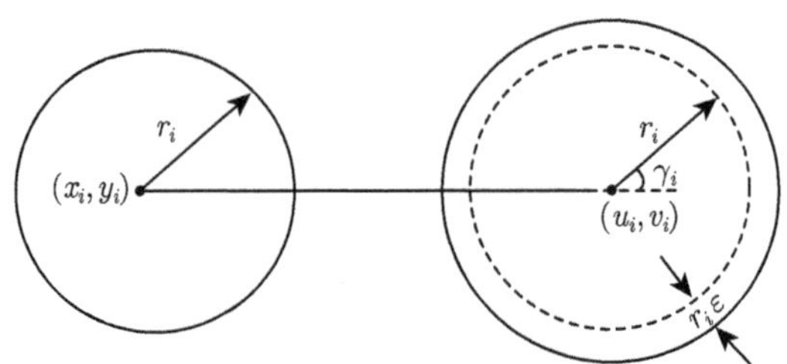


图 4-10　圆形单元的位移与变形

则单元 $i$ 内任一点 $(x, y)$ 的位移为

$$\begin{pmatrix} u \\ v \end{pmatrix} = \begin{bmatrix} 1 & 0 & -(y-y_i) & x-x_i \\ 0 & 1 & x-x_i & y-y_i \end{bmatrix} \begin{pmatrix} u_i \\ v_i \\ \gamma_i \\ \varepsilon_i \end{pmatrix} = [T_i(x_i, y_i)][D_i] \tag{4-72}$$

即

$$[T_i(x_i, y_i)] = \begin{bmatrix} 1 & 0 & -(y-y_i) & x-x_i \\ 0 & 1 & x-x_i & y-y_i \end{bmatrix} \tag{4-73}$$

比较式 (4-8) 和式 (4-73) 可以看出，考虑了单元变形后，位移函数矩阵 $[T_i(x,y)]$ 由刚体单元的 2×3 变为 2×4，未知量矩阵 $[D_i]$ 由 3×1 变为 4×1，刚度矩阵 $[k_{ii}]$、$[k_{ij}]$ 将由刚体单元的 3×3 变为 4×4。

2. **单元应力**

由单元变形定义可知，单元的应变为

$$\{\varepsilon\}=\begin{Bmatrix}\varepsilon_i\\ \varepsilon_i\\ 0\end{Bmatrix}$$

则单元应力为

$$\{\sigma\}=\frac{E}{1-\nu^2}\begin{bmatrix}1 & \nu & 0\\ \nu & 1 & 0\\ 0 & 0 & \dfrac{1-\nu}{2}\end{bmatrix}\begin{Bmatrix}\varepsilon_i\\ \varepsilon_i\\ 0\end{Bmatrix} \tag{4-74}$$

即

$$\sigma_x=\sigma_y=\frac{E}{1-\nu}\varepsilon_i,\quad \tau_{xy}=0$$

用极坐标表示，即为

$$\sigma_r=\sigma_\theta=\frac{E}{1-\nu}\varepsilon_i,\quad \tau_{r\theta}=0$$

式中，$E$ 为弹性模量，$\nu$ 为泊松比。

3. **弹性矩阵**

单元弹性能为

$$\varPi_e=\iint_S\frac{1}{2}\left(\sigma_x\varepsilon_x+\sigma_y\varepsilon_y+\tau_{xy}r_{xy}\right) \tag{4-75}$$

式中，$S$ 为单元面积。

令

$$[E_i]=\frac{E}{1-\nu}\begin{bmatrix}0 & 0 & 0 & 0\\ 0 & 0 & 0 & 0\\ 0 & 0 & 0 & 0\\ 0 & 0 & 0 & 1\end{bmatrix} \tag{4-76}$$

则式 (4-75) 可以写成

$$\varPi_e=\frac{1}{2}\iint_S[D_i]^{\mathrm{T}}[E_i][D_i]\,\mathrm{d}x\mathrm{d}y$$

$$
\begin{aligned}
&= \frac{1}{2}[D_i]^{\mathrm{T}}\left(\iint_S [E_i]\,\mathrm{d}x\mathrm{d}y\right)[D_i] \\
&= \frac{S}{2}[D_i]^{\mathrm{T}}[E_i][D_i]
\end{aligned}
\tag{4-77}
$$

将式 (4-77) 对 $[D_i]$ 求导，即按式 (4-76) 可以形成一 4×4 弹性子矩阵：

$$
S[E_i] \rightarrow [K_{ii}] \tag{4-78}
$$

4. 初应力子矩阵

单元 $i$ 的初应力可以表示为

$$
\sigma_0 = \begin{bmatrix} 0 \\ 0 \\ 0 \\ \sigma_0 \end{bmatrix}
$$

则由初应力引起的等效荷载子矩阵为

$$
-S[\sigma_0] \rightarrow [F_i] \tag{4-79}
$$

5. 其他矩阵

其他矩阵如惯性矩阵、各种类型的接触矩阵等，均可用 4.1 节 ~4.3 节的公式计算，只需将 $[D_i]$、$[T_i(x,y)]$ 换成式 (4-71) 和式 (4-73) 即可。

6. 变形后单元形状计算

圆形单元由圆心坐标和半径唯一定义，因此位移与变形后的圆形单元的定义为

$$
\left\{
\begin{aligned}
x_i^1 &= x_i^0 + u_i \\
y_i^1 &= y_i^0 + v_i \\
r_i^1 &= r_i^0 + r_i^0 \varepsilon_i
\end{aligned}
\right.
\tag{4-80}
$$

## 4.5 椭 圆 单 元

Yozo Ohnishi 等推导了椭圆单元的 DDA 法。刚体圆形单元和 4.4 节介绍的变形体圆形单元，都可以看作是椭圆单元的特例。

1. 单元定义

平面上任一椭圆单元 $i$ 可以通过形心坐标 $(x_i, y_i)$，长轴 $a_i$、短轴 $b_i$ 及长轴与 $x$ 轴的夹角 $\theta_i$ 唯一定义 (见图 4-11)，即单元 $i$ $(x_i, y_i, a_i, b_i, \theta_i)$，$i = 1, 2, 3, \cdots, n$，$n$ 为椭圆单元总数。

单元表面任一点坐标 $(x, y)$ 的计算表达式即为椭圆曲线方程。图 4-11 中与长轴夹角为 $\varphi$ 的椭圆上一点的坐标 $(x, y)$ 可以表示为

$$\begin{cases} x = R\cos\varphi\cos\theta_i + R\sin\varphi\sin\theta_i + x_i \\ y = -R\cos\varphi\sin\theta_i + R\sin\varphi\cos\theta_i + y_i \\ R = \dfrac{a_i b_i}{\sqrt{b_i^2\cos^2\varphi + a_i^2\sin^2\varphi}} \end{cases} \tag{4-81}$$

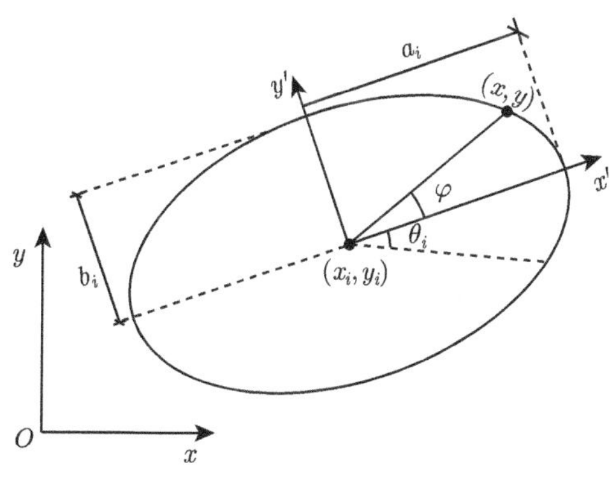


图 4-11 椭圆单元

2. 位移函数

1) 平移

设单元 $i$ 的形心坐标发生了平移位移 $(u_i, v_i)$，则单元上任一点 $(x, y)$ 的位移 $(u, v)$ 为

$$\begin{pmatrix} u \\ v \end{pmatrix} = \begin{pmatrix} 1 & 0 \\ 0 & 1 \end{pmatrix} \begin{pmatrix} u_i \\ v_i \end{pmatrix} \tag{4-82}$$

2) 旋转

设单元 $i$ 绕形心 $(x_i, y_i)$ 旋转了角度 $\gamma_i$，则单元内任一点的位移为

$$\begin{pmatrix} u \\ v \end{pmatrix} = \begin{pmatrix} -(y - y_i) \\ x - x_i \end{pmatrix} \gamma_i \tag{4-83}$$

3) 线应变

设单元 $i$ 在外力作用下产生的 $x, y$ 两个方向的正应变为 $(\varepsilon_x,\ \varepsilon_y)$，则由正应变引起的单元内任一点 $(x, y)$ 的位移为

$$\begin{pmatrix} u \\ v \end{pmatrix} = \begin{pmatrix} x - x_i & 0 \\ 0 & y - y_i \end{pmatrix} \begin{pmatrix} \varepsilon_x \\ \varepsilon_y \end{pmatrix} \tag{4-84}$$

4) 剪切应变

设单元 $i$ 在外力作用下产生的剪切应变为 $\gamma_{xy}$，则单元内任一点 $(x, y)$ 的位移为

$$\begin{pmatrix} u \\ v \end{pmatrix} = \begin{pmatrix} \dfrac{y - y_i}{2} \\ \dfrac{x - x_i}{2} \end{pmatrix} (\gamma_{xy}) \tag{4-85}$$

5) 总位移函数

单元 $i$ 内任一点的位移是单元的刚体位移和应变引起的总位移之和，即

$$\begin{aligned} \begin{pmatrix} u \\ v \end{pmatrix} &= \begin{bmatrix} 1 & 0 & -(y - y_i) & x - x_i & 0 & y - y_i/2 \\ 0 & 1 & x - x_i & 0 & y - y_i & x - x_i/2 \end{bmatrix} \begin{pmatrix} u_i \\ v_i \\ r_i \\ \varepsilon_x \\ \varepsilon_y \\ \gamma_{xy} \end{pmatrix} \\ &= [T_i\,(x, y)]\,[D_i] \end{aligned} \tag{4-86}$$

可以看出，式 (4-86) 与式 (1-7)、式 (1-8) 相同，$[T_i(x, y)]$ 即位移函数，$[D_i]$ 即单元 $i$ 的未知量，由于位移函数相同，大多数子矩阵，如惯性矩阵、刚度矩阵、外荷载、约束等几乎都可以用第 1 章相同的公式计算。

### 3. 单元发生刚体位移及变形后的形状计算

1) 只有平移 $(u_i, v_i)$ 的单元表面点计算

$$\begin{cases} x = R\cos\varphi\cos\theta_i + R\sin\varphi\sin\theta_i + x_i + u_i \\ y = -R\cos\varphi\sin\theta_i + R\sin\varphi\cos\theta_i + y_i + v_i \end{cases} \tag{4-87}$$

2) 只有刚体旋转 $\gamma_i$ 后

$$\begin{cases} x = R\cos\varphi\cos(\theta_i+\gamma_i) + R\sin\varphi\sin(\theta_i+\gamma_i) + x_i \\ y = -R\cos\varphi\sin(\theta_i+\gamma_i) + R\sin\varphi\cos(\theta_i+\gamma_i) + y_i \\ R = \dfrac{a_i b_i}{\sqrt{b_i^2\cos^2\varphi + a_i^2\sin^2\varphi}} \end{cases} \tag{4-88}$$

3) 单元线应变 $(\varepsilon_x, \varepsilon_y)$ 和剪应变 $\gamma_{xy}$ 的影响

假定单元发生变形后只是通过椭圆的长短轴的变化改变单元形状，则需首先将在整体坐标系下的应变 $(\varepsilon_x, \varepsilon_y, \gamma_{xy})$ 通过坐标变换到以单元长轴为 $x'$，短轴为 $y'$ 的局部坐标系之下，即

$$\begin{cases} \varepsilon'_x = \varepsilon_x\cos^2\theta_i + \varepsilon_y\sin^2\theta_i + \gamma_{xy}\sin\theta_i\cos\theta_i \\ \varepsilon'_y = \varepsilon_x\sin^2\theta_i + \varepsilon_y\cos^2\theta_i - \gamma_{xy}\sin\theta_i\cos\theta_i \\ \gamma'_{xy} = 2(\varepsilon_y - \varepsilon_x)\sin\theta_i\cos\theta_i + \gamma_{xy}\left(\cos^2\theta_i - \sin^2\theta_i\right) \end{cases} \tag{4-89}$$

由式 (4-89) 可以求出长轴 $a_i$ 和短轴 $b_i$ 的变化，从而计算新的长轴 $a'_i$ 和短轴 $b'_i$：

$$\begin{aligned} a'_i &= a_i + \varepsilon'_x a_i = a_i(1+\varepsilon'_x) \\ b'_i &= b_i + \varepsilon'_y b_i = b_i\left(1+\varepsilon'_y\right) \end{aligned} \tag{4-90}$$

则椭圆单元 $i$ 的表面坐标为

$$\begin{cases} x = R'\cos\left(\varphi + \gamma'_{xy}/2\right)\cos(\theta_i+\gamma_i) + R'\sin\left(\varphi - \gamma'_{xy}/2\right)\sin(\theta_i+\gamma_i) + x_i + u_i \\ y = -R'\cos\left(\varphi + \gamma'_{xy}/2\right)\sin(\theta_i+\gamma_i) + R'\sin\left(\varphi - \gamma'_{xy}/2\right)\cos(\theta_i+\gamma_i) + y_i + v_i \\ R' = \dfrac{a'_i b'_i}{\sqrt{b'^2_i\cos^2\left(\varphi + \gamma'_{xy}/2\right) + a'^2_i\sin^2\left(\varphi - \gamma'_{xy}/2\right)}} \end{cases} \tag{4-91}$$

4) 变形后单元的定义

根据平面上椭圆单元的定义，变形后单元 $i$ 的定义为

$$(x'_i, y'_i, a'_i, b'_i, \theta'_i), \quad i = 1, 2, 3, \cdots, n \tag{4-92}$$

其中

$$\begin{cases} x'_i = x_i + u_i \\ y'_i = y_i + v_i \\ a'_i = a_i(1+\varepsilon'_x) \\ b'_i = b_i\left(1+\varepsilon'_y\right) \\ \theta'_i = \theta_i + \gamma_i \end{cases}$$

# 4.6　椭圆单元接触搜索

## 4.6.1　椭圆与椭圆的接触

### 1. 两椭圆相互关系方程

判断两个椭圆位置关系的一般思路是：联立两个椭圆方程，判断方程组根的个数，根据根的个数讨论两个椭圆的关系。两个椭圆的关系方程联立后通常是一个二元二次方程组，合并后是一个一元四次方程。

椭圆属于二次曲线，位于局部坐标系的椭圆标准方程是

$$\left(\frac{x}{a}\right)^2+\left(\frac{y}{b}\right)^2-1=0 \tag{4-93}$$

式中，$a$、$b$ 分别为长半轴和短半轴。

局部坐标与全局坐标之间的转换公式为

$$\left\{\begin{matrix} x \\ y \\ 1 \end{matrix}\right\}_{\text{world}}=\begin{bmatrix} \cos\theta & -\sin\theta & x_0 \\ \sin\theta & \cos\theta & y_0 \\ 0 & 0 & 1 \end{bmatrix}\left\{\begin{matrix} x' \\ y' \\ 1 \end{matrix}\right\}_{\text{local}} \tag{4-94}$$

式中，$\theta$ 为局部坐标系的 $x'$ 轴到全局坐标系中 $x$ 轴的逆时针转角；$x_0, y_0$ 是局部坐标系的原点在全局坐标系中的坐标。

在全局坐标系中，形心位于 $(x_0, y_0)$ 处的椭圆，绕 $x$ 轴旋转角度 $\theta$ 后，其一般方程为

$$f(x,y)=A(x-x_0)^2+B(y-y_0)^2+2C(x-x_0)(y-y_0)-1=0 \tag{4-95}$$

其中

$$\left\{\begin{aligned} A&=\left(\frac{\cos\theta}{a}\right)^2+\left(\frac{\sin\theta}{b}\right)^2 \\ B&=\left(\frac{\sin\theta}{a}\right)^2+\left(\frac{\cos\theta}{b}\right)^2 \\ C&=\cos\theta\sin\theta\left(\frac{1}{a^2}-\frac{1}{b^2}\right) \end{aligned}\right. \tag{4-96}$$

假定有两个椭圆 $i$ 和 $j$，它们的长半轴和短半轴分别是 $a_i$、$b_i$ 和 $a_j$、$b_j$，圆心分别是 $(x_{ci}, y_{ci})$ 和 $(x_{cj}, y_{cj})$，转角分别是 $\theta_i$ 和 $\theta_j$。那么，椭圆 $j$ 在椭圆 $i$ 的局部坐标系中的表达式是

$$f\left(x,y\right)=A'\left(x-D'\right)^{2}+B'\left(y-E'\right)^{2}+2C'\left(x-D'\right)\left(y-E'\right)-1=0 \tag{4-97}$$

其中

$$\begin{cases}A'=\left(\dfrac{\cos\left(\theta_j-\theta_i\right)}{a_j}\right)^2+\left(\dfrac{\sin\left(\theta_j-\theta_i\right)}{b_j}\right)^2\\ B'=\left(\dfrac{\sin\left(\theta_j-\theta_i\right)}{a_j}\right)^2+\left(\dfrac{\cos\left(\theta_j-\theta_i\right)}{b_j}\right)^2\\ C'=\cos\left(\theta_j-\theta_i\right)\sin\left(\theta_j-\theta_i\right)\left(\dfrac{1}{a_j^2}-\dfrac{1}{b_j^2}\right)\\ D'=\left(x_{cj}-x_{ci}\right)\cos\theta_i+\left(y_{cj}-y_{ci}\right)\sin\theta_i\\ E'=-\left(x_{cj}-x_{ci}\right)\sin\theta_i+\left(y_{cj}-y_{ci}\right)\cos\theta_i\end{cases} \tag{4-98}$$

进一步，在椭圆 $i$ 的局部坐标系中，将 $x$ 轴和 $y$ 轴缩放为均匀形式：

$$X=\frac{x}{a_i},\quad Y=\frac{y}{b_i} \tag{4-99}$$

则椭圆 $i$ 会转化成一个圆形：

$$X^2+Y^2=1 \tag{4-100}$$

在缩放后的 $i$ 局部坐标系中，椭圆 $j$ 的表达式为

$$\bar{A}\left(X-\bar{D}\right)^2+\bar{B}\left(Y-\bar{E}\right)^2+2\bar{C}\left(X-\bar{D}\right)\left(Y-\bar{E}\right)-1=0 \tag{4-101}$$

其中

$$\begin{cases}\bar{A}=a_i^2A'\\ \bar{B}=b_i^2B'\\ \bar{C}=a_ib_iC'\\ \bar{D}=\dfrac{D'}{a_i}\\ \bar{E}=\dfrac{E'}{b_i}\end{cases} \tag{4-102}$$

联立方程 (4-100)~ 方程 (4-102)，消去 $Y$，得到关于 $X$ 的一元四次方程

$$\begin{aligned}&\left(P^2+4\bar{C}^2\right)X^4+\left(2PQ-8S\bar{C}\right)X^3+\left(Q^2+2PR-4\bar{C}^2+4S^2\right)X^2\\&+\left(2PQ-8S\bar{C}\right)X+\left(R^4-4S^2\right)=0\end{aligned} \tag{4-103}$$

其中

$$\begin{cases}P=\bar{A}-\bar{B}\\ Q=-2\left(\bar{A}\bar{D}+\bar{C}\bar{E}\right)\\ R=\bar{B}+\bar{A}\bar{D}^2+\bar{B}\bar{E}^2+2\bar{C}\bar{D}\bar{E}-1\\ S=\bar{B}\bar{E}+\bar{C}\bar{D}\end{cases} \tag{4-104}$$

求解式 (4-103) 可以得到 $X$，然后利用式 (4-100) 可以求得 $Y$，再利用式 (4-99) 对 $X,Y$ 进行缩放，最后利用式 (4-94) 将局部坐标系转换为全局坐标系。

2. 两椭圆接触的条件

方程 (4-103) 可以化为标准一元四次方程。对于实系数四次方程

$$ax^4+4bx^3+6cx^2+4dx+e=0 \tag{4-105}$$

定义参数如下：

$$\begin{cases} H=b^2-ac \\ G=a^2d-3abc+2b^3 \\ I=ae-4bd+3c^2 \\ J=\dfrac{4H^3-a^2HI-G^2}{a^3} \\ \varDelta=I^3-27J^2 \\ \delta=12H^2-a^2I \end{cases} \tag{4-106}$$

则有如下根的判别法：

A、满足以下两种情况之一时，方程有 0 个实根：

(1) $\varDelta=I^3-27J^2>0$，且 $\delta=12H^2-a^2I\leqslant 0$ 或 $H\leqslant 0$;

(2) $\varDelta=I^3-27J^2=0$，且 $\delta=12H^2-a^2I\leqslant 0$ 或 $H<0,G=0$。

B、满足以下两种情况之一时，方程有 1 个实根：

(1) $\varDelta=I^3-27J^2=0$，且 $\delta=12H^2-a^2I<0$ 或 $\delta=12H^2-a^2I>0,\ H\leqslant 0$ 或 $\delta=12H^2-a^2I=0,\ G\neq 0$;

(2) $\varDelta=I^3-27J^2=0$，且 $\delta=12H^2-a^2I=0$ 或 $H=0,G=0$。

C、满足以下三种情况之一时，方程有 2 个实根：

(1) $\varDelta=I^3-27J^2<0$;

(2) $\varDelta=I^3-27J^2=0$，且 $\delta=12H^2-a^2I>0,\ H>0$ 且 $I=J=0$;

(3) $\varDelta=I^3-27J^2=0$，且 $\delta=12H^2-a^2I=0,\ H>0,\ G=0$。

D、满足以下情况时，方程有 3 个实根：

$\varDelta=I^3-27J^2=0$，且 $\delta=12H^2-a^2I>0,\ H>0$ 且 $I^2+J^2\neq 0$。

E、满足以下情况时，方程有 4 个实根：

$\varDelta=I^3-27J^2>0$，且 $\delta=12H^2-a^2I>0,H>0$。

根据如上 A ~ E 步骤的判断，当方程 (4-105) 存在实根时即为椭圆单元 $i$ 和 $j$ 接触，再用迭代法可求出方程的接触点坐标。

### 4.6.2 椭圆和圆形单元的接触

设有一椭圆单元 $i$ 与圆单元 $j$ (见图 4-12)，对椭圆单元 $i$，在局部坐标 $x'$, $y'$ 下有

$$\frac{x'^2}{a^2} + \frac{y'^2}{b^2} = 1 \tag{4-107}$$

对于圆单元 $j$，在整体坐标 $x, y$ 下有

$$(x - x_i)^2 + (y + y_i)^2 = r^2 \tag{4-108}$$

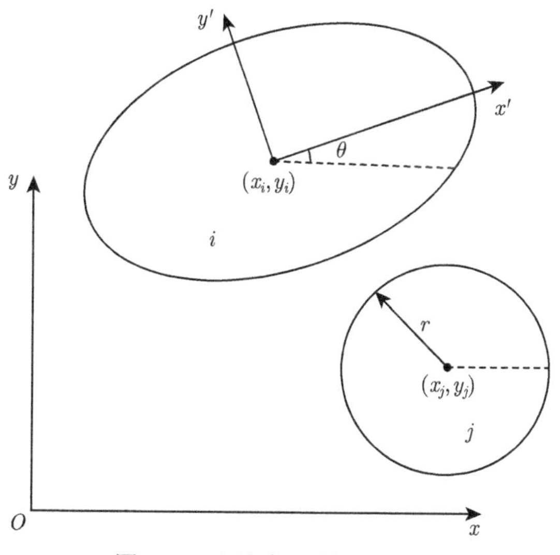


图 4-12 圆与椭圆单元的接触

由式 (4-94) 可以将圆单元 $j$ 进行坐标变换，变换到椭圆单元的局部坐标系下：

$$x'^2 + y'^2 + Ax' + By' + C = 0 \tag{4-109}$$

其中

$$\begin{cases} A = 2\cos\theta\,(x_i - x_j) + 2\sin\theta\,(y_i - y_j) \\ B = -2\sin\theta\,(x_i - x_j) + 2\cos\theta\,(y_i - y_j) \\ C = (x_i - x_j)^2 + (y_i - y_j)^2 - r^2 \end{cases} \tag{4-110}$$

联立求解方程 (4-107)~ 方程 (4-109) 可以消去 $y'$，并形成一个以 $x'$ 为未知量的一元四次方程

$$\bar{A}x'^4 + \bar{B}x'^3 + \bar{C}x'^2 + \bar{D}x' + \bar{E} = 0 \tag{4-111}$$

式中

$$
\begin{cases}
\bar{A} = \left(1 - \dfrac{b^2}{a^2}\right)^2 \\
\bar{B} = 2\left(1 - \dfrac{b^2}{a^2}\right) A \\
\bar{C} = \left[A^2 + 2\left(1 - \dfrac{b^2}{a^2}\right)\left(b^2 + C\right) + B^2 \dfrac{b^2}{a^2}\right] \\
\bar{D} = 2A\left(b^2 + C\right) \\
\bar{E} = -B^2 b^2
\end{cases}
\tag{4-112}
$$

式 (4-112) 中的 $A$、$B$、$C$、$a$、$b$ 见式 (4-107)~ 式 (4-110)。式 (4-111)、式 (4-112) 为一以椭圆单元 $i$ 局部坐标 $x'$ 为未知量的一元四次方程，采用 4.6.2 节中的 (2) 小节介绍的方法，可以粗判椭圆单元 $i$ 是否与圆单元接触，接触时可用迭代法求解方程，进而求解接触点。

### 4.6.3　椭圆单元与多边形单元的角的接触

设椭圆单元 $i$ 的长轴为 $a_i$，两个焦点为 $F$、$F'$ (见图 4-13)。根据椭圆的性质，对于位于椭圆 $i$ 上的任意点 $P_i$ 有

$$
L = P_iF + P_iF' = 2a_i \tag{4-113}
$$

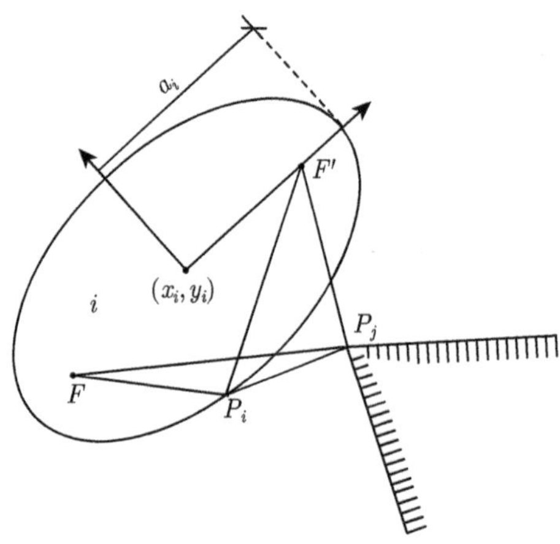


图 4-13　椭圆与多边形角的接触判断

设 $P_j$ 为多边形单元上的一个角点，则角点 $P_j$ 与椭圆单元的接触可用下式判断：

令 $L_{ij}=FP_j+F'P_j$，则

$$\begin{cases} L_{ij}>2a_i, & \text{不接触} \\ L_{ij}=2a_i, & \text{接触} \\ L_{ij}<2a_i, & \text{贯入} \end{cases} \tag{4-114}$$

### 4.6.4 椭圆与多边形边的接触

当椭圆 $i$ 与块体 $j$ 的一个边 $P_kP_{k+1}$ 的两个角点 $P_k$、$P_{k+1}$ 均不接触时，需要判断椭圆 $i$ 与边 $P_kP_{k+1}$ 的接触关系。

设块体 $j$ 的两个顶点 $P_k$、$P_{k+1}$ 在全局坐标系中的坐标分别为 $(x_k,y_k)$, $(x_{k+1},y_{k+1})$，如图 4-14 所示，则直线 $l_{k,k+1}$ 的两点式方程为

$$\frac{x-x_k}{x_{k+1}-x_k}=\frac{y-y_k}{y_{k+1}-y_k} \tag{4-115}$$

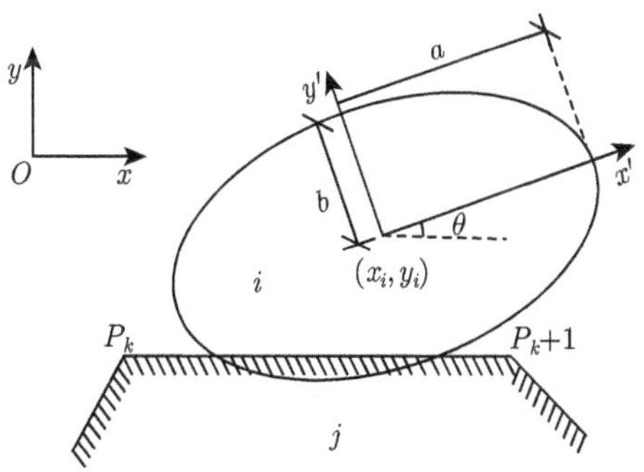


图 4-14 直线与椭圆的接触关系

设平面上有一任意椭圆 $i$，其长、短轴分别为 $a$、$b$，圆心坐标为 $(x_i,y_i)$，$x$ 轴到椭圆长轴的逆时针转角为 $\theta$，如图 4-14 所示。

分别以椭圆 $i$ 的长、短半轴为 $x'$, $y'$ 轴，以椭圆形心为原点，建立局部坐标系，如图 4-14 所示，则椭圆 $i$ 在局部坐标系中的方程为

$$\left(\frac{x'}{a}\right)^2+\left(\frac{y'}{b}\right)^2=1 \tag{4-116}$$

将直线方程进行坐标变换，把直线转到椭圆的局部坐标系中。根据直角坐标系旋转变换公式，点 $P_k,P_{k+1}$ 在椭圆 $i$ 的局部坐标系中的坐标为

$$\begin{cases} x'_k=x_k\cos\theta+y_k\sin\theta-x_i \\ y'_k=y_k\cos\theta-x_k\sin\theta-y_i \end{cases},\quad \begin{cases} x'_{k+1}=x_{k+1}\cos\theta+y_{k+1}\sin\theta-x_i \\ y'_{k+1}=y_{k+1}\cos\theta-x_{k+1}\sin\theta-y_i \end{cases} \tag{4-117}$$

将式 (4-115) 改写成点斜式形式，得

$$y' = kx' + m \tag{4-118}$$

其中

$$k = \frac{y'_{k+1} - y'_k}{x'_{k+1} - x'_k} \tag{4-119}$$

$$m = \frac{x'_{k+1}y'_k - x'_k y'_{k+1}}{x'_{k+1} - x'_k} \tag{4-120}$$

联立式 (4-116)、式 (4-118) 得

$$\begin{cases} y' = kx' + m \\ \left(\dfrac{x'}{a}\right)^2 + \left(\dfrac{y'}{b}\right)^2 = 1 \end{cases} \tag{4-121}$$

消去 $y'$ 得

$$\left(k^2 + \frac{b^2}{a^2}\right)x'^2 + 2kmx' + m^2 - b^2 = 0 \tag{4-122}$$

将式 (4-122) 改写成一元二次方程的一般形式：

$$Ax'^2 + Bx' + C = 0 \tag{4-123}$$

其中

$$\begin{cases} A = \left(k + \dfrac{b^2}{a^2}\right) \\ B = 2km \\ C = m^2 - b^2 \end{cases} \tag{4-124}$$

式 (4-123) 的根有如下三种情况：

(1) $\Delta = B^2 - 4AC > 0$，此时方程有 2 个互异的根，直线与椭圆相交；

(2) $\Delta = B^2 - 4AC = 0$，此时方程有 2 个相同的根，直线与椭圆相切；

(3) $\Delta = B^2 - 4AC < 0$，此时方程有 0 个根，直线与椭圆相离。

对于相切和相交两种情况，应用一元二次方程的求根公式可以求出交点和切点。

# 4.7 算　例

**例 4-1**　平面上圆形颗粒的弹跳。

平面上一圆形颗粒如图 4-15 所示，圆的直径为 0.02m，圆的形心与下部平板表面的距离为 0.18m。下部为一 0.12m×0.005m 的平板，底部固定，用圆形单元 DDA 模拟圆颗粒自由下落后在板上的弹跳。计算采用的参数见表 4-1。

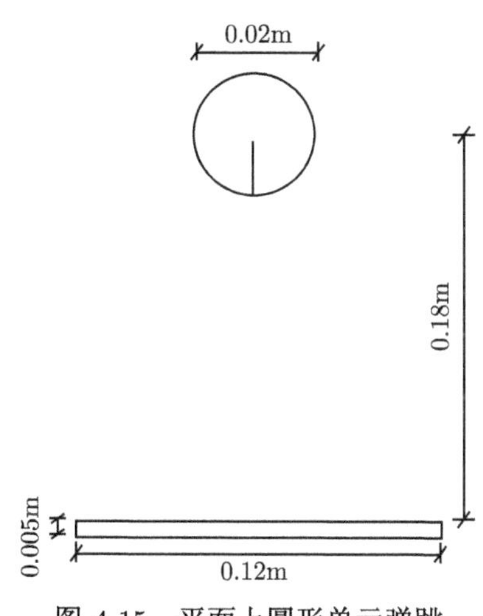


图 4-15　平面上圆形单元弹跳

**表 4-1　计算采用的参数**

| 计算参数 | | 材料参数 | | | |
|---|---|---|---|---|---|
| 动力计算系数 | 1.0 | 底板弹性模量/Pa | $1\times10^{10}$ | 球弹性模量/Pa | $1\times10^{9}$ |
| 总的计算步数 | 10000 | 底板泊松比 | 0.25 | 球泊松比 | 0 |
| 最大位移比 | 0.005 | 底板密度/(t/m$^3$) | 0.5 | 球密度/(t/m$^3$) | 0.25 |
| 最大时间步长 | 0.010 | 底板 $x$ 向体积力 | 0 | 球 $x$ 向体积力 | 0 |
| 接触刚度/Pa | $1\times10^{9}$ | 底板 $y$ 向体积力 | 0 | 球 $y$ 向体积力/(t/m$^3$) | −2.5 |

圆形单元的弹跳过程模拟结果见图 4-16。图中虚线为圆心的高度随时间的变化，实线为圆撞击下部板时的接触力。

计算中动力系数取为 1.0，并未给定阻尼系数，但圆的弹跳高度逐渐减小，分析原因认为 DDA 的初速度计算时假定时步内的加速度为常数，而碰撞时加速度由“−”到“+”急剧变化，常加速度假定带来了计算误差。

**例 4-2**　斜坡上圆形单元的滑动摩擦。

设有一圆盘置于斜坡上，如图 4-17 所示。斜坡上的倾角 $\theta$ 为 30°，水平长度为 10m，圆盘的半径 $R$ 为 0.5m。

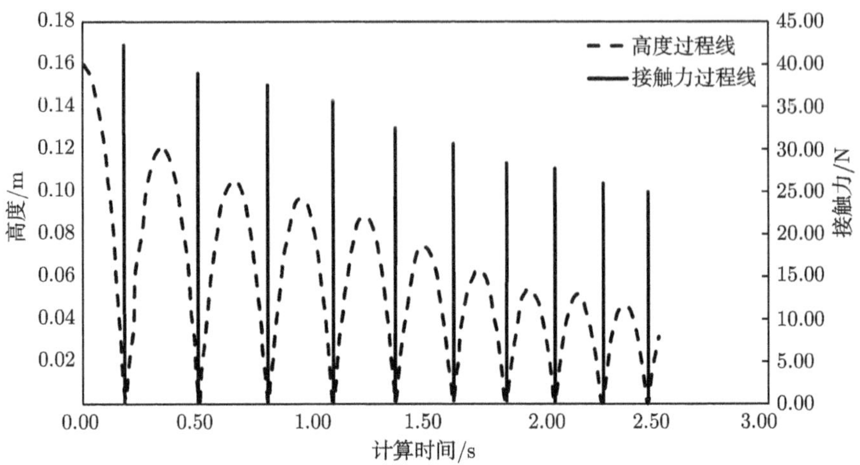


图 4-16　圆形单元弹跳高度与接触力过程线

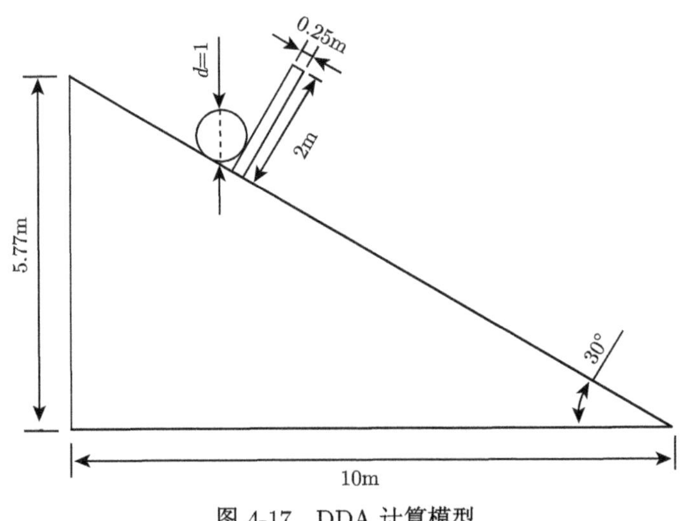


图 4-17　DDA 计算模型

对底滑面取不同的摩擦角 $\varphi$，研究圆盘的滑动模式。用 DDA 方法进行数值模拟，并将计算结果与理论解进行比较。

在模拟时，为了消除自重带来的冲击荷载的影响，紧挨圆盘下边界设置了一个挡板，如图 4-17 所示，待自重加载稳定后，在 $t$ = 20s 时将挡板撤去。此外，设置 10s 前按静力计算，10s 后按动力计算。计算中重力加速度取 10m/s$^2$，总的计算时长取 22s，其他主要计算参数见表 4-2。

对底滑面取不同的摩擦角，模拟圆盘沿斜坡的运动，计算结果见表 4-3。

表 4-2 计算参数

| 计算参数 | | 材料参数 | |
|---|---|---|---|
| 动力计算参数 | 1.0 | 弹性模量/Pa | $1\times10^9$ |
| 总的计算步数 | 3000 | 泊松比 | 0.25 |
| 最大位移比 | 0.01 | 密度/$(t/m^3)$ | 0.25 |
| 最大时间步长 | 0.01 | $x$ 向体积力 | 0 |
| 接触刚度/Pa | $1\times10^9$ | $y$ 向体积力/$(t/m^3)$ | −2.5 |
| | | 底滑面摩擦角/(°) | 0~45 |

表 4-3 DDA 模拟结果

| 摩擦角/(°) | 运动模式 | 滚动转角/(°) | 滚动位移/m | 滑动位移/m | 总位移/m | 运动时长/s |
|---|---|---|---|---|---|---|
| 0 | 纯滑动 | 0.00 | 0.00 | 9.90 | 9.90 | 1.99 |
| 2 | 滑动 + 滚动 | 137.24 | 1.20 | 8.13 | 9.93 | 1.99 |
| 5 | 滑动 + 滚动 | 357.62 | 3.12 | 5.47 | 8.59 | 1.99 |
| 7 | 滑动 + 滚动 | 492.30 | 4.30 | 3.57 | 7.78 | 1.99 |
| 10 | 滑动 + 滚动 | 698.28 | 6.09 | 0.82 | 6.91 | 1.99 |
| 11 | 纯滚动 | 761.10 | 6.64 | 0.00 | 6.64 | 1.99 |
| 12 | 纯滚动 | 762.26 | 6.65 | 0.00 | 6.65 | 1.99 |
| 15 | 纯滚动 | 762.25 | 6.65 | 0.00 | 6.65 | 1.99 |
| 20 | 纯滚动 | 762.23 | 6.65 | 0.00 | 6.65 | 1.99 |
| 25 | 纯滚动 | 762.21 | 6.65 | 0.00 | 6.65 | 1.99 |
| 30 | 纯滚动 | 762.22 | 6.65 | 0.00 | 6.65 | 1.99 |
| 35 | 纯滚动 | 760.44 | 6.64 | 0.00 | 6.64 | 1.99 |
| 40 | 纯滚动 | 761.09 | 6.64 | 0.00 | 6.64 | 1.99 |
| 45 | 纯滚动 | 762.30 | 6.65 | 0.00 | 6.65 | 1.99 |

从表 4-3 可以看出，当斜坡摩擦角不同时，圆盘有不同的运动模式：

(1) 当 $\varphi = 0°$ 时，圆盘运动模式为“纯滑动”，滑动位移即为总位移。

(2) 当 $0° < \varphi < 11°$ 时，圆盘的运动模式为“滑动 + 滚动”，总位移由滑动位移和滚动位移共同组成。在此区间内，随着摩擦角增大，滑动位移逐渐减小，滚动位移逐渐增大。

(3) 当 $\varphi \geqslant 11°$ 时，圆盘的运动模式为“纯滚动”，滚动位移即为总位移。

(4) 每次计算均取相同的时长，在“滑动 + 滚动”模式下，圆盘的总位移随摩擦角增大而减小。在“纯滚动”模式下，圆盘的总位移不随摩擦角变化。

对于斜坡上圆盘的运动模式，胡省三 [5] 曾给出了滑、滚动模式的判别条件，以及不同摩擦角时圆盘的转角和总位移计算公式，见表 4-4。

表 4-4　圆盘沿斜坡运动的理论解

| | 判别条件 | 总位移理论解 | 转角理论解 |
|---|---|---|---|
| 纯滑动 | $\varphi=0°$ | $L=\frac{1}{2}(g\sin\theta)t^2$ | $\beta=0$ |
| 滑动 + 滚动 | $\tan\theta>3\tan\varphi$ | $L=\frac{1}{2}\left(\frac{2}{3}g\sin\theta\right)t^2$ | $\beta=\frac{1}{3}(g\sin\theta)/Rt^2$ |
| 纯滚动 | $\tan\theta\leqslant 3\tan\varphi$ | $L=\frac{1}{2}g(\sin\theta-\tan\varphi\cos\theta)t^2$ | $\beta=g\tan\varphi\cos\theta/Rt^2$ |

注：表中 $\theta$ 为斜坡的倾角。

根据表 4-4 可以算出不同 $\varphi$ 角时圆盘的运动模式，转角和总位移见表 4-5，对比表 4-3 和表 4-5 可以看出，DDA 的模拟具有很好的精度。

表 4-5　斜坡上圆盘的运动：理论解

| 摩擦角/(°) | 运动模式 | 滚动转角 (°) | 滚动位移/m | 滑动位移/m | 总位移/m | 运动时长/s |
|---|---|---|---|---|---|---|
| 0 | 纯滑动 | 0.00 | 0.00 | 9.90 | 9.90 | 1.99 |
| 2 | 滑动 + 滚动 | 137.24 | 1.20 | 8.10 | 9.93 | 1.99 |
| 5 | 滑动 + 滚动 | 343.83 | 3.00 | 5.40 | 8.40 | 1.99 |
| 7 | 滑动 + 滚动 | 482.54 | 4.21 | 3.58 | 7.79 | 1.99 |
| 10 | 滑动 + 滚动 | 692.96 | 6.05 | 0.83 | 6.88 | 1.99 |
| 11 | 纯滚动 | 756.32 | 6.60 | 0.00 | 6.60 | 1.99 |
| 12 | 纯滚动 | 756.32 | 6.60 | 0.00 | 6.60 | 1.99 |
| 15 | 纯滚动 | 756.32 | 6.60 | 0.00 | 6.60 | 1.99 |
| 20 | 纯滚动 | 756.32 | 6.60 | 0.00 | 6.60 | 1.99 |
| 25 | 纯滚动 | 756.32 | 6.60 | 0.00 | 6.60 | 1.99 |
| 30 | 纯滚动 | 756.32 | 6.60 | 0.00 | 6.60 | 1.99 |
| 35 | 纯滚动 | 756.32 | 6.60 | 0.00 | 6.60 | 1.99 |
| 40 | 纯滚动 | 756.32 | 6.60 | 0.00 | 6.60 | 1.99 |
| 45 | 纯滚动 | 756.32 | 6.60 | 0.00 | 6.60 | 1.99 |

**例 4-3**　弹性圆形单元冲击模拟。

小池明夫等 [3] 用变形圆形单元模拟了圆形颗粒的冲击波传播问题，计算模型见图 4-18。计算模型由 12 个圆形单元组成，其中第一个圆单元为冲击波单元，给该单元一个初速度，以对其后颗粒施加冲击力。第 2～ 第 12 个圆为传播单元，初始状态为静止。冲击波在模型中的传播速度可根据一元波动方程得到：$C=\sqrt{\dfrac{E}{\rho}}$，其中 $C$ 为波速，$E$ 为弹性模量，$\rho$ 为介质的密度。计算用参数见表 4-6。

图 4-18　圆形颗粒的冲击波模拟

表 4-6 冲击波模拟计算参数

| 参数 | 冲击单元 | 传递单元 |
| --- | --- | --- |
| 弹性模量/(tf/m$^3$) | $1.0\times10^5$ | $1.0\times10^4$ |
| 泊松比 | 0.3 | 0.3 |
| 容重/(tf/m$^3$) | 2.2 | 2.2 |
| 半径/m | 0.5 | 0.5 |
| 初速度/(m/s) | 3 | 0 |
| 弹簧刚度/(tf/m$^3$) | $1.0\times10^4$ | |
| 时间步长 | $1.0\times10^{-4}$ | |

注：1tf = $9.80665\times10^3$N

计算得到的各个球的中心运动速度和应变分别见图 4-19(a) 和 (b)。计算运动速度和理论结果的比较见表 4-7。计算峰值运动速度和应变峰值时的运动速度与理论速度非常接近，说明利用变形单元 DDA 模拟弹性波在颗粒中传播是有效的。

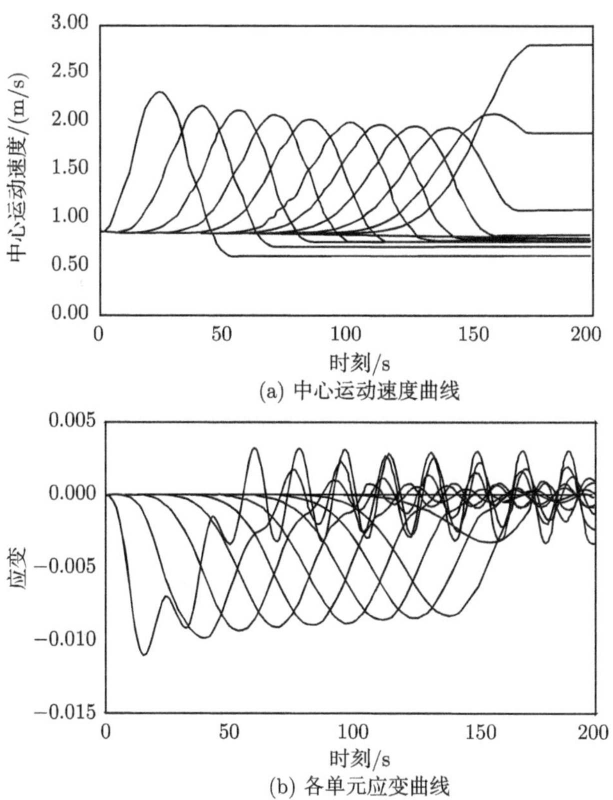

(a) 中心运动速度曲线

(b) 各单元应变曲线

图 4-19 变形圆单元 DDA 模拟的运动速度和应变

表 4-7　计算运动速度和理论结果的比较　　(单位：m/s)

| | |
|---|---|
| 理论速度 | 62.41 |
| 计算峰值运动速度 | 66.71 |
| 计算应变峰值时的运动速度 | 66.42 |

**例 4-4**　地基沉降及三轴土力学实验模拟 [2]。

图 4-20(a) 为圆形颗粒模拟的地基，由 909 个等半径圆形单元紧密排列构成，地基之上为一刚性块体，模拟建筑物的底座。用圆形颗粒 DDA 模拟底座承受荷载后的变形，图 4-20(b) 为计算 300 步基础变形图及位移矢量图。图 4-20(c) 给出了变半径随机颗粒生成的地基计算模型的计算结果。比较图 4-20(b) 和 (c) 可见，采用不等半径圆形颗粒随机排列模型得到的地基沉降变形要大于等半径紧密排列模型。

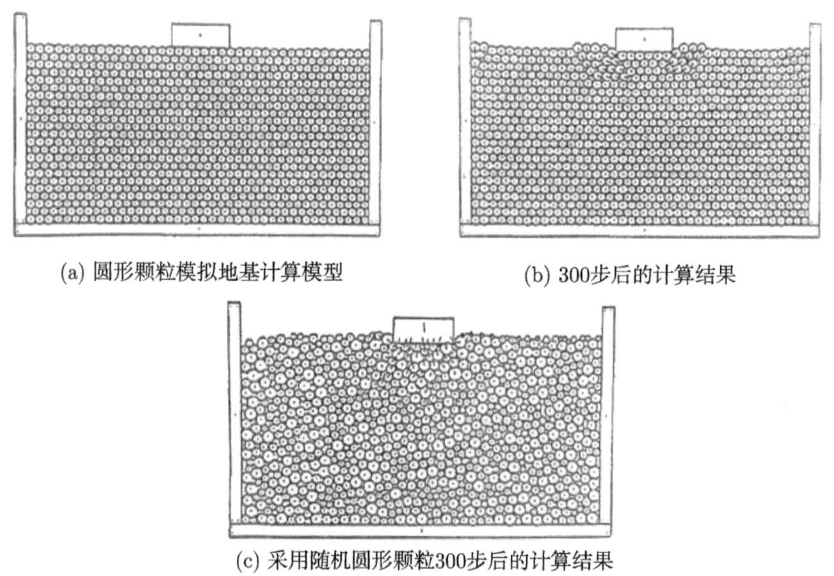

(a) 圆形颗粒模拟地基计算模型　　(b) 300步后的计算结果

(c) 采用随机圆形颗粒300步后的计算结果

图 4-20　圆形颗粒基础模拟

图 4-21 为圆形颗粒模拟的三轴土力学实验，(a) 为计算模型，(b) 为 20 计算步后的结果，可以看出模拟结果中出现了明显的剪切带，反映了土力学实验中的剪切破坏特性。

**例 4-5**　不同颗粒形状及排列对变形受力特性的影响。

Ohnishi 等用五个简化模型对某地基的变形特性进行了 DDA 模拟，五个模型见图 4-22。其中模型 (a) 为刚体圆形单元，模型 (b) 为可变形圆形单元，单元的大小和初始排列方式和 (a) 相同；模型 (c)~(e) 均采用椭圆单元，单元大小相同、紧密排列，但长轴的方向有别，模型 (c) 为长轴水平放置，模型 (d) 为长轴竖直放置，模型 (e) 为长轴沿 45° 放置。计算采用的参数见表 4-8。

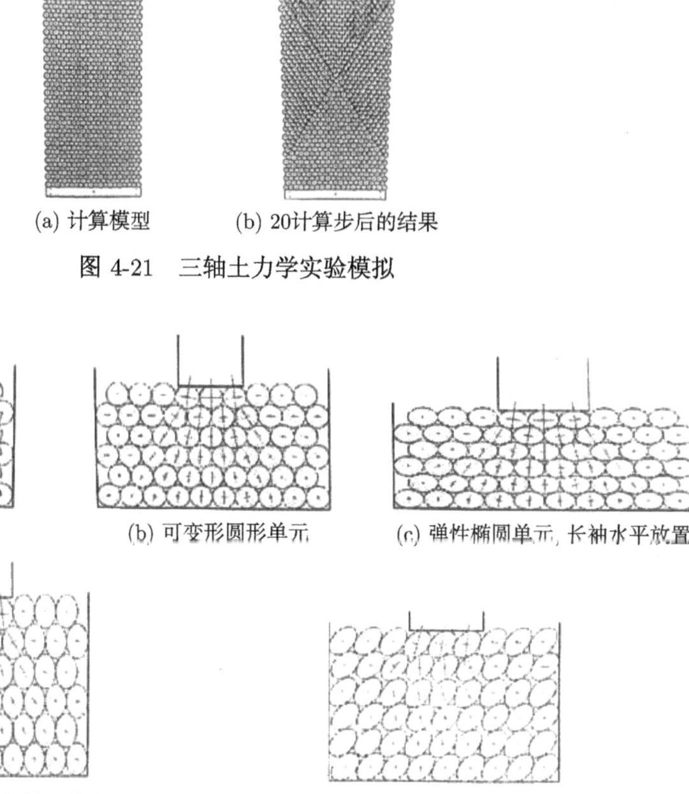

(a) 计算模型　　(b) 20计算步后的结果

图 4-21　三轴土力学实验模拟



(a) 刚体圆形单位　　(b) 可变形圆形单元　　(c) 弹性椭圆单元，长袖水平放置

(d) 弹性椭圆单元，长袖竖直放置　　(e) 弹性椭圆单元，长袖沿45°放置

图 4-22　不同形状不同排列的计算模型及 1000 步计算后的变形和应力矢量图

**表 4-8　模拟计算参数**

| 参数 | 刚体圆 | 弹性圆 | 弹性椭圆 |
|---|---|---|---|
| 初始半径 | $r=1.0$ | | $a=1.25,\ b=0.8$ |
| 容重 | 2700 | | |
| 杨氏模量 | | 10.0 | |
| 泊松比 | | 0.45 | |
| 弹簧刚度 | 100.0 | | |
| 摩擦角 | 0.0 | | |
| 最大时间步长 | 0.00005 | | |

图 4-22 中同时给出了各模型计算 1000 步后的变形及应力矢量分布。不同模

型还是表现出明显的差异。图 4-23 为各工况加载块顶部的时间荷载曲线，可以看出刚体圆形单元模型的受力明显大于其他模型，圆形受力大于椭圆形，椭圆形单元模型中长轴的排放方式也对计算结果有较大影响，长轴水平排放时受力最大，竖直排放次之，倾斜排放最小。

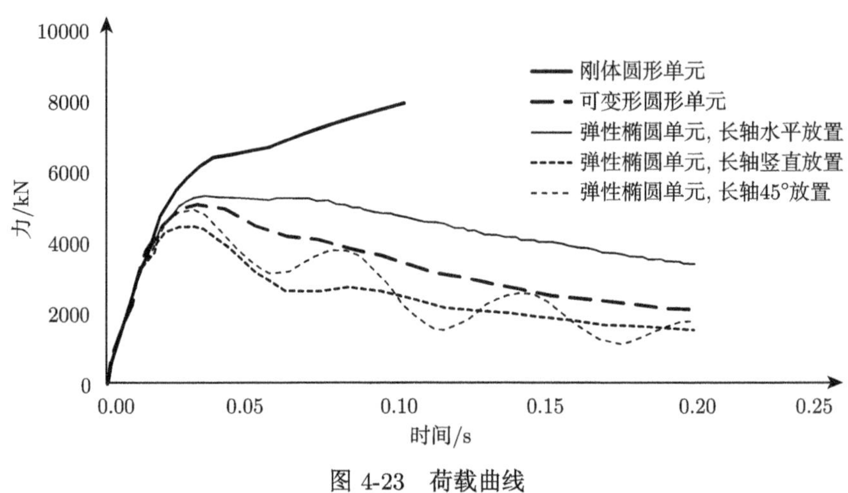


图 4-23 荷载曲线

## 4.8 本章小结

本章介绍了圆形单元和椭圆单元，圆形单元又分刚体圆形单元和弹性圆形单元。刚体圆形单元由于形状简单、未知量少、接触判断容易，是最简单的 DDA 单元。弹性圆形单元由于将变形简化为半行的变化，仅部分考虑了单元的变形，不是完整意义上的变形。弹性椭圆单元考虑了 $X$、$Y$ 两轴的轴向变形和剪切变形，其变形和位移的描述是完备的，单元变形后形状的改变体现在长短轴的变化上，能够正确描述单元的变形。

圆形和椭圆单元适合于一些特殊问题的求解，如砂等颗粒材料的细观行为模拟。当用这些单元模拟工程实际问题时需要大量单元。

### 参考文献

[1] Patricia A T. Discontinuous Deformation Analysis of Particalate Media. Berkeley: University of California, Berkley, 1997.

[2] Ohnishi Y, Miki S. Development of Circular and Elliptic Disk Element for DDA Proceeding of the First. 44-51.

[3] 小池明夫, 三上隆. 円形弾性体の衝撃解析における不連続変形法の適用. 応用力学論文集 (In English), 2008: 7-14.

[4] Ohnishi Y, Nishiyama S, et al. DDA for elastic elliptic element. Proceedings of ICADD-7, Honolulu, Hawaii, Dec. 2005: 103-113.

[5] 胡省三. 滚动与摩擦. 丽水学院学报, 1981, (s1): 59-62.

# 第 5 章　高阶 DDA

## 5.1　引　　言

石根华的原始 DDA 采用一阶位移函数，即块体的位移和变形用一阶函数描述 (见式 (1-7))，块体内的应变为常数 (见块体未知量$\{D\}$中的正应变 $\varepsilon_x$、$\varepsilon_y$ 和剪应变 $\gamma_{xy}$)，因此块体内的应力为常应力。由于 DDA 的块体一般较复杂，采用一阶位移函数，取块体为常应力单元，精度显然是不高的。因此对于需要关注块体应力的问题可采用高阶位移函数，以提高应力和应变求解精度。

早在 1995 年，C. Y. Koo 和 J. C. Chen 等即参照石根华一阶 DDA 的推导方式，推导了二阶 DDA，开发了相应的二阶 DDA 程序代码。C. Y. Koo 和 Max. Y. Ma 在 1996 年加利福尼亚大学伯克利分校举办的第 1 届国际 DDA 研讨会 (The First International Forum on Discontinuous Deformation Analysis and Simulation of Discontinuous Media) 上分别发表了三阶 DDA 论文。在第 8 届 ICADD 会上，王小波等发表了高阶多项式插值函数的高阶 DDA；邬爱清在第 10 届 ICADD 上发表了任意阶多项式插值函数的高阶 DDA，给出了任意高阶 DDA 的通用公式。此处重点介绍二阶 DDA 和三阶 DDA、高阶 DDA 只介绍位移函数。

## 5.2　二阶 DDA

### 5.2.1　位移函数

对于完全二阶位移函数，块体内任一点的位移可表示为

$$\begin{cases} u = a_1 + a_2x + a_3y + a_4x^2 + a_5xy + a_6y^2 \\ v = b_1 + b_2x + b_3y + b_4x^2 + b_5xy + b_6y^2 \end{cases} \tag{5-1}$$

式中，$a_1 \sim a_6$、$b_1 \sim b_6$ 为构成位移函数的系数，为位移场求解的未知量，当这 12 个未知量已知后，块体的位移场即被唯一定义。通过式 (5-1) 推导 DDA 方程的途径有两个：① 对式 (5-1) 直接微分求块体的应变，进而采用能量原理，推导 DDA 方程；② 参照一阶 DDA 位移函数的定义方式，用块体的刚体位移和块体的应变构成。C. Y. Koo 推导二阶 DDA 时采用了第二种方法。令块体的未知量 $[D]$ 用下式表示：

$$[D]^{\mathrm{T}}=\left[u_0\ v_0\ \gamma_0\ \varepsilon_x^c\ \varepsilon_y^c\ \gamma_{xy}^c\ \varepsilon_{x,x}\ \varepsilon_{x,y}\ \varepsilon_{y,x}\ \varepsilon_{y,y}\ \gamma_{xy,x}\ \gamma_{xy,y}\right] \tag{5-2}$$

式中，$u_0$, $v_0$ 和 $\gamma_0$ 分别为块体形心的刚体平移和转动；$\varepsilon_x^c$, $\varepsilon_y^c$, $\gamma_{xy}^c$ 为块体的常数正应变和剪应变；$\varepsilon_{x,x}$, $\varepsilon_{x,y}$, $\varepsilon_{y,x}$, $\varepsilon_{y,y}$, $\gamma_{xy,x}$, $\gamma_{xy,y}$ 为随 $x$、$y$ 坐标变化的应变变化系数。

令形状函数

$$[T]=[T_1\quad T_2\quad T_3] \tag{5-3}$$

式中

$$\left\{\begin{array}{l}
T_1=\begin{bmatrix} 1 & 0 & -(y-y_0) & x-x_0 & 0 & \dfrac{1}{2}(y-y_0) \\ 0 & 1 & x-x_0 & 0 & y-y_0 & \dfrac{1}{2}(x-x_0) \end{bmatrix} \\[3ex]
T_2=\begin{bmatrix} \dfrac{1}{2}\left(x^2-x_0^2\right) & xy-x_0y_0 & \dfrac{1}{2}\left(y^2-y_0^2\right) \\ 0 & \dfrac{1}{2}\left(x^2-x_0^2\right) & xy-x_0y_0 \end{bmatrix} \\[3ex]
T_3=\begin{bmatrix} 0 & 0 & \dfrac{1}{2}\left(y^2-y_0^2\right) \\ \dfrac{1}{2}\left(y^2-y_0^2\right) & \dfrac{1}{2}\left(x^2-x_0^2\right) & 0 \end{bmatrix}
\end{array}\right. \tag{5-4}$$

则块体中任一点的位移可表示为

$$\begin{bmatrix} u \\ v \end{bmatrix}_{z\times 1}=[T]_{2\times 12}[D]_{12\times 1} \tag{5-5}$$

可以证明式 (5-5) 与式 (5-1) 等价。

### 5.2.2 弹性矩阵

根据应变能最小原理，可以推导出弹性矩阵 $[K]$。当已知某点应变 $[\varepsilon]^{\mathrm{T}}=[\varepsilon_x\quad \varepsilon_y\quad \gamma_{xy}]$ 时，该点的应力为

$$\begin{bmatrix} \sigma_x \\ \sigma_y \\ \tau_{xy} \end{bmatrix}=\frac{E}{1-\nu^2}\begin{bmatrix} 1 & \nu & 0 \\ \nu & 1 & 0 \\ 0 & 0 & \dfrac{1-\nu}{2} \end{bmatrix}\begin{bmatrix} \varepsilon_x \\ \varepsilon_y \\ \gamma_{xy} \end{bmatrix}=[E_i]\begin{bmatrix} \varepsilon_x \\ \varepsilon_y \\ \gamma_{xy} \end{bmatrix} \tag{5-6}$$

式中，$E$、$\nu$ 分别为材料的弹性模量和泊松比。

由式 (5-2) 未知量的定义和式 (5-5) 可知，某点的应变 $[\varepsilon]$ 可用未知量 $[D]$ 和该点的坐标值 $x,y$ 表示为

$$\begin{cases} \varepsilon_x = \varepsilon_x^c + \varepsilon_{x,x}x + \varepsilon_{x,y}y \\ \varepsilon_y = \varepsilon_y^c + \varepsilon_{y,x}x + \varepsilon_{y,y}y \\ \gamma_{xy} = \gamma_{xy}^c + \gamma_{xy,x}x + \gamma_{xy,y}y \end{cases} \tag{5-7}$$

表示成矩阵形式为

$$[\varepsilon]^{\mathrm{T}} = [\varepsilon_x \quad \varepsilon_y \quad \gamma_{xy}] = [D]^{\mathrm{T}} \begin{bmatrix} 0 & 0 & 0 \\ 0 & 0 & 0 \\ 0 & 0 & 0 \\ 1 & 0 & 0 \\ 0 & 1 & 0 \\ 0 & 0 & 1 \\ x & 0 & 0 \\ y & 0 & 0 \\ 0 & x & 0 \\ 0 & y & 0 \\ 0 & 0 & x \\ 0 & 0 & y \end{bmatrix} = [D]^{\mathrm{T}} [B]^{\mathrm{T}} \tag{5-8}$$

块体 $i$ 的弹性能为

$$\begin{aligned} \Pi_e &= \iint \frac{1}{2} (\sigma_x \varepsilon_x + \sigma_y \varepsilon_y + \tau_{xy}\gamma_{xy}) \, \mathrm{d}x\mathrm{d}y \\ &= \frac{1}{2} \iint [D_i]_{1\times 12}^{\mathrm{T}} [B_i]_{12\times 3}^{\mathrm{T}} [E_i]_{3\times 3}^{\mathrm{T}} [B_i]_{3\times 12} [D_i]_{12\times 1} \, \mathrm{d}x\mathrm{d}y \end{aligned} \tag{5-9}$$

由式 (1-16)~ 式 (1-18) 将 $r$、$s$ 下标改为 $1,2,3,\cdots,12$ 得

$$[K_{rs}] = \left[\frac{\partial^2 \Pi_e}{\partial d_{ri} \partial d_{si}}\right] = \iint [B_i]_{12\times 3}^{\mathrm{T}} [E_i]_{3\times 3}^{\mathrm{T}} [B_i]_{3\times 12} \, \mathrm{d}x\mathrm{d}y$$

$$
=\begin{bmatrix}
0 & 0 & 0 & 0 & 0 & 0 & 0 & 0 & 0 & 0 & 0 & 0 \\
 & 0 & 0 & 0 & 0 & 0 & 0 & 0 & 0 & 0 & 0 & 0 \\
 & & 0 & 0 & 0 & 0 & 0 & 0 & 0 & 0 & 0 & 0 \\
 & & & S & S\nu & 0 & S_x & S_y & S_x\nu & S_y\nu & 0 & 0 \\
 & & & & S & 0 & S_x\nu & S_y\nu & S_x & S_y & 0 & 0 \\
 & & & & & \dfrac{1-\nu}{2}S & 0 & 0 & 0 & 0 & S_x\dfrac{1-\nu}{2} & S_y\dfrac{1-\nu}{2} \\
 & & & & & & S_{xx} & S_{xy} & S_{xx}\nu & S_{xy}\nu & 0 & 0 \\
 & & & & & & & S_{yy} & S_{xy}\nu & S_{yy}\nu & 0 & 0 \\
 & & & & & & & & S_{xx} & S_{xy} & 0 & 0 \\
 & & & & & & & & & S_{yy} & 0 & 0 \\
 & & & & & & \text{Symmetric} & & & & S_{xx}\dfrac{1-\nu}{2} & S_{xy}\dfrac{1-\nu}{2} \\
 & & & & & & & & & & & S_{yy}\dfrac{1-\nu}{2}
\end{bmatrix}
$$

$$\to [K_{ii}],\ r,s=1,2,3,\cdots,12 \tag{5-10}$$

式中，$S$、$S_x$、$S_y$、$S_{xx}$、$S_{xy}$、$S_{yy}$ 为各坐标量的一阶、二阶单纯形积分值，见附录。

### 5.2.3 初应力矩阵

设块体 $i$ 存在初应力 $(\sigma_x^0, \sigma_y^0, \tau_{xy}^0)$，与一阶 DDA 的块体应力为常数且与位置无关不同，二阶 DDA 的初应力 $[\sigma^0]$ 随坐标 $(x,y)$ 的变化而变化，即

$$[\sigma^0]=[E_i]\begin{bmatrix}\varepsilon_x^0\\ \varepsilon_y^0\\ \gamma_{xy}^0\end{bmatrix} \tag{5-11}$$

其中

$$\begin{cases}\varepsilon_x^0=\varepsilon_x^{c0}+\varepsilon_{x,x}^0 x+\varepsilon_{x,y}^0 y\\ \varepsilon_y^0=\varepsilon_y^{c0}+\varepsilon_{y,x}^0 x+\varepsilon_{y,y}^0 y\\ \gamma_{xy}^0=\gamma_{xy}^{c0}+\gamma_{xy,x}^0 x+\gamma_{xy,y}^0 y\end{cases} \tag{5-12}$$

即

$$[\varepsilon_0]^{\mathrm{T}}=[D^0]^{\mathrm{T}}[B]^{\mathrm{T}} \tag{5-13}$$

初应力引起的块体应变能为

$$\Pi_{\mathrm{e}}=-\iint\left(\sigma_x^0\varepsilon_x+\sigma_y^0\varepsilon_y+\tau_{xy}^0 r_{xy}\right)\mathrm{d}x\mathrm{d}y=-\iint[\varepsilon]^{\mathrm{T}}[\sigma^0]\,\mathrm{d}x\mathrm{d}y$$

$$= -\iint [D_i]^{\mathrm{T}} [B_i]^{\mathrm{T}} [E_i] \begin{bmatrix} \varepsilon_x^0 \\ \varepsilon_y^0 \\ \gamma_{xy}^0 \end{bmatrix} \mathrm{d}x\mathrm{d}y$$

$$= -\iint [D_i]^{\mathrm{T}} [B_i]^{\mathrm{T}} [E_i] [B_i] \left[D_i^0\right] \mathrm{d}x\mathrm{d}y \tag{5-14}$$

按最小势能原理对式 (5-14) 求极值，得

$$[f_r] = \left[-\frac{\partial \Pi_{\sigma^0}}{\partial d_{ri}}\right] = \iint [B_i]^{\mathrm{T}} [E_i] [B_i] \mathrm{d}x\mathrm{d}y \cdot \left[D_i^0\right]$$

$$= [NN_i]_{12\times 12} \cdot \left[D_i^0\right]_{12\times 1}, \quad r = 1, 2, \cdots, 12$$

$$[f_r] \to [F_i] \tag{5-15}$$

式 (5-15) 为一 12×1 矩阵，其中

$$\left[D_i^0\right]_{12\times 1}^{\mathrm{T}} = \left[u_0^0 \ \ v_0^0 \ \ r_0^0 \ \ \varepsilon_x^{c0} \ \ \varepsilon_y^{c0} \ \ r_{xy}^{c0} \ \ \varepsilon_{x,x}^0 \ \ \varepsilon_{x,y}^0 \ \ \varepsilon_{y,x}^0 \ \ \varepsilon_{y,y}^0 \ \ \gamma_{xy,x}^0 \ \ \gamma_{xy,y}^0\right] \tag{5-16}$$

$[NN_i]$ 为一 12×12 矩阵，$[NN_i] = \iint [B_i]_{12\times 3}^{\mathrm{T}} [E_i]_{3\times 3} [B_i]_{3\times 12} \mathrm{d}x\mathrm{d}y$，见式 (5-10)。

将式 (5-6) 中的 $[E_i]$ 和式 (5-8)、式 (5-16) 代入式 (5-15) 可以求出 $[f]_i$ 中的每一个元素的积分表达式。

### 5.2.4　集中荷载矩阵

当单元 $i$ 中的点 $(x, y)$ 作用有集中荷载 $(F_x, F_y)$(见图 1-9) 时，由集中荷载 $(F_x, F_y)$ 引起的势能为

$$\Pi_p = -(F_x u + F_y v) = -[u, v] \begin{bmatrix} F_x \\ F_y \end{bmatrix} = -[D_i]^{\mathrm{T}} [T_i]^{\mathrm{T}} \begin{bmatrix} F_x \\ F_y \end{bmatrix} \tag{5-17}$$

将式 (5-17) 对 $d_{ri}$ 微分，可得到集中荷载 $(F_x, F_y)$ 引起的荷载列阵

$$[f_r]_i = \left[-\frac{\partial \Pi_{\sigma^0}}{\partial d_{ri}}\right] = [T_i]^{\mathrm{T}} \begin{bmatrix} F_x \\ F_y \end{bmatrix}, \quad r = 1, 2, \cdots, 12$$

$$[f_r]_i \to [F_i] \tag{5-18}$$

### 5.2.5　体积力矩阵

设在第 $i$ 单元上作用有均布体积力 $(f_x, f_y)$，则由体积力引起的势能为

$$\Pi_B = -\iint (f_x u + f_y v) \mathrm{d}x\mathrm{d}y = -\iint [u, v] \begin{bmatrix} f_x \\ f_y \end{bmatrix} \mathrm{d}x\mathrm{d}y$$

$$= -[D_i]^{\mathrm{T}} \iint [T_i]^{\mathrm{T}} \mathrm{d}x\mathrm{d}y \begin{bmatrix} f_x \\ f_y \end{bmatrix} \tag{5-19}$$

由 $[T_i]$ 的定义式 (5-3)、式 (5-4) 得

$$\iint [T_i]^{\mathrm{T}} \mathrm{d}x\mathrm{d}y = \begin{bmatrix} S & 0 \\ 0 & S \\ 0 & 0 \\ 0 & 0 \\ 0 & 0 \\ 0 & 0 \\ \frac{1}{2}\left(S_{xx} - \frac{S_x^2}{S}\right) & 0 \\ S_{xy} - \frac{S_x S_y}{S} & -\frac{1}{2}\left(S_{xx} - \frac{S_x^2}{S}\right) \\ -\frac{1}{2}\left(S_{yy} - \frac{S_y^2}{S}\right) & S_{xy} - \frac{S_x S_y}{S} \\ 0 & \frac{1}{2}\left(S_{yy} - \frac{S_y^2}{S}\right) \\ 0 & \frac{1}{2}\left(S_{xx} - \frac{S_x^2}{S}\right) \\ \frac{1}{2}\left(S_{yy} - \frac{S_y^2}{S}\right) & 0 \end{bmatrix} = [R] \tag{5-20}$$

由最小势能原理得

$$f_r = -\frac{\partial \Pi_\sigma}{\partial d_{ri}} = -\frac{\partial}{\partial d_{ri}} \left[ [D_i]^{\mathrm{T}} [R] \begin{bmatrix} f_x \\ f_y \end{bmatrix} \right] = -[R] \begin{bmatrix} f_x \\ f_y \end{bmatrix}, \qquad r = 1, 2, \cdots, 12 \tag{5-21}$$

所有的 $f_r$ 形成一个 12×12 子矩阵:

$$-[R] \begin{bmatrix} f_x \\ f_y \end{bmatrix} \rightarrow [F_i] \tag{5-22}$$

### 5.2.6 惯性力矩阵

对于第 $i$ 单元中的点 $(x, y)$,当位移为 $(u(t), v(t))$ 时,点 $(x, y)$ 处的惯性力

$(F_x, F_y)$ 可根据牛顿定律按下式计算：

$$\begin{bmatrix} F_x \\ F_y \end{bmatrix} = -M \begin{bmatrix} \dfrac{\partial^2 u(t)}{\partial t^2} \\ \dfrac{\partial^2 v(t)}{\partial t^2} \end{bmatrix} \tag{5-23}$$

则由惯性力所做的功为

$$\begin{aligned} \Pi_I &= -\iint [u, v] \begin{bmatrix} F_x \\ F_y \end{bmatrix} \mathrm{d}x\mathrm{d}y \\ &= \iint M [u, v] \begin{bmatrix} \dfrac{\partial^2 u(t)}{\partial t^2} \\ \dfrac{\partial^2 v(t)}{\partial t^2} \end{bmatrix} \mathrm{d}x\mathrm{d}y \\ &= \iint M [D_i]^{\mathrm{T}} [T_i]^{\mathrm{T}} [T_i] \frac{\partial^2 [D_i](t)}{\partial t^2} \mathrm{d}x\mathrm{d}y \end{aligned} \tag{5-24}$$

将 $[D_i]$ 在 $t=0$ 处用泰勒公式展开，略去高阶项，并假定每时段的加速度为常数，得

$$\frac{\partial^2 [D_i(t)]}{\partial t^2} = \frac{2}{\Delta^2}[D_i] - \frac{2}{\Delta}\frac{\partial [D_i(t)]}{\partial t} \tag{5-25}$$

式中，$\Delta$ 为时间步长。

将式 (5-25) 代入式 (5-24) 得

$$\Pi_I = [D_i]^{\mathrm{T}} \iint [T_i]^{\mathrm{T}} [T_i] \mathrm{d}x\mathrm{d}y \left( \frac{2M}{\Delta^2}[D_i] - \frac{2M}{\Delta}[V_0] \right) \tag{5-26}$$

按式 (1-16)~ 式 (1-18) 对式 (5-26) 微分可得

$$\frac{2M}{\Delta^2} \iint [T_i]^{\mathrm{T}}_{12\times 2} [T_i]_{2\times 12} \mathrm{d}x\mathrm{d}y \to [K_{ii}], \quad r, s = 1, 2, \cdots, 12 \tag{5-27}$$

$$\frac{2M}{\Delta} \iint [T_i]^{\mathrm{T}}_{12\times l} [T_i]_{12\times 2} \mathrm{d}x\mathrm{d}y [V_0] \to [F_i], \quad r, s = 1, 2, \cdots, 12 \tag{5-28}$$

式中，$V_0$ 为上一时步的块体速度矩阵，见式 (1-66)；积分 $\iint [T_i]^{\mathrm{T}} [T_i] \mathrm{d}x\mathrm{d}y$ 为一

12×12 矩阵，由式 (5-3)、式 (5-4) 通过单纯形积分求出：

$$
\begin{bmatrix}
S & 0 & 0 & 0 & 0 & 0 & \frac{1}{2}S_1 & S_3 & -\frac{1}{2}S_2 & 0 & 0 & \frac{1}{2}S_2 \\
 & S & 0 & 0 & 0 & 0 & 0 & \frac{1}{2}S_1 & S_3 & \frac{1}{2}S_2 & \frac{1}{2}S_1 & 0 \\
 & & S_1+S_2 & -S_3 & S_3 & \frac{1}{2}S_1-\frac{1}{2}S_2 & -\frac{1}{2}S_7 & -S_{12}-\frac{1}{2}S_8 & \frac{1}{2}S_9+S_{11} & \frac{1}{2}S_{10} & \frac{1}{2}S_8 & -\frac{1}{2}S_9 \\
 & & & S_1 & 0 & \frac{1}{2}S_3 & \frac{1}{2}S_8 & S_{11} & -\frac{1}{2}S_{10} & 0 & 0 & \frac{1}{2}S_{10} \\
 & & & & S_2 & \frac{1}{2}S_3 & 0 & -\frac{1}{2}S_7 & S_{12} & \frac{1}{2}S_9 & \frac{1}{2}S_7 & 0 \\
 & & & & & \frac{1}{4}S_1+\frac{1}{4}S_2 & \frac{1}{4}S_7 & \frac{1}{2}S_{12}-\frac{1}{4}S_8 & -\frac{1}{4}S_9+\frac{1}{2}S_{11} & \frac{1}{4}S_{10} & \frac{1}{4}S_8 & \frac{1}{4}S_9 \\
 & & & & & & \frac{1}{4}S_{13} & \frac{1}{2}S_{16} & -\frac{1}{4}S_{15} & 0 & 0 & \frac{1}{4}S_{15} \\
 & & & & & & & S_{18}+\frac{1}{4}S_{13} & -\frac{1}{2}S_{17}-\frac{1}{2}S_{16} & -\frac{1}{4}S_{15} & -\frac{1}{4}S_{13} & \frac{1}{2}S_{17} \\
 & & & & & & & & S_{18}+\frac{1}{4}S_{14} & \frac{1}{2}S_{17} & \frac{1}{2}S_{16} & -\frac{1}{4}S_{14} \\
 & & & & & \text{Symmetric} & & & & \frac{1}{4}S_{14} & \frac{1}{4}S_{15} & 0 \\
 & & & & & & & & & & \frac{1}{4}S_{13} & 0 \\
 & & & & & & & & & & & \frac{1}{4}S_{14}
\end{bmatrix}
$$

其中

$$
\begin{aligned}
S_1 &= \iint \left(x^2 - x_0^2\right)\mathrm{d}x\mathrm{d}y \\
S_3 &= \iint \left(xy - x_0y_0\right)\mathrm{d}x\mathrm{d}y \\
S_2 &= \iint \left(y^2 - y_0^2\right)\mathrm{d}x\mathrm{d}y \\
S_7 &= \iint \left(y - y_0\right)\left(x^2 - x_0^2\right)\mathrm{d}x\mathrm{d}y \\
S_8 &= \iint \left(x - x_0\right)\left(x^2 - x_0^2\right)\mathrm{d}x\mathrm{d}y \\
S_{12} &= \iint \left(y - y_0\right)\left(xy - x_0y_0\right)\mathrm{d}x\mathrm{d}y \\
S_9 &= \iint \left(y - y_0\right)\left(y^2 - y_0^2\right)\mathrm{d}x\mathrm{d}y \\
S_{11} &= \iint \left(x - x_0\right)\left(xy - x_0y_0\right)\mathrm{d}x\mathrm{d}y \qquad (5\text{-}29) \\
S_{10} &= \iint \left(x - x_0\right)\left(y^2 - y_0^2\right)\mathrm{d}x\mathrm{d}y
\end{aligned}
$$

$$S_{13}=\iint\left(x^2-x_0^2\right)^2\mathrm{d}x\mathrm{d}y$$

$$S_{16}=\iint\left(x^2-x_0^2\right)(xy-x_0y_0)\mathrm{d}x\mathrm{d}y$$

$$S_{15}=\iint\left(x^2-x_0^2\right)\left(y^2-y_0^2\right)\mathrm{d}x\mathrm{d}y$$

$$S_{18}=\iint(xy-x_0y_0)^2\mathrm{d}x\mathrm{d}y$$

$$S_{17}=\iint\left(y^2-y_0^2\right)(xy-x_0y_0)\mathrm{d}x\mathrm{d}y$$

$$S_{14}=\iint\left(y^2-y_0^2\right)^2\mathrm{d}x\mathrm{d}y$$

### 5.2.7　约束点矩阵

DDA 对块体约束的模拟是在约束位置施加一个大刚度弹簧 $P$，这样既可模拟约束点的固定约束，也可模拟约束点的给定位移。设在 $i$ 块体的 $(x,y)$ 点设置了一对两个坐标轴方向的约束，约束点处产生了 $(u,v)$ 的位移，则约束力 $(f_x,f_y)$ 所做的功为

$$\Pi_f=-\frac{1}{2}[u,v]\begin{bmatrix}f_x\\f_y\end{bmatrix}=-\frac{1}{2}[u,v]\begin{bmatrix}-Pu\\-Pv\end{bmatrix}=\frac{P}{2}[D_i]^{\mathrm{T}}[T_i]^{\mathrm{T}}[T_i][D_i]\tag{5-30}$$

式中，$P$ 为约束弹簧刚度。则由约束点引起的刚度矩阵为

$$K_{rs}=\frac{\partial^2\Pi_f}{\partial d_{ri}\partial d_{si}}=\frac{\partial^2}{\partial d_{ri}\partial d_{si}}\left(\frac{P}{2}[D_i]^{\mathrm{T}}[T_i]^{\mathrm{T}}[T_i][D_i]\right),\quad r,s=1,2,3,\cdots,12\tag{5-31}$$

得

$$P[T_i]_{12\times2}^{\mathrm{T}}[T_i]_{2\times12}\to[K_{ii}]\tag{5-32}$$

### 5.2.8　接触子矩阵

严格来讲，高阶多边形块体在变形后各个构成边不再为直边，边–边、边–角的接触变为曲边–曲边、曲边–角的接触，第 1 章中介绍的接触子矩阵和接触搜索方法不再适用。但是鉴于曲边接触问题的难度及块体小变形假定，我们假定多边形块体变形后其边仍保持直线，即围成块体的边在变形后都为直线，且由边的两个端点唯一定义，基于这个简化假定，第 1 章中介绍的法向接触、切向接触及摩擦力各子矩阵的计算公式在二阶 DDA 中仍然运用，只需将各计算公式中的 $[T_i]$、$[T_j]$ 用式 (5-3)、式 (5-4) 取代即可。一阶 DDA 中的 $[T_i]$ 为 2×6 子矩阵，二阶 DDA 中的 $[T_i]$ 为 2×12 矩阵。

## 5.3 三阶 DDA

在 C. Y. Koo 等 1995 年提出了二阶 DDA 之后，1996 年美国加利福尼亚大学伯克利分校召开的第 1 届国际 DDA 研讨会上，C. Y. Koo 和 Max. Y. Ma 分别提交了各自的三阶 DDA 论文。两篇论文的三阶 DDA 推导思路相同，即以全三阶多项式构建位移插值函数，以构成位移函数的多项式的系数为未知量，再根据能量原理按 5.1 节的各个步骤推导各项子矩阵。

设某块体单元 $i$ 内的位移插值函数为完全三阶多项式：

$$\begin{cases} u = d_1 + d_3x + d_5y + d_7x^2 + d_9xy + d_{11}y^2 + d_{13}x^3 + d_{15}x^2y \\ \qquad +d_{17}xy^2 + d_{19}y^3 \\ v = d_2 + d_4x + d_6y + d_8x^2 + d_{10}xy + d_{12}y^2 + d_{14}x^3 + d_{16}x^2y \\ \qquad +d_{18}xy^2 + d_{20}y^3 \end{cases} \tag{5-33}$$

式 (5-33) 可写成

$$\begin{bmatrix} u \\ v \end{bmatrix}_{2\times 1} = [T]_{2\times 20}\,[D]_{20\times 1} \tag{5-34}$$

式中，$[T]_{2\times 20}$ 可表示为

$$[T] = \begin{bmatrix} 1 & 0 & x & 0 & y & 0 & x^2 & 0 & xy & 0 & y^2 & 0 & x^3 & 0 & x^2y & 0 & xy^2 & 0 & y^3 & 0 \\ 0 & 1 & 0 & x & 0 & y & 0 & x^2 & 0 & xy & 0 & y^2 & 0 & x^3 & 0 & x^2 & 0 & xy^2 & 0 & y^3 \end{bmatrix} \tag{5-35}$$

$[D]_{20\times 1}$ 可表示为

$$[D]^{\mathrm{T}} = [d_1\ d_2\ d_3\ \cdots\ d_{20}]_{1\times 20} \tag{5-36}$$

由几何方程可以求出块体应变的表达式

$$\begin{bmatrix} \varepsilon_x \\ \varepsilon_y \\ \gamma_{xy} \end{bmatrix} = \begin{bmatrix} \dfrac{\partial u}{\partial x} \\ \dfrac{\partial v}{\partial y} \\ \dfrac{\partial u}{\partial y} + \dfrac{\partial v}{\partial x} \end{bmatrix} = [B]_{3\times 20}\,[D]_{20\times 1} \tag{5-37}$$

由式 (5-35) 和式 (5-37) 可得 $[B]$ 的表达式为

$$[B_i] = [B_{i1} \quad B_{i2} \quad B_{i3} \quad B_{i4}] \tag{5-38}$$

$$[B_{i1}]=\begin{bmatrix}0&0&0\\0&0&0\\1&0&0\\0&0&1\\0&0&1\end{bmatrix},\quad [B_{i2}]=\begin{bmatrix}0&0&0\\2x&0&0\\0&0&2x\\y&0&x\\0&x&y\end{bmatrix},$$

$$[B_{i3}]=\begin{bmatrix}0&0&2y\\0&2y&0\\3x^2&0&0\\0&0&3x^2\\2xy&0&x^2\end{bmatrix},\quad [B_{i4}]=\begin{bmatrix}0&x^2&2xy\\y^2&0&2xy\\0&2xy&y^2\\0&0&3y^2\\0&3y^2&0\end{bmatrix} \tag{5-39}$$

对于第 $i$ 单元，单元的弹性应变能为

$$\Pi_e=\frac{1}{2}\iint[D_i]_{1\times20}^{\mathrm{T}}[B_i]_{20\times3}^{\mathrm{T}}[E_i]_{3\times3}^{\mathrm{T}}[B_i]_{3\times20}[D_i]_{20\times1}\,\mathrm{d}x\mathrm{d}y \tag{5-40}$$

将式 (5-40) 对 $d_{ri}d_{si}$ 微分可得块体的刚度矩阵

$$[K_{rs}]=\left[\frac{\partial^2\Pi_e}{\partial d_{ri}\partial d_{si}}\right]=\iint[B_i]_{20\times3}^{\mathrm{T}}[E_i]_{3\times3}^{\mathrm{T}}[B_i]_{3\times20}^{\mathrm{T}}\,\mathrm{d}x\mathrm{d}y\rightarrow[K_{ii}] \tag{5-41}$$

同理，将 5.1.2 节 ~5.1.8 节中的计算公式中的 $[T_i]$ 用式 (5-35) 代替，$[B_i]$ 用式 (5-38) 和式 (5-39) 代替，可用同样的方式推导初应力、集中荷载、约束点、惯性、接触等各子矩阵，从而将二阶 DDA 提升至三阶 DDA。

## 5.4　任意高阶 DDA

邬爱清 [5] 在第 10 届 DDA 会议 ($10^{\text{th}}$ IDDA) 上发表了完全任意高阶 DDA。基本思路和推导过程与 5.3 节介绍的三阶 DDA 类似。

对于阶数为 $q$ 的高次位移函数，式 (5-33) 可以写成

$$\begin{cases}u=d_1+d_3x+d_5y+d_7x^2+d_9xy+d_{11}y^2+d_{13}x^3+d_{15}x^2y\\ \qquad+d_{17}xy^2+d_{19}y^3+\cdots+d_jy^p\\ v=d_2+d_4x+d_6y+d_8x^2+d_{10}xy+d_{12}y^2+d_{14}x^3+d_{16}x^2y\\ \qquad+d_{18}xy^2+d_{20}y^3+\cdots+d_{j+1}y^p\end{cases} \tag{5-42}$$

式 (5-42) 可以写成矩阵形式

$$\begin{bmatrix}u\\v\end{bmatrix}=\begin{bmatrix}\sum f_jd_{2j-1}\\\sum f_jd_{2j}\end{bmatrix}$$

$$=\begin{bmatrix} f_1 & 0 & f_2 & 0 & f_3 & 0 & \cdots & f_m & 0 \\ 0 & f_1 & 0 & f_2 & 0 & f_3 & \cdots & 0 & f_m \end{bmatrix}\begin{bmatrix} d_1 \\ d_2 \\ d_3 \\ \vdots \\ d_m \end{bmatrix}, \quad j=1,2,3,\cdots,m \tag{5-43}$$

式中，$f_1=1$, $f_2=x$, $f_3=y$, $f_4=x^2$, $f_5=xy$, $f_6=y^2$, $\cdots$, $f_j=x^{\alpha j}y^j,\cdots$, $f_m=x^{\alpha m}y\beta^m$, $\alpha_m+\beta_m=q$。

对于插值函数的最高阶数 $q$，对应的 $f_j$ 的最大下标 $m$ 按下式计算:

$$m=\frac{1}{2}(q+1)(q+2) \tag{5-44}$$

对于第 $i$ 单元，可以将式 (5-43) 写成如下形式:

$$\begin{bmatrix} u \\ v \end{bmatrix}_i=[T_i][D_i] \tag{5-45}$$

其中

$$\begin{aligned} [T_i]&=\begin{bmatrix} f_{i1} & 0 & f_{i2} & 0 & f_{i3} & 0 & \cdots & f_{im} & 0 \\ 0 & f_{i1} & 0 & f_{i2} & 0 & f_{i3} & \cdots & 0 & f_{im} \end{bmatrix} \\ [D_i]&=[d_{i1} \quad d_{i2} \quad d_{i3} \quad \cdots \quad d_{im}] \end{aligned} \tag{5-46}$$

则 5.1 节、5.2 节中介绍的所有子矩阵都可以通过将 $[T_i]$ 用式 (5-46) 取代而得到。

如 5.1.8 节所述，高阶 DDA 块体变形后的直线边将变为曲线边，理论上所有的单元积分计算应采用曲边积分，石根华提出的单纯形积分不再适用。同时，对于与边–边、边–角相关的接触，直边计算也不再适用，但考虑变形后曲边块体定义的困难，我们假定块体的变形满足小变形假定，变形后块体的边仍用直线近似。实际计算时可在直边上设置中间节点，近似弯曲变形。

## 5.5 算 例

**例 5-1** 受集中力作用的悬臂梁。

C. Y. Koo 在文献 [1] 中给出了一个悬臂梁算例，一 8m×1m 的悬臂梁如图 5-1 所示，左端固定约束，右端上表面作用集中力荷载。计算参数见表 5-1。

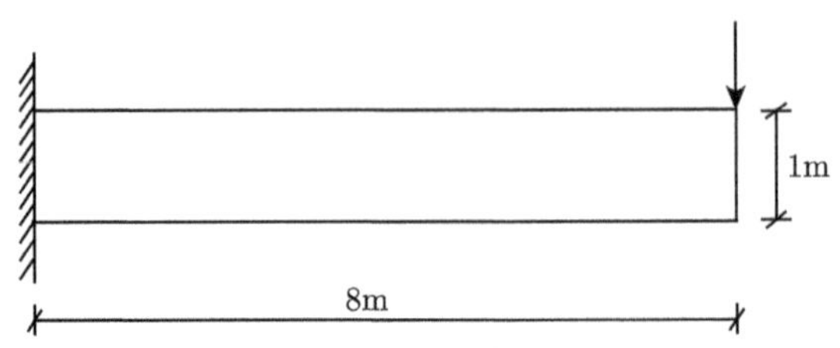


图 5-1　受集中力作用后的悬臂梁

**表 5-1　悬臂梁受集中力荷载计算参数**

| 参数 | 数值 |
| --- | --- |
| 弹性模量/MPa | 1000.0 |
| 泊松比 | 0.2 |
| 弹簧刚度 (Penalty) | $1.0\times10^5$MP·m |

C. Y. Koo 在两篇论文中先后采用二阶 DDA、三阶 DDA 对同一个问题进行了验证性计算，将杆件分别剖分为 1 个、4 个、8 个、16 个、32 个块体单元进行了计算，32 块体的计算网格见图 5-2，64 块体剖分是在 32 块体基础上，在高度方向增加一倍单元，不同网格剖分时的杆轴心、竖向位移计算结果及与理论解的比较见图 5-3，由图 5-3 可以看出，随网格加密，计算位移不断趋近理论结果。图 5-4

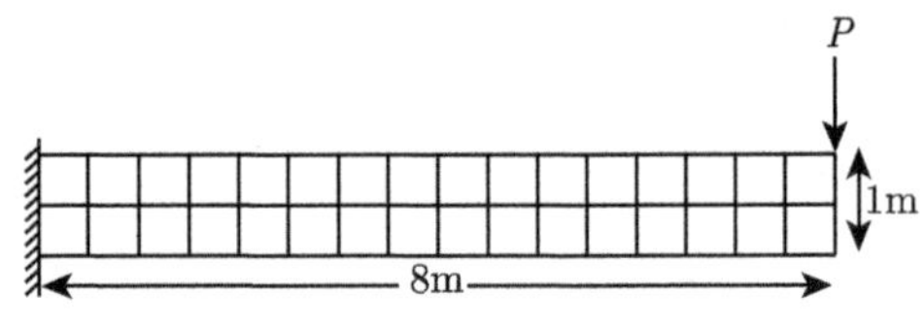


图 5-2　悬臂梁 32 块剖分示意图

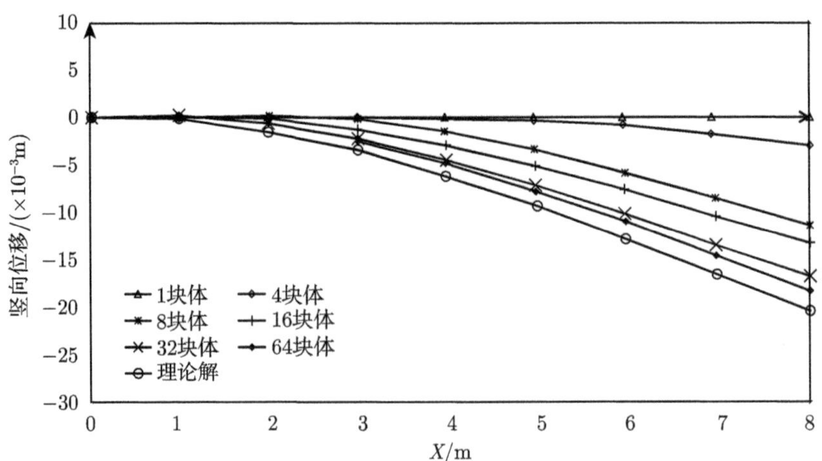


图 5-3　悬臂梁中心线计算位移与理论解比较 (二阶 DDA)

为 64 块剖分时各层单元形心处的轴向应力计算结果与理论解的比较，可以看出 64 块剖分时 DDA 已能够给出较高精度的应力结果。与一阶 DDA 相比，二阶 DDA 对块体形状要求降低，相同精度条件下可用较小的块体数得到较高的变形和应力分布。

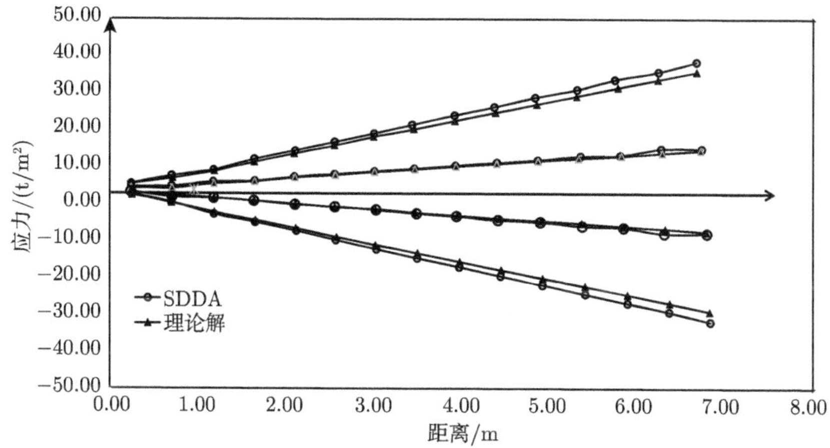


图 5-4　64 块剖分时不同梁高中心处的计算应力与理论解比较 (二阶 DDA)

C. Y. Koo 在文献 [2] 中又介绍了三阶 DDA，并用相同的算例比较了三阶 DDA 的计算精度。用 16、32 两种块体剖分格式，以及表 5-1 所示的参数进行了计算，两种网格的计算位移与理论解的比较见图 5-5。对比图 5-5 和图 5-3，三阶 DDA 32 块计算位移结果的精度要明显高于二阶结果，甚至高于二阶 64 块的计算结果，说明提高位移函数的阶数可显著提高计算位移和应力的精度。

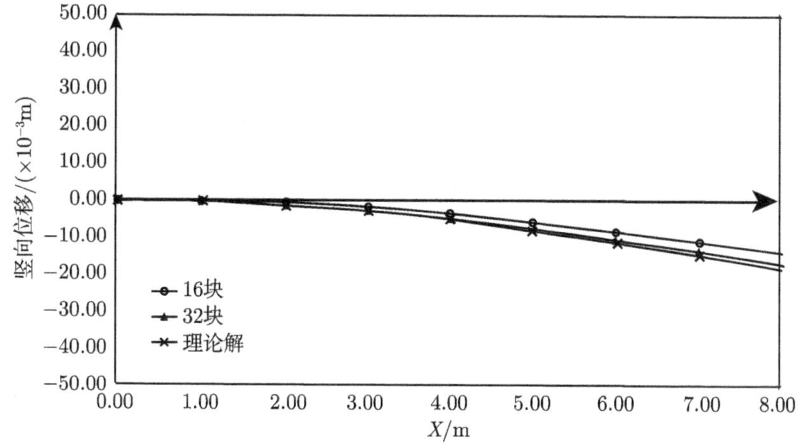


图 5-5　16、32 块两种块体剖分时位移计算结果与理论解的比较 (三阶 DDA)

Wang 等在文献 [4] 中用相同的悬臂梁算例、不同的梁长和参数对一阶、二阶、三阶位移函数的精度进行了比较，计算中梁的长度取为 10.0m，梁的弹性模量为 $E=3\times10^3$MPa，剖分了 64 个单元。Wang 等进一步考虑了两种情况：积分域不随块体变形而变化和块体变形后修正积分域，两种积分方式的计算结果见表 5-2 和表 5-3。

**表 5-2　三种荷载作用下不同阶数的计算精度比较(不修正积分块)**

| $P$/kN | | DDA 结果 | | | 理论解 |
|---|---|---|---|---|---|
| | | 一阶 | 二阶 | 三阶 | |
| 125 | $u$ | 0.000 | 0.083 | 0.188 | 0.16 |
| | $v$ | 0.009 | 1.164 | 1.667 | 1.62 |
| 250 | $u$ | 0.000 | 0.229 | 0.556 | 0.56 |
| | $v$ | 0.017 | 1.894 | 2.833 | 3.02 |
| 500 | $u$ | 0.000 | 0.511 | 1.308 | 1.60 |
| | $v$ | 0.033 | 2.776 | 4.275 | 4.94 |

注：表中 $P$ 为三种作用荷载，分别是 125kN、250kN、500kN，$u$ 为轴向变形，$v$ 为竖向变形

**表 5-3　三种荷载作用下不同阶数的计算精度比较(修正积分域)**

| $P$/kN | | DDA 结果 | | | 理论解 |
|---|---|---|---|---|---|
| | | 一阶 | 二阶 | 三阶 | |
| 125 | $u$ | 0.000 | 0.100 | 0.180 | 0.16 |
| | $v$ | 0.009 | 1.213 | 1.713 | 1.62 |
| 250 | $u$ | 0.000 | 0.298 | 0.611 | 0.56 |
| | $v$ | 0.017 | 2.061 | 3.069 | 3.02 |
| 500 | $u$ | 0.000 | 0.702 | 1.712 | 1.60 |
| | $v$ | 0.033 | 3.112 | 4.870 | 4.94 |

由表 5-2 和表 5-3 可以看出，采用三阶位移函数的 DDA 的精度显著高于二阶结果。

邬爱清等 [5] 采用三维 DDA 对同一个问题进行了计算分析，比较了一阶 ~ 四阶位移函数的计算精度，得出相同结果。

**例 5-2**　细梁的弯曲模拟。

C. Y. Koo 给出了另外一个例子展示高阶 DDA 的模拟变形能力 [2]。

一 24m×1m 的细长杆，两端各固定一个点，上端固定右角点，下端固定左角点，在离上、下端 6m 处分别施加一个集中力 $P_1=2$kN, $P_2=1$kN (见图 5-6(a))。采用一阶、二阶、三阶 DDA 计算得到的杆变形见图 5-6(b)~(d)，本算例可以较好地展示出高阶 DDA 的模拟能力。

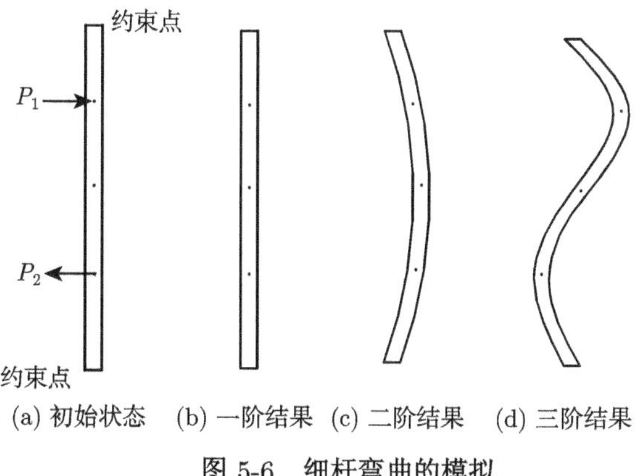


(a) 初始状态 (b) 一阶结果 (c) 二阶结果 (d) 三阶结果

图 5-6 细杆弯曲的模拟

# 参 考 文 献


[1] Koo C Y, Chen J C, Chen S. Development of second order displacement function for DDA. Proceeding of ICADD-1, Taiwan China, Dec. 1995: 91-102.

[2] Koo C Y, Chen J C. The development of DDA with third order discontinuous function. The first International Forum on Discontinuous Deformation Analysis and Simulation of Discontinuous Media, Berkeley, California, USA, Jun. 1996: 342-349.

[3] Ma M Y, Zaman M. Discon tenuous deformation analysis using the third order displacement function. The First International Forum on Discontinuous Deformation Analysis and simulation of Discontinuous Media, Berkeley, California, USA, Jun. 1996: 383-388.

[4] Wang X B, Ding X L T. DDA with higher order polynomial displacement functions for large elastic deformation problems. Proceedings of the $8^{th}$ International conference on Analysis of Discontinuous Deformation, Beijing China, Aug. 2007: 89-94.

[5] Wu A Q, Zhang Y, Lin S Z. Complete and high order polynomial displacement approximation and its application to elastic mechanics, analysis based on DDA. Proceedings of $10^{th}$ International Conference on Analysis of Discontinuous Deformation, Hawaii, USA, Dec. 2011: 1-4.

# 第 6 章　线性方程组的迭代法求解

## 6.1　引　　言

DDA 以块体的平移、转动、应变为未知量，采用隐式解法求解。经过块体分析、接触分析等一系列工作后，将问题集成为一个整体线性方程的求解，可以将线性方程组 (式 (1-76)) 写成一般矩阵形式，即

$$Ax = b \tag{6-1}$$

式中，$A$ 为方程 (1-76) 中的 $[K]$，$b$ 为方程 (1-76) 中的$\{F\}$，$x$ 为未知量 $[D]$。

DDA 计算时，需把计算过程划分为众多的计算时步，每个时步的步长为 $\Delta t$。在每个计算时步中要进行开闭迭代，每个开闭迭代计算都要进行整体方程组的求解，总的方程求解次数为总计算时步与每个计算时步中开闭迭代步数的乘积，因此求解线性方程组的总的计算量是相当庞大的。当计算对象的块体数达到一定规模后，方程求解将占大多数计算时间，这一点与有限元法等采用隐式解法的数值方法是相同的，因此提高 DDA 的计算效率、缩短计算时间的主要手段是选用高效方程求解器，提高方程求解的效率。

DDA 原始程序中提供了两个线性方程求解器，即基于高斯消去法的直接解法器和基于逐次超松弛 (Successive Over Relaxation, SOR) 法的迭代求解器，并在程序中设定，当块体总数 $n_1 \leqslant 300$ 时采用直接解法器，当 $n_1 > 300$ 时采用 SOR 解法器。由于 DDA 方程的系数矩阵为对称正定，因此矩阵存储时只要保存上三角或下三角矩阵的非零元素即可。对于 SOR 迭代法来说，每次迭代只涉及本方程的非零元素，不会在迭代过程中产生新的非零元素，因此只存储一个三角矩阵的非零元素即可。但高斯消去法由于在消元过程中会产生新的非零元素，因此需要在开辟数组 $A$ 时预留出消元过程中将产生的新的非零元素位置，数组 $A$ 非零元素存储空间的大小与块体编码的排列有关。为了减小存储空间、减少消元计算次数，石根华提出了直接解法稀疏存储的图法，这实际上是一种带宽优化方法。通过图法运算，可以以最小的存储量存储矩阵 $A$ 的下三角非零元素，并为直接解法消元过程中产生的新的非零元素预留空间。

DDA 形成的整体方程的系数矩阵 $[A]$ 具有正定对称、对角占优的特点。这里的对角占优特点对于迭代法求解非常有利。块体刚度矩阵本身即是对角占优的，不管是静力模式还是动力模式，方程中又都附加了一个对角矩阵 $2M/\Delta t^2$，当 $\Delta t$ 较

小时，此对角矩阵在整体矩阵的占比更大，使得整体矩阵具有更大的对角优势，有利于迭代法求解的快速收敛，因此迭代类的求解器更适用于 DDA。但块体大小悬殊、块体弹性模量与接触弹簧的刚度比过大，会使整体系数矩阵的条件数变差，又会影响收敛速度，在某些迭代模式下求解效率可能会低于直接法。

DDA 对方程求解精度要求较高，有些情况下方程求解精度会影响 DDA 的分析结果，一般来讲迭代法的求解精度是人为设定的，在迭代误差满足人为给定的限定误差时即停止迭代。而直接法对于一些偏于病态的方程，可能会存在不可容忍的误差。从精度的角度讲，迭代法更适用于 DDA 的方程求解。

常用的迭代法有如下几种 [1]：雅可比 (Jacobi) 迭代法、高斯–赛德尔 (Gauss-Seidel, GS) 迭代法、逐次超松弛 (SOR) 迭代法、对称超松弛 (SSOR) 迭代法，共轭梯度 (CG) 法、预处理共轭梯度 (Pre-conditioned Conjugate Gradient, PCG)[2] 法等，如上方法对于单线程求解的效率是递增的，其中 PCG 法的求解效率最高、速度最快 [3]。如林绍忠 [4] 提出的改进 SSOR-PCG 算法就具有很高的单机求解速度。

多机并行是大规模数值求解的趋势，DDA 要实现大规模高效求解，并行是必由之路。在实践中发现，单机高效的方程求解方法不见得适用于并行，如 SSOR-PCG 单机求解效率高，但并行度却很难提高，其原因是每次后部方程的迭代取决于当次的前部结果，不利于并行，而单机效率较低的雅可比迭代法由于计算简单可能更利于提高并行度。

## 6.2 方程求解的迭代法简介

### 6.2.1 雅可比迭代法

将式 (6-1) 中的系数矩阵 $A$ 分解为对角矩阵 $D$ 和完全上下三角矩阵 $L$、$U$，即

$$A=\begin{bmatrix} a_{11} & & & & \\ & a_{22} & & 0 & \\ & & a_{33} & & \\ & 0 & & \ddots & \\ & & & & a_{nn} \end{bmatrix}+\begin{bmatrix} 0 & & & & \\ a_{21} & 0 & & & \\ a_{31} & a_{31} & 0 & & \\ \vdots & & & \ddots & \\ a_{n1} & a_{n2} & \cdots & & 0 \end{bmatrix}\begin{bmatrix} 0 & a_{12} & a_{13} & \cdots & a_{1n} \\ & 0 & a_{23} & \cdots & a_{2n} \\ & & & & \\ & & & \ddots & \vdots \\ & & & & 0 \end{bmatrix}$$
$$=D+L+U \tag{6-2}$$

将式 (6-1) 第 $i$ 个方程 $(i=1,2,\cdots,n)$ 去除再移项，得到等价方程组

$$x_i=\frac{1}{a_{ii}}\left(b_i-\sum_{\substack{j=1\\ j\neq i}}^{n}a_{ij}x_j\right),\quad i=1,2,\cdots,n \tag{6-3}$$

简记为

$$x = B_0 x + f \tag{6-4}$$

其中

$$B_0 = \begin{bmatrix} 0 & \dfrac{-a_{12}}{a_{11}} & \cdots & -\dfrac{a_{1n}}{a_{11}} \\ -\dfrac{a_{21}}{a_{22}} & 0 & \cdots & -\dfrac{a_{2n}}{a_{22}} \\ \vdots & \vdots & & \vdots \\ -\dfrac{a_{n1}}{a_{nn}} & \dfrac{-a_{n2}}{a_{nn}} & \cdots & 0 \end{bmatrix} = -D^{-1}(L+U)$$

$$f = D^{-1} b \tag{6-5}$$

则式 (6-3) 写成迭代形式为

$$\begin{aligned} &x^{(0)}, \quad \text{给定初值} \\ &x^{(1)} = B_0 x^{(0)} + f \\ &x^{(k+1)} = B_0 x^{(k)} + f \end{aligned} \tag{6-6}$$

其中，$x^k = (x_1^k, x_2^k, \cdots)^{\mathrm{T}}, k = 0, 1, 2, \cdots$，为迭代次数。式 (6-6) 即为方程 (6-1) 的雅可比迭代法，$B_0$ 称为雅可比迭代法的迭代矩阵。雅可比迭代法的分量形式为

$$x_i^{k+1} = \frac{1}{a_{ii}} \left( b_i - \sum_{\substack{j=1 \\ j \neq i}}^{n} a_{ij} x_j^{(k)} \right), \quad i = 1, 2, \cdots, n \tag{6-7}$$

雅可比迭代法计算简单，每迭代一次只需计算一次矩阵和向量乘法，对于稀疏矩阵来讲只需计算矩阵中的非零元素与对应的向量元素乘法即可。计算过程中不改变稀疏矩阵 $A$ 和自由向量 $b$，只需保存两次迭代结果 $x^{(k)}$、$x^{(k+1)}$ 即可。

### 6.2.2 高斯–赛德尔迭代法

由雅可比迭代法式 (6-7) 可知，在求第 $k+1$ 次迭代结果 $x^{(k+1)}$ 时全部利用第 $k$ 次的迭代结果 $x^{(k)}$，一般认为第 $k+1$ 次的结果精度要高于第 $k$ 次的值，而在计算 $x_i^{(k+1)}$ 时，第 1～ 第 $i-1$ 个分量的第 $k+1$ 次结果已知，即 $x_1^{(k+1)}$、$x_2^{(k+1)}$、$\cdots$、$x_{i-1}^{(k+1)}$ 已知，可以在计算 $x_i^{(k+1)}$ 时加以利用，就得到高斯–赛德尔法：

$$\begin{aligned} &x^0 = (x_1^0, x_2^0, \cdots, x_n^0)^{\mathrm{T}} \\ &x_i^{k+1} = \frac{1}{a_{ii}} \left( b_i - \sum_{j=1}^{i-1} a_{ij} x_j^{(k+1)} - \sum_{j=i+1}^{n} a_{ij} x_j^{(k)} \right), \quad i = 1, 2, \cdots, n;\ k = 0, 1, \cdots \end{aligned} \tag{6-8}$$

式 (6-8) 可以写成矩阵形式

$$Dx^{k+1} = b - Lx^{(k+1)} - Ux^{(k)}$$
$$(D+L)\,x^{k+1} = b - Ux^{(k)}$$

设 $(D+L)^{-1}$ 存在，则

$$x^{k+1} = -\,(D+L)^{-1}\,Ux^{(k)} + (D+L)^{-1}\,b$$

于是高斯–赛德尔迭代公式的矩阵形式为

$$\begin{cases} x^{k+1} = Gx^{(k)} + f \\ G = -\,(D+L)^{-1}\,U \\ f = (D+L)^{-1}\,b \end{cases} \tag{6-9}$$

由式 (6-9) 可见，应用高斯–赛德尔迭代法解式 (6-1) 就是对方程 $x = Gx + f$ 应用迭代法。$G$ 称为迭代矩阵。与雅可比迭代法相比，高斯–赛德尔迭代法的收敛速度要快、存储空间小。

### 6.2.3 超松弛迭代法

超松弛迭代法有两种形式：逐次超松弛 (SOR) 迭代法和对称超松弛 (SSOR) 迭代法。

1. SOR 迭代法

SOR 迭代法是高斯–赛德尔方法的一种加速方法，是解大型稀疏矩阵方程组的有效方法之一，在 DDA 原始程序中已集成了 SOR 方程求解器。

假定计算第 $k+1$ 个近似解 $x^{(k+1)}$ 时，分量 $x_1^{(k+1)}, x_2^{(k+1)}, \cdots, x_{i-1}^{(k+1)}$ 已经算好，可以用高斯–赛德尔法计算 $x_i^{(k+1)}$ 的第一个近似值 $\bar{x}_i^{(k+1)}$

$$\bar{x}_i^{(k+1)} = \frac{1}{a_{ii}}\left(b - \sum_{j=1}^{i-1} a_{ij}x_j^{k+1} - \sum_{j=i+1}^{n} a_{ij}x_j^{k}\right)$$

再用 $\omega$ 作 $\bar{x}_i^{(k+1)}$ 和 $x_i^{(k)}$ 的加权平均：

$$x_i^{k+1} = \omega\bar{x}_i^{(k+1)} + (1-\omega)\,x_i^k$$

其分量计算形式为

$$x_i^{k+1} = (1-\omega)\,x_i^k + \frac{\omega}{a_{ii}}\left(b_i - \sum_{j=1}^{i-1} a_{ij}x_j^{k+1} - \sum_{j=i+1}^{n} a_{ij}x_j^{k}\right), \quad i = 1, 2, 3, \cdots, n \tag{6-10}$$

式 (6-10) 即为 SOR 迭代法，其中，$\omega$ 称为超松弛因子，当 $\omega = 1$ 时即为高斯–赛德尔法，写成矩阵形式为

$$x_i^{k+1} = (1-\omega)\,x_i^k + \omega D^{-1}\left(b - Lx^{(k+1)} - Ux^{(k)}\right)$$

$$(D+\omega L)\,x^{k+1} = [(1-\omega)\,D - \omega U]\,x^{(k)} + \omega b \tag{6-11}$$

整理后

$$x^{k+1} = B_s x^{(k)} + \omega\,(D+\omega L)^{-1}\,b \tag{6-12}$$

其中，$B_s$ 为 SOR 法的迭代矩阵，即

$$x^{k+1} = B_s x^{(k)} + f_s \tag{6-13}$$

$$B_s = (D+\omega L)^{-1}\,[(1-\omega)\,D - \omega U]$$

$$f_s = \omega\,(D+\omega L)^{-1}\,b \tag{6-14}$$

当 $\omega$=1.0~2.0 时即为超松弛法。实际使用时 $\omega$ 的最佳取值与方程形态有关，有条件时可试算确定，一般情况取 $\omega = 1.4$~1.6 收敛速度较高。

2. SSOR 迭代法

SSOR 迭代法是对 SOR 迭代法的进一步改进，在 SOR 迭代法的基础上，首先对线性方程组按顺序用 SOR 法依次求解 $x_i\ (i = 1, 2, 3, \cdots, n)$，然后在此基础上对方程逆序求解，即得 SSOR 法。

第一步，顺序求解 $x^{(k+1/2)}$

$$\begin{cases} x^{(k+1/2)} = L_\omega x^{(k)} + f_1 \\ L_\omega = (D+\omega L)^{-1}\,[(1-\omega)\,D - \omega U] \\ f_1 = \omega\,(D+\omega L)^{-1}\,b \end{cases} \tag{6-15}$$

第二步，逆序求解 $x^{(k+1)}$

$$\begin{cases} x^{(k+1)} = U_\omega x^{(k+1/2)} + f_2 \\ U_\omega = (D+\omega U)^{-1}\,[(1-\omega)\,D - \omega L] \\ f_2 = \omega\,(D+\omega U)^{-1}\,b \end{cases} \tag{6-16}$$

由式 (6-16) 可以得出 SSOR 公式

$$\begin{cases} x^{(k+1)} = S_\omega x^{(k)} + f_\omega \\ S_\omega = (D+\omega U)^{-1}\,[(1-\omega)\,D - \omega L]\,(D+\omega L)^{-1}\,[(1-\omega)\,D - \omega U] \\ f_w = \omega\,(2-\omega)\left(D+\omega D^{-1}U\right)^{-1}\left(D+\omega D^{-1}L\right)^{-1}D^{-1}b \end{cases} \tag{6-17}$$

可以证明，若 $A$ 为对称正定，且 $0 < \omega < 2$，则解方程组 $A_x = b$ 的 SSOR 法收敛。一般情况下，SSOR 法比 SOR 法收敛更快。

### 6.2.4 共轭梯度法

对于方程 (6-1) 构建一个二次函数

$$f(x)=\frac{1}{2}x^{\mathrm{T}}Ax-b^{\mathrm{T}}x=\frac{1}{2}\sum_{i=1}^{n}\sum_{j=1}^{n}a_{ij}x_ix_j-\sum_{j=1}^{n}b_jx_j \tag{6-18}$$

则方程 (6-1) 的求解可转化为式 (6-18) 的极小值问题。

求解式 (6-18) 的极小值问题，一般是构造一个向量序列$\{x^{(k)}\}$，使 $f(x^{(k)})$ 逐步趋于 $\min f(x)$。求解满足 $f(x)$ 极小值的$\{x^{(k)}\}$ 的基本思路是下降法，即从某一点 $x^{(0)}$ 出发，逐步产生一系列解向量 $x^{(0)},x^{(1)},x^{(2)},\cdots,x^{(k)},\cdots$，使 $f(x^{(0)})>f(x^{(1)})>\cdots f(x^{(k)})\cdots$，为了提高寻找 $f(x)$ 极小值的速度，需要寻找"最快下降速率"，即为最快下降法。

设在 $x^{(k)}$ 处存在一个使 $f(x)$ 下降的方向 $p^{(k)}$，取 $t$ 为 $x^{(k)}$ 到 $x^{(k+1)}$ 的下降步长，则

$$\begin{aligned}&f\left(x^{(k)}+tp^{(k)}\right)=\frac{1}{2}\left(x^{(k)}+tp^{(k)}\right)^{\mathrm{T}}A\left(x^{(k)}+tp^{(k)}\right)-b^{\mathrm{T}}\left(x^{(k)}+tp^{(k)}\right)\\&\frac{\mathrm{d}f}{\mathrm{d}t}=\left(p^{(k)}\right)^{\mathrm{T}}A\left(p^{(k)}\right)t+\left(p^{(k)}\right)^{\mathrm{T}}\left(Ax^{(k)}-b\right)=0\end{aligned} \tag{6-19}$$

由式 (6-19) 可以导出 $x^{(k)}$ 求 $x^{(k+1)}$ 的公式

$$\begin{cases}r^{(k)}=b-Ax^{(k)}\\[2mm] t_k=\dfrac{\left(r^{(k)}\right)^{\mathrm{T}}p^{(k)}}{\left(p^{(k)}\right)^{\mathrm{T}}Ap^{(k)}}\\[2mm] x^{(k+1)}=x^{(k)}+t_kp^{(k)}\end{cases} \tag{6-20}$$

$t_k$ 称为 $x^{(k)}$ 到 $x^{(k+1)}$ 的步长。

用式 (6-20) 求解式 (6-18) 的极小值，关键问题即为下降方向 $p^{(k)}$ 的确定。由于函数的负梯度方向即是函数下降最快的方向，即可取

$$p=-\frac{\mathrm{d}f(x)}{\mathrm{d}x}=b-Ax \tag{6-21}$$

对于已知 $x^{(k)},p^{(k)}$ 按下式求解：

$$p^{(k)}=-f'\left(x^{(k)}\right)=b-Ax^{(k)}=r^{(k)} \tag{6-22}$$

则最快下降法如下：

$$\begin{cases}r^{(k)}=b-Ax^{(k)}\\[2mm] t_k=\dfrac{\left(r^{(k)}\right)^{\mathrm{T}}r^{(k)}}{\left(r^{(k)}\right)^{\mathrm{T}}Ar^{(k)}}\\[2mm] x^{(k+1)}=x^{(k)}+t_kr^{(k)}\end{cases} \tag{6-23}$$

式 (6-23) 表示的最快下降法简单易行，所有的矩阵运算为乘法运算，运行过程中系数矩阵 $A$ 不改变，对于稀疏矩阵只需非零元素相乘即可，但是收敛速度取决于矩阵 $A$ 的形态，有时收敛很慢，由此提出了共轭梯度法。

共轭向量的定义为：如果存在两个向量 $p$、$q$，满足 $p^{\mathrm{T}}Aq=0$，则称 $p, q$ 两个向量关于对称正定矩阵 $A$ 共轭。

设 $p^1,p^2,\cdots,p^n$ 是关于 $n$ 阶对称正定矩阵 $A$ 共轭的向量组，则以 $p^{(k)}$ 为下降方向的算法称为共轭梯度法。

$$\begin{cases} x^{(0)} \\ r^{(0)}=b-Ax^{(0)}, \quad p^{(0)}=r^{(0)}, \quad k=1,2,3,\cdots \\ t_k=\dfrac{\left(r^{(k)}\right)^{\mathrm{T}}p^{(k)}}{\left(p^{(k)}\right)^{\mathrm{T}}Ap^{(k)}} \\ x^{(k+1)}=x^{(k)}+t_kp^{(k)} \\ r^{(k+1)}=b-Ax^{(k+1)}=r^{(k)}-t_kAp^{(k)} \\ S_k=-\dfrac{\left(p^{(k)}\right)^{\mathrm{T}}Ar^{(k+1)}}{\left(p^{(k)}\right)^{\mathrm{T}}Ap^{(k)}}=-\dfrac{\left(r^{(k+1)}\right)^{\mathrm{T}}r^{(k+1)}}{\left(r^{(k)}\right)^{\mathrm{T}}r^{(k)}} \\ p^{(k+1)}=r^{(k+1)}+S_kp^{(k)} \end{cases} \tag{6-24}$$

可以证明，式 (6-24) 所示的共轭梯度法至多 $n$ 步即可得到线性方程组 (6-1) 的精确解。

### 6.2.5　雅可比预处理共轭梯度法

理论分析和数值计算法都可以证明，共轭梯度法的收敛速度高于最快下降法，但对于大型线性方程组，尤其是 $A$ 的特征值不集中时，收敛仍比较慢，需要对 $A$ 进行预处理，称为预处理共轭梯度 (PCG) 法。

若 $M$ 为预条件矩阵且是对称正定矩阵，则线性方程组 (式 (6-1)) 可转化为

$$M^{-1}Ax=M^{-1}b \tag{6-25}$$

只有适当选择 $M$ 矩阵，使 $M^{-1}$ 的条件数小于 $A$，则采用共轭梯度法求解方程 (6-25) 的速度将得到提高。当取矩阵 $A$ 的对角矩阵，即式 (6-2) 中的 $D$ 作为预处理矩阵时，称为雅可比预处理共轭梯度法 (Jacobi Pre-conditioned Conjugate Gradient, JPCG)。

令

$$M=D, \quad M^{-1}A=B, \quad M^{-1}b=C \tag{6-26}$$

则方程 (6-25) 转化为

$$Bx = C \tag{6-27}$$

针对式 (6-27) 采用式 (6-24) 的共轭梯度法，即为 JPCG 法。JPCG 法除用主对角线矩阵 $D$ 作为预处理矩阵外，还可用 $D$ 矩阵的 1/2 次方，即

$$M = D^{1/2}$$

PCG 法的计算过程如下：

置初值 $x^0, r^0 = b - Ax^0, z^0 = M^{-1}r^0, p^0 = z^0, k = 0$

对 $k = 0, 1, 2, \cdots$ 直至收敛完成：

$$\begin{aligned}
&\alpha_k = \left(r^k, z^k\right) / \left(p^k, Ap^k\right) \\
&x^{k+1} = x^k + \alpha_k p^k \\
&r^{k+1} = r^k - \alpha_k Ap^k \\
&z^{k+1} = M^{-1} r^{k+1} \\
&\beta_{k+1} = \left(r^{k+1}, z^{k+1}\right) / \left(r^k, z^k\right) \\
&p^{k+1} = z^{k+1} + \beta_k p^k
\end{aligned} \tag{6-28}$$

结束。

如上 PCG 算法公式中对式 (6-24) 作了一些改动。用 $\alpha_k$ 代替了 $t_k$，用 $\beta_k$ 代替了 $s_k$，为书写简化起见，简化了一些算式的写法。

### 6.2.6 对称逐步超松弛预处理共轭梯度法

对称逐步超松弛预处理是预处理共轭梯度法 PCG 的最重要预处理之一，构成对称逐步超松弛预处理共轭梯度 (SSOR-PCG) 法，该方法是求解大型稀疏矩阵的极为有效的方法。林绍忠 1997 年提出了对此方法的改进，消去了每一步迭代计算中的系数矩阵和方向向量的乘积计算，大幅度减小了计算量。本小节介绍的内容主要来自于林绍忠的论文 [2]。

对于方程 (6-1)，将系数矩阵 $A$ 分解成完全上下三角矩阵，即

$$A = D + L + L^{\mathrm{T}} \tag{6-29}$$

取预处理矩阵为 SSOR 法的分裂矩阵，即

$$M = (2-\omega)^{-1}\left(D/\omega + L\right)\left(D/\omega\right)^{-1}\left(D/\omega + L\right)^{\mathrm{T}} \tag{6-30}$$

则由式 (6-30) 所示的 $M$ 矩阵构成的预处理器的共轭梯度法即为 SSOR-PCG。

令

$$W = D/\omega + L, \quad V = (2-\omega)\,D/\omega, \quad y = W^{-1}g, \quad z = W^{\mathrm{T}}d$$

则 SSOR-PCG 的迭代格式为

置初值 $x^0$, $\quad g^0 = Ax^0 - b, \quad y^0 = W^{-1}g^0, \quad z^0 = -Vy^0, \quad d^0 = W^{-1}z^0, \quad k=0$

$$R:\ \delta = \left(y^k, Vy^k\right)$$

如果 $\delta \leqslant \varepsilon$，则停止，否则

$$\begin{aligned}
&\alpha_k = \left(y^k, Vy^k\right)/\left(d^k, 2z^k - Vd^k\right)\\
&x^{k+1} = x^k + \alpha_k d^k\\
&y^{k+1} = y^k + \alpha_k\left(d^k + W^{-1}\left(z^k - Vd^k\right)\right)\\
&\beta_k = \left(y^{k+1}, Vy^{k+1}\right)/\left(y^k, Vy^k\right)\\
&z^{k+1} = -Vy^{k+1} + \beta_k z^k\\
&d^{k+1} = W^{-\mathrm{T}}z^{k+1}\\
&k = k+1
\end{aligned} \tag{6-31}$$

转到 $R$

其中，$\varepsilon$ 为给定的允许误差值。

## 6.3　迭代解法的 DDA 实现

### 6.3.1　方程组的一维存储

DDA 的刚度矩阵是一个稀疏矩阵，含有大量的 “0” 元素。这种刚度矩阵最有效的存储方式是一维压缩存储方式，同时由于刚度矩阵具有对称性，因此只需存储上三角或下三角矩阵中的非零元素即可。对于直接解法，由于在消元过程中会在原有零元素的位置产生新的非零元素，尽管 DDA 原始程序中采用了 “图解法” 对节点编码进行优化，将可能的由 “0” 到非 “0” 的元素降到最低，但仍会存在由 “0” 到非 “0” 的元素。而迭代法由于在迭代求解过程中不对刚度矩阵进行计算操作，不会产生新的非 “0” 元素，因此迭代法求解时只需存储三角矩阵中的非零元素即可。DDA 存储的是上三角非零元素。

DDA 用三个数组定义刚度矩阵 $[A]$:

$a[n_3+1]$——上三角中的非零子矩阵，$n_3$ 为非零子矩阵的个数；

$k1[n_3+1]$——每个子矩阵在 $[A]$ 中的列号，即对应的未知量序号；

$n[n_1+1][3]$——每个方程对角元素在 $a[\,]$ 中的位置及每个方程的非零元素的个数，$n_1$ 为块体总数。其中：

$n[i][1]$ 为第 $i$ 方程对角元素在 $a[\,]$ 中的位置；

$n[i][2]$ 为第 $i$ 方程刚度矩阵上三角中的非零元素的个数。

$a[\,]$ 中的每个元素为 6×6 子矩阵，代表式 (1-76) 中的一个子矩阵。

以如下刚度矩阵为例：

$$A=\begin{bmatrix} a_{11} & a_{12} & 0 & a_{14} & 0 & 0 & 0 & a_{18} & 0 \\ a_{21} & a_{22} & a_{23} & 0 & 0 & 0 & a_{27} & 0 & a_{29} \\ 0 & a_{32} & a_{33} & a_{34} & 0 & a_{36} & 0 & a_{38} & a_{39} \\ a_{41} & 0 & a_{43} & a_{44} & a_{45} & 0 & 0 & a_{48} & 0 \\ 0 & 0 & 0 & a_{54} & a_{55} & a_{56} & 0 & 0 & 0 \\ 0 & 0 & a_{63} & 0 & a_{65} & a_{66} & a_{67} & 0 & a_{69} \\ 0 & a_{72} & 0 & 0 & 0 & a_{76} & a_{77} & 0 & a_{79} \\ a_{81} & 0 & a_{83} & a_{84} & 0 & 0 & 0 & a_{88} & 0 \\ 0 & a_{92} & a_{93} & 0 & 0 & a_{96} & a_{97} & 0 & a_{99} \end{bmatrix}$$

则存成一维形式的 $a$ 数组为

$[a_{11}\quad a_{12}\quad a_{14}\quad a_{18}\quad a_{22}\quad a_{23}\quad a_{27}\quad a_{29}\quad a_{33}\quad a_{34}\quad a_{36}\quad a_{38}\quad a_{39}\quad a_{44}\quad a_{45}\quad a_{48}\quad a_{55}\quad a_{56}\quad a_{66}\quad a_{67}\quad a_{69}\quad a_{77}\quad a_{79}\quad a_{88}\quad a_{99}]$

压缩后的上三角矩阵为

$$A=\begin{bmatrix} a_{11} & a_{12} & a_{14} & a_{18} & \\ a_{22} & a_{23} & a_{27} & a_{29} & \\ a_{33} & a_{34} & a_{36} & a_{38} & a_{39} \\ a_{44} & a_{45} & a_{48} & & \\ a_{55} & a_{56} & & & \\ a_{66} & a_{67} & a_{69} & & \\ a_{77} & a_{79} & & & \\ a_{88} & & & & \\ a_{99} & & & & \end{bmatrix}$$

$k_1$ 数组为

[1、2、4、8、2、3、7、9、3、4、6、8、9、4、5、8、5、6、6、7、9、7、9、8、9]

数组 $n$ 为

$$\begin{bmatrix} 1 & 4 \\ 5 & 4 \\ 9 & 5 \\ 14 & 3 \\ 17 & 2 \\ 19 & 3 \\ 22 & 2 \\ 24 & 1 \\ 25 & 1 \end{bmatrix}$$

以图 1-26 所示的算例为例，上三角压缩关系矩阵见表 6-1。表中每一个数字代表 $[A]$ 矩阵中的一个子矩阵，子矩阵的下标为所在行号和列号，如第 4 行第 3 个数字 9 代表 $[A_{4,9}]$。这种存储方式只需保留原三角矩阵中的非零元素，相对于表 1-20 所示的图解法结果更节省空间。与关系矩阵 (表 6-1) 所对应的矩阵 $[A]$ 的压缩上三角矩阵即 $D+U$，见表 6-2。

**表 6-1　图 1-26 所示算例的上三角压缩关系矩阵**

| | | | |
|---|---|---|---|
| 1 | 2 | 7 | |
| 2 | 3 | 7 | 8 |
| 3 | 4 | 8 | 9 |
| 4 | 5 | 9 | 10 |
| 5 | 6 | 10 | 11 |
| 6 | 11 | | |
| 7 | 8 | 12 | 13 |
| 8 | 9 | 13 | 14 |
| 9 | 10 | 14 | 15 |
| 10 | 11 | 15 | 16 |
| 11 | 16 | 17 | |
| 12 | 13 | | |
| 13 | 14 | | |
| 14 | 15 | | |
| 15 | 16 | | |
| 16 | 17 | | |
| 17 | | | |

表 6-2 压缩上三角矩阵 $D+U$

| | | | |
|---|---|---|---|
| $A_{1,1}$ | $A_{1,2}$ | $A_{1,7}$ | |
| $A_{2,2}$ | $A_{2,3}$ | $A_{2,7}$ | $A_{2,8}$ |
| $A_{3,3}$ | $A_{3,4}$ | $A_{3,8}$ | $A_{3,9}$ |
| $A_{4,4}$ | $A_{4,5}$ | $A_{4,9}$ | $A_{4,10}$ |
| $A_{5,5}$ | $A_{5,6}$ | $A_{5,10}$ | $A_{5,11}$ |
| $A_{6,6}$ | $A_{6,11}$ | | |
| $A_{7,7}$ | $A_{7,8}$ | $A_{7,12}$ | $A_{7,13}$ |
| $A_{8,8}$ | $A_{8,9}$ | $A_{8,13}$ | $A_{8,14}$ |
| $A_{9,9}$ | $A_{9,10}$ | $A_{9,14}$ | $A_{9,15}$ |
| $A_{10,10}$ | $A_{10,11}$ | $A_{10,15}$ | $A_{10,16}$ |
| $A_{11,11}$ | $A_{11,16}$ | $A_{11,17}$ | |
| $A_{12,12}$ | $A_{12,13}$ | | |
| $A_{13,13}$ | $A_{13,14}$ | | |
| $A_{14,14}$ | $A_{14,15}$ | | |
| $A_{15,15}$ | $A_{15,16}$ | | |
| $A_{16,16}$ | $A_{16,17}$ | | |
| $A_{17,17}$ | | | |

表 6-2 中的每一个子矩阵 $A_{ij}$ 代表一个 6×6 子矩阵，$i$ 为表 6-2 中的行号，代表第 $i$ 块体的所对应方程，$j$ 为 $[A]$ 矩阵中的列号，代表第 $i$ 块体的方程与第 $j$ 块体的关系。

DDA 将表 6-2 所示的压缩上三角矩阵按一维方式存在 $a[\,]$ 中：

| | | | | | | | | | | | |
|---|---|---|---|---|---|---|---|---|---|---|---|
| 序号： | 1 | 2 | 3 | 4 | 5 | 6 | 7 | 8 | 9 | 10 | 11 |
| 子阵：[ | $A_{1,1}$ | $A_{1,2}$ | $A_{1,7}$ | $A_{2,2}$ | $A_{2,3}$ | $A_{2,7}$ | $A_{2,8}$ | $A_{3,3}$ | $A_{3,4}$ | $A_{3,8}$ | $A_{3,9}$ |
| 序号： | 12 | 13 | 14 | 15 | 16 | 17 | 18 | 19 | 20 | 21 | 22 |
| 子阵： | $A_{4,4}$ | $A_{4,5}$ | $A_{4,9}$ | $A_{4,10}$ | $A_{5,5}$ | $A_{5,6}$ | $A_{5,10}$ | $A_{5,11}$ | $A_{6,6}$ | $A_{6,11}$ | $A_{7,7}$ |
| 序号： | 23 | 24 | 25 | 26 | 27 | 28 | 29 | 30 | 31 | 32 | 33 |
| 子阵： | $A_{7,8}$ | $A_{7,12}$ | $A_{7,13}$ | $A_{8,8}$ | $A_{8,9}$ | $A_{8,13}$ | $A_{8,14}$ | $A_{9,9}$ | $A_{9,10}$ | $A_{9,14}$ | $A_{9,15}$ |
| 序号： | 34 | 35 | 36 | 37 | 38 | 39 | 40 | 41 | 42 | 43 | 44 |
| 子阵： | $A_{10,10}$ | $A_{10,11}$ | $A_{10,15}$ | $A_{10,16}$ | $A_{11,11}$ | $A_{11,16}$ | $A_{11,17}$ | $A_{12,12}$ | $A_{12,13}$ | $A_{13,13}$ | $A_{13,14}$ |
| 序号： | 45 | 46 | 47 | 48 | 49 | 50 | 51 | | | | |
| 子阵： | $A_{14,14}$ | $A_{14,15}$ | $A_{15,15}$ | $A_{15,16}$ | $A_{16,16}$ | $A_{16,17}$ | $A_{17,17}$ | ] | | | |

$k[\,]$ 数组定义 $a[\,][\,]$ 中每个子矩阵所存的块体号，即

| 序号: | 1 | 2 | 3 | 4 | 5 | 6 | 7 | 8 | 9 | 10 | 11 |
|---|---|---|---|---|---|---|---|---|---|---|---|
| $k[i]$ [ | 1 | 2 | 7 | 2 | 3 | 7 | 8 | 3 | 4 | 8 | 9 |
| 序号: | 12 | 13 | 14 | 15 | 16 | 17 | 18 | 19 | 20 | 21 | 22 |
| $k[i]$ | 4 | 5 | 9 | 10 | 5 | 6 | 10 | 11 | 6 | 11 | 7 |
| 序号: | 23 | 24 | 25 | 26 | 27 | 28 | 29 | 30 | 31 | 32 | 33 |
| $k[i]$ | 8 | 12 | 13 | 8 | 9 | 13 | 14 | 9 | 10 | 14 | 15 |
| 序号: | 34 | 35 | 36 | 37 | 38 | 39 | 40 | 41 | 42 | 43 | 44 |
| $k[i]$ | 10 | 11 | 15 | 16 | 11 | 16 | 17 | 12 | 13 | 13 | 14 |
| 序号: | 45 | 46 | 47 | 48 | 49 | 50 | 51 | | | | |
| $k[i]$ | 14 | 15 | 15 | 16 | 16 | 17 | 17 | ] | | | |

$n[\,][\,]$ 数组定义构成每个块体平衡方程的系数子矩阵的起点序号 (在 $a$ 数组中的序号) 及每个方程的子矩阵个数，本列中 $n[\,][\,]$ 数组见表 6-3。

**表 6-3　图 2.2 所示算例的 $n[\,][\,]$ 数组**

| 序号 $i$ | $n[i][1]$ | $n[i][2]$ | 序号 $i$ | $n[i][1]$ | $n[i][2]$ |
|---|---|---|---|---|---|
| 1 | 1 | 3 | 10 | 34 | 4 |
| 2 | 4 | 4 | 11 | 38 | 3 |
| 3 | 8 | 4 | 12 | 41 | 2 |
| 4 | 12 | 4 | 13 | 43 | 2 |
| 5 | 16 | 4 | 14 | 45 | 2 |
| 6 | 20 | 2 | 15 | 47 | 2 |
| 7 | 22 | 4 | 16 | 49 | 2 |
| 8 | 26 | 4 | 17 | 51 | 1 |
| 9 | 30 | 4 | | | |

$a$ 数组为二维数组，第一维为表 6-2 中所示的子矩阵在 $a$ 中的序号，第二维保存了子矩阵中 $6\times6$ 个元素，按行存储。对于矩阵

$$A_{ij}=\begin{bmatrix} a_{11} & a_{12} & \cdots & a_{16} \\ a_{21} & a_{22} & \cdots & a_{26} \\ \vdots & \vdots & & \vdots \\ a_{61} & a_{62} & \cdots & a_{66} \end{bmatrix}$$

数组 $a[i][1\sim36]$ 的储存内容为

$$[a_{11}\,a_{12}\,a_{13}\,\cdots\,a_{16}\,a_{21}\,a_{22}\,\cdots\,a_{26}\,a_{31}\,a_{32}\,\cdots\,a_{36}\,\cdots\,a_{66}]$$

方程组的荷载项 $[F]$ 和未知量 $[X]$ 同样用子矩阵的方式存储，其中，荷载数组

为 $f[i][j](i=1,2,\cdots,n_1;j=1,2,\cdots,6)$，未知量 $[X]$ 用 $z[i][j](i=1,2,\cdots,n_1;j=1,2,\cdots,6)$ 存储。

### 6.3.2 DDA 中基于一维存储数组 $a,k_1,n$ 的矩阵运算

1. 刚度矩阵 $A$ 与向量的乘积

迭代法求解方程组 $[A][X]=[F]$ 时，主要使用矩阵乘法。刚度矩阵 $[A]$ 和荷载向量 $[F]$(或相同维数和大小) 的数组相乘的代码如下 (a, k, n, $k_1$ 为全局数组，xx 为从调用处输入的被乘数组，Ax 为结果数组)：

```
/**************************************************/
    /* DF_Ax: 利用一维存储的上三角矩阵计算Ax            */
    /**************************************************/
    void DF_Ax(double **xx,double **Ax,long n71,long n81)
    {
    /* initial value of free term                      */
    for (i=1; i<= n1; i++)
    {
    for (j=1; j<= 6;  j++)
    {
    Ax[i][j] = 0.0;
    } /*  j  */
    } /*  i  */
    /**************************************************/
    /* operation of upper triangle                     */
    for (i=1;          i<= n1;                  i++)
    {
    for (j=n[i][1]; j<= n[i][1]+n[i][2]-1; j++)
    {
    if (j!=n[i][1] && k1[j] == 0) goto c002;
    i1=k[j];
    i0=0;
    for (l=1;   l<= 6;  l++)
    {
    for (l1=1; l1<= 6; l1++)
    {
    i0++;
```

```
    Ax[i][l] += a[j][i0]*xx[i1][l1];   //F-A*Xi
    }  /*  l1 */
    }  /*  l  */
c002:;
    }  /*  j  */
    /**************************************************/
    /* operation of lower triangle                    */
    for (j=n[i][1]+1; j<= n[i][1]+n[i][2]-1; j++)
    {
    if (k1[j] == 0) goto c003;
    i1=k[j];
    for (l=1;   l<= 6;  l++)
    {
    i0=l;
    for (l1=1; l1<= 6; l1++)
    {
    Ax[i1][l] += a[j][i0]*xx[i][l1];
    i0 +=6;
    }  /*  l1 */
    }  /*  l  */
c003:;
    }  /*  j  */
    }  /*  i  */
    /**************************************************/
c004:;
    }
```

2. 两个向量的内积

两个向量 $r$、$p$，都是按 6×6 子矩阵存储，它的内积 $t = r^{\mathrm{T}}\mathrm{p}$ 的代码如下 (其中 r100、p100 为调用的输入的子矩阵向量，计算结果为 product)：

```
    /**************************************************/
    /* 两个向量的内积:a=(r,p)                          */
    /**************************************************/
    void in_product(double **r100,double **p100,double *product,long
        n71,long n81)
```

```
    {
    /*      */
*product=0.0;
    for (i=1; i<= n71; i++)
    {
    for (j=1; j<= n81;  j++)
    {
    *product=*product+r100[i][j]*p100[i][j];
    } /* j */
    } /* i */
    }
```

3. $Y = W^{-1}g$ 的计算

此处 $W = D/\omega + L$，即为包含对角元素除以 $\omega$ 后的下三角矩阵，程序代码如下 (a、n、k 为全局数组，g0 为调用时传入，yk 为结果向量)：

```
/************************************************/
/* 下三角方程的解 y=g0/W                          */
/************************************************/
void solve_l(double **g0,double **yk)
{
/************************************************/
/* operation of lower triangle                  */
for (i=1;          i<= n1;               i++)
{
/* 对角子矩阵                                     */
ji=n[i][1];
for (j=1; j<= 6; j++)
{
i0=(j-1)*6+j;
yk[i][j]=g0[i][j]/a[ji][i0]; //diagonal
for (l=j+1; l<= 6; l++)
{
i0+=6;
g0[i][l] -= a[ji][i0]*yk[i][j];    //D-1(F-AXi)
} /* l */
```

```
    } /* j */
    /* 非对角元素                                        */
    for (j=n[i][1]+1; j<= n[i][1]+n[i][2]-1; j++)
    {
    i1=k[j];
    for (l=1;   l<= 6;  l++)
    {
    i0=l;
    for (l1=1; l1<= 6; l1++)
    {
    g0[i1][l] -= a[j][i0]*yk[i][l1];
    i0 +=6;
    } /* l1 */
    } /* l  */
    } /* j  */
    } /* i  */
}
```

4. $Y = W^{-\mathrm{T}}g$ 的计算

下三角刚度矩阵与向量的乘积 (a、n、k、$k_1$ 为全局数组，g0 为调用时输入，yk 为结果向量)：

```
/***************************************************/
/* 上三角方程的解 y=g0/WT                            */
/***************************************************/
void solve_u(double **g0,double **yk)
{
/***************************************************/
/* operation of up triangle                        */
/* 最后一个子矩阵                                    */
ji=n[n1][1];
for (j=6; j>= 1; j--)
{
c1=0.0;
for (l=j+1; l<= 6; l++)
{
```

```
    i0=(j-1)*6+l;
    g0[n1][j] -= a[ji][i0]*yk[n1][l];    //D-1(F-AXi)
    } /* l */
   yk[n1][j]=(g0[n1][j])/a[ji][(j-1)*6+j]; //对角
    } /* j */
    /* 1～～n1-1 个方程                                  */
    for (i=n1-1;        i>= 1;                i--)
    {
    for (j=n[i][1]+1; j<= n[i][1]+n[i][2]-1; j++)
    {
    if (k1[j] == 0) goto c002;
    i1=k[j];
    i0=0;
    for (l=1;   l<= 6;  l++)
    {
    for (l1=1; l1<= 6; l1++)
    {
    i0++;
    g0[i][l] -= a[j][i0]*yk[i1][l1];
    } /* l1 */
    } /* l */
c002:;
    } /* j */
    /* 对角元素                                        */
    ji=n[i][1];
    for (j=6; j>= 1; j--)
    {
    for (l=j+1; l<= 6; l++)
    {
    i0=(j-1)*6+l;
    g0[i][j] -= a[ji][i0]*yk[i][l];    //D-1(F-AXi)
    } /* l */
        yk[i][j]=g0[i][j]/a[ji][(j-1)*6+j]; //对角
    } /* j */
    } /* i */
```

```
/************************************************/
}
```

### 6.3.3 JPCG 代码

石根华的原程序中给出了 SOR 迭代的源代码，此处只给出 JPCG 法的源代码。

函数 djpcg20( ) 为 JPCG 解法器源代码，所有的输入量都为全局变量，求解结果保存在 z[ ] 数组中。

```
/************************************************/
/* djpcg20: Jacobi_PCG interation equation solver */
/************************************************/
void djpcg20()
{
void invr();
void DF_Ax(double **xx,double **Ax,long n71,long n81);
void in_product(double **r100,double **p100,double *product,long
    n71,long n81);

double **Ax,**z0,**pk,alfk,batak;
double dlt0,dlt1;
    if (k6 == 1)  fprintf(f10,"---20000--- \n");
    /*---------------------------------------------*/
    n7=n1+1;
    n8=7;
    Ax =(double **)malloc(sizeof(double *)*n7);
    for(i=0;i<n7;++i) Ax[i]=(double *)malloc(sizeof(double)*n8);
    z0 =(double **)malloc(sizeof(double *)*n7);   //z
    for(i=0;i<n7;++i) z0[i]=(double *)malloc(sizeof(double)*n8);
    pk =(double **)malloc(sizeof(double *)*n7);   //p
    for(i=0;i<n7;++i) pk[i]=(double *)malloc(sizeof(double)*n8);
dlt0=0;
dlt1=0;
/* r0=b-ax0                              */
DF_Ax( z,Ax,n1+1,7);   //az=ax
    /* initial value of free term    r0=b-ax                */
```

```
    for (i=1; i<= n1; i++)
    {
    for (j=1; j<= 6;  j++)
    {
    r[i][j] = f[i][j]+c0[i][j]-Ax[i][j];
    } /*  j  */
    } /*  i  */
    /**************************************************/
    /*  inverse of diagonal 6*6 submatrices v=M-1 forJ-PCG   */
for (i=1; i<= n1; i++)
     {
     i1=n[i][1];
     ji=0;
     for (j=1; j<= 6;  j++)
     {
     for (l=1; l<= 6;  l++)
     {
     ji++;
     q[j][l]=a[i1][ji];
     }  /*  l  */
     }  /*  j  */
     invr();
     /*-----------------------------------------------*/
     ji=0;
     for (j=1; j<= 6; j++)
     {
     for (l=1; l<= 6; l++)
     {
     ji++;
     v[i][ji]=e[j][l];
     }  /*  l  */
     }  /*  j  */
     }  /*  i  */
     /**************************************************/
     /*  z0=1/M*r0                        */
```

```
      /* operation of diagonal terms                          */
for (i=1; i<= n1; i++)
      {
      i0=0;
      for (j=1; j<= 6; j++)
      {
 z0[i][j]=0.0;
      for (l=1; l<= 6; l++)
      {
      i0++;
      z0[i][j] += v[i][i0]*r[i][l];    //D-1(F-AXi)
      } /* l */
 pk[i][j]=z0[i][j];
      } /* j */
 } /* i */
      /* start new iteration                                 */
      /* e1:solution error          e2:sum of solutions */
      i5=0;
 in_product(r,z0,&dlt0,n1,6);
 if(dlt0<1.0e-20)  goto c004;
c001:;                              //iteration
     e1=0;
     e2=0;
 /***************************************************/
 DF_Ax( pk,Ax,n1+1,7);   //az=apk
 in_product(pk,Ax,&dlt1,n1,6);
 alfk=dlt0/dlt1;
      for (i=1; i<= n1; i++)
      {
      for (j=1; j<= 6;  j++)
      {
      a1 =  z[i][j]+alfk*pk[i][j];  //
      e1 += fabs(a1-z[i][j]);
      e2 += fabs(a1);
      z[i][j] = a1;
```

```
r[i][j] = r[i][j]-alfk*Ax[i][j];   //r(k+1)=r(k)-alfk*A*p(k)
      } /* j */
      } /* i */
      /*----------------------------------------------*/
      /* z(k+1)=M-1*r(k+1)                            */
      for (i=1; i<= n1; i++)
      {
      i0=0;
      for (j=1; j<= 6; j++)
      {
      z0[i][j]=0;
      for (l=1; l<= 6; l++)
      {
      i0++;
      z0[i][j] += v[i][i0]*r[i][l];    //D-1(F-AXi)
      } /* l */
      } /* j */
      } /* i */
      /*----------------------------------------------*/
  in_product(r,z0,&dlt1,n1,6);
 batak=dlt1/dlt0;
      for (i=1; i<= n1; i++)
      {
      for (j=1; j<= 6;  j++)
      {
      pk[i][j] = z0[i][j]+batak*pk[i][j];   //p(k+1)=z(k+1)+batak
                                                    *p(k)
      } /* j */
      } /* i */
      /***********************************************/
      /* error and branch of iteration                */
      i5=i5+1;
      e1= e1/(e2+.00000000001);
      /* if (i5%20 == 0) fprintf(f10,"it %6d %lf \n",i5,e1); */
      if (e1 <.00000001) goto c004;
```

```
        if (dlt1 <1.0e-20) goto c004;
    dlt0=dlt1;
        /*-------------------------------------------------*/
        if (0==0) goto db0001;
        fprintf(fl0,"i5== %6d %14.5e  e1== %14.5e \n",i5,dlt1,e1);
    for(i=1;i<=n1;i++)
    {
        fprintf(fl0,"block no: %d  ",i);
        fprintf(fl0,"%13.5e %13.5e %13.5e  ",z[i][1],z[i][2],z[i]
            [3]);
        fprintf(fl0,"%13.5e %13.5e %13.5e \n ",z[i][4],z[i][5],z[i]
            [6]);
        /*-------------------------------------------------*/
        }  /*  i  */
  db0001:;
        /* goto next iteration                            */
        goto c001;
   c004:;
        /* release Ax */
        n7=n1+1;
        for(i=0; i<n7; ++i) free((double *)Ax[i]);
        free((double *)Ax);
        for(i=0; i<n7; ++i) free((double *)z0[i]);
        free((double *)z0);
        for(i=0; i<n7; ++i) free((double *)pk[i]);
        free((double *)pk);
        fprintf(fl0,"end%6d %14.5e e1== %14.5e \n",i5,dlt1,e1);
        /* fprintf(fl0,"end %6d \n",i5); */
        /*-------------------------------------------------*/
        }
```

## 6.4　各种方法的计算效率比较

目前的 DDA 程序中已有五种方程求解器，石根华原程序中自带三角分解法 (直接解法) 和 SOR 法，本书作者开发了 JPCG 法和 SSOR-PCG 法，另外依托程序开发工具的库函数，初步实现了单机多核的方程求解并行。本节采用两个算例对比分析各种方法的求解效率。

如上几个方程求解方法中，SOR、JPCG、SSOR-PCG 都为迭代法，需要设置结束迭代的误差控制标准，几种方法只有设置相同的误差控制标准，才可以对比计算效率。DDA 原程序中的 SOR 法结束迭代的标准有两个，除了误差标准外，还强制在迭代次数大于 200 时停止迭代，计算结果表明，这种强制停止迭代的方式会对某些问题的求解带来不可容忍的计算误差。

参照 DDA 原程序中的迭代误差控制标准，参与对比的三个方法的误差控制按如下方法进行：

$$
\begin{aligned}
&e_1 = \left\|x^{k+1} - x^k\right\| \\
&e_2 = \left\|x^{k+1}\right\| \\
&\delta = \frac{e_1}{e_2} \leqslant 1.0 \times 10^{-8}
\end{aligned} \tag{6-32}
$$

根据式 (6-28) 和式 (6-31)，JPCG 和 SSOR-PCG 还设置了另外的一个误差控制标准：

$$
\text{JPCG:} \quad \delta = \left(r^k, z^k\right) \leqslant 1.0 \times 10^{-20} \tag{6-33}
$$

$$
\text{SSOR-PCG:} \quad \delta = \left(y^k, Vy^k\right) \leqslant 1.0 \times 10^{-20} \tag{6-34}
$$

实际计算中发现式 (6-33)、式 (6-34) 的误差控制标准要高于式 (6-32)。

计算中一般按式 (6-32) 的误差控制标准停止迭代。

为了进一步比较各方法收敛速度与计算误差，在结束方程求解后按下式计算总体误差：

$$
\delta = \|Ax - F\| \tag{6-35}
$$

式中，$A$ 为方程的总系数矩阵，$x$ 为方程的解，$F$ 为方程右端自由项，当方程解 $x$ 为精确解时 $\delta = 0$。

**例 6-1** 上下两板之间的受压块。

将矩形受压块放置于上下两块板之间，几何尺寸见图 6-1，下部板的底端约束，上部板的顶部作用有向下的压力。将受压块切割成不同的计算模型，单元数分别为 256、1024、1600、2500、6400。

通过块体不同密度的网格剖分计算块体应力，测试不同求解器的求解效率和求解精度。用原有的直接解法 (三角分解法)、SOR 迭代法和本书作者开发的 JPCG 法、SSOR-PCG 法、单机多核并行直接解法进行计算。计算参数见表 6-4，计算如下三种工况：

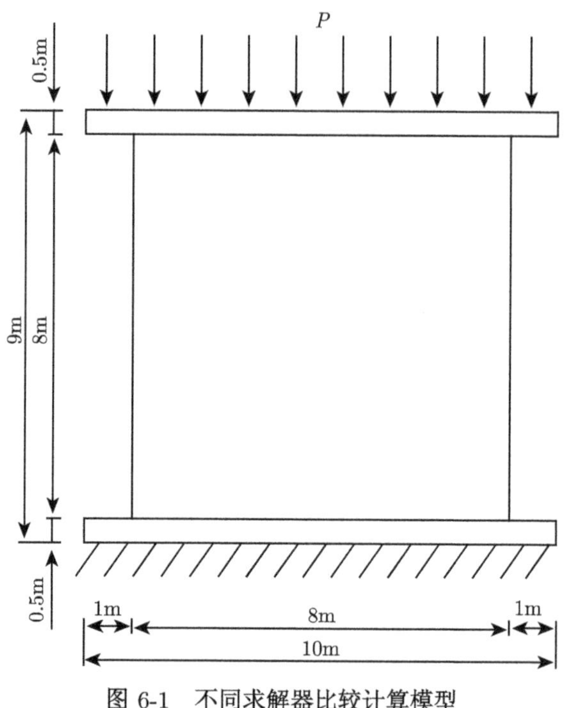


图 6-1　不同求解器比较计算模型

(1) 用相同的几何模型 (1024 块体)、不同的 $\Delta t$ 研究对角优势不同的条件下各求解方法的求解效率；

(2) 相同 $\Delta t = 0.1\text{s}$、不同模型 (不同单元个数) 条件下各种求解方法的耗时比较；

(3) 采用 1024 块体模型，比较不同求解方法在相同的计算步数时的总体误差，误差按式 (6-35) 计算。

**表 6-4　计算参数**

| 计算参数 | | 材料参数 | |
|---|---|---|---|
| 动力计算系数 | 0.0 | 弹模 | 10GPa |
| 方程求解次数 | 100 | 泊松比 | 0.2 |
| 最大位移比 | 0.001 | 密度 | $2.5\times10^3\text{kg/m}^3$ |
| 最大时间步长 | 0.01 | $x$ 向体积力 | 0 |
| 接触刚度 | 10GPa | $y$ 向体积力 | 0 |
| | | 虚拟节理摩擦角 | 80° |
| | | 虚拟节理粘聚力 | 100MPa |
| | | 虚拟节理抗拉强度 | 100MPa |

测试采用的计算机参数为 CPU i7-4770 4 核心，频率 3.4Hz，内存 16G。

为测试不同时间步长时各求解器的求解效率，采用 1024 块体模型，用不同求解器求解了 100 次，各求解器消耗的 CPU 时间见表 6-5。由 DDA 方程可知，时间步长 $\Delta t$ 的取值影响到方程系数矩阵对角线值，取较小的 $\Delta t$ 会增大矩阵的对角优势，提高迭代法的收敛速度，而对直接解法无影响，表 6-5 的结果说明了这一点。当取时间步长为 $\Delta t = 0.00001\text{s}$ 时，SOR 法收敛最快，直接解法耗时最长，随着 $\Delta t$ 的增大，迭代法耗时不断增大，直接解法耗时不但不变甚至减小。当 $\Delta t \geqslant 0.004\text{s}$ 时，JPCG、SSOR-PCG 耗时均明显小于 SOR，SSOR-PCG 要优于 JPCG，但都比并行效率低。

**表 6-5　1024 块体模型不同时间步长求解 100 次所需时间**　(单位：s)

| 时间步长 | SOR | JPCG | SSOR-PCG | 4 核并行 |
|---|---|---|---|---|
| 0.00001 | 0.934 | 0.936 | 1.123 | 4.126 |
| 0.002 | 1.199 | 1.457 | 1.271 | 3.089 |
| 0.004 | 13.106 | 4.653 | 3.962 | 2.930 |
| 0.006 | 27.341 | 6.622 | 4.959 | 3.075 |
| 0.008 | 45.759 | 8.462 | 6.252 | 3.369 |
| 0.01 | 71.633 | 10.052 | 7.614 | 2.265 |

表 6-6 为不同块体数时各方法求解 100 次时的求解耗时 ($\Delta t = 0.1\text{s}$)，可以看出 JPCG 和 SSOR-PCG 的求解效率明显高于 SOR 法，块数越多优势越明显，块数大于等于 1600 时，共轭梯度法的耗时只有 SOR 法的 1/10，SSOR-PCG 法优于 JPCG 法。效率最高的仍然是并行算法。不同计算规模时各方程解法的比较见表 6-6。

**表 6-6　不同计算规模时各方程解法的比较**

<table>
<tr><th rowspan="2">计算规模<br>(块体数)</th><th rowspan="2">自由度</th><th colspan="4">求解 100 次所用时间/s</th><th rowspan="2"></th></tr>
<tr><th>SOR</th><th>JPCG</th><th>SSOR-PCG</th><th>4 核并行</th></tr>
<tr><td>256</td><td>1536</td><td>4.975</td><td>1.359</td><td>1.078</td><td>0.553</td><td rowspan="5">型号 CPU<br>频率内存</td></tr>
<tr><td>1024</td><td>6144</td><td>71.633</td><td>10.052</td><td>7.614</td><td>2.265</td></tr>
<tr><td>1600</td><td>9600</td><td>160.873</td><td>18.662</td><td>13.213</td><td>3.419</td></tr>
<tr><td>2500</td><td>15000</td><td>397.417</td><td>37.746</td><td>27.105</td><td>6.733</td></tr>
<tr><td>6400</td><td>38400</td><td>2488.45</td><td>155.418</td><td>104.753</td><td>18.647</td></tr>
</table>

图 6-2 为不同方法求解精度的比较，即按式 (6-35) 求得的绝对误差随 DDA 迭代次数的变化。由图可见各方法随迭代次数增大误差减小，各方法的误差规律与求解效率相同，直接并行法误差最小，SSOR-PCG 法次之，SOR 法误差最大。

通过本算例可以看出，单 CPU 迭代法中 SSOR-PCG 效率和精度均最高，但都低于并行求解。可见并行化是 DDA 提高效率的必由之路。

**例 6-2**　实际边坡变形分析。

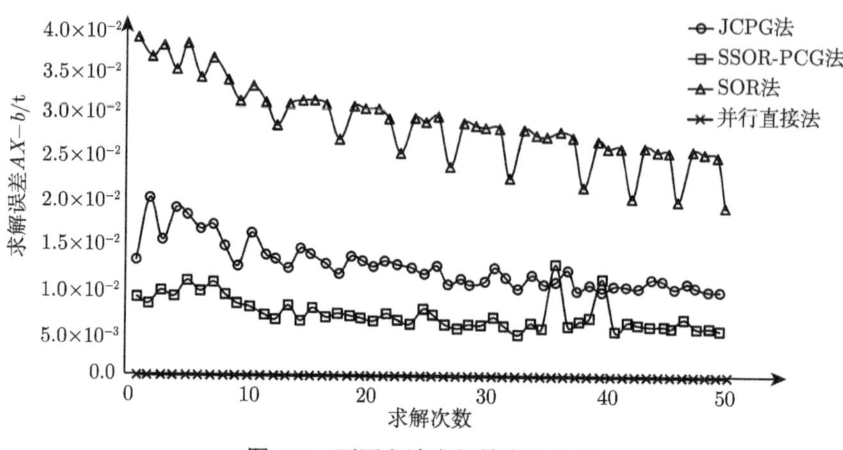


图 6-2　不同方法求解精度的比较

以某实际边坡为例测试各种求解器的求解效率。某边坡如图 6-3 所示，以调查及统计的构造信息对边坡进行块体切割，形成的计算几何模型见图 6-4。该模型中大块、小块的几何尺寸相差悬殊，最大、最小边长相差巨大，几个主要几何指标

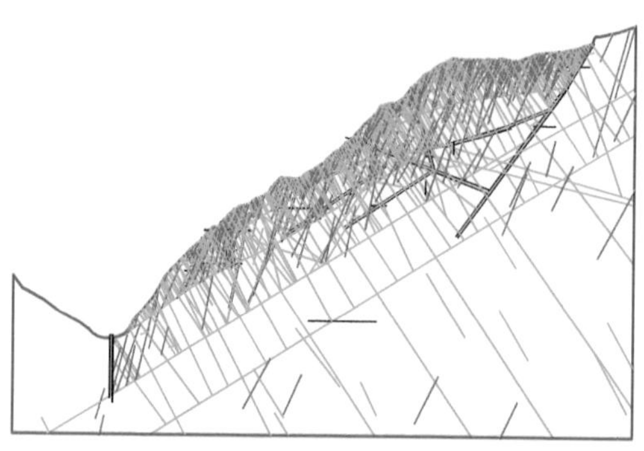

图 6-3　边坡几何图形

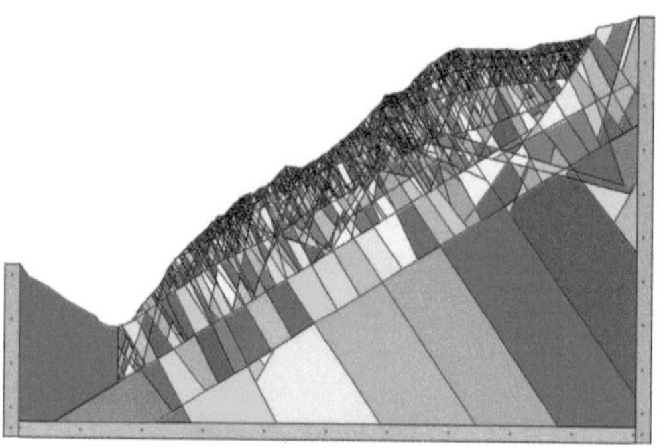

图 6-4　某边坡几何模型

的统计见表 6-7。表中最小边长与 $w_0$ 的比例决定了接触搜索的容差，最大、最小内角会较大地影响接触的开闭迭代收敛速度，最大、最小块的比值会影响方程的形态，从而影响迭代法求解的效率。

**表 6-7 某边坡计算模型几何指标统计**

| 指标 | 数值 |
|---|---|
| 计算窗口半高 $w_0$/m | 663.22 |
| 最大块体体积/$m^3$ | 117458.78 |
| 最小块体体积/$m^3$ | 0.0038 |
| 总体积/$m^3$ | 1160394.74 |
| 最大边长/m | 1562.25 |
| 最小边长/m | 0.08 |
| 最大内角/(°) | 355.92 |
| 最小内角/(°) | 0.71 |

各种求解方法求解方程 100 次的 CPU 耗时见表 6-8。对于这个相对比较复杂、大小块相对悬殊的问题，SSOR-PCG 没有了优势，求解速度比 JPCG、LU 都差，仅略优于 SOR 法。

**表 6-8 真实边坡模型求解 100 次的耗时**

| 计算规模(块体数) | 自由度 | 求解 100 次所用时间/s | | | |
|---|---|---|---|---|---|
| | | SOR | JPCG | SSOR-PCG | 4 核并行 |
| 5891 | 35346 | 550.32 | 116.62 | 402.69 | 238.51 |

## 6.5 本章小结

本章介绍了 SOR、JPCG、SSOR-PCG 和三角分解四种线性方程组求解方法的基本原理，其中 SOR 法和三角分解法是原 DDA 已有的方法。基于原 DDA 程序的数据格式，介绍了四种方法的具体方程求解方法，并编制了程序，利用一个标准块体的不同密度网格的切割模型和某实际工程计算模型，对几种方法的计算效率、计算精度进行测试比较，测试了不同的时间步长对计算效率的影响。结果表明，对于相对规则的问题，在时间步长不是很小的情况下，SSOR-PCG 法具有最好的求解效率，当 $\Delta t \geqslant 0.004$s 时求解耗时排序为：并行 <SSOR-PCG<JPCG<SOR。

改变 $\Delta t$ 的计算结果表明，迭代类方程求解方法的求解速度与时间步长关系密切，随着时间步长的减小，系数矩阵的对角优势加大，迭代类求解的收敛速度加快。而直接解法基本不受 $\Delta t$ 取值的影响。

对于实际工程问题，各种方法的求解效率与规则块体算例有所区别，SSOR-PCG 法不再具有优势，甚至效率低于三角分解法，JPCG 法速度最快，分析认为实际问题由于块体尺寸相差悬殊，形成的整体方程的系数矩阵呈一定程序的病态，JPCG 法更适合于病态方程。SOR 法仍然是效率最差的迭代法。

算例中还给出了求解器并行耗时结果，并行对提高方程求解效率、缩短求解时间效果显著，具体效率提高幅度取决于采用的 CPU 个数。

试验性并行表明，SSOR-PCG 的并行效果较差，JPCG 可得到更好的并行度，下一步求解器改进重点应该是 JPCG 求解器的并行。

## 参考文献

[1] 冯康. 数值计算方法. 北京: 国防工业出版社, 1978.

[2] 郑起, 张建海. 预处理共轭梯度法在岩土工程有限元中的应用. 2007, 26(1): 2820-2826.

[3] 付晓东, 盛谦, 张勇慧, 等. 非连续性变形分析 (DDA) 线性方程组的高效求解算法. 岩石力学, 2016, 37(4): 1171-1178.

[4] 林绍忠. 对称逐步超松弛预处理共轭梯度法的改进迭代格式. 数值计算与计算机应用, 1997, (4): 266-270.

# 附录 1　单纯形积分

## 附 1.1　形函数乘积的积分计算

在第 1 章惯性力部分公式推导中出现了一个积分公式:

$$\iint [T_i]^{\mathrm{T}} [T_i] \,\mathrm{d}x\mathrm{d}y \tag{附 1-1}$$

式中

$$[T_i] = \begin{bmatrix} 1 & 0 & -(y-y_0) & x-x_0 & 0 & (y-y_0)/2 \\ 0 & 1 & x-x_0 & 0 & y-y_0 & (x-x_0)/2 \end{bmatrix}$$

则式 (附 1-1) 为一 6×6 子矩阵。

令

$$\tilde{x} = x - x_0$$
$$\tilde{y} = y - y_0$$

则式 (附 1-1) 中的积分函数可表达为

$$[T_i(x,y)]^{\mathrm{T}} [T_i(x,y)] = \begin{bmatrix} 1 & 0 \\ 0 & 1 \\ -\tilde{y} & \tilde{x} \\ \tilde{x} & 0 \\ 0 & \tilde{y} \\ \tilde{y}/2 & \tilde{x}/2 \end{bmatrix} \begin{pmatrix} 1 & 0 & -\tilde{y} & \tilde{x} & 0 & \tilde{y}/2 \\ 0 & 1 & \tilde{x} & 0 & \tilde{y} & \tilde{x}/2 \end{pmatrix}$$

$$= \begin{bmatrix} 1 & 0 & -\tilde{y} & \tilde{x} & 0 & \tilde{y}/2 \\ 0 & 1 & \tilde{x} & 0 & \tilde{y} & \tilde{x}/2 \\ -\tilde{y} & \tilde{x} & \tilde{y}^2+\tilde{x}^2 & -\tilde{y}\tilde{x} & \tilde{x}\tilde{y} & -\tilde{y}^2/2+\tilde{x}^2/2 \\ \tilde{x} & 0 & -\tilde{y}\tilde{x} & \tilde{x}^2 & 0 & \tilde{x}\tilde{y}/2 \\ 0 & \tilde{y} & \tilde{x}\tilde{y} & 0 & \tilde{y}^2 & \tilde{y}\tilde{x}/2 \\ \tilde{y}/2 & \tilde{x}/2 & -\tilde{y}^2/2+\tilde{x}^2/2 & \tilde{x}\tilde{y}/2 & \tilde{y}\tilde{x}/2 & \tilde{y}^2/4+\tilde{x}^2/4 \end{bmatrix} \tag{附 1-2}$$

式中，$(x_0, y_0)$ 是块体 $i$ 的重心坐标。令

$$\begin{cases} S = \iint \mathrm{d}x\mathrm{d}y \\ S_x = \iint x\mathrm{d}x\mathrm{d}y \\ S_y = \iint y\mathrm{d}x\mathrm{d}y \end{cases} \tag{附 1-3}$$

则

$$\begin{cases} x_0 = \dfrac{S_x}{S} \\ y_0 = \dfrac{S_y}{S} \end{cases} \tag{附 1-4}$$

将式 (附 1-2) 代入式 (附 1-1) 进行积分计算时，除了会出现式 (附 1-3) 的一阶积分外，还会出现二阶积分。令

$$\begin{cases} S_{xx} = \iint x^2\mathrm{d}x\mathrm{d}y \\ S_{yy} = \iint y^2\mathrm{d}x\mathrm{d}y \\ S_{xy} = \iint xy\mathrm{d}x\mathrm{d}y \\ S_1 = \iint \left(x^2 - x_0x\right)\mathrm{d}x\mathrm{d}y = S_{xx} - x_0S_x \\ S_2 = \iint \left(y^2 - y_0y\right)\mathrm{d}x\mathrm{d}y = S_{yy} - y_0S_y \\ S_3 = \iint \left(xy - x_0y\right)\mathrm{d}x\mathrm{d}y = S_{xy} - x_0S_y \end{cases} \tag{附 1-5}$$

式 (附 1-1)、式 (附 1-2) 中的积分可用式 (附 1-3)~式 (附 1-5) 表示：

$$
\left\{\begin{aligned}
\iint \tilde{x}\mathrm{d}x\mathrm{d}y &= \iint (x-x_0)\mathrm{d}x\mathrm{d}y \\
&= \iint x\mathrm{d}x\mathrm{d}y - x_0\iint \mathrm{d}x\mathrm{d}y \\
&= S_x - x_0 S = 0 \\
\iint \tilde{y}\mathrm{d}x\mathrm{d}y &= \iint (y-y_0)\mathrm{d}x\mathrm{d}y \\
&= \iint y\mathrm{d}x\mathrm{d}y - y_0\iint \mathrm{d}x\mathrm{d}y \\
&= S_y - y_0 S = 0 \\
\iint \tilde{x}^2\mathrm{d}x\mathrm{d}y &= \iint (x-x_0)^2\mathrm{d}x\mathrm{d}y \\
&= \iint x^2\mathrm{d}x\mathrm{d}y - 2x_0\iint x\mathrm{d}x\mathrm{d}y + x_0^2\iint \mathrm{d}x\mathrm{d}y \\
&= S_{xx} - 2x_0 S_x + x_0^2 S \\
&= S_{xx} - x_0 S_x = S_1 \\
\iint \tilde{y}^2\mathrm{d}x\mathrm{d}y &= \iint (y-y_0)^2\mathrm{d}x\mathrm{d}y \\
&= \iint y^2\mathrm{d}x\mathrm{d}y - 2y_0\iint y\mathrm{d}x\mathrm{d}y + y_0^2\iint \mathrm{d}x\mathrm{d}y \\
&= S_{yy} - 2x_0 S_y + y_0^2 S \\
&= S_{yy} - x_0 S_y = S_2 \\
\iint \tilde{x}\tilde{y}\mathrm{d}x\mathrm{d}y &= \iint (x-x_0)(y-y_0)\mathrm{d}x\mathrm{d}y \\
&= \iint xy\mathrm{d}x\mathrm{d}y - x_0\iint y\mathrm{d}x\mathrm{d}y - y_0\iint x\mathrm{d}x\mathrm{d}y + y_0x_0\iint \mathrm{d}x\mathrm{d}y \\
&= S_{xy} - x_0 S_y - y_0 S_x + x_0 y_0 S \\
&= S_{xy} - x_0 S_y = S_3
\end{aligned}\right.
\tag{附 1-6}
$$

可得到矩阵积分解析解

$$
\iint [T_i]^{\mathrm{T}}[T_i]\,\mathrm{d}x\mathrm{d}y = \begin{bmatrix}
S & 0 & 0 & 0 & 0 & 0 \\
0 & S & 0 & 0 & 0 & 0 \\
0 & 0 & S_1+S_2 & -S_3 & S_3 & (S_1-S_2)/2 \\
0 & 0 & -S_3 & S_1 & 0 & S_3/2 \\
0 & 0 & S_3 & 0 & S_2 & S_3/2 \\
0 & 0 & (S_1-S_2)/2 & S_3/2 & S_3/2 & (S_1-S_2)/4
\end{bmatrix}
\tag{附 1-7}
$$

## 附 1.2 单纯形积分的定义

二维 DDA 的基本单元是任意多边形块体，这种块体可以是凸体，也可以是凹体，有时具有很复杂的平面形状，但有个共同的特点 —— 直边。前述各章节中用到大量的积分公式，基本形式为 $\iint x^{n_1}y^{n_2}\mathrm{d}x\mathrm{d}y$，这些积分是在 DDA 单元上进行的。有限元类的数值方法一般采用数值积分的方法，对于曲边单元可采用等参元数值积分。但采用任意不规则多边形作为基本单元的 DDA 法，难以直接采用数值积分的方法，况且数值积分是一种近似积分方法，累计误差可能会影响 DDA 的计算精度。为此石根华博士提出了“单纯形积分”法。

所谓单纯形是相应维度上最简单的形状，所有复杂形状都可以用单纯形的集合表示。例如，平面 (二维) 问题的单纯形是任意三角形，任意一个平面多边形都可以表现为多个三角形的组合。如附图 1-1(a) 所示的多边形 $P_1P_2\cdots P_5$ 可以分解成三个三角形 (附图 1-1(b)、(c))，可以在多边形之内或之外，另增加点 $P_0$，由 $P_0$ 向各顶点连线构成三角形 (附图 1-1(d))。因此三角形即是平面上的单纯形。

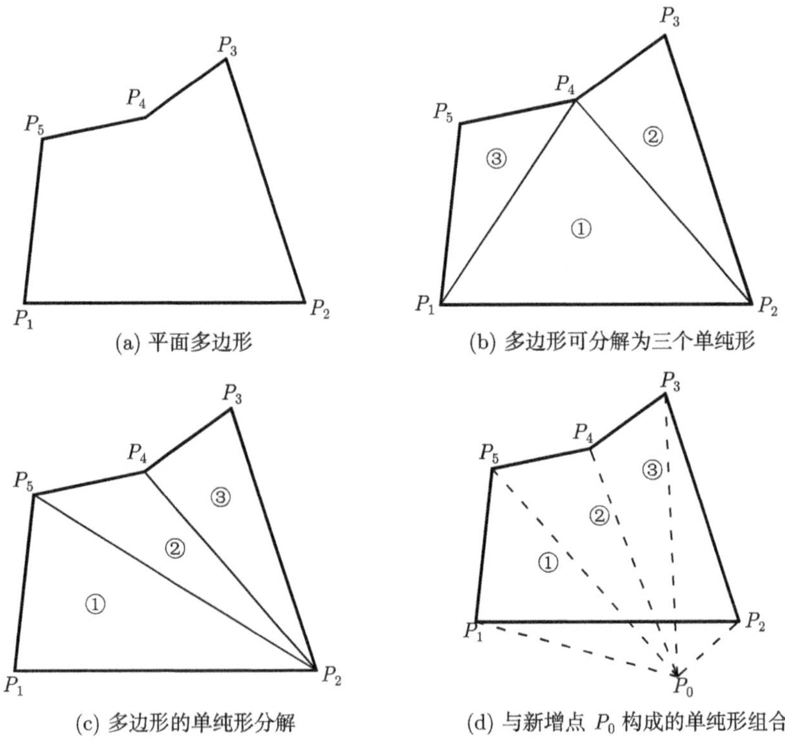


(a) 平面多边形　(b) 多边形可分解为三个单纯形

(c) 多边形的单纯形分解　(d) 与新增点 $P_0$ 构成的单纯形组合

附图 1-1 平面上多边形的单纯形分解

零维问题的单纯形为一个点，一维问题的单纯形为直线段，二维问题的单纯形为任意三角形，三维问题的单纯形为任意四面体 (见附图 1-2)。鉴于本书只涉及二维 DDA，此处只介绍二维单纯形积分。

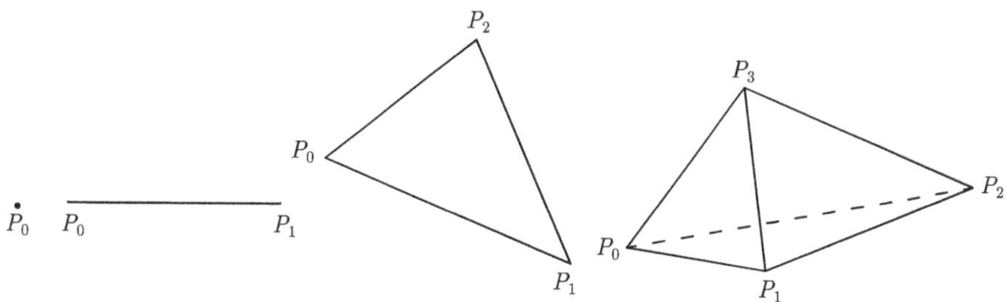


附图 1-2　零维、一维、二维、三维问题的单纯形

对于附图 1-2 中所示的平面三角形 $P_0P_1P_2$，三个顶点的转向满足右手定则，三角形的面积为

$$J=\frac{1}{2}\begin{vmatrix}1 & x_0 & y_0\\ 1 & x_1 & y_1\\ 1 & x_2 & y_2\end{vmatrix} \tag{附 1-8}$$

由于 $P_0P_1P_2$ 为一个有向三角形，当改变三点的转向为 $P_1P_0P_2$ 时，该单元形的面积为负，即

$$P_0P_1P_2=-P_1P_0P_2 \tag{附 1-9}$$

则二维单纯形积分定义为

$$\int_{P_0P_1P_2} f(x,y)\,D(x,y)=\mathrm{sign}(J)\iint_{P_0P_1P_2} f(x,y)\,\mathrm{d}x\mathrm{d}y \tag{附 1-10}$$

式中，$f(x,y)$ 为积分函数。

对于附图 1-1(a) 所示的多边形，$P_1$、$P_2$、$P_3$、$P_4$、$P_4$、$P_5$、$P_6$，$P_6=P_1$，图形中各点的转向符合右手定则 ($Ox\rightarrow Oy$)。设任一点 $P_0$ (附图 1-1(d))，则多边形面积为五个单纯形面积的代数和：$P_0P_1P_2$、$P_0P_2P_3$、$P_0P_3P_4$、$P_0P_4P_5$、$P_0P_5P_6$，即

$$P_1P_2P_3P_4P_5P_6=P_0P_1P_2+P_0P_2P_3+P_0P_3P_4+P_0P_4P_5+P_0P_5P_6 \tag{附 1-11}$$

令 $P_0$=(0,0)，则面积 $A$ 为

$$A=\frac{1}{2}\sum_{i=1}^{5}\begin{vmatrix}1 & x_0 & y_0\\ 1 & x_i & y_i\\ 1 & x_{i+1} & y_{i+1}\end{vmatrix}=\frac{1}{2}\sum_{i=1}^{5}\begin{vmatrix}x_i & y_i\\ x_{i+1} & y_{i+1}\end{vmatrix} \tag{附 1-12}$$

在附图 1-1(d) 中，三角形 $P_0P_1P_2$ 的面积为负，$P_0P_2P_3$、$P_0P_3P_4$、$P_0P_4P_5$、$P_0P_5P_6$ 的面积为正，这些三角形面积的代数和刚好为多边形 $P_1P_2P_3P_4P_5P_6$ 的面积。

## 附 1.3　二阶以下单纯形积分的计算

由第 1 章可知，DDA 积分中最基本的形式为

$$F = \iint x^{n_1} y^{n_2} \mathrm{d}x\mathrm{d}y \tag{附 1-13}$$

其中，$n = n_1 + n_2$ 为积分阶数。对于采用线性位移函数的 DDA，积分阶数 $n$=0,1,2，即 $n_1$=0～2，$n_2$=0～2，$n_1 + n_2$=0～2。而对于高阶 DDA，单纯形积分函数的阶数视采用的位移函数的阶数可能出现 $n>2$ 的情形。设平面上一个单纯形 $B$ 拥有三个顶点 $P_0$、$P_1$、$P_2$ (附图 1-3)：

$$P_0\text{：}(x_0, y_0)$$
$$P_1\text{：}(x_1, y_1)$$
$$P_2\text{：}(x_2, y_2)$$

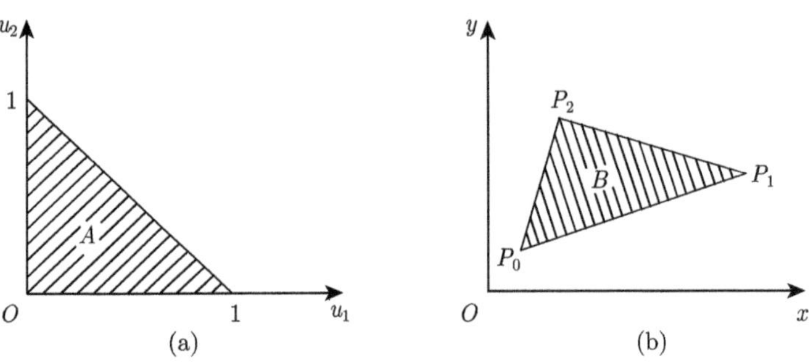


附图 1-3　平面上三角形的映射

存在一个正则三角形 $A$，满足 $u_0 + u_1 + u_2$=1，则在正则三角形 $A$ 上的任意阶积分可按下式求出 [1]：

$$\iint_A u_0^{i_0} u_1^{i_1} u_2^{i_2} \mathrm{d}u_1 \mathrm{d}u_2 = \frac{i_0! i_1! i_2!}{(i_0 + i_1 + i_2 + 2)!} \tag{附 1-14}$$

当 $i_0$=0 时，式 (附 1-14) 变为

$$\iint_A u_1^{i_1} u_2^{i_2} \mathrm{d}u_1 \mathrm{d}u_2 = \frac{i_1! i_2!}{(i_1 + i_2 + 2)!} \tag{附 1-15}$$

设正则三角形 $A$ 与单纯形 $B$ 存在映射关系：

$$\begin{cases} x = x_0 u_0 + x_1 u_1 + x_2 u_2 \\ y = y_0 u_0 + y_1 u_1 + y_2 u_2 \end{cases} \tag{附 1-16}$$

则在单纯形 $B$ 上的任意阶函数 $x^{n_1}y^{n_2}$ 的积分可按下式求出：

$$\iint_B x^{n_1}y^{n_2}\mathrm{d}x\mathrm{d}y = J\iint_A \left(\sum_{i=0}^{2} x_i u_i\right)^{n_1}\left(\sum_{i=0}^{2} y_i u_i\right)^{n_1}\mathrm{d}u_1\mathrm{d}u_2 \tag{附 1-17}$$

由上式可以求出零、一、二阶函数的单纯形积分如下：

$$\begin{aligned}
\int_{P_0P_1P_2} 1D(x,y) &= \mathrm{sign}(J)\iint_{P_0P_1P_2}\mathrm{d}x\mathrm{d}y + J\iint_{U_0U_1U_2}\mathrm{d}u_1\mathrm{d}u_2\\
&= J\frac{0!}{(0+2)!} = \frac{1}{2}J
\end{aligned}$$

$$\begin{aligned}
\int_{P_0P_1P_2} xD(x,y) &= \mathrm{sign}(J)\iint_{P_0P_1P_2} x\mathrm{d}x\mathrm{d}y\\
&= J\iint_{U_0U_1U_2}(x_0u_0+x_1u_1+x_2u_2)\,\mathrm{d}u_1\mathrm{d}u_2\\
&= J\frac{1!}{(1+2)!}(x_0+x_1+x_2)\\
&= \frac{1}{6}J(x_0+x_1+x_2)
\end{aligned}$$

$$\begin{aligned}
\int_{P_0P_1P_2} yD(x,y) &= \mathrm{sign}(J)\iint_{P_0P_1P_2} y\mathrm{d}x\mathrm{d}y\\
&= \frac{1}{6}J(y_0+y_1+y_2)
\end{aligned}$$

$$\begin{aligned}
\int_{P_0P_1P_2} x^2D(x,y) &= \mathrm{sign}(J)\iint_{P_0P_1P_2} x^2\mathrm{d}x\mathrm{d}y\\
&= J\iint_{U_0U_1U_2}(x_0u_0+x_1u_1+x_2u_2)^2\,\mathrm{d}u_1\mathrm{d}u_2\\
&= J\frac{2!}{(2+2)!}\left(x_0^2+x_1^2+x_2^2\right)\\
&\quad +J\frac{2!}{(2+2)!}(0+x_0x_1+x_0x_2+x_1x_0+0+x_1x_2+x_2x_0+x_2x_1+0)\\
&= J\frac{1}{24}(2x_0x_0+x_0x_1+x_0x_2+x_1x_0+2x_1x_1+x_1x_2\\
&\quad +x_2x_0+x_2x_1+2x_2x_2)
\end{aligned}$$

$$\begin{aligned}
\int_{P_0P_1P_2} y^2D(x,y) &= \mathrm{sign}(J)\iint_{P_0P_1P_2} y^2\mathrm{d}x\mathrm{d}y\\
&= J\frac{1}{24}(2y_0y_0+y_0y_1+y_0y_2+y_1y_0+2y_1y_1\\
&\quad +y_1y_2+y_2y_0+y_2y_1+2y_2y_2)
\end{aligned}$$

$$\int_{P_0P_1P_2} xyD(x,y) = \mathrm{sign}(J)\iint_{P_0P_1P_2} xy\mathrm{d}x\mathrm{d}y$$
$$= J\iint_{U_0U_1U_2}(x_0u_0+x_1u_1+x_2u_2)(y_0u_0+y_1u_1+y_2u_2)\,\mathrm{d}u_1\mathrm{d}u_2$$
$$= J\frac{2!}{(2+2)!}(x_0y_0+x_1y_1+x_2y_2)$$
$$+J\frac{1!}{(2+2)!}(0+x_0y_1+x_0y_2+x_1y_0+0+x_1y_2+x_2y_0+x_2y_1+0)$$
$$= J\frac{1}{24}(2x_0y_0+2x_1y_1+2x_2y_2+x_0y_1+x_0y_2$$
$$+x_1y_0+x_1y_2+x_2y_0+x_2y_1)$$
$$= J\frac{1}{24}(2x_0y_0+x_0y_1+x_0y_2+x_1y_0+2x_1y_1$$
$$+x_1y_2+x_2y_0+x_2y_1+2x_2y_2)$$

(附 1-18)

## 附 1.4　任意高阶二维单纯形积分计算

陈光齐等 [2] 给出了任意阶积分函数二维单纯形积分。

对于式 (附 1-17)，令

$$\begin{cases} x_0 = 0 \\ y_0 = 0 \end{cases} \tag{附 1-19}$$

则式 (附 1-17) 中的 $x^{n_1}$、$y^{n_2}$ 可以展开为

$$x^{n_1} = (x_1u_1+x_2u_2)^{n_1} = \sum_{k_1=0}^{n_1}\frac{n_1!}{k_1!\,(n_1-k_1)!}x_1^{n_1-k_1}x_2^{k_1}u_1^{n_1-k_1}u_2^{k_1}$$
$$y^{n_2} = (y_1u_1+y_2u_2)^{n_2} = \sum_{k_2=0}^{n_2}\frac{n_2!}{k_2!\,(n_2-k_2)!}y_1^{n_2-k_2}y_2^{k_2}u_1^{n_2-k_2}u_2^{k_2}$$

(附 1-20)

因此有

$$x^{n_1}y^{n_1} = \sum_{k_2=0}^{n_2}\sum_{k_1=0}^{n_1}\frac{n_1!}{k_1!\,(n_1-k_1)!}\frac{n_2!}{k_2!\,(n_2-k_2)!}x_1^{n_1-k_1}x_2^{k_1}y_1^{n_2-k_2}y_2^{k_2}u_1^{n_1+n_2-k_2-k_1}u_2^{k_1+k_2}$$

(附 1-21)

将式 (附 1-21) 代入式 (附 1-17) 得

$$\iint_B x^{n_1}y^{n_2}\mathrm{d}x\mathrm{d}y = 2J\sum_{k_2=0}^{n_2}\sum_{k_1=0}^{n_1}a(n_1,n_2,k_1,k_2)x_1^{n_1-k_1}x_2^{k_1}y_1^{n_2-k_2}y_2^{k_2} \tag{附 1-22}$$

其中

$$a(n_1,n_2,k_1,k_2)=\frac{n_1!n_2!}{(n_1+n_2+2)!}\frac{(n_1+n_2-k_1-k_2)!(k_1+k_2)!}{k_1!k_2!(n_1-k_1)!(n_2-k_2)!} \tag{附 1-23}$$

对于附图 1-1 所示的任意多边形，任意阶积分可按下式计算：

$$\iint_C x^{n_1}y^{n_2}\mathrm{d}x\mathrm{d}y=\sum_{i=1}^{n}\left(J_i\sum_{k_2=0}^{n_2}\sum_{k_1=0}^{n_1}a(n_1,n_2,k_1,k_2)x_1^{n_1-k_1}x_{i+1}^{k_1}y_i^{n_2-k_2}y_{i+1}^{k_2}\right) \tag{附 1-24}$$

式中，$J_i=x_iy_{i+1}-y_ix_{i+1}$，$n$ 为多边形边数。

对于式 (附 1-24)，求解参数 $a(n_1，n_2，k_1，k_2)$ (式 (附 1-23)) 成为关键。对于 $n_1$=0 或 $n_2$=0 的特殊情况，式 (附 1-22) 容易求得

$$\begin{cases}\displaystyle\iint_B x^{n_1}\mathrm{d}x\mathrm{d}y=\sum_{i=1}^{n}\frac{J_i}{(n_1+1)(n_2+2)}\sum_{k_1=0}^{n_1}x_i^{n_1-k_1}x_{i+1}^{k_1}\\ \displaystyle\iint_B y^{n_2}\mathrm{d}x\mathrm{d}y=\sum_{i=1}^{n}\frac{J_i}{(n_2+1)(n_2+2)}\sum_{k_2=0}^{n_2}y_i^{n_2-k_2}y_{i+1}^{k_2}\end{cases} \tag{附 1-25}$$

对于 $n_1\neq 0$ 及 $n_2\neq 0$ 的一般情况，陈光齐等在其论文中给出了一个简化算法。令

$$a(n_1,n_2,k_1,k_2)=A_1A_2A_3 \tag{附 1-26}$$

则

$$A_1=\frac{n_1!}{k_1!(n_1-k_1)!}=\begin{cases}\displaystyle\prod_{i=n_1-k_1+1}^{n_1}i\Big/\prod_{i=1}^{k_1}i, & k_1<n_1-k_1\\ \displaystyle\prod_{i=k_1+1}^{n_1}i\Big/\prod_{i=1}^{n_1-k_1}i, & k_1\geqslant n_1-k_1\end{cases}$$

$$A_2=\frac{n_2!}{k_2!(n_2-k_2)!}=\begin{cases}\displaystyle\prod_{i=n_2-k_2+1}^{n_2}i\Big/\prod_{i=1}^{k_2}i, & k_2<n_2-k_2\\ \displaystyle\prod_{i=k_2+1}^{n_2}i\Big/\prod_{i=1}^{n_2-k_2}i, & k_2\geqslant n_2-k_2\end{cases} \tag{附 1-27}$$

$$A_3=\frac{(n_{12}-k_{12})!k_{12}!}{(n_{12}+2)!}=\begin{cases}\displaystyle\prod_{i=1}^{k_{12}}i\Big/\prod_{i=n_{12}-k_{12}+1}^{n_{12}+2}i, & k_{12}<n_{12}-k_{12}\\ \displaystyle\prod_{i=1}^{n_{12}-k_{12}}i\Big/\prod_{i=k_{12}+1}^{n_{12}+2}i, & k_{12}\geqslant n_{12}-k_{12}\end{cases}$$

式中

$$\begin{cases}n_{12}=n_1+n_2\\ k_{12}=k_1+k_2\end{cases} \tag{附 1-28}$$

在编程序时可进一步采用下式：

$$\prod_{i=n_1}^{n_2} i \Bigg/ \prod_{j=k_1}^{k_2} j = \prod_{i=n_1}^{n_2} (i/\omega_i) \tag{附 1-29}$$

式中

$$\omega_i = \begin{cases} i - n_1 + k_1, & i - n_1 \leqslant k_2 - k_1 \\ 1.0, & i - n_1 > k_2 - k_1 \end{cases} \tag{附 1-30}$$

需要注意的是式 (附 1-29) 中的参数应满足如下条件，否则计算可能不收敛：

$$n_2 - n_1 \geqslant k_2 - k_1 \tag{附 1-31}$$

文献 [2] 用一个梯形块体上的高阶积分，将单纯形积分结果和有限元中采用的高斯积分结果与理论解进行了比较，最大阶数计算至 500，结果表明不管多少阶单纯形积分都给出了精确的结果。高斯积分的误差则随着积分函数阶数的增加而增加，500 阶时的相对误差可达 99.6%。

## 附 1.5　任意阶二维单纯形积分计算程序

文献 [2] 给出了任意阶二维单纯形积分计算程序：

```
double djiechen(int k1 , int  k2 , int n1, int n2)
{


   int i,nk;
   double s, k;
   nk=n1-k1;
   s=1.0;
   for(i=n1;i<n2;i++){
      k=i-nk;
      if(k>k2)k=1.0;
      s=s*i/k;
   }
   return(s);
}
double coefficient(int n1,int n2,int k1,int k2)
{
   int N12, K12, NK;
```

```
   double a;
   a=1.0;
   NK=n1-k1;
   if(k1< NK) a *=djiechen(1, k1,NK+1,n1);
else        a *= djiechen(1, NK,k1+1,n1);
NK=n2-k2;
if(k2<NK) a *= djiechen(1, k2,NK+1,n2);
else        a *= djiechen(1, NK,k2+1,n2);
N12=n1+n2;
K12=k1+k2;
NK=N12-K12;
if(k12<NK) a /= djiechen(1, k12,NK+1,N12+2);
else        a /= djiechen(1, NK,K12+1,N12+2);
   return(a);
}
void Allcoefficent (int n1,int n2, double **a)
{
   int k1,k2;

   for (k1=0;k1<=n1;k1++)
      for (k2=0;k2<=n2;k2++)
         a [k1][k2]=coefficient (n1,n2,k1,k2);
}
double sint (int n1,int n2,double x[ ],double y[ ], int N,double
             **a)
{
   double  s, J,s1;
   int  i , k1, k2;
   s=0.0;
   for(i=0;i<N;i++){
      J= x[i] * y[i+1]-x[i+1]*y[i];
      s1=0.0;
      for(k1=0;k1<=n1;k1++)
         for(k2=0;k2<=n2;k2++)
           s1=s1+a[k1][k2] * pow(x[i],n1-k1)*pow(x[i+1],k1)
```

```
                *pow(y[i], n2-k2)*pow(y[i+1],k2);
        s=s+s1*J;
    }
    return(s);
}
```

## 参考文献


[1] Shi G H. Simplex integration of mafold method and discontinuous peformation analysis. Proceedings of 1st International Conference on Analysis of Discontinuous Deformation, Edited Li J, Chang Li, Taiwan, China, Dec, 21~23, 1995: 1-25.

[2] Chen G Q, Ohnishi Y. Practical computing formulas of simplex integration. Proceedings of 3st International Conference on Analysis of Discontinuous Deformation, Edited by Amadei B., Vail, Colorado, USA, June 3-4, 1999.

# 附录 2　DDA2002 版使用说明

本部分内容来自石根华提供的用户说明 [1]。

## 附 2.1　生成线程序：DDA LINE(DLB)

程序 DLB 是程序 DCB 的预处理器。程序 DLB 能够产生节理线、隧洞边界以及定义整个计算区域的边界。这些节理是由每个节理组的平均间隔、平均长度、平均岩桥长度和平均随机度等统计数据产生的。

一般形状隧洞可以用几个简单的参数来定义。其他线也可以与统计生成的线一起直接定义。因此，直接定义块体的随机分布节理和边界线可以同时输入。

所有的节理、输入线、外边界和开挖隧洞都是由线段来表示的。每个线段由两个坐标为 $(x_1, y_1)$、$(x_2, y_2)$ 的终点定义。基于这些线段，下一个程序 DC 将为 DDA 计算生成块体。

框架限制了输入节理的区域。统计产生的节理在框架外、隧洞里被程序 DL 截断。

DL 程序的输入文件为 “dl*”；输出文件为 “lines” 和 “dlps”。文件 “lines” 是用于生成块体的程序 DC 的输入文件，文件 “dlps” 是用于形成块体的 postscript 文件，用于绘图。

下面列出了 DL 程序中所有的 C 语言输入语句，并对输入数据进行了说明。

(1) 输入数据文件的名称：

文件的名称在一个文件 ff.c 中定义，从该文件中读入保存 DL 输入数据的文件名，一般为 “dl**”。

```
fl0 = fopen ("ff.c","r");
printf("enter file name?");
scanf("%s",aa);
fclose(fl0);
```

(2) 下面将是该数据文件 (dl**) 内的输入数据。

1) 最小边长比 $e_0$，允许的最小边长与计算域高度一半的比值：

```
printf("minimum edge-node distance *e0(.05-. 001)?");
fscanf(fl1, "%lf', &e0);
```

2) 输入节理组数 $n_0$：

```
printf("enter joint set number");
fscanf(fl1, "%d", &n0);
```

3) 输入围成外边界线的点个数 $n_2$:

```
printf("enter number of nodes of outer boundary);
fscanf(fl1,"%d", &n2) ;
```

外边界围成一个凸多边形，所有统计生成的节理都应该在该多边形内。

4) 输入隧洞个数 $m_4$:

```
printf("enter tunnel number");
fscanf(fl1, "%d", &m4);
```

5) 输入附加线段条数 $m_3$:

```
printf("additional line number");
fscanf(fl1, "%d", &m3);
```

除了节理、外边界、洞室等定义计算几何数据外，可以直接输入线段，即可以输入那些非统计生成的线段。

6) 材料线数目 $n[4]$:

```
printf("material line number");
fscanf(fl1, "%d", &n[4]);
```

用于定义块体材料特性。那些被材料线穿过的块体将被分配材料线的材料序号。

7) 输入锚杆单元个数 $n[5]$:

```
printf("bolt element number");
fscanf(fl1, "%d", &n[5]);
```

8) 输入固定点数量 $n[6]$:

```
printf("fixed point number");
fscanf(fl1, "%d", &n[6]);
```

所有的约束点、给定位移点都定义为固定点。与时间相关的位移可以通过固定点定义。

9) 输入集中荷载点数量 $n[8]$:

```
printf("loading point number");
fscanf(fl1, "%d", &n[8]);
```

每个荷载点都应输入与时间相关的荷载。

10) 输入测点数量 $n[7]$:

```
printf("measured point number");
fscanf(fl1, "%d", &n[7]);
```

每个测量点的位移将会被输出。

11) 输入孔洞点的数量 $n[9]$:

```
printf("hole point number");
fscanf(fl1, "%d", &n[9]);
```

包含孔洞点的块体将被从块体系统中删除。

12) 输入节理的倾角及倾向，共 $n_0$ 行:

```
printf("joint dip, dip direction");
printf("dip d. clockwise from north" );
for (i=1; i<=n0; i++)
fscanf(fl1, "%lf  %lf", &u[i][1]), &u[i][2]);
/*i*/
```

倾角是一个节理所在平面和水平面的夹角，节理倾向是节理面所在平面法向向量在水平面上的投影与正北方向沿顺时针方向的夹角。此类数据的总组数为节理总组数 $n_0$。

13) 输入计算剖面的倾角及倾向，1 行:

```
printf("slope dip, dip direction");
fscanf(fl1, "%lf  %lf", &u[n0+1][1]), &u[n0+1][2]);
```

由于计算程序是二维的，块体生成和计算均在横剖面上进行，该计算剖面与空间的构造切割形成计算剖面的几何数据。该计算横剖面倾角和倾向定义与节理倾角和倾向定义一致。

14) 输入节理的特征数据，共 $n_0$ 行:

```
for(i=1;i<=n0;i++)
printf("average spacing, length, bridge, random(0-.5)%6d",i);
fscanf(fl1, "%lf  %lf  %olf  %lf,
&[u][i][6], &u[i][7], &u[i][8], &u[i][0]);
/*i*/
```

分别为节理的平均间距、长度、平均岩桥间距、随机分布数。随机分布数为 0~0.5，当为 “0” 时为无随机分布，当为 “0.5” 时则为全随机分布。

15) 输入每个外边界点的坐标，共 $n_2$ 行:

```
for(i=1;i<=n2;i++)
printf("x y of boundary node%d",i);
fscanf(fl1,"%lf %lf", &f[i+5][1], &f[i+5][2]);
/*i*/
```

输入每个边界角点坐标 $(x, y)$ 。

如下 16)~23) 为隧洞数据，共 $m_4$ 组。

16) 输入隧洞类型数：

```
for(ii=1;ii<=m4;ii++)
printf("tunnel shape number(0,1,2,3,4)?");
printf("0 means to input tunnel shape");
fscanf(fl1, "%lf", &h[ii][0]);
```

共有五种隧洞类型可选，数字 0 表示隧洞通过围成隧洞的线段输入，数字 1 表示椭圆形隧洞，数字 2 表示上拱下矩形的城门形隧洞，数字 3 表示带有切角的矩形隧洞，数字 4 表示底部扁平的圆形隧洞。

17) 椭圆形隧洞输入数据：

```
printf("horizontal& vertical radius a b 0 0");
fscanf(fl1, "%lf  %lf  %lf  %lf,
&h[ii][1], &h[ii][2], &h[ii][3], &h[ii][4]);
```

当隧洞类型数为 1 时，这是一个椭圆隧洞，输入数字 $a, b, 0, 0$，数字 $a$ 是水平半径 (半长轴)，数字 $b$ 是竖向半径 (半短轴)。

18) 城门形隧洞输入数据：

```
printf("horizontal vertical axis, arch height, rotation a b c r?");
fscanf(fl1, "%lf  %lf  %lf  %lf,
&h[ii][1], &h[ii][2], &h[ii][3], &h[ii][4]);
```

当隧洞类型数为 2 时是城门形隧洞，输入数字 $a, b, c, r$，$a$ 是水平宽度的一半，$b$ 是矩形高的一半，$c$ 是拱高，$r$ 是顶拱中心角。

19) 带有切角的矩形隧洞输入数据：

```
printf("horizontal vertical axes, corner height a b c 0?");
fscanf(fl1, "%lf  %lf  %lf  %lf",
&h[ii][1], &h[ii][2], &h[ii][3], &h[ii][4]);
```

当隧洞类型数为 3 时是一个带有圆角的矩形隧洞，输入四个数字 $a, b, c, 0$，$a$ 是矩形宽度的一半，$b$ 是矩形高度的一半，$c$ 是切角的高度。

20) 平底圆形隧洞输入数据：

```
printf("radius corner height 0 rotation a b 0 r ?");
fscanf(fl1, "%lf  %lf  %lf  %lf",
&h[ii][1], &h[ii][2], &h[ii][3], &h[ii][4]);
```

当隧洞类型数为 4 时是一个平底的圆形隧洞，输入数字 $a, b, 0, r$，$a$ 是圆的半径，$b$ 是平底长的一半，$r$ 是圆的中心角。

21) 当隧洞类型为 0 时，输入围成隧洞的线段数 $k_0$：

```
printf("number of segments k0(10-12)");
fscanf(fl1. "%d", &k0);
```

22) 当隧洞类型为 0 时，输入围成隧洞的线段顶点坐标:

```
printf("order of points is clock wise, start from top");
for(i=1: i<=2*k0;i++)
printf("enter coordinates x y of  %d points",i);
fscanf(fl1, "%lf  %lf", &d[j0+i][3], &d[j0+i][4]);
/*i*/
```

每个线段两个点，共需输入 $2k_0$ 个点坐标 $x, y$，从顶点开始，按顺时针排列。

23) 输入隧洞形心坐标 $(x, y)$:

```
printf("enter x y of tunnel center?");
fscanf(fl1,"%lf %lf", &h[ii][5], &h[ii][6]);
/*ii*/
```

至此隧洞相关数据输入完毕。

24) 输入附加线段端点坐标 ($x_1, y_1$、$x_2, y_2$) 及线的材料号 $n$，共 $m_3$ 行:

```
for(i=n1+1: i<=n1+m3: i++)
printf("x1 y1 x2 y2 n %5d",i);
fscanf(fl1, "%lf  %lf  %lf  %lf  %lf",
&a[i][1], &a[i][2], &a[i][3], &a[i][4], &a[i][5]);
/*i*/
```

25) 输入材料定义线端点坐标 ($x_1, y_1$、$x_2, y_2$) 及线的材料号 $n$，共 $n[4]$ 行:

```
for(i=1; i<=n[4]; i++)
printf("x1 y1 x2 y2 n of materials  %4d",i);
fscanf(fl1, "%lf  %lf  %lf  %lf  %lf",
&g0[i][1], &g0[i][2], &g0[i][3], &g0[i][4], &g0[i][5]);
/*i*/
```

输入材料线两个端点坐标 ($x_1, y_1$、$x_2, y_2$) 和材料号 $n$，被该材料线穿过的块体会拥有材料号 $n$。

26) 输入锚杆数据，每根锚杆输入一行:

```
for(i=1: i<=n[5]; i++)
printf("x1 y1 x2 y2 e0 t0 f0");
printf("bolt %6d",i);
fscanf(fl1, "%lf %lf", &g1[i][1], &g1[i][2]);
fscanf(fl1, "%lf %lf", &g1[i][3], &g1[i][4]);
fscanf(fl1, "%lf %lf %lf", &g1[i][5], &g1[i][6], &g1[i][7]);
/*i*/
```

$x_1, y_1$、$x_2, y_2$ 为锚杆的端点坐标，$e_0$，$t_0$，$f_0$ 分别为锚杆的弹性模量、抗拉强度、初应力。

27) 输入固定线数据，共 $n[6]$ 行：

```
for(i=1; i<=n[6]; i++)
printf("x1 y1 x2 y2 of");
printf("fixed lines %4d", i);
fscanf(fl1, "%lf  %lf  %lf  %lf",
&g[i][1], &g[i][2], &g[i][3], &g[i][4]);
/*i*/
```

输入固定线两个端点坐标 ($x_1, y_1$、$x_2, y_2$)，所有与本线相交的块体的边将被固定 (给定位移)。

28) 输入集中荷载点数据，共 $n[7]$ 行：

```
for(i=n[6]+1: i<=n[6]+n[7];:i++)
printf("x y of m. points %4d",i);
fscanf(fl1, "%lf  %lf", &g[i][1], &g[i][2]);
/*i*/
```

输入荷载点坐标 $(x, y)$，点荷载将作用于这些点。

29) 输入测量点数据，共 $n[9]$ 行：

```
for(i=n[6]+n[7]+ n[8]+1; i<=n[6]+n[7] +n[8] +n[9];i++)
printf("x y of h. points %4d",i);
fscanf(fl1, "%lf  %lf, &g[i][1], &g[i][2]);
/*i*/
```

输入测量点坐标 $(x, y)$，测量点位移将输出到文件 data 中。

30) 输入孔洞点坐标，共 $n[8]$ 行：

```
for(i=n[6]+n[7]+1; i<=n[6]+n[7] +n[8];i++)
printf("x y of l. points %4d",i);
fscanf(fl1, "%lf  %lf" &g[i][1], &g[i][2]);
/*i*/
```

输入每个孔洞点坐标 $(x, y)$。如果一个块体包含孔洞点，则该块体被移除。

(3) 运行线生成程序 DLB 后的结果文件。

运行 DLB 后生成三个文件：data、dcdt 和 dl.ps，data 文件存储计算过程中输入的一些中间数据、运行过程标识数据等。dcdt 为生成的结果文件，定义了 DDA 计算模型的几何数据，可以直接被块体切割程序 DC、DCB 调用，文件格式见后。dl.ps 为绘图文件。

# 附 2.2 块体切割程序：DDA CUT(DCB)

DC 程序是 DF 程序的预处理器，也称作二维块体切割程序。输入所有构成计算域边界的线段和计算域内不连续线段的两个终点坐标 $(x_1, y_1、x_2, y_2)$，这些线段会把平面切割成具有一般形状的独立块体组成的计算模型。通过运行 DC(或 DCB)，将输入的线段切割成块体，并生成计算约束条件、荷载点数据。

在计算完所有的交点之后，该程序将自动删除不能形成有限块体的死分支，这个过程叫作“砍树”。对于任何一组线段，包括那些从统计学上生成的线段，这个程序都能生成一般形状的独立块体。为了避免生成块体失败，可以设置输入线段比实际块体边界略长一些，这样可以保证所有块体都能生成。对于每个形成的块体，生成顺时针的有序顶点坐标以数字和图形的方式输出。

块体面积和其他几何特征量会被计算和保存。荷载点、固定点、测量点、孔洞点等特征点坐标以及包含这些点的块体信息均由该程序自动找到。

平面上随机线段的互相切割可能会生成非常短的边，不利于计算。DC 程序具备凝聚短边的功能，通过输入一个最小短边比，可以计算出允许最小边长，实际切割计算中小于允许最小边长的边将被合并。如果没有短边，则可以允许相对较大位移的计算。

DC 程序的输入文件是主要包含 $(x_1, y_1、x_2, y_2)$ 线段的文件，可以是 DC 程序的输出结果文件，也可以通过文本编辑器人工建立。输出文件有两个，“block”和“dcps”。文件“block”是块体几何信息，主要包含按顺时针旋转的块体顶点坐标，以及固定点、测量点、荷载点和孔洞点等数据，供 DDA 主程序计算使用。文件“dcps”包含了块体绘制信息。

**(1) 输入数据文件的名称。**

文件的名称在一个文件 ff.c 中定义，从该文件中读入保存 DC 输入数据的文件名，一般为“dc**”。

```
fl0 = fopen("ff.c","r");
printf("enter file name?");
scanf("%s", aa);
fclose(fl0);
```

**(2) 下面将是该数据文件 (dc**) 内的输入数据。**

1) 控制误差 $e_0$：

```
printf("minimum edge-node distance* e0(.05-.001)?");
fscanf(fl1, "%lf", &e0);
```

参数 $e_0$ 是控制误差，将 $e_0$ 乘以分析域半高即得到允许最小边长，如果某边的长度小于该允许最小边长将被简化为一个点。

2) 输入总线段数及边界线数 $m_1$、$m_2$:

```
printf("enter number of joint, boundary lines?");
fscanf(fl1, "%d  %d", &m1, &m2);
```

$m_1$ 为总线段条数，当边界线排在前边时，$m_2$ 为边界线条数。查看程序及计算表明，$m_2$ 不起作用。

3) 输入材料线条数 $n[4]$:

```
printf("enter the number of material lines?");
fscanf(fl1, "%d", &n[4]);
```

材料线条数，用来定义块体材料属性，任何被该线穿过的块体将被赋予本线定义的材料号。

4) 输入锚杆单元数 $n[5]$:

```
printf("enter the number of bolt elements?");
fscanf(fl1, "%d", &n[5]);
```

5) 输入固定线数 $n[6]$:

```
printf("enter the number of fixed lines?");
fscanf(fl1, "%d", &n[6]);
```

输入固定线数，与时间相关的位移可以通过固定点定义。一条固定线将会在本线与所有边的交叉点处产生固定点。

6) 输入集中荷载作用点数 $n[8]$:

```
printf("enter the number of loading points?");
fscanf(fl1, "%d", &n[8]);
```

输入荷载点数，对于每个点可以给定随时间变化的荷载值。

7) 输入测量点数 $n[7]$:

```
printf("enter the number of measured points?");
fscanf(fl1, "%d", &n[7]);
```

输入测量点数，每个测点的位移将被绘制出来。

8) 输入孔洞点数 $n[9]$:

```
printf("enter the number of hole points?");
fscanf(fl1, "%d", &n[9]);
```

输入孔洞点数，包含孔洞点的块体将被从块体网格中移除。

9) 输入构成线段顶点的坐标和材料号，共 $m_1$ 行:

```
printf("x1 y1 x2 y2 n of");
printf("lines
```

```
for(i=1; i<=m1; i++)
fscanf(fl1,"
&b[i][1], &b[i][2], &b[i][3], &b[i][4], &b[i][5]);
/*i*/
```

输入用于切割块体的每条线段的 $x_1, y_1$、$x_2, y_2$、$n$。在数据文件中，每条线段上的四个坐标值 ($x_1, y_1$、$x_2, y_2$) 和每个线段的节理材料号 $n$ 构成一行。线段可以比实际长度略长一点，以确保所需交点的存在。只要延长的线段不形成新块体，这个延长就是可行的。

10) 输入构成材料线的顶点坐标和材料号，共 $n[4]$ 行:

```
for(i=1: i<=n[4]; i++)
printf("x1 y1 x2 y2 n of");
printf("materials %4d",i);
fscanf(fl1, "%lf  %lf  %lf  % lf  %lf",
&g0[i][1], &g0[i][2], &g0[i][3], &g0[i][4], &g0[i][5]);
/*i*/
```

输入两个端点的坐标 ($x_1, y_1$、$x_2, y_2$)，以及每个材料线的材料号 $n$。该线穿过的块体会拥有相同的材料编号 $n$。

11) 输入锚杆数据，每个锚杆输入一行，共 $n[5]$ 行:

```
for(i=1: i<=n[5]; i++)
printf("x1 y1 x2 y2 e0 t0 f0");
printf("bolt  %4d",i);
fscanf(fl1, "%lf  %lf", &g1[i][1], &g1[i][2]);
fscanf(fl1, "%lf  %lf", &g1[i][3], &g1[i][4]);
fscanf(fl1, "%lf  %lf  %lf", &g1[i][7], &g1[i][8], &g1[i][9]);
/*i*/
```

输入 $x_1, y_1$、$x_2, y_2$、$e_0$、$t_0$、$f_0$，分别为锚杆两个端点的坐标、弹性模量、抗拉强度和预应力。

12) 输入固定线数据，每个固定线输入一行，共 $n[6]$ 行:

```
for(i=1: i<=n[6]; i++)
printf("x1 y1 x2 y2 of");
printf("fixed lines %4d",i);
fscanf(fl1, "%lf  %lf  %lf  % lf",
&g[i][1], &g[i][2], &g[i][3], &g[i][4]);
/*i*/
```

输入固定线两个端点坐标 ($x_1, y_1$、$x_2, y_2$)。被这条线穿过的块体将产生两个固定点。

在线性位移函数下，如果一个块体的两个点是固定的，连接这两个点的线就是固定的，且这个块体不能平移和转动，但是可以变形; 如果一个块的三个点是固定的，这个块是完全固定的，既不能平移转动，也不能变形 (应变)。时间相关的位移可以在每一个固定点上按时间序列输入。

13) 输入荷载点坐标，每个荷载点输入一行，共 $n[8]$ 行:

```
for(i=n[6]+n[7]+1; i<=n[6]+n[7]+n[8]; i++)
i1=i-n[6]-n[7];
printf("x y loading points %4d",i1);
fscanf(fl1, "%lf  %lf", &g[i][1], &g[i][2]);
/*i*/
```

输入荷载点坐标 $(x, y)$，点荷载将作用于这些荷载点，可以通过时间序列输入每个点的荷载随时间的变化过程。

14) 输入测量点坐标，每个测点输入一行，共 $n[7]$ 行:

```
for(i=n[6] +1; i<=n[6]+n[7]; i++)
i1=i-n[6];
printf("x y measured points %4d",i1);
fscanf(fl1, "%lf  %lf", &g[i][1], &g[i][2]);
/*i*/
```

输入测量点坐标 $(x, y)$。程序将记录测量点与时步相关的位移并输出。

15) 输入孔洞点坐标，每个孔洞点输入一行，共 $n[9]$ 行:

```
for(i=n[6]+n[7]+n[8]+1; i<=n[6]+n[7]+n[8]+n[9]; i++)
i1=i-n[6]-n[7]-n[8];
printf("x y hole points %4d",i1);
fscanf(fl1, "%lf  %lf", &g[i][1], &g[i][2]);
/*i*/
```

因为程序使用线段来生成块体，因此所有由线段形成的有限块体都被计算出来。如果一个有限块体被取出，会使得该块体所在空间为空，通过输入孔洞点，程序将找到包含孔洞点的块体并将其删除。

运行 DDA CUT 程序，生成块体数据文件 block，文件中保存了所有几何定义数据，将作为 DDA 主分析程序 DDA DF 的输入数据文件，将在附 2.3 节介绍。

## 附 2.3 主计算程序: DDA FORWARD(DF)

DF 程序主要用于静力和动力的分析。DF 程序的输入数据文件有两个: 第一个为参数文件，一般命名为 “df**”，参数数据包括材料常数、点荷载、块体荷载、初始应力和初速度；第二个为块体数据文件，由 DC 程序生成，默认名称为 “block”。DF 程序从 DC 程序的输出文件 “block” 中读取块体定义数据，块体顶点的坐标，固定点、荷载点、测量点坐标，以及所有关联的块体信息。一般情况下该文件不需要修改，特殊情况下需要人为地对某些数据做一些改动。

DDA2002 版的原有程序输出文件有两个，即 “dgdt” 和 “data”，其中，文件 “dgdt” 是 DG 程序的图像输入文件，用于展示块体运动。而文件 “data” 包含每个时步的计算过程信息，约束点、荷载点、测量点的结果信息等。为便于后期的成果整理和展示，本书修改了 DDA2002，增加了一些输出信息，分别保存在如下文件中：

DDA2002.cc —— 约束点、荷载点、测量点的结果信息；

DDA2002.strb —— 输出时刻的块体应力，text 文件；

DDA2002.velocity —— 输出块体形心的速度和加速度，text 文件；

DDA2002_contact.out —— 各时刻的接触力信息，text 文件；

DDA2002.dda —— 各时刻块体几何信息，二进制码，用于 iDDA 程序绘制计算结果；

DDA2002.cta —— 各时刻接触信息，二进制；

DDA2002.b_str —— 各时刻块体应力，二进制；

DDA2002.c_str —— 各时刻接触应力，二进制。

其中 text 文件可以用一般的 text 编辑器打开，二进制文件只能用本著作提供的 iDDA 程序打开并显示。

**(1) 读入数据文件名称**

与前述两个程序相同，DF 程序输入数据文件的名称也要通过名称为 ff.c 的文件来保存，DF 程序需要首先打开文件 ff.c 读入文件名，然后再打开数据文件输入数据。

所有的人为输入计算参数需要通过参数文件输入，参数文件名称可以由用户自己命名，但石根华博士建议参数文件以 df 开头，命名为 df**。在石根华随程序提供的算例当中均遵循了这个原则。

块体数据有 DDA_CUT(DC) 程序生成，可以直接采用 DF 的输出文件名 block，也可以改变文件名称，石根华建议块体数据文件名为 “bl**”。

1) 读入块体数据文件名 aa：

```
f10 = fopen("ff.c","r");
printf("enter file name ?");
scanf("%s",aa);
```

2) 读入计算参数数据文件名 ac：

```
printf("enter file name ?");
```

```
scanf("%s",ac);
fclose(fl0);
```

**(2) 参数输入文件 (df**) 数据说明**

参数文件 df** 保存 DDA 主计算所需要的参数，包括静动力、允许最大时间步长、最大位移比、块体力学参数、接触力学参数、荷载与给定位移等。

对于程序 DF 来说，有两个特殊的参数对计算结果影响较大，需要人为输入，时间步长 $\Delta t$ 和允许最大位移比 $g_2$，关于这两个参数对计算结果的影响及取值方法，在第 11 章中做详细的论述。最大位移比 $g_2$ 的取值取决于计算对象的几何特性，要保证每一计算步接触搜索成功、计算收敛并保证精度，有时需要试算确定。输入的时间步长 $g_1$ 为最大允许时间步长，实际计算中的步长 $\Delta t$ 会根据计算结果自动调整，与 $g_2$、荷载、几何特点等有关。

下面列出了 DF 程序中所有的 C 语言输入语句，一些语句有简单的解释。物理数据将在此文件中键入。

1) 静动力参数：

```
printf("enter 0 or 1.0-statics 1-dynamics");
fscanf(fl1, "%lf", &gg);
```

输入 “0” 时进行静力计算；输入 “1” 时进行完全动力计算，当 $gg$=0.0~1.0 时为带阻尼的动力计算。

2) 总计算时步数 $n_5$：

```
printf("enter number of time steps(10-1000)");
fscanf(fl1, "%d", &n5);
```

输入计算时步数。对于静力问题，建议使用 10~100 个计算时步。对于动力问题，计算时步数取决于总计算时长及计算步长。当总变形和总位移很大时，需要更多的计算时步。

3) 块体材料种数 $n_b$：

```
printf("enter number of block materials");
fscanf(fl1, "%d", &nb);
```

$n_b$ 是块体材料总数。

4) 接触材料种数 $n_j$：

```
printf("enter number of joint materials");
fscanf(fl1, "%d", &nj);
```

$n_j$ 是节理材料总数。

5) 输入允许最大位移比 $g_2$：

```
printf("enter max. allowable step displacement divided");
printf("by half height of whole block mesh(.01- .001)");
```

```
fscanf(fl1. "%lf", &g2);
```

输入允许的最大位移比 $g_2$，是一个无量纲量。将计算区域垂直方向的一半表示为 $w_0$，$w_0g_2$ 将被假定为整个块体系统里所有点的一个计算时步最大位移，当一次计算的最大位移大于 $w_0g_2$ 时，程序将自动缩小计算时间步长 $\Delta t$。最大位移比 $g_2$ 还用于寻找当前步骤的可能接触，如果一对分离的顶点或边的距离小于 $2.5g_2w_0$ 时，它将形成一个可能接触对。$g_2$ 选择范围通常从 0.001~0.01。

6) 输入允许的最大时间步长 $g_1$：

```
printf("enter time interval per step g1");
fscanf(fl1, "%lf", &g1);
```

当输入时间步长 $g_1$=0.0 时，计算时间步长将由程序自动选择。

$g_1$ 为允许的最大时间步长，实际计算中首先取时间步长 $\Delta t$=$g_1$，当单步计算位移过大或开闭迭代次数过多时，会缩减时间步长。计算时间步长 $\Delta t$ 的作用有两个：对于动力计算，$g_1$ 为真正的时间步长，用于控制计算的时间进程；对于静力模式，则可以把 $\Delta t$ 仅看作一个为了计算收敛而设置的参数，用于计算惯性矩阵

$$I = \frac{M}{\Delta t^2}$$

其中，$M$ 是单位面积质量，$I$ 是惯性矩阵系数。

7) 接触刚度 $g_0$：

```
printf("enter stiffness of contact spring g0");
fscanf(fl1, "%lf", &g0);
```

输入接触弹簧刚度 $g_0$，当输入 $g_0$=0.0 时，程序自动计算接触刚度。接触刚度 $g_0$ 控制着各接触点的贯入量，$g_0$ 越小贯入量越大，由接触带来的附加变形越大，反之越小。同时，$g_0$ 的取值直接影响开闭迭代的收敛速度，$g_0$ 越大越不易收敛。石根华建议 $g_0$ 取值与块体的弹性模量 $E$ 有关，一般取 $g_0$=(10~100)$E$。

8) 输入每一个约束点和荷载点定义时间序列需要的行数 $k_5[i][0]$：

```
printf("enter number of time dependent x y ?= 2");
printf("for each fixed loading point i");
for(i=1: i<=np;i++)
fscanf(fl1, "%d", &k5[i][0]);
/*i*/
```

需要为每个固定点和荷载点输入一个构建时间序列所需的数据行数，当不允许定义时间序列时，输入 0。DDA 将每个约束点的给定位移和每个荷载点的给定荷载都用时间序列数据定义后，此处需要输入的就是每个约束点和荷载点定义时间序列所需的行数 $n$。

每一个点都需要给出如上一组数据，需要输入的 $k_5[i][0]$ 即是定义一个点时间序列的数据个数 $n$。

对于位移始终为 0 的约束点或荷载为 0 的荷载点，可以输入插值节点数 “0”。对于带有 “0” 插值节点数的固定点或荷载点，没有输入相应的时间相关位移。

输入数据个数为约束点和荷载点之和，即 $n_p=n_f+n_l$，$n_f$ 为约束点总数，$n_l$ 为荷载点总数。

9) 对每个固定点或荷载点，输入时间相关数据：

```
printf("enter time depending movement &loads");
for(i=1;i<=nt; i++)
fscanf(fl1, "%lf  %lf  %lf, &u0[i][0], &u0[i][1], &u0[i][2]);
/*i*/
```

对于每一个固定点或约束点，都需要输入一组数据用于定义位移的时间相关性，每一组数据的个数 (行数) 为前述输入的 $k_5[i][0]$。如果某一个固定点输入的 $k_5[i][0]=0$，这个点不需要数据输入，则该点的位移始终都是 (0,0)，即这个点就是固定的。对于一个随时间变化的位移或荷载，最少需要两行数据定义。格式如下：

$$\begin{array}{ccc} 00.0, & px_0, & py_0 \\ t_1, & px_1, & py_1 \\ t_2, & px_2, & py_2 \\ & \cdots & \\ & \cdots & \\ t_n, & px_n, & py_n \end{array}$$

对每一个约束点，值 $t_i$ 是时间, $px_i$、$py_i$ 是约束点在时间 $t_i$ 的位移。对每一个荷载点，$px_i$、$py_i$ 是在时间 $t_i$ 的荷载 $F_x$、$F_y$。

此处需要输入总的数据行数 $n_t$：

$$n_t = \sum_{i=1}^{n_p} k_5[i][0]$$

10) 输入块体材料参数：

```
/* ma wx wy e0 u0 s1 s2 s12 t11 t22 t12 vx vy vr  */
fprintf(fl0,"enter block material constants \n");
for(i=1; i<= nb; i++)
{
for(j=0; j<= 13; j++)
{
```

```
fscanf(fl1, "%lf", &a0[i][j]);
}  /*j*/
}  /*i*/
```

输入数据“$m_a, w_x, w_y, e_0, u_0, s_{11}, s_{22}, s_{12}, t_{11}, t_{22}, t_{12}, v_x, v_y, v_r$”，分别为：单位面积的质量 $m$，$x$ 向体积力，$y$ 向体积力，弹性模量 $E$，泊松比 $\nu$，初始应力 $\sigma_{11}$、$\sigma_{22}$ 和 $\sigma_{12}$，三个方向初应力的增长率 $ds_1$、$ds_2$、$ds_{12}$，$x$、$y$ 向的初速度及转角的初速度。

单位面积的质量 $m$ 等于单位重量 (体积力) 除以 $g$。

如上数据每一种块体材料输入一组。

11) 输入节理材料参数：

```
/* friction-angle   cohesion   tension-strength */
fprintf(fl0,"enter joint material constants \n");
for(i=1; i<= nj; i++)
{
fscanf(fl1, "%lf %lf %lf", &b0[i][0], &b0[i][1], &b0[i][2]);
}  /*i*/
```

输入每一个节理材料的 $\varphi$、$c$、$f_t$，分别为摩擦角、粘聚力、抗拉强度。这里的粘聚力和抗拉强度是按单位长度 (单位厚度) 来考虑的。

12) 输入超松弛迭代法求解方程式的 SOR 因子：

```
printf("enter factor of SOR(1-2)?");
fscanf(fl1, "%lf", &qq);
```

这个参数是程序 DF 中 SOR 迭代方法所使用的松弛因子。不熟悉 SOR 方法的用户，可以取 1.4~1.6。

**(3) 块体几何数据输入文件 (bl**) 数据说明**

几何数据文件由 DDA_CUT(DC) 程序生成，理解该文件数据的含义有助于必要时对数据的修改。编辑 df 参数文件时也需要从 block 文件中得到约束点和荷载点数据。

1) 输入几何信息控制数 $n_1$，$n_4$，$oo$：

```
fscanf(fl2, "%d %d %d", &n1, &n4, &oo);
```

其中：$n_1$ 为块体总数；$n_4$ 为锚杆总数；$oo$ 为顶点总数。

2) 输入约束、荷载测点数 $n_f$，$n_l$，$n_m$：

```
fscanf(fl2, "%d %d %d", &nf, &nl, &nm);
```

其中：$n_f$ 为约束点总数；$n_l$ 为荷载点总数；$n_m$ 为测量点总数。

3) 输入块体定义信息 —— 材料号、起始顶点号、终了顶点号：

```
/* 0 material number  1 block start   2 block end */
```

```
for(i=1; i<= n1; i++)
{
fscanf(fl2, "%d %d %d", &k0[i][0], &k0[i][1], &k0[i][2]);
}  /*i*/
```

其中：$k_0[i][0]$ 为块体的材料号；$k_0[i][1]$ 为构成 $i$ 号块体的起始顶点号；$k_0[i][2]$ 为构成 $i$ 号块体的终了顶点号。每个块体定义一行，共 $n_1$ 行。

4) 输入块体顶点信息 —— 材料号、$x$ 坐标、$y$ 坐标：

```
/* 0:joint maerial    1:x   2:y of block vertices */
for(i=1; i<= oo; i++)
{
fscanf(fl2, "%lf %lf %lf", &d[i][0], &d[i][1], &d[i][2]);
}  /*i*/
```

其中：$d[i][0]$ 为以该点为起点的线段节理材料号；$d[i][1]$ 为该顶点的 $x$ 坐标，$d[i][2]$ 为该顶点的 $y$ 坐标。

5) 输入锚杆数据：

```
/* h: x1  y1  x2  y2  n1  n2  e0  t0  f0  of bolt */
/* n1 n2 carry block number         f0 pre-tension */
for(i=1; i<= n4; i++)
{
fscanf(fl2, "%lf %lf %lf", &h[i][1], &h[i][2], &h[i][3]);
fscanf(fl2, "%lf %lf %lf", &h[i][4], &h[i][5], &h[i][6]);
fscanf(fl2, "%lf %lf %lf", &h[i][7], &h[i][8], &h[i][9]);
}  /*i*/
```

输入锚杆定义的 “$x_1$，$y_1$，$x_2$，$y_2$，$n_1$，$n_2$，$e_0$，$t_0$，$f_0$”，其中 $x_1$，$y_1$，$x_2$，$y_2$ 分别为锚杆两个端点的坐标；$n_1$，$n_2$ 为两个端点所在的块体号；$e_0$ 为锚杆的刚度，即单位伸长所需的力；$t_0$ 为锚杆的抗拉力；$f_0$ 为锚杆预应力。本版本的 DF 程序设定预应力为 0。

6) 输入约束点、荷载点及测量点的信息：

```
/* x  y  n  of fixed loading measured points */
for(i=1; i<= np; i++)
{
fscanf(fl2, "%lf %lf %lf    ", &g[i][1], &g[i][2], &g[i][3]);
}  /*i*/
```

输入每个点的 $x, y$、$n$，即点的坐标及点所在的块体号。

7) 输入需要输出绘图信息的总步数：

```
/* m7 output step number to dgdt */
fscanf(fl2, "         %d",                          &m7);
```

$m_7$ 为需要输出绘图信息的总步数，总的计算次数 $n_5$ 除以 $m_7$ 即为输出绘图信息的步数间隔。在 DDA2002 版本中，$m_7$ 的默认值是总计算次数，即每一步都输出。

## 附 2.4　绘图程序: DDA GRAPH(DG)

程序 DG 是一个图形后处理器，它输入程序 DF 生成的图形数据文件 dgdt，并将该文件的数据转换为图形。

对于每一个时步，所有变形块体的有序顺时针顶点坐标都以图形方式输出。荷载点或固定点的更新位置会被读取并绘制。

每个块体的主应力和测量点的位移矢量都会被绘制出来。DG 程序也可以用来直观地检查计算结果。

DG 程序输出文件是一个 postscript 文件 "dgps"。文件 "dgps" 可以输出到任何带有 postscript 卡的激光打印机。如果彩色激光打印机可用，输出的图片将会是彩色的。

## 参 考 文 献

[1] Shi G H. User's Manuals of Discontinuous Deformation Analysis Codes. 1995-2002.

# 附录 3　附录 iDDA 使用说明

## 附 3.1　主　界　面

本书附带的 iDDA 程序，是在 96 版 DDA 程序的基础上经过一些改进和功能扩展，编制而成的基于 MFC 框架的通用计算程序。iDDA 程序可用于石根华发布的 96 版、2002 版程序的数据和计算结果的显示。

iDDA 力求实现全分析过程的可视化，其主界面包括菜单栏、工具栏、主窗口和信息显示窗口，如附图 3-1 所示。下面按照计算分析的一般流程，对其主要功能和使用方法进行逐一说明。

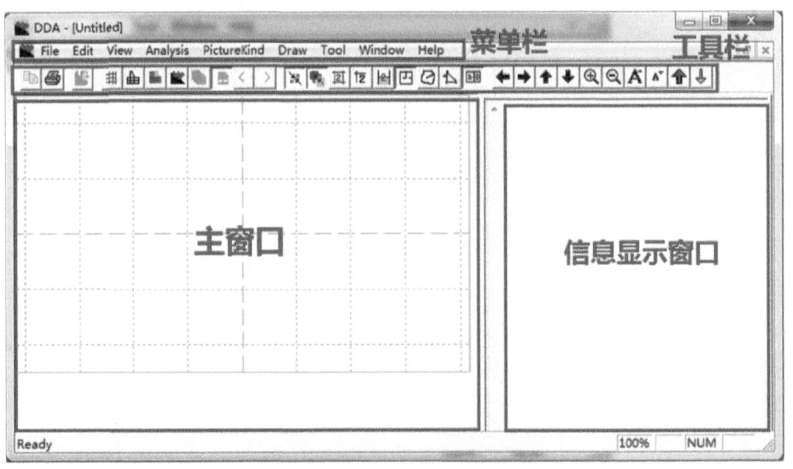


附图 3-1　iDDA 程序主界面

## 附 3.2　前处理部分

### 1. 生成并查看 dc 文件

dc 文件是 dda 的剖分输入文件，可根据岩体节理的统计参数生成，当手工编辑生成 dl 文件后，该程序的 “Make line” 工具可以生成 dc 文件。生成 dc 文件的具体方法如附图 3-2 所示：单击菜单栏 “Analysis”=> 在下拉菜单中单击 “Make lines”=> 在弹出的对话框中选择后缀为.dl 的文件 => 生成后缀为.dc 的文件。

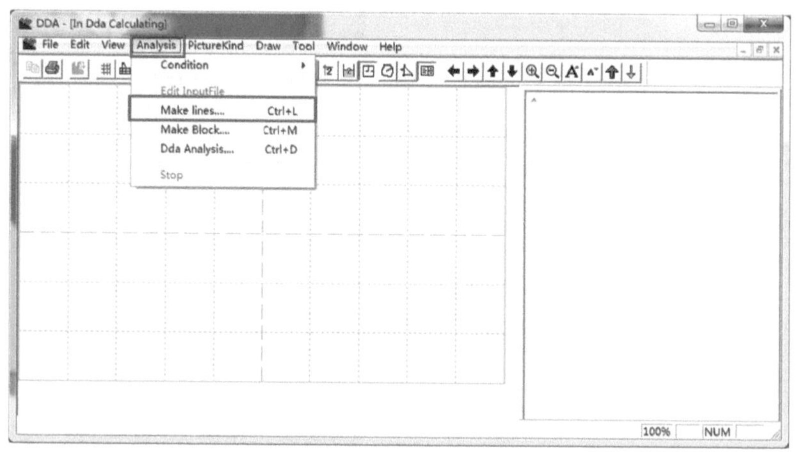


附图 3-2 生成 dc 文件

iDDA 所使用的 dl 文件和 dc 文件的格式与 DDA2002 相同。

使用 iDDA，能够通过可视化的方式查看 dc 文件的内容，包括线段的位置、编号和材料属性，具体操作方法如下：

单击工具栏的 “ ” 按钮，在弹出的对话框中选择想要查看的 dc 文件，显示结果如附图 3-3(a) 所示。单击工具栏的 “ ” 按钮，可查看 dc 文件中线段的全局编号，如附图 3-3(b) 所示。单击工具栏的 “ ” 按钮，可查看 dc 文件中线段的材料属性，如附图 3-3(c) 所示。

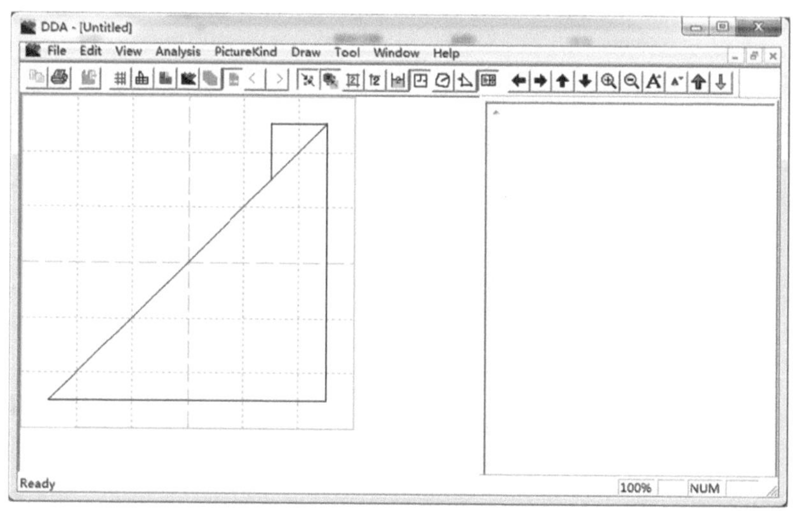


(a) 读入dc文件

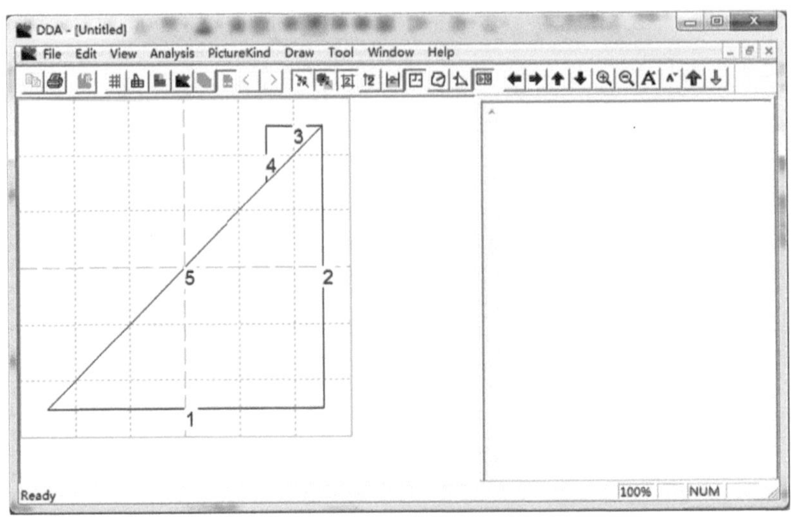


(b) 显示dc文件的线段编号

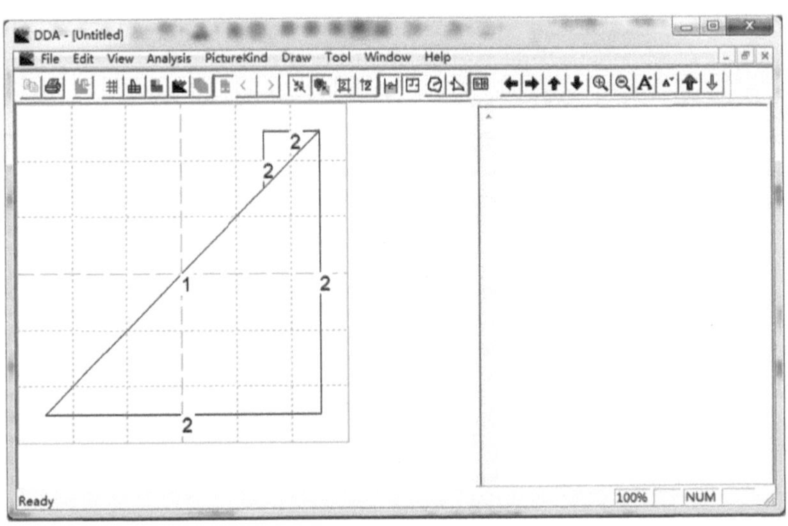


(c) 显示线段的材料属性

附图 3-3　查看 dc 文件

2. 生成并查看 blk 文件

对 dc 文件中的线段进行切割，可以得到后缀为 blk 的块体文件，具体做法如附图 3-4 所示：单击菜单栏 “Analysis”=> 在下拉菜单中单击 “Make Block”=> 在弹出的对话框中选择后缀为 dc 的文件 => 生成后缀为 blk 的文件。

iDDA 使用的 blk 文件与 DDA2002 略有差异，其具体格式如下：

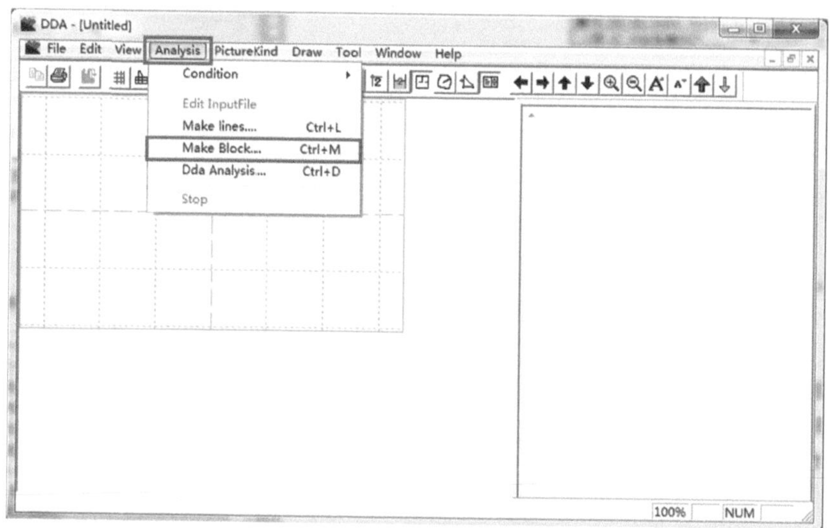


附图 3-4　生成 blk 文件

(1) 几何信息控制数 $n_1, n_4, oo$。

其中，$n_1$ 为块体总数；$n_4$ 为锚杆总数；$oo$ 为顶点总数。

(2) 约束点、荷载点和测量点数 $n_f, n_l, n_m$。

其中，$n_f$ 为约束点总数；$n_l$ 为荷载点总数；$n_m$ 为测量点总数。

(3) 块体定义信息 $k_0[i][0], k_0[i][1], k_0[i][2]$。

其中，$k_0[i][0]$ 为块体的材料号；$k_0[i][1]$ 为构成 $i$ 号块体的起始顶点号；$k_0[i][2]$ 为构成 $i$ 号块体的终了顶点号。每个块体定义一行，共 $n_1$ 行。

(4) 块体顶点信息 $d[i][0], d[i][1], d[i][2]$。

其中，$d[i][0]$ 为以该点为终点的线段的节理材料号；$d[i][1]$ 为该顶点的 $x$ 坐标；$d[i][2]$ 为该顶点的 $y$ 坐标。

(5) 锚杆数据 $H[i][1]\sim H[i][11]$。

$H[i][1]\sim H[i][4]$ 为锚杆的起止点坐标。

$H[i][5]$、$H[i][6]$ 分别为锚杆起点、终点所在的单元编号。

$H[i][7]$ 为锚杆的刚度，其数值等于 $E\times a$，即弹模乘以面积。

$H[i][8]$ 为锚杆的强度，应力大于此值时锚杆屈服。

$H[i][9]$ 为锚杆预应力，即锚杆的预应力吨位。锚杆或锚索应力在初始计算时施加。

$H[i][10]$ 为添加锚杆的时间，从零时刻开始添加锚杆则给 0。

$H[i][11]$ 为撤掉锚杆的时间，不撤出则给一个较大值。

(6) 约束、荷载及测量点信息 $g[1]$、$g[2]$、$g[3]$、$g[4]$、$g[5]$，共有 $n_f+n_p+n_m$ 行。

$g[1]$、$g[2]$ 为点的坐标。

$g[3]$ 为点所在单元的编号。

$g[4]$、$g[5]$ 分别为 $x$、$y$ 两个方向的约束状态，=1 有约束，=0 无约束。

约束状态只对约束点起作用，可以根据实际约束情况手动修改。约束状态对荷载点及测量点无影响。可以对两个方向分别定义约束状态是 iDDA 与 96 版程序的区别之一。

用 iDDA 程序，可以通过可视化的方式查看 blk 文件的内容，包括块体的位置、编号和材料属性，具体操作方法如下：

(1) 单击工具栏的“”按钮，在弹出的对话框中选择想要查看的 blk 文件，显示结果如附图 3-5(a) 所示。

(2) 单击工具栏的“”按钮，可查看 blk 文件中块体的全局编号，如附图 3-5(b) 所示。

(3) 单击工具栏的“”按钮，可查看 blk 文件中围成块体的顶点编号，如附图 3-5(c) 所示。

(4) 单击工具栏的“”按钮，可查看 blk 文件中块体的材料属性，如附图 3-5(d) 所示。

(5) 同时单击工具栏的“”和“”按钮，可查看 blk 文件中的接触材料属性，如附图 3-5(e) 所示。

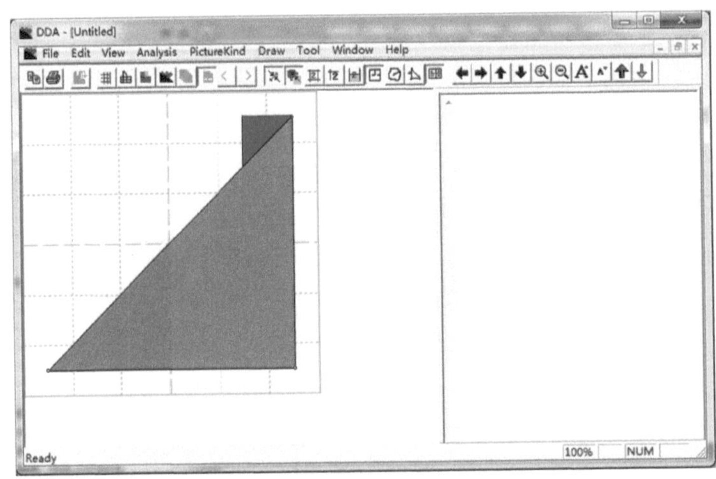


(a) 读入blk文件

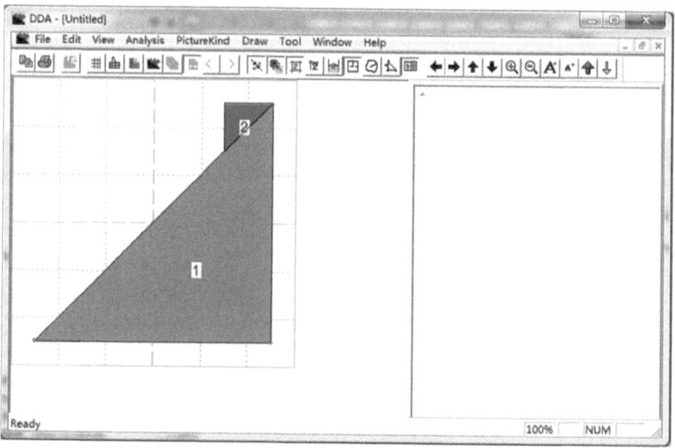


(b) 查看块体编号

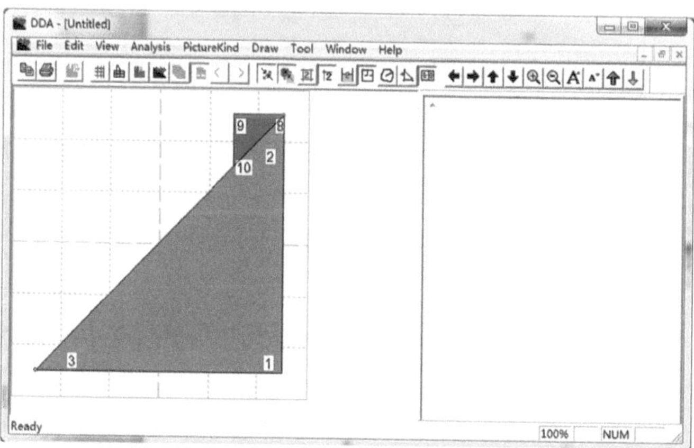


(c) 查看顶点编号

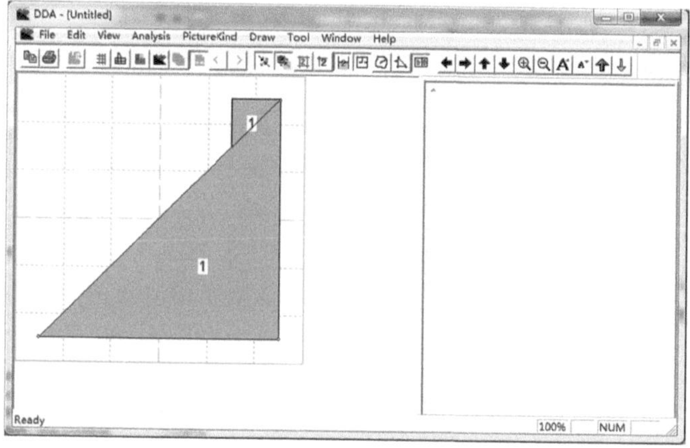


(d) 查看块体材料属性

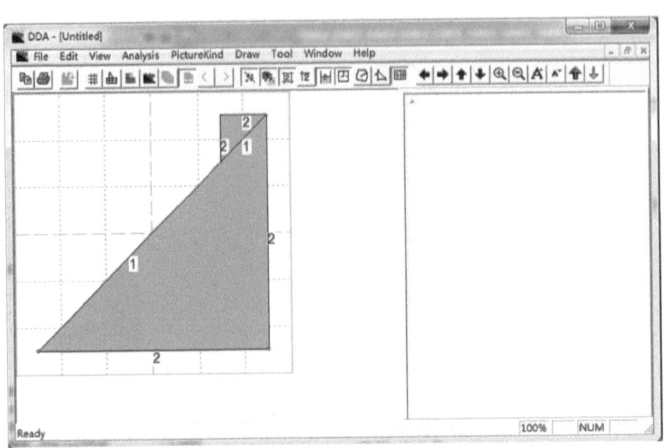


(e) 查看接触材料属性

附图 3-5　查看 blk 文件

3. **填写 df 文件**

df 文件是 DDA 的参数文件，它不仅含有计算控制参数，还含有块体、接触面的力学参数。

iDDA 所采用的 df 文件与 DDA2002 略有差异，其具体格式为：

(1) 静动力参数 gg。

输入 “0” 时进行静力计算；输入 “1” 时进行完全动力计算，当 $gg$ 在 0.0~1.0 取值时为带阻尼的动力计算。

(2) 总计算时步数 $n_5$。

DDA 的总计算时步数。对于静力问题，建议设定 10~100 个计算步。对于动力问题，计算时步数取决于总计算时长及计算步长。当总变形和总位移很大时，需要较多的计算时步。

(3) 块体材料种数 $n_b$。

(4) 接触材料种数 $n_j$。

(5) 允许的最大位移比 $g_2$。

将绘图区域垂直高度的一半定义为 $w_0$，假定 $w_0 \times g_2$ 为整个块体系统中所有顶点在一个计算时步内的最大位移。最大位移比 $g_2$ 是一个无量纲量，用于定义每一个计算步的允许最大位移，当计算最大位移大于该允许最大位移时，自动折减时间步长，此外，$g_2$ 还用于定义接触搜索与开闭迭代的容差。$g_2$ 选择范围通常为 0.001~0.01。

(6) 允许的最大时间步长 $g_1$。

当输入时间步长 $g_1$=0.0 时，计算时间步长将由程序自动选择。

(7) 法向、切向接触刚度 $g_0$、$g_{0t}$。

$g_0$ 为法向刚度，当 $g_0$ 为 "0" 时，程序会自动选取刚度；$g_{0t}$ 为剪切弹簧刚度，当 $g_{0t}$ 取 "0" 时，切向刚度为法向刚度的 1/2.5。

(8) 块体材料参数。

每一种材料填 4 行共 13 个数，共 $n_b$ 组。

$m_a$、$w_x$、$w_y$、$e$、$u$ 分别为单位质量，$x$、$y$ 方向的体积力，弹性模量，泊松比。

$S_{11}$、$S_{12}$、$S_{13}$ 分别为 $x$、$y$ 方向以及剪切方向的初应力。

$T_{11}$、$T_{12}$、$T_{13}$ 分别为初应力增量，一般填 "0"。

$V_x$、$V_y$ 分别为块体在 $x$、$y$ 方向的初速度，$V_t$ 为块体绕形心旋转的初速度。

(9) 节理材料参数。

$\Phi$、$C$、$f_t$ 分别为节理的摩擦系数、粘聚力和抗拉强度，每种材料一行，共 $n_j$ 行。

(10) 松弛因子。

利用原有松弛法求解方程式的松弛系数：1.0~2.0，在用 ssor_pcg 时固定为 1.2。

比较此处的 df 文件和附录 2 的 df 文件可以看出，iDDA 的 df 文件要输入 $g_{0t}$，不需要输入约束点和荷载点的定义信息。

### 4. 填写 ovl 文件

ovl 文件定义了不同时刻的超载系数 govl 和强度系数 dcsth。这两个系数通过计算时间插值的方式获取，需要输入的数据为：

(1) 定义整个超载、降强过程的总行数 NLine。

NLine 用来定义整个数据的行数。

(2) 不同时刻的体积力超载和节理降强系数，共 NLine 行。

$t(i)$ 为 DDA 计算的时间。

go($i$) 为该时刻的体积力加载系数。

dcs($i$) 为该时刻的节理强度系数。

假定系统计算的时间为 tim，则该时刻的体积力加载系数 govl 和节理强度系数 dcsth 按如下公式计算：

$$\text{当 } t(i) \leqslant \mathrm{tim} < t(i+1) \text{ 时}$$
$$\mathrm{govl} = \mathrm{go}(i) + (\mathrm{go}(i+1) - \mathrm{go}(i)) * (\mathrm{tim} - t(i))/(t(i+1) - t(i));$$
$$\mathrm{dcsth} = \mathrm{dcs}(i) + (\mathrm{dcs}(i+1) - \mathrm{dcs}(i)) * (\mathrm{tim} - t(i))/(t(i+1) - t(i));$$

注意最后一个时间 T(Nline) 要大于总计算时间。当本文件不存在或错误时，整个计算过程中的超载和降强系数均取 1。

利用 ovl 文件的数据可以计算体积力的任意变化和界面强度的任意变化，当体积力参数大于 1 且逐步增大时，为体积力超载计算，当强度系数不断降低时为降强计算。

**5. 填写 load 文件**

在 dc 文件中给定约束点和荷载点，将在 blk 文件中生成约束点信息和荷载点信息。一般情况下约束点为双向固定点或一个方向固定而另一个方向自由，此时可以不定义约束点的位移过程。但有些情况下要输入某些点的位移过程，这时就需要用另外的数据定义这些点的位移过程。同时需要定义给定荷载点各时刻的荷载值。在 DDA2002 中位移和荷载的定义在 df 文件中给出，iDDA 将这两组数据用一个新的文件定义，文件的后缀为.load，运行 DDA 时，如果打不开 load 文件或文件出错，则认为所有的约束点位移均为 “0”，所有的荷载点荷载均为 “0”。该文件的输入数据如下：

(1) 给定位移的约束点数 NPdef。

NPdef 定义了需要给定位移过程的约束点数目。

(2) 给定位移的约束点号和插值数据行数 $i_1$, $k_5[i_1]$, 共 NPdef 行。

$i_1$ 为给定位移过程的约束点编号。

$k_5[i_1]$ 为定义该点位移过程所需的插值数据行数。

(3) 给定荷载的荷载点数 NPload。

NPload 定义了需要给定荷载过程的荷载点数目。

(4) 给定荷载的荷载点号和插值数据行数 $i_2$, $k_5[i_2]$, 共 NPload 行。

$i_2$ 为给定荷载过程的点编号。

$k_5[i_2]$ 为定义该点荷载变化过程所需的插值数据行数。

(5) 各个给定位移过程或荷载过程的插值数据 $t_i$、$x_i$、$y_i$，共 Npdef+NPload 组，每组数据为 $k_s[i]$ 行。

$t_i$ 为 DDA 计算时间。

$x_i$ 为该时刻 $x$ 方向的位移值或荷载值。

$y_i$ 为该时刻 $y$ 方向的位移值或荷载值。

例如，$i_1$ 点的给定位移或荷载的定义行数为 $k_5[i_1]$=4，插值数据定义为

```
   0.0  0.0   0.0
   1.0  0.0   2.0
   4.0  0.0  10.0
1000.0  0.0  10.0
```

则该点的给定位移或荷载为：时间在 0 时，$x$、$y$ 方向均为 0；时间在 1.0s 时，$x$ 向为 0，$y$ 向为 2.0；时间在 4.0s 时，$x$ 向为 0，$y$ 向为 10，之后并一直保持为 10.0。

用这个文件可以定义约束点的位移或荷载变化过程。在同一位置既可设置给定位移点，又可设置荷载点，在计算时可以在同一位置先施加位移，再施加荷载。

6. **填写 xcav 文件**

xcav 文件用于定义某些单元的加入和挖除。用这组数据可以定义某些单元出现、挖除的时刻。对于没有定义的单元，则表示自计算开始时就一直存在。xcav 文件的数据格式为：

(1) 定义加入和开挖掉的单元总数 necav。

(2) 单元号，单元出现时间，开挖的时间 ie1, tie1, tie2, 共 necav 行。

例如：

```
6
45  0.0  1.0
55  0.0  1.0
65  1.0  10.0
46  2.0  10.0
56  2.0  10.0
66  2.0  100000.0
```

以上示例表示：共有 6 个开挖单元，其中 45、55 号两个单元计算开始时加入，1.0s 时挖除；65 号单元在 1.0s 时进入，10.0s 时挖除；46、56 号单元在 2.0s 时加入，10.0s 时开挖；66 号单元在 2.0s 时进入，100000.0s 时挖除。对于加入后一直存在的单元，将挖除时间给定一个较大值。

进入和开挖时间并没有严格的物理意义，只是用以控制单元的生死次序，只要每次加入和挖除前计算已经稳定，不会影响结果。

7. **填写 soft_c 文件**

soft_c 文件用于定义块体和节理的软化、蠕变参数。soft_c 文件的格式如下：

(1) 块体材料种数 $n_b$。

块体材料种数 $n_b$ 应该与 df 文件一致。

(2) 块体材料的软化系数和蠕变参数，soft($i$), balf($i$), bfai($i$), $r(i)$, 共 $n_b$ 行。

soft($i$) 为块体弹模的软化系数，大于 0 且小于 1 时弹模发生软化，等于 1 则无软化。

balf($i$) 为块体的线性蠕变参数。

bfai($i$)、$r(i)$ 为块体的非线性蠕变参数。

本程序采用的蠕变模型为

$$\varepsilon_c(t) = \alpha t + \Delta\sigma\varphi(1 - \mathrm{e}^{-rt})$$

(3) 节理材料的种数和开始考虑蠕变的时间，$n_j$, t_creep。

节理材料的种数 $n_j$ 应该与 df 文件一致。

(4) 节理材料的软化系数和蠕变参数，共 $n_j$ 行。

kp($i$) 为接触刚度系数。

Kn_soft($i$) 为法向刚度软化系数。

Ks_soft($i$) 为切向刚度软化系数。

R-soft($i$) 为抗剪强度软化系数。

alf($i$) 为线性蠕变系数。

fai($i$)、$r(i)$ 为非线性蠕变系数。

8. **生成和查看 spg_net 文件**

iDDA 具备裂隙渗流–应力的耦合分析功能。在计算中如需考虑渗流荷载的影响，则需生成以 spg_net 为后缀的渗流网格文件，具体方法如附图 3-6 所示：在进行网格剖分 (Make Block) 前，单击菜单栏 “Analysis”=> 将鼠标放置于 “Condition” 按钮 => 在弹出的菜单中勾选 “Seepage” 选项 => 然后再进行 “Make Block” 操作。此时，在生成 blk 文件的同时还会生成相应的 spg_net 文件。

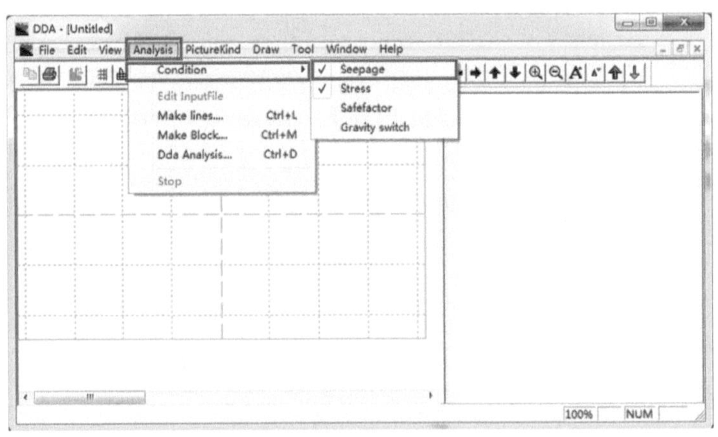


附图 3-6　生成 spg_net 文件

用 iDDA 程序，可以通过可视化的方式查看 spg_net 文件的内容，包括裂隙单元的位置、编号以及节点编号，具体操作方法如下：单击工具栏的 “▣” 按钮，在弹出的对话框中选择想要查看的 spg_net 文件，显示结果如附图 3-7(a) 所示。单击

工具栏的 “” 按钮，可查看 spg_net 文件中裂隙单元的全局编号，如附图 3-7(b) 所示。单击工具栏的 “” 按钮，可查看 spg_net 文件中裂隙网络的节点编号，如附图 3-7(c) 所示。

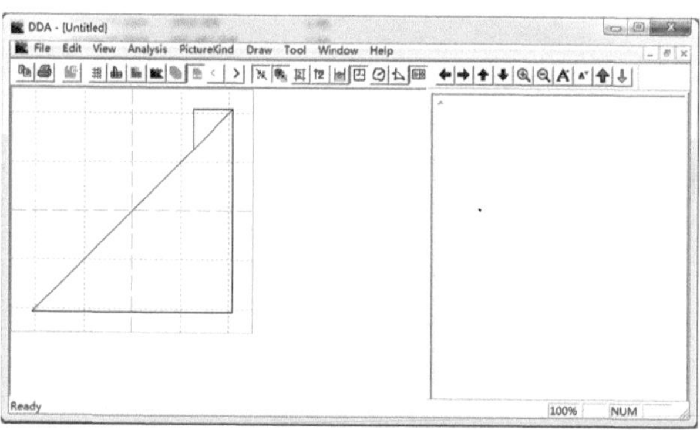


(a) 读入spg_net文件

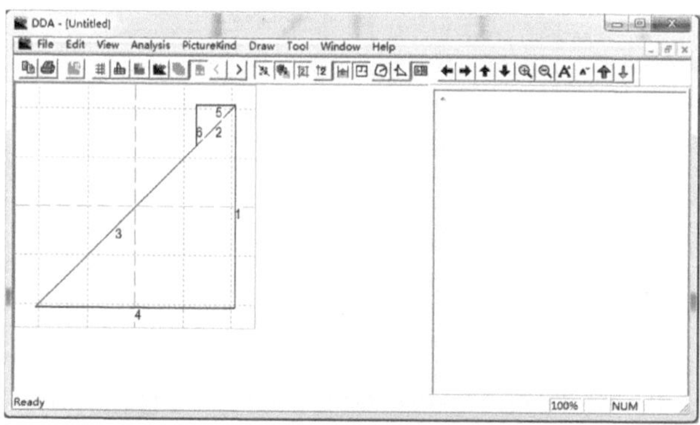


(b) 查看节点编号

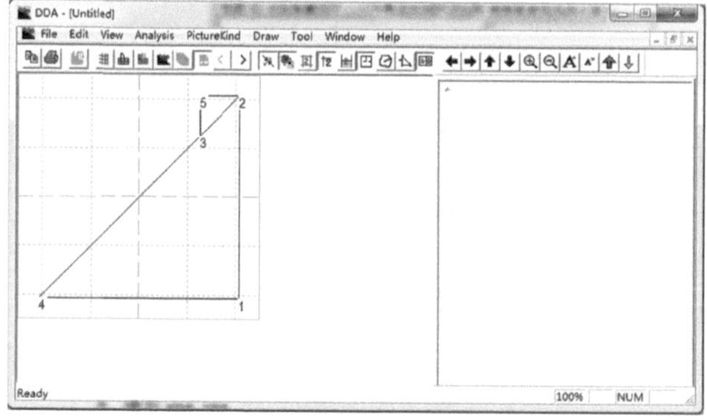


(c) 查看裂隙单元编号

附图 3-7 查看 spg_net 文件

9. **填写 spg_res 文件**

spg_res 文件定义了渗流分析的边界条件。该文件的数据格式为:

(1) 已知水位或流量的节点数 Nkd。

Nkd 定义了已知边界条件的节点数。

(2) 节点编号及相应的水位或流量, No、Ns、Ns_b, 共 Nkd 行。

No 为已知水位或流量的节点号。

Ns 为已知边界条件的类型，取 1 为已知水位 $H$，取 2 为已知流量 $Q$。

Ns_b 为水位边界号，若 Ns=1，则 Ns_b 为水位变化过程的列号 (见如下水位过程的定义)；若 Ns=2，则直接给定一个已知流量。

如下数据可定义若干个水位变化过程，每一列定义一个水位变化过程。

(3) n_time_water，n_kind_water。

n_time_water 定义了水位变动时间序列的时刻总数。

n_kind_water 定义了水位边界 (变化过程) 总种数。

(4) 每个时刻各水位过程的水位值 time($i$), $w_l(i,1)$, $w_l(i,2)$, $w_l(i,3)$, $\cdots$, $w_l(i,$ n_kind_water)。

time($i$) 为时间。

$w_l(i,j)$ 为第 $j$ 号边界在 time($i$) 时刻的水位。

需要注意的是，time(1)~time(n_time_water) 要涵盖所有计算时间，最后一个时间最好给一个大值。计算时刻 $t$ 的水位值由该时刻所在的时间区间插值求得。

10. **填写 spg_para 文件**

spg_para 文件定义了裂隙渗流的参数，该文件的数据格式为:

(1) 施加渗流的起始时刻 T_spg。

在 T_spg 时刻之前不考虑渗流。

(2) 裂隙参数种数 Nok。

(3) 裂隙渗流参数 $k$, bo, $n$, $i$, 共 Nok 行。

$k$ 为裂隙表面的粗糙度。

bo 为裂隙闭合后的最小机械隙宽。

$n$ 为裂隙沿厚度方向的张开比例。

$i$ 为渗透参数序号。

## 附 3.3 计 算 部 分

在前处理部分，通过程序生成和手工填写，可以得到 iDDA 计算所需的全部文件，如下所示。

blk 文件 —— 网格文件
df 文件 —— 计算参数
load 文件 —— 荷载文件
ovl 文件 —— 强度与荷载系数
xcav 文件 —— 开挖与支护
softn_c 文件 —— 软化和蠕变
spg_net 文件 —— 渗流网格
spg_res 文件 —— 渗流荷载
spg_para 文件 —— 渗流参数

基于以上文件，开始进行 DDA 计算。如上文件如果缺失则采用默认值。例如，当找不到.load 文件时，默认约束点位移为 “0”，荷载点荷载为 “0”，当无.ovl 文件时，默认超载系数和强度系数均为 1。

### 1. 计算设置

1) 动力计算的起始时间

在常规分析中，施加自重带来的冲击荷载往往会对计算造成不利影响，使结果偏离实际。因此，iDDA 允许用户自主地设定动力计算的起始时间，可以根据需要，在施加自重阶段按静力计算，待自重作用稳定后再按动力计算。具体方法如附图 3-8 所示：单击菜单栏的 “View” 按钮 => 在下拉菜单中单击 “AmplifyFactor”=> 在弹出的对话框的 “动力加载时间” 一栏填写动力计算的起始时间。

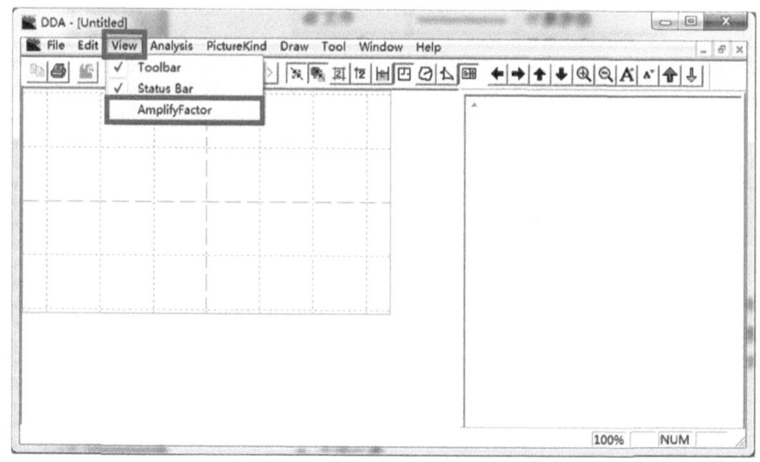


(a)

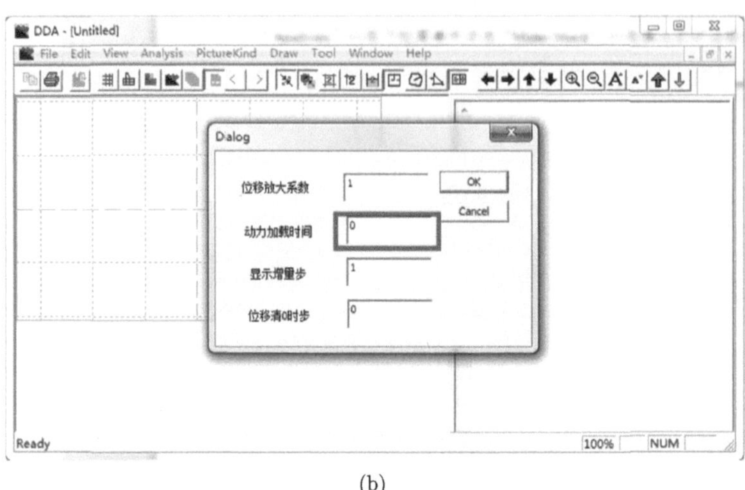


(b)

附图 3-8 设置动力计算起始时间

2) 计算结果输出步数

iDDA 的计算结果包含块体信息、接触信息等大量数据。当计算步较多时，如果保存每一步的计算结果，则结果文件可能有数 G 大小。因此，iDDA 提供了设置总的输出步数的功能。根据 df 文件中定义的计算步和用户设定的总的输出步，iDDA 会等间隔地保存计算结果，使结果文件不致过大。具体方法如附图 3-9 所示：单击菜单栏的 “Tool” 按钮 => 在下拉菜单中单击 “TotalOutputSteps”=> 在弹出的对话框的 “结果输出总步数” 一栏填写要保存的总步数。

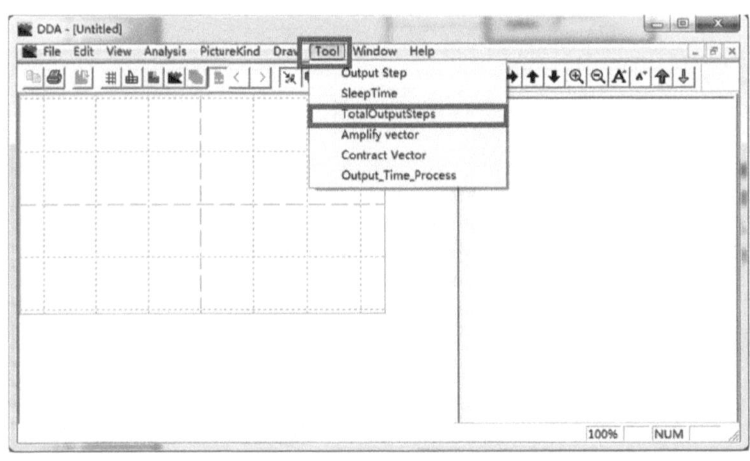


(a)

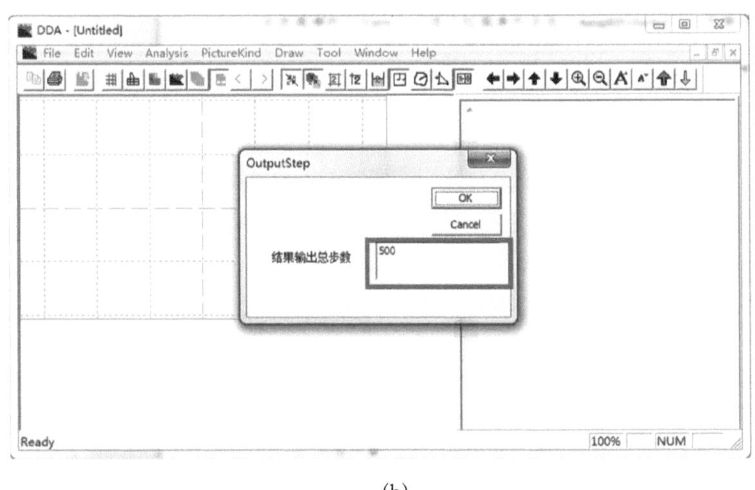


(b)

附图 3-9　设置总的输出步数

需要说明的是，iDDA 默认的最小输出步数是 500，若 df 文件中定义的计算步数小于等于 500，则默认保存每一步的计算结果。

3) 渗流与变形耦合计算

iDDA 具备裂隙渗流与变形的耦合分析功能。在计算中若需启用该功能，可进行如下操作：单击菜单栏 “Analysis” 按钮 => 将鼠标放置于 “Condition” 按钮 => 在弹出的菜单中勾选 “Seepage” 选项，如附图 3-10 所示。

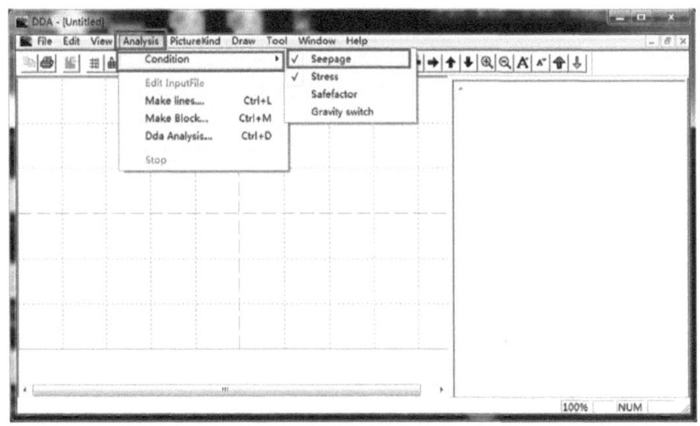


附图 3-10　进行渗流与变形耦合分析

4) 计算过程中显示应力

与 DDA2002 类似，iDDA 在计算过程中能够实时显示块体的变形和运动。除此以外，iDDA 还能可视化地显示块体的应力矢量和接触应力矢量。若需在计算过程中显示应力矢量，可进行如下操作：单击菜单栏 “Analysis” 按钮 => 将鼠标放置于 “Condition” 按钮 => 在弹出的菜单中勾选 “Stress” 选项，也可单击 “”，如附图 3-11 所示。

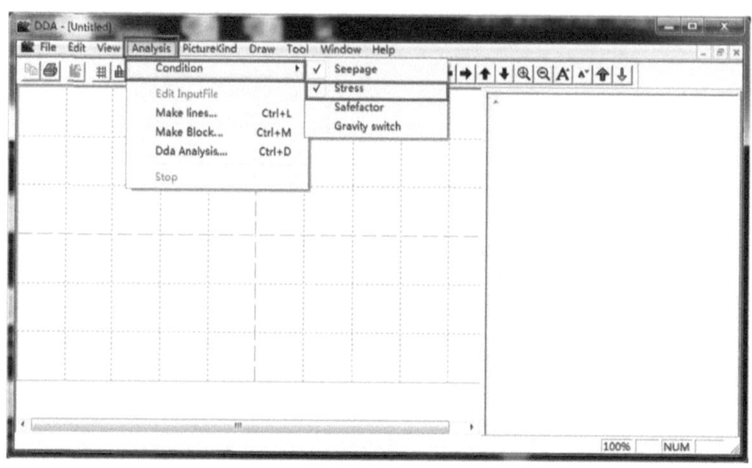


附图 3-11　实时显示应力矢量

2. 开始计算

准备好计算文件并完成计算设置，即可开始 DDA 计算，具体方法如附图 3-12 所示：单击菜单栏的 “Analysis” 按钮 => 在下拉菜单中单击 “Dda Analysis” 按钮 => 开始计算。在计算进行当中，可通过单击下拉菜单的 “Stop” 按钮结束计算。

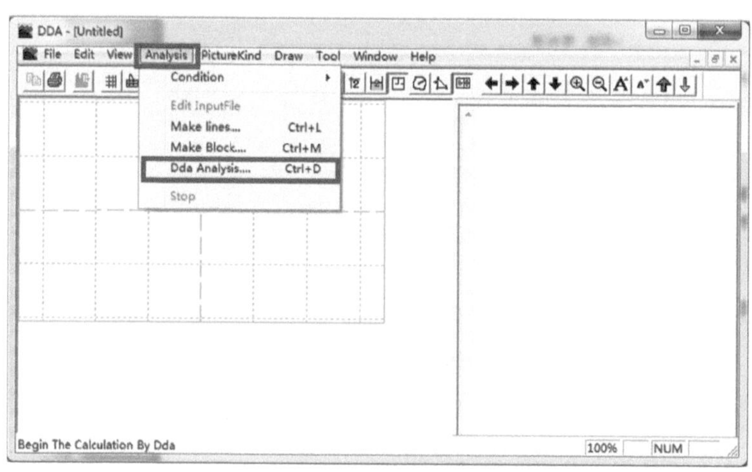


(a) 开始计算

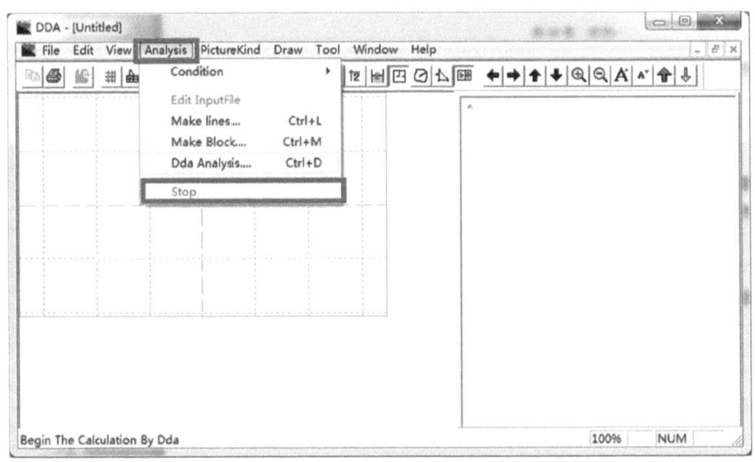


(b) 结束计算

附图 3-12　开始和结束计算

3. 查看实时计算信息

通过单击工具栏的“ ”按钮，可以打开或关闭信息显示窗口。在计算过程中，iDDA 的信息显示窗口可以显示每个计算步对应的计算时间和实际最大位移比与允许最大位移比的比值，如附图 3-13 所示。据此，用户可以实时获取计算信息，以决定是否结束计算，避免浪费时间。

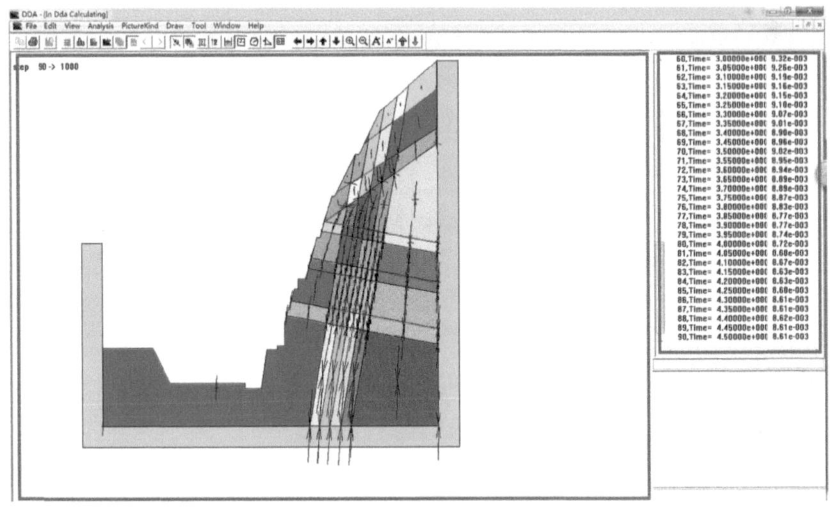

附图 3-13　查看实时计算信息

# 附 3.4　后处理部分

1. 查看变形和应力

iDDA 提供了便捷的结果查看功能，可以可视化地查看每个计算步的位移和应力结果。具体方法如附图 3-14 所示：单击工具栏的 "" 按钮，打开 output 文件夹中后缀为.dda 的结果文件，读入计算结果。单击 "<" 或 ">" 按钮可以向前、向后显示不同计算时步的结果。"" 按钮可以分别控制显示块体应力矢量和接触应力矢量。单击 "" 按钮可以放大或缩小显示结果。

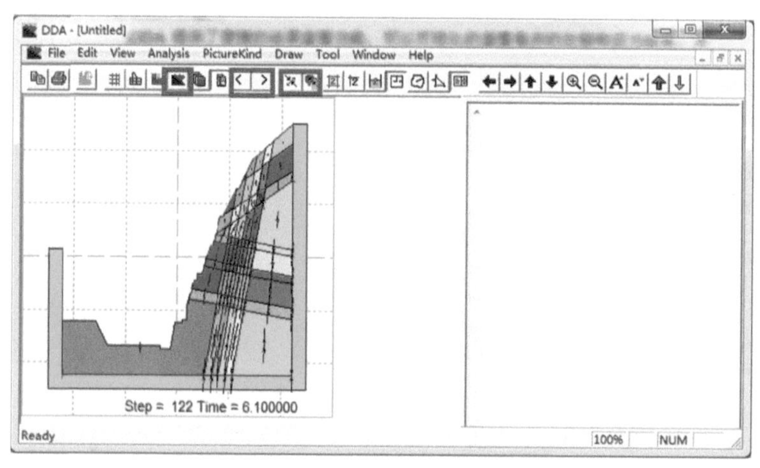


附图 3-14　逐步查看计算结果

与查看 blk 文件类似，在查看每个计算步的结果时，单击工具栏的 "" 按钮，可查看块体的全局编号。单击工具栏的 "" 按钮，可查看围成块体的顶点编号。单击工具栏的 "" 按钮，可查看块体的材料属性。同时单击工具栏的 "" 和 "" 按钮，可查看接触材料属性。对于编号等文字信息，可通过单击 "" 按钮来放大或缩小字体的大小。

此外，若保存的计算步数较多，逐步播放会较为烦琐，此时可以采用跳跃方式来查看结果。具体做法如附图 3-15 所示：单击菜单栏的 "View" 按钮 => 在下拉菜单中单击 "AmplifyFactor"=> 在弹出的对话框的 "显示增量步" 一栏填写要跳过的步数。设置完成后，再次单击 "<" 或 ">" 按钮时，每次会跳过相应的步数。

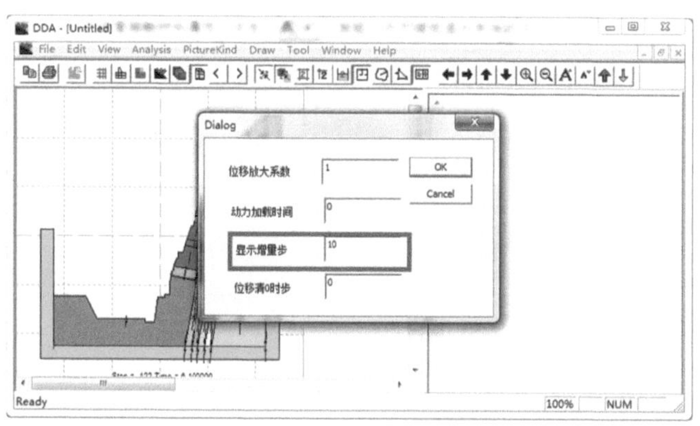


附图 3-15 设置显示增量步

2. 播放结果动画

iDDA 支持两种查看结果的方式，除了上述的逐步查看外，iDDA 还能以动画的形式连续播放结果，具体做法是：单击工具栏的 “ ” 按钮，打开 output 文件夹中后缀为.dda 的结果文件 => 单击 “ ” 按钮，将播放模式设为自动 => 单击 “ ” 按钮即可自动播放动画。同样的，若计算结果步较多，可以设置跳跃式的自动播放。

3. 输出块体的位移过程信息

如附图 3-16 所示，若需获得某个块体的位移过程曲线，可进行如下操作：单击工具栏的 “ ” 按钮，读入 output 文件夹中后缀为.dda 的结果文件，单击菜单栏的 “Tool” 按钮 => 在下拉菜单中单击 “Output_Time_Process”=> 在弹出的对话框中输入要提取位移过程的块体号 =>“OK”，随后会在 output 文件夹下生成后缀为.pros 的结果文件，前缀为块体号。

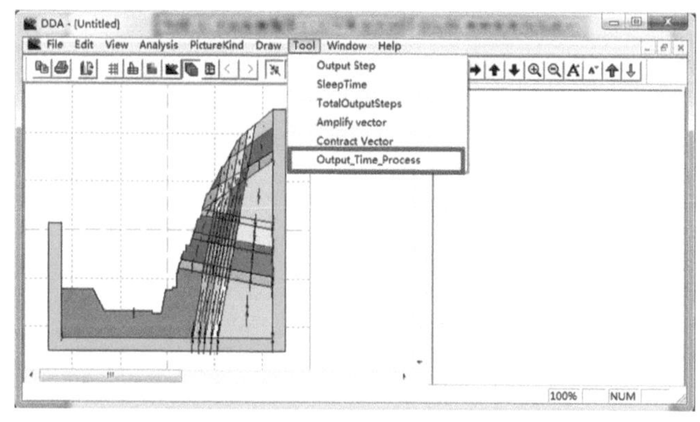


(a)

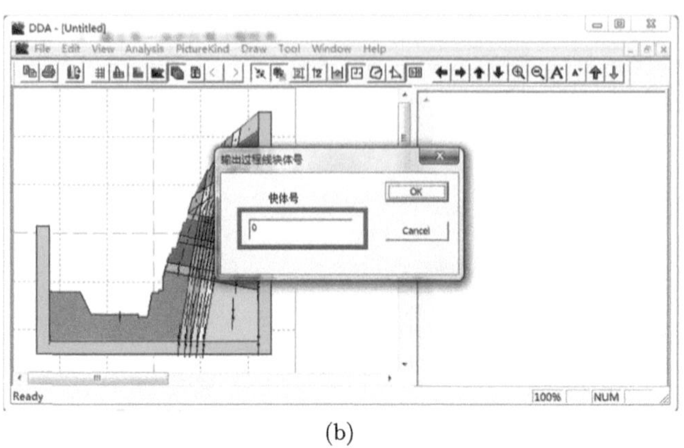


(b)

附图 3-16　读取块体位移过程曲线

pros 文件保存了块体的位移过程信息，其数据格式为：

(1) 第一行输出了块体号和记录块体位移过程的数据行数。

(2) 后续部分为块体的位移过程信息，共四列：

第 1 列为数据序号；

第 2 列为计算时间；

第 3 列为块体形心的 $x$ 向位移；

第 4 列为块体形心的 $y$ 向位移。

4. 查看块体应力信息

iDDA 的结果文件均保存在 output 文件夹内，其中的 **_block.str 文件保存了块体的应力信息，其具体数据格式为：

(1) 计算步 step 和计算时间 time。

(2) 该计算时步下块体的应力信息, No, $x$, $y$, Sx, Sy, St, 共六列：

第 1 列为块体编号；

第 2 列为块体形心的 $x$ 坐标；

第 3 列为块体形心的 $y$ 坐标；

第 4 列为块体的 $x$ 向正应力；

第 5 列为块体的 $y$ 向正应力；

第 6 列为块体的剪应力。

5. 查看接触应力信息

output 文件夹中的 **_joint.str 文件保存了块体系统中接触点的应力信息，其数据格式为：

(1) 计算步 step 和计算时间 time。

(2) 该计算步的接触应力信息，共 24 列：

第 1 列为数据序号；

第 2 列为接触类型，=0 时为边–边或角–边接触，=1 时为角–角接触；

第 3~8 列为接触点对；

第 9、10 列为发生接触的两个块体号；

第 11、12 列为开闭迭代信息，分别为 $m_0[\ ][0]\sim m_0[\ ][2]$；

第 13、14 列为接触点的 $x$、$y$ 坐标；

第 15 列为法向接触应力；

第 16 列为切向接触应力；

第 17 列为接触合力与 $x$ 轴的夹角；

第 18 列为接触长度；

第 19、20 列分别为接触力在 $x$ 向和 $y$ 向的分力；

第 21、22 列为节理强度；

第 23 列为强度系数；

第 24 列为安全系数。